平板玻璃原料及生产技术

徐志明　余海湖　徐铁梁　编著
伍洪标　审阅

北　京
冶　金　工　业　出　版　社
2012

内 容 提 要

本书是作者多年来从事玻璃原料工作的经验总结，主要介绍平板玻璃原料和矿山资源、各种玻璃原料的选择和加工要点、玻璃配合料配制的关键技术、配合料对玻璃产量和质量的影响等。在一些章节中，作者介绍了节能降耗及降低生产成本的观点和措施。

本书可供从事玻璃生产的工程技术人员参考，对年轻的玻璃专业技术人员有更多的指导作用，也可作为高等院校相关专业的教学参考书。

图书在版编目(CIP)数据

平板玻璃原料及生产技术/徐志明，余海湖，徐铁梁编著.
—北京：冶金工业出版社，2012.3
ISBN 978-7-5024-5837-9

Ⅰ.①平…　Ⅱ.①徐…　②余…　③徐…　Ⅲ.①平板玻璃—原料　②平板玻璃—生产技术　Ⅳ.①TQ171.72

中国版本图书馆 CIP 数据核字(2012)第 012102 号

出 版 人　曹胜利
地　　址　北京北河沿大街嵩祝院北巷 39 号，邮编 100009
电　　话　(010)64027926　电子信箱　yjcbs@cnmip.com.cn
责任编辑　李　梅　于昕蕾　美术编辑　彭子赫　版式设计　孙跃红
责任校对　石　静　责任印制　张祺鑫
ISBN 978-7-5024-5837-9
三河市双峰印刷装订有限公司印刷；冶金工业出版社出版发行；各地新华书店经销
2012 年 3 月第 1 版，2012 年 3 月第 1 次印刷
787mm×1092mm　1/16；19.5 印张；472 千字；298 页
59.00 元

冶金工业出版社投稿电话：(010)64027932　投稿信箱：tougao@cnmip.com.cn
冶金工业出版社发行部　电话：(010)64044283　传真：(010)64027893
冶金书店　地址：北京东四西大街 46 号(100010)　电话：(010)65289081(兼传真)

前　　言

玻璃原料是玻璃生产的重要组成部分。玻璃生产依赖原料，而原料依赖资源、矿山。因此了解玻璃原料资源分布、矿山及产品质量，更好地应用到玻璃生产中是玻璃研究人员和玻璃生产技术人员必须进行的基本工作。只有充分了解玻璃原料资源、原料加工，才能提高配合料的质量，达到熔化出优质玻璃液的目的。在进行玻璃熔化、成型、玻璃质量（缺陷）分析时亦须考虑原料的影响。所以重视玻璃原料对玻璃生产具有重要意义。

国内不少研究院、设计院、大专院校和玻璃企业在平板玻璃原料方面开展过多方面的研究工作，取得了许多成果，使玻璃原料工艺不断更新，产品不断升级，玻璃制品质量不断提高，也使玻璃行业在过去二三十年间发生了巨大变化，高质量的平板玻璃产品不仅能满足国内的需求，而且还走向了世界。

我国已出版了一些与玻璃原料或配合料相关的书籍。这些书籍中有的详细介绍了原料厂内加工及配合料制备的设备、设施及系统自动化控制方面的硬件，对玻璃生产、科研以及教学起到了很好的指导作用。不过，在已经出版的书籍中还存在两方面欠缺：

一是在资源矿山方面介绍较少或不够全面。资源与地质有关，把资源、地质、采矿、选矿、玻璃生产结合进行介绍，已经出版的书籍存在不足。资源因玻璃工业及其他工业飞速发展变得越来越贫乏，尤其是湖南、湖北等地区问题更为突出。在保护资源，充分发挥有限资源的作用，延长矿山开采年限，以及利用较差品位资源方面已经出版的书籍讨论较少。二是原料及配合料制备硬件操作过程介绍较多，涉及原料与玻璃生产调整和控制方面的关键内容介绍较少。

本书对相关原理、操作过程、原料与玻璃生产调整和控制方面的关键技术进行讨论，可弥补已有著作的不足。

本书介绍了资源和矿山，结合地质以加深对矿物的认识。同时结合原料在玻璃中的应用，分析讨论了在玻璃生产中应如何巧用矿物的特性。在节能降耗及降低成本方面，本书介绍了不同的观点，并贯穿在各章节中。为突出上述内容，对平板玻璃原料及配料硬件及过程方面，本书不作详细叙述。当然，为了说明原料和配料工艺中的问题及解决方法，方便读者阅读和理解本书的内容，书中有时也述及工艺流程、设备硬件等。

本书对长期从事玻璃原料工作的技术人员有参考价值，对年轻的技术人员有指导作用，因为硬件设备、操作过程可以在比较短的时间掌握，但经验和技术诀窍需要长时间摸索和积累。当然因作者水平有限和工作接触面的局限性，书中仍难免存在疏漏，恳请读者指正。

感谢武汉理工大学环境资源学院李晔教授，湖北省非金属地质公司原副总工程师教授级高级工程师陈荣显和高级工程师任畏三、谭冠民，湖北省建材总公司教授级高级地质工程师舒干清，安徽蚌埠玻璃研究设计院矿山设计教授级高级工程师王鄂生、杨文华，北京管庄建材研究院教授级高级工程师刘强华，中技国际工程有限公司高级工程师华二米，武汉理工大学吴正明教授、许超教授以及留校任教的同学们，并感谢中国玻璃控股有限公司吕国先生。感谢他们对我的技术工作和本书的编写所给予的大力支持和帮助，尤其感谢伍洪标对书稿的修改审定做了大量细致的工作。

参加本书编写的还有邓炜、徐铁巨。

本书的出版工作得到了冶金工业出版社的大力支持，在此表示感谢。

徐志明
2011 年 11 月于武汉

目　　录

1 绪　　论

玻璃生产过程十分复杂，优质低成本玻璃产品的生产涉及工厂（生产线）设计及建设、原料选择、原料加工、配合料制备、玻璃熔化、玻璃成型、玻璃退火、玻璃切割、包装等多个方面。本书重点论述与平板玻璃原料和配合料生产相关的矿山资源、原料选择和加工要点、配合料配制的关键技术、配合料对玻璃产量和质量的影响等问题。

要获得优质低成本的玻璃产品，首先要优化设计玻璃成分，然后精选原料，精细加工，严谨配料，正确将配合料输送至玻璃熔窑进行熔制。原料加工的各环节都要严格要求、严格管理才能获得预期的效果。为了便于本书后续章节的叙述和讨论，本章先对玻璃及配合料的制备作一些基本介绍，并进行简要讨论。

1.1　玻璃组成和氧化物的作用

1.1.1　玻璃组成

平板玻璃包括垂直引上玻璃、压延玻璃和浮法玻璃等，属钠钙硅酸盐体系，由酸性氧化物、碱性氧化物、碱土金属氧化物（或盐类）、中性氧化物组成，这些是传统玻璃成分。玻璃的化学组成决定玻璃的物理和化学性能，改变玻璃的组成将改变玻璃的结构，使玻璃性质发生变化。在实际生产中，总是通过改变玻璃的组成来调整生产工艺参数并实现对玻璃性能的调整。

玻璃的化学成分反映构成玻璃的各种氧化物的含量，通常用质量分数表示。玻璃的化学组成是计算玻璃配合料的主要依据。玻璃化学成分的设计是一项十分重要而复杂的工作，它将直接影响到玻璃产品的产量、质量以及各项经济指标。引入玻璃成分中的各种氧化物既有有利的一面，又有不利的一面，因此要选择一种各方面的性能和要求都很理想的配方相当困难。一般工厂不设计玻璃成分，设计院在进行工厂设计时会抓住主要方面设计一个基础玻璃成分，使产品的性能达到正常生产和制镜级、汽车级或建筑A级玻璃的要求。工厂通过选择合适的原料，确定配合料的组成，熔化后即可生产出符合配方要求的玻璃。工厂有时需要根据熔化操作工艺要求和所采用的原料对玻璃成分进行小的调整。

选择适当的原料（即采用哪些原料引入玻璃成分中的氧化物）十分重要，因为所作的选择将直接影响原料供应、玻璃的熔制工艺、玻璃产品的质量及成本等。

1.1.2　各氧化物的作用

平板玻璃是由多种氧化物（Na_2O、CaO、SiO_2 等）组成的，各氧化物对玻璃的结构和性质的影响简述如下：

（1）二氧化硅。二氧化硅（SiO_2）是最佳的玻璃形成剂，是制造平板玻璃最主要的成分，约占平板玻璃成分的71% ~73%。在玻璃中SiO_2以硅氧四面体［SiO_4］结构单元形成不规则网络，成为玻璃的“骨架”。SiO_2能赋予玻璃一系列优良性能，能增加玻璃的黏度，降低玻璃的结晶倾向，提高玻璃的化学稳定性和热稳定性、玻璃的机械强度、透明度等。随SiO_2含量增加，玻璃密度和线膨胀系数降低。SiO_2的缺点是熔点高（熔点1723℃）、黏度大，因而熔化、澄清和均化困难，热量消耗大。

（2）氧化铝。氧化铝（Al_2O_3）在平板玻璃成分中约占1%。Al_2O_3的熔点2050℃，在玻璃中属于中间体氧化物，是最有效的玻璃稳定剂。Al_2O_3能降低玻璃的析晶倾向和结晶速度，降低玻璃的膨胀系数，提高玻璃黏度、表面张力、软化温度、热稳定性、化学稳定性和机械强度。Al_2O_3对增加玻璃黏度的影响比SiO_2大，Al_2O_3的熔点高，会使熔化速度减慢和澄清时间延长，不利于均化，容易在玻璃板面形成波筋及线道，对玻璃成型不利。因此，Al_2O_3含量应严格控制。

（3）氧化钙。氧化钙（CaO）在平板玻璃成分中约占8.5%。CaO的熔点是2573℃，在玻璃中是二价的网络外体氧化物，在玻璃中主要起稳定剂的作用。它能提高玻璃的化学稳定性、硬度及机械强度。CaO的含量在一定范围内，高温时降低玻璃黏度，有利于玻璃熔化和澄清；低温时能增加玻璃黏度，有利于成型。但CaO含量太高时，玻璃结晶倾向增大，而且发脆，CaO含量不超过12.5%。

（4）氧化镁。氧化镁（MgO）约占平板玻璃成分的4%。MgO的熔点是2800℃，在钠钙硅酸盐玻璃中是网络外体氧化物，作用与CaO接近。适量的MgO可以降低玻璃的高温黏度，玻璃成型时可减缓硬化速度，改进料性，降低结晶倾向和结晶速度，防止析晶，提高玻璃的化学稳定性、热稳定性和机械强度，降低玻璃的膨胀系数。过高的MgO对玻璃黏度有复杂作用。

（5）氧化钠、氧化钾。氧化钠（Na_2O）、氧化钾（K_2O）约占平板玻璃成分的14%。在玻璃成分中都作Na_2O计算。Na_2O中钠离子（Na^+）居于玻璃结构网络的空穴中，是玻璃网络外体氧化物。Na_2O能提供游离氧，使玻璃结构中O/Si比值增加，发生断键，因此大幅度降低玻璃黏度，可以降低玻璃的熔化温度，是良好的助熔剂。但Na_2O增加了玻璃的线膨胀系数，降低玻璃热稳定性、化学稳定性和机械强度。所以Na_2O引入不能过多（一般不超过15%）。用少量K_2O代替Na_2O，因双碱效应，能提高玻璃的化学稳定性，减少析晶，降低玻璃黏度，还可以提高玻璃的光泽度。

（6）氧化铁。氧化铁（Fe_2O_3）在无色透明平板玻璃中纯属有害杂质，Fe_2O_3使玻璃着成绿色影响透明度。它还影响玻璃的黏度、透热性、硬化速度。但由于原料和加工过程引入Fe_2O_3，Fe_2O_3在普通平板玻璃中总是不可避免的，一般控制其含量在0.1%以下。

1.2 玻璃原料概述

生产玻璃的原料有许多种，通常将原料分为主要原料和辅助原料两大类。此外，碎玻璃也是生产玻璃的主要原料之一，所以并入本节简单叙述。

1.2.1 主要原料

具体如下：

（1）引入二氧化硅的原料主要是石英砂（硅砂）、石英砂岩、石英岩、脉石英等。一般平板玻璃只用前三种，很少用脉石英。

（2）引入氧化铝的原料主要是长石（钾长石、钠长石）、高岭土、叶蜡石、钽铌尾矿等。一般平板玻璃用钾长石，用钠长石较少，用钽铌尾矿更少，用高岭土和叶蜡石几乎没有。

（3）引入氧化钠的原料主要是纯碱、芒硝、氢氧化钠、硝酸钠等。一般平板玻璃用纯碱和芒硝，主要是纯碱。

（4）引入氧化钾的原料主要是钾长石、碳酸钾、硝酸钾。一般平板玻璃用钾长石，其他很少使用。

（5）引入氧化钙的原料主要是白云石、方解石、优质石灰石、含镁石灰石。一般平板玻璃用白云石和优质石灰石，较少用方解石和镁质石灰石。

（6）引入氧化镁的原料主要是白云石、菱镁矿。一般平板玻璃用白云石，较少用菱镁矿。

1.2.2 辅助原料

具体如下：

（1）澄清剂。常用的玻璃澄清剂是白砒、三氧化二锑、硝酸盐、硫酸盐、卤化物，还有复合澄清剂。一般平板玻璃用硫酸盐，主要是硫酸钠。

（2）氧化剂。常用的是硝酸盐、氧化铈、五氧化二砷、五氧化二锑以及硫酸盐等。一般平板玻璃用硫酸盐。

（3）还原剂。常用的是碳（煤粉、焦炭粉、木炭、木屑）、酒石酸钾、锡粉及氧化亚锡、二氧化锡、锑粉、铝粉等。一般平板玻璃用炭粉。

（4）助熔剂。常用的是氟化物（萤石、氟硅酸钠、冰晶石等）、硼化合物（硼砂、硼酸）、含锂化合物（工业碳酸锂、锂云母、锂辉石、含锂尾矿）、硝酸盐及钡化合物（碳酸钡、硫酸钡）。一般平板玻璃用纯碱和芒硝，很少用其他助熔剂。

（5）着色剂。常用的有锰化合物、钴化合物、铜化合物、铬化合物、铁化合物、金化合物、银化合物、硒与硫化镉、锑化合物等。生产颜色平板玻璃则需要研究使用哪些着色剂。透明平板玻璃不用着色剂，但原料带入的杂质，尤其是铁化物会引起玻璃着色，需研究用某些着色剂进行脱色。

（6）脱色剂。常用的化学脱色剂有硝酸钠、硝酸钾（与白砒或三氧化二锑共用），二氧化铈（与硝酸盐共用），卤素化合物（萤石、氟硅酸钠、冰晶石、氯化钠等）。常用的物理脱色剂有硒、氧化钴、一氧化镍、氧化钕等。一般平板玻璃不专门引入脱色剂。

1.2.3 碎玻璃

玻璃生产中不可避免地产生边角料或废品，难免产生大量的碎玻璃。碎玻璃不但占用存放场地，还会污染环境，从环保角度出发和解决存放场所问题，工厂通常将碎玻璃回收利用。碎玻璃占有生料资源和燃料资源等，而资源是有限的，将碎玻璃加入配合料中从经济角度出发可以降低成本，具有长远意义。此外，这些碎玻璃具有特殊的性质，可以提高熔化率，有助于澄清和均化以及减轻窑炉负荷。从技术角度出发可以改善玻璃熔化性能和延长窑炉寿命。

碎玻璃是一种特殊的原料，关于它的使用量、质量控制以及使用过程中的诸多问题的处理，将在9.2节中叙述。

1.2.4 原料选择原则

玻璃原料选择是一个复杂的问题，涉及原料资源、原料采集加工及运输成本、对生产设备的影响等。简单归纳如下：

（1）质量要求。原料的化学成分、颗粒度及颗粒组成、氧化还原指数值、含水率等都要达到要求，并保持一定的稳定范围。

（2）易于加工处理。易于加工处理可降低设备投资和生产费用，减少设备磨损和带入的铁杂质的量。

（3）对窑炉耐火材料的侵蚀小。谨慎使用氟化物、硝酸钠等，减轻对窑炉耐火材料的侵蚀。

（4）尽量采用适于熔化和无害的原料，对易飞扬、吸水结块、对人和环境有害的原料尽量少用或不用。

（5）成本要低、储量要丰富，供应运输要可靠等。

原料选择细则将在后面有关章节中叙述。

1.3 配合料概述

配合料由几种原料按一定比例称量、混合配制而成。原料组分种类及组分的熔化参数决定原料比例，本节简要介绍原料组分及熔化参数和某些玻璃组分及典型的配料组成。

1.3.1 原料的主要组分及各组分的熔化参数

1.3.1.1 玻璃原料的主要组分

原料的主要组分见表1-1。

表1-1 原料的主要组分

原料名称	化 学 式	引入氧化物
硅 砂	SiO_2	SiO_2
白云石	$CaCO_3 \cdot MgCO_3$	CaO、MgO
石灰石	$CaCO_3$	CaO
长 石	$K_2O(Na_2O) \cdot Al_2O_3 \cdot 6SiO_2$	Al_2O_3、SiO_2、Na_2O、K_2O
纯 碱	Na_2CO_3	Na_2O
芒 硝	Na_2SO_4	Na_2O

1.3.1.2 各原料组分的熔化参数

各原料及其杂质的熔化参数见表1-2。

表 1-2 一些原料及其杂质的熔点或分解温度

氧化物名称	分子式	熔点/℃	分解温度/℃	盐类或矿物名称	分子式	熔点/℃	分解温度/℃
石 英	SiO_2	1723		白云石	$CaCO_3 \cdot MgCO_3$		844
刚 玉	Al_2O_3	2050		纯 碱	Na_2CO_3	853	700 开始
生石灰	CaO	2573		菱镁矿	$MgCO_3$		650
方镁石	MgO	2800		方解石	$CaCO_3$		859
赤铁矿	Fe_2O_3		1565	无水芒硝	Na_2SO_4	884	>1200
磁铁矿	Fe_3O_4		1538	钾长石	$K_2O \cdot Al_2O_3 \cdot 6SiO_2$	1290	
氧化钡	BaO	1923		钠长石	$Na_2O \cdot Al_2O_3 \cdot 6SiO_2$	1215	
金红石	TiO_2	2930		萤 石	CaF_2	1360	
氧化镍	NiO	1990		食 盐	NaCl	800	
三氧化二铬	Cr_2O_3	1990		重晶石	$BaSO_4$	1580	
氧化锆	ZrO_2	2680		无水石膏	$CaSO_4$	1450	
二氧化锡	SnO_2		1127	硝酸钠	$NaNO_3$	308	380
一氧化锡	SnO		1625	硝酸钾	KNO_3	336	400
氧化钴	CoO	1800	1800	硝酸铵	NH_4NO_3	165	210
一氧化铜	CuO		1028	硫酸铵	$(NH_4)_2SO_4$	513	>513
二氧化铜	CuO_2	1235		铬酸钾	K_2CrO_4	975	
氧化锂	Li_2O	>1700		重铬酸钾	$K_2Cr_2O_7$	395	

1.3.2 平板玻璃的组成及典型的配合料单

1.3.2.1 平板玻璃的组成

几种平板玻璃的组成见表 1-3。

表 1-3 几种平板玻璃的组成

氧 化 物	玻璃中组成的质量分数/%			
	八机无槽窑	七机无槽架接压延	浮法（350t）	浮法（700t）
SiO_2	72.4 ±0.05	72.30 ±0.05	72.45 ±0.05	72.29 ±0.05
Al_2O_3	1.45 ±0.004	1.40 ±0.004	0.80 ±0.1	0.93 ±0.04
Fe_2O_3	0.20 ±0.05	0.20 ±0.05	0.18 ±0.01	0.11 ±0.005
CaO	7.80 ±0.05	8.00 ±0.05	8.40 ±0.05	8.50 ±0.05
MgO	3.80 ±0.05	3.80 ±0.05	4.10 ±0.05	4.00 ±0.05
$K_2O + Na_2O$	14.00 ±0.05	14.00 ±0.05	13.72 ±0.1	13.90 ±0.05
SO_2	0.20 ±0.01	0.15 ±0.01	0.13 ±0.01	0.13 ±0.01
NaCl	0.11 ±0.01	0.11 ±0.01	0.10 ±0.01	0.12 ±0.01

1.3.2.2 典型的配合料单

两座浮法窑配合料单见表 1-4。

表 1-4 浮法玻璃线的配合料单

原料名称	浮法（350t）		浮法（700t）	
	每 1000kg 玻璃液干基用量/kg	百分比/%	每 1000kg 玻璃液干基用量/kg	百分比/%
硅 砂	722	58.39	703	57.45
长 石	13	1.05	32	2.62
白云石	205	16.58	199	16.26
石灰石	38	3.07	45	3.68
纯 碱	250	20.22	235	19.21
芒 硝	7.8	0.63	9.2	0.75
炭 粉	0.71	0.057	0.38	0.03
总 计	1236.51	100	1223.58	100

浮法（350t）配料，每副料混合总量：生料 1.30 ~ 2.1t，加碎玻璃粉 0 ~ 800kg 混合；铺碎玻璃片 1.8 ~ 0.75t/副。

浮法（700t）配料，每副料混合总量：生料 4.04 ~ 4.22t，不加碎玻璃粉；铺碎玻璃片 0.57 ~ 1.86t/副。

1.4 原料车间操作流程

原料车间的任务是向熔制车间提供合格的配合料。车间主要操作流程包括原料输送-加工流程、脏碎玻璃清洗分选流程、配料流程等。目前国内各厂的这些流程基本相同。本节以 350t 浮法线和 700t 浮法线的主要流程为例作简要叙述。

1.4.1 原料输送-加工流程及粒度控制

1.4.1.1 输送-加工流程

A 硅砂输送系统流程

浮法（350t）：抓斗→喂料仓→电磁振动给料机→皮带机→平面摇筛→斗式提升机→斗式提升机→翻板溜管→粉料仓。

浮法（700t）：铲车→喂料斗→振动料斗→皮带机→平面摇筛→皮带机→往复（带刮板）皮带机→粉料仓。

B 长石粉输送系统流程

浮法（350t）：人工解包→斗式提升机→小平面摇筛→粉料仓。

浮法（700t）：人工解包→斗式提升机→六角筛→斗式提升机→粉料仓。

C 白云石块料加工系统流程

浮法（350t）：抓斗→大块喂料仓→电磁振动给料机→颚式破碎机→斗式提升机→中间仓→电磁振动给料机→锤式破碎机→斗式提升机→六角筛（筛上物返锤式破碎机）→斗式提升机→粉料仓。

浮法（700t）：上述车间白云石粉料仓放料→翻斗汽车→喂料斗→电磁振动给料机→斗式提升机→粉料仓。

D 石灰石块料加工系统流程

浮法（350t）：抓斗→大块喂料仓→电磁振动给料机→皮带机→锤式破碎机→斗式提升机→六角筛（筛上物返锤式破碎机）→斗式提升机→粉料仓。

浮法（700t）：上述车间石灰石粉料仓放料→翻斗汽车→喂料斗→电磁振动给料机→斗式提升机→粉料仓。

E 纯碱上料系统流程

浮法（350t）：人工解包倒袋→料斗→笼型碾→斗式提升机→六角筛（筛上物返笼型碾）→斗式提升机→粉料仓。

浮法（700t）：人工解包倒袋→料斗→笼型碾→斗式提升机→六角筛（筛上物返笼型碾）→斗式提升机→粉料仓。

F 芒硝上料系统流程

浮法（350t）：人工解包倒袋→料斗→笼型碾→斗式提升机→六角筛（筛上物返笼型碾）→斗式提升机→粉料仓。

浮法（700t）：人工解包倒袋→料斗→笼型碾→斗式提升机→六角筛（筛上物返笼型碾）→斗式提升机→粉料仓。

G 炭粉加工-上料系统流程

浮法（350t）：煤气车间收灰箱→人工捞灰→洒水灭火→晒干→人工过筛→灌袋→手推车→原料车间→袋装架→电动葫芦→人工解包倒袋→粉料仓。

浮法（700t）：焦炭碴晒干→小锤破→振动筛→灌袋→手推车→原料车间→袋装架→电动葫芦→人工解包倒袋→粉料仓。

H 碎玻璃加工、干净碎玻璃上料系统流程

浮法（350t）玻璃粉加工：抓斗→喂料仓→电磁振动给料机→颚式破碎机→斗式提升机→中间仓→电磁振动给料机→1号对辊破碎机→斗式提升机→振动筛（筛上物返1号对辊）→2号对辊破碎机→斗式提升机→六角筛（筛上物返2号对辊）→斗式提升机→玻璃粉料仓。

浮法（350t）玻璃片上料：铲车→喂料仓（带箅条）→人工敲打→电磁振动给料机→斗式提升机→碎玻璃片料仓。

浮法（700t）：玻璃片上料：铲车→喂料仓→电磁振动给料机→破煤机→皮带机→皮带机→碎玻璃片料仓。

1.4.1.2 车间原料粒度控制

具体如下：

（1）硅砂过12目（1.6mm）杂物筛；

（2）长石粉过24目（0.8mm）杂物筛；

（3）白云石加工12目（1.6mm）全通过；

（4）石灰石加工12目（1.6mm）全通过；

（5）纯碱加工12目（1.6mm）全通过；

（6）芒硝加工12目（1.6mm）全通过；

（7）烟道灰、焦炭粉加工过12目（1.6mm）筛；

（8）碎玻璃粉加工24目（0.8mm）全通过；

（9）碎玻璃片加工小于60mm。

1.4.2 脏碎玻璃清洗分选流程

具体如下：

（1）1号清洗流水线：堆场→铲车→大料斗→给料机→皮带机→喂料斗→1号带水槽水流逆向转筒清洗机→皮带机→手推车→钢板摊平场→人工分选大块白玻送2号流水线。

（2）2号清洗流水线：手推车→喂料斗→皮带机→喂料斗→2号带水槽水流逆向回转筒清洗机→皮带机→人工再冲洗→小翻斗车→送车间（700t窑碎玻璃堆场）。

（3）3号清洗流水线：手推车→喂料斗→皮带机→喂料斗→3号带水槽水流逆向回转筒清洗机→皮带机→振动筛8目（2.5mm）→筛上物→皮带机→人工再选杂→小翻斗车→送车间（浮法350t碎玻璃堆场）。

（4）4号人工分选线：8目（2.5mm）筛下物→人工再分选（石子之类）→小翻斗车→送车间卸料坑→抓斗→格子库（待加工成玻璃粉）。

1.4.3 配料系统及配料流程

1.4.3.1 称量

具体介绍如下：

（1）称量目的。通过精确的称量达到精确配料比来确保特别难熔成分得到充分熔化，并确保无过量的易熔成分以致缩短耐火材料的寿命或在玻璃中引起耐火材料缺陷。

（2）配料秤名称。浮法（350t）：自动配料系统TiX30工业总线控PLC。浮法（700t）：自动配料系统FiX工业总线西门子PLC。

（3）称量的准确度。动态0.4%，静态0.2%，每月校核电子秤一次。浮法（350t）、浮法（700t）两线相同。

（4）称量方法。减量法：浮法（350t）、浮法（700t）两线相同。

（5）排库（粉料仓）顺序。浮法（350t）：纯碱（集料皮带从动端）、芒硝（炭粉）、长石、硅砂1号、2号、3号、白云石、石灰石、玻璃粉。

浮法（700t）：硅砂1号、2号、3号（集料皮带从动端）、白云石、石灰石、长石、纯碱1号、2号、芒硝（焦炭粉）。

（6）预混合机名称及参数。浮法（350t）：预混合机MH80，叶片转速26r/min，电机2.2kW。浮法（700t）：预混合机MH80，叶片转速26r/min，电机2.2kW。

（7）称量皮带（集料皮带）机参数。浮法（350t）：型号TD75，皮带宽$B=650$mm，速度1.25m/s、电机11kW。浮法（700t）：型号TD75，皮带宽$B=800$mm，速度1.25m/s、电机22kW。

1.4.3.2 混合

具体介绍如下：

（1）混合的目的。充分混合得到化学、物理性质上均匀一致的合适的配合料，对快速而充分的熔化是必不可少的环节。

（2）混合机名称及参数。浮法（350t）：QH2250强制式混合机、额定装料容量2250L，涡桨转速19.33r/min，电机Y200L-4，2×30kW。浮法（700t）：QH3750强制式混合机、额定装料容量3750L，主电机Y280M-4，90kW。

（3）配料程序。浮法（350t）配料程序见图1-1。浮法（700t）配料程序见图1-2。

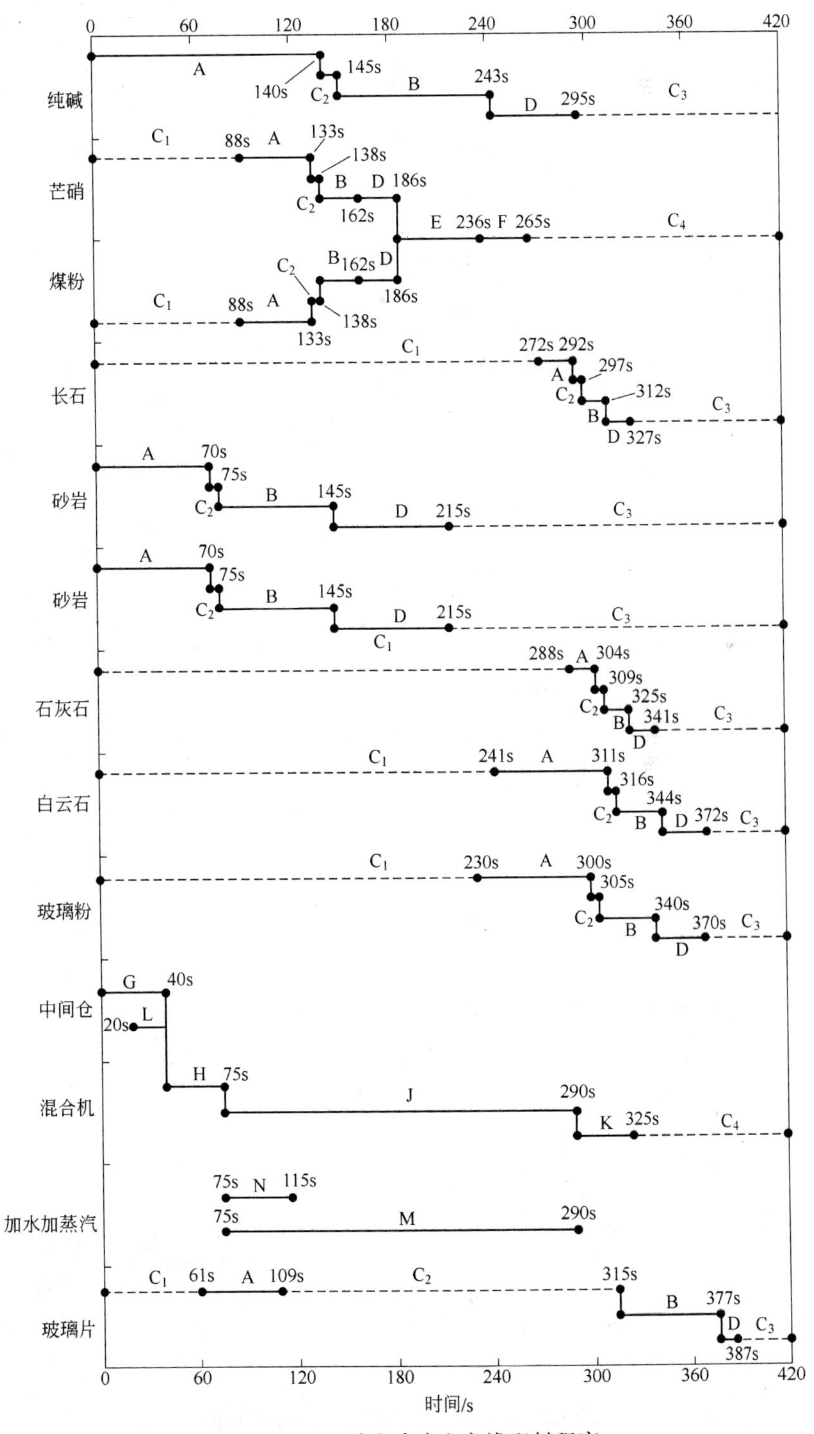

图1-1 350t浮法玻璃生产线配料程序

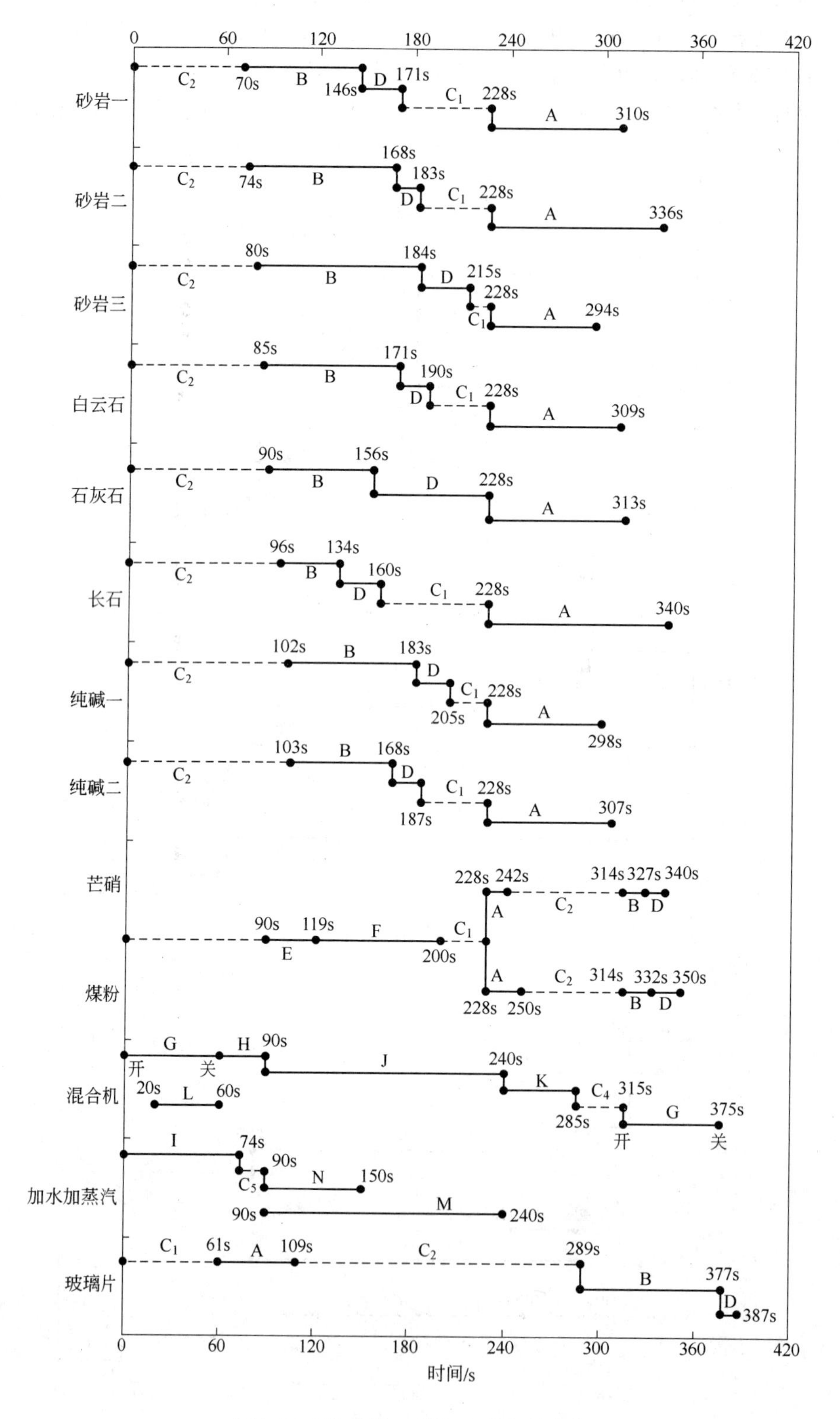

图 1-2 700t 浮法玻璃生产线配料程序

程序控制说明如下：

1）配料系统与熔制车间皮带机（配合料皮带）联锁不联动。配合料皮带开动后，方可开始启动配料。

2）系统按逆流程方向启动，启动程序如下：排灰阀→脉冲除尘仪→除尘风机→配合料皮带机→混合机→称量（集料）皮带机→芒硝煤粉预混合机。然后按图 1-1、图 1-2 程序控制进行电子秤称量动作，停车时以顺程序停车。工艺设备启动间隔 5s，混合机油泵电机比混合机主机电机先启动 5s。

3）停车时，中间仓贮存一副料，待下次启动开车时使用。

4）浮法（350t）混合机开始排料后 25s，碎玻璃仓下 BCP 秤开始排料。浮法（700t）混合机开始排料后 49s，碎玻璃仓下 BCP 秤开始排料。

5）纯碱、芒硝、煤粉仓上的仓壁振动器与秤的称入联锁，称入时仓壁振动器开始振动，称入完毕振动器停止。

6）各秤的称入与称出、称出与中间仓、中间仓与混合机联锁。称入时不能称出，称出时不能称入，并且中间仓闸门不能打开。中间仓闸门打开时，混合机卸料门要处于关闭状态。

7）配料程序控制工作内容。

在配料设备开启后，由配料程序自动控制各设备的开启或停止动作。由零秒（也即开启时）开始计时，按图 1-1 和图 1-2 中时间安排完成延时、快速称出、慢速称出、称入、混合、加水等一系列动作，直至 420s 结束，完成一副配料（称量和混合）周期。其动作内容由配料程序图中各英文字母表示（详见表 1-5）。配料程序控制属于硬件控制过程，不属于本书重点内容，因而不作详细叙述。

（4）混合料温度：不低于 37℃。

（5）混合料水分：4.2% ~5.6%。

表 1-5 图 1-1 和图 1-2 中英文字母表示的动作内容

A—称入时间段；	B—快速称出时间段；	D—慢速称出时间段；
C_1—称入前延时段；	C_2—称出前延时段；	C_3—称出后延时段；
E—芒煤预混合时间段；	F—芒煤排料时间段；	G—中间仓排料门开关时间段；
H—混合机干混时间段；	J—混合机湿混时间段；	I—喂水时间段；
N—喷水时间段；	K—混合机排料门开关时间段；	L—仓壁振动器工作时间段；
M—加蒸汽时间段	C_4—混合机排料后延时段	C_5—喂水后延时段

1.4.3.3 配合料的输送

A 输送目的

要求无损失或无分层输送（皮带机输送），可获得由于混合而产生的益处。碎玻璃按指定比例均匀铺在配合料上面，输入窑头仓，窑头仓不得溢仓或空仓。保证窑头仓有 1h 配合料储备量。

B 输送机名称及参数

浮法（350t）：皮带输送机 TD75，$B=650$mm，速度 1.25m/s，电机 11kW。

浮法（700t）：皮带输送机 TD75，$B = 800$mm，速度 1.25m/s，电机 22kW。

C　输送操作

与配料流程联锁不联动，另行控制。开始配料前配料操作员按动电铃发出信号后，原熔皮带操作员就人工启动原熔皮带机以备输送配合料。当配合料到达碎玻璃片 BCP 秤下方，配合料堆触动行程开关下料（碎玻璃片）；当配合料放完行程开关复位，碎玻璃片 BCP 秤下料结束。配料完毕，人工关闭原熔皮带机。

以上介绍了某厂 350t 和 700t 浮法线原料车间的主要操作流程，其中部分设备及流程具有一些优点，不足之处将在后续有关章节中讨论。

2　硅质矿物原料

硅质矿物原料指的是 SiO_2 含量很高的天然石英矿物原料。硅质矿物原料属硅酸盐矿物，通常包括石英岩、石英砂、石英砂岩、脉石英、粉石英等。石英是地壳中最丰富的矿物之一，以石英为主要矿物的岩石分布广泛，应用量最多。本章将讨论硅质矿物原料的特性，平板玻璃对硅质矿物原料的要求，并介绍我国中南部分地区硅质原料资源及开采、应用的概况。

2.1　硅质矿物原料概述

2.1.1　硅砂定义与分类

石英砂（习惯称为硅砂）是一个矿产品的专用名词，泛指石英成分占绝对优势的各种砂。硅砂又分为天然砂和人造硅砂两种。

天然砂指石英成分占绝对优势的海砂、河砂、湖砂等。地质学按成因将它们划分为冲积砂、洪积砂、坡积砂、残积砂等。天然松散的砂统称为天然砂。

人造砂指工业上把由石英砂岩、石英岩、脉石英等岩石加工而成一定粒度的砂，称为人造石英砂，也叫硅砂。

2.1.2　石英的主要物理化学性质

2.1.2.1　主要化学性质

石英化学成分为 SiO_2，化学性质稳定，不溶于酸（除 HF），微溶于 KOH 溶液中。

2.1.2.2　主要物理性质

石英呈玻璃光泽，断口呈油脂光泽，贝壳状断口，硬度 7，密度 2.65 ~ 2.66g/cm^3。颜色因含杂质不一，无色透明的叫水晶，乳白色的叫乳石英。

2.1.2.3　石英的多晶转化

按其结晶习性分类，三方晶系的为低温石英，又叫 α-石英，简称石英；六方晶系的为高温石英，又称 β-石英。石英有 8 种类质同象变种，在常压下 SiO_2 同质多相的转变温度和体积变化情况如图 2-1 所示。

高温型的迟缓转化。在图 2-1 中所示的横向变化，即 α-石英、α-鳞石英、α-方石英之间的转变。这种转化由表面开始逐步向内部进行，转化后发生结构变化，形成新的稳定晶型，因而需要较高的活化能。转化进程缓慢，转化时体积变化 ΔV 较大，并需要高的温度。尽管体积变化大，但由于转化速度慢，对制品的稳定影响并不太大。玻璃生产时为了加速转化，加入纯碱等助熔剂。

高低温型的迅速转化。在图 2-1 中所示的纵向变化，例如 α-鳞石英、β-鳞石英和 γ-鳞石英之间的转变。这种转化进行迅速，转化是在达到转化温度之后，晶体表里同时瞬间发生转化，转化后结构不发生特殊变化，因而转化较容易进行，体积变化 ΔV 不大，转化为可逆的。

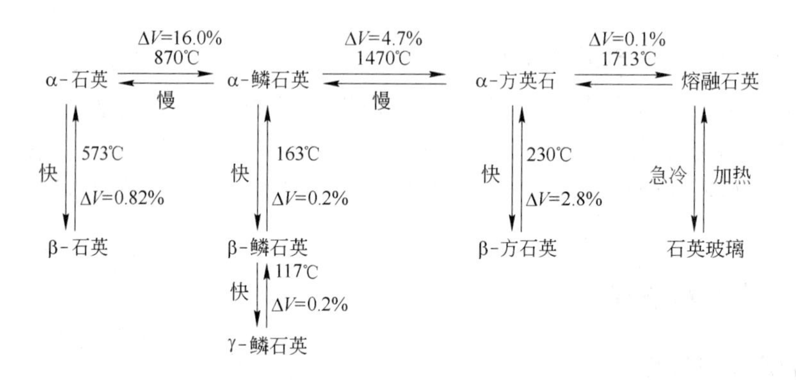

图 2-1 在常压下 SiO_2 同质多相的转变温度和体积变化

2.2 硅质原料矿的分类

2.2.1 按矿物组成与岩相学分类

《非金属矿工业手册》（上册）[1]第 186 页中和《矿产原料手册》[4]第 277 ~ 279 页中，将硅质原料划分五类。

（1）石英岩。由石英砂或其他硅质岩石经区域变质作用或热接触变质作用而成的变质岩，以石英为主，含量大于 85%。由于原岩所含杂质和变质条件不同，岩石中除石英外，可含有少量长石、绢云母、绿泥石、白云母、黑云母、角闪石、辉石、硅线石、蓝晶石、磁铁矿等。一般具有粒状变晶结构，有时具条带状构造。

（2）石英砂。石英砂是由暴露在地表的富含石英的岩石经风化作用而形成的。石英砂的矿物含量变化很大，以石英含量最高，常含有长石、云母、绿泥石、黏土矿物以及各种岩石的碎屑、重矿物（石榴石、电气石、辉石、角闪石、榍石、黄玉、绿帘石、钛铁矿）等。砂的形状有棱角状、次棱角状、浑圆状等，形态随产状不同而变化。颗粒大小一般在 0.5 ~ 2mm 之间，呈未胶结松散状。

（3）石英砂岩。石英砂岩是一种固结的砂质岩石。其石英和硅质碎屑含量一般在 95% 以上，副矿物多为长石、云母和黏土矿物，重矿物含量很少。常见的重矿物有电气石、金红石、磁铁矿、钛铁矿等。胶结物一般为硅质，硅质胶结的石英砂岩又称为硅质石英砂岩，胶结物主要是蛋白石、玉髓等。此外还有碳酸盐、铁质、石膏、磷酸盐、海绿石质的石英砂岩。白云质胶结的石英砂岩虽有，但很少见。岩石通常为浅色，多为白色。碎屑颗粒磨圆和分选性良好。波痕、交错层理发育，是碎屑物经长期或反复侵蚀、搬运的产物。

（4）脉石英。脉石英是与花岗岩有关的岩浆热液矿脉。其矿物组成几乎全部为石英，石英含量可达99%以上，常含少量黄铁矿、赤铁矿、黄铜矿、方铅矿及长石、云母等矿物。岩石为白色、浅灰白色、油脂光泽。不等粒变晶结构，是坚硬致密块状。

（5）粉石英。粉石英是一种由微晶石英组成，颗粒极细、二氧化硅含量很高的天然石英矿。粉石英这一名词过去叫法很多，有“风化硅土”等。商业上也称为“非晶质硅石”。另外，工业上还有一个名词叫“微细硅石”，它既包括天然的粉石英，同时也包括由硅质矿物原料（石英岩、脉石英等）加工而成的石英细粉。粒度均匀，大小在5～20μm，个别在40～60μm。颜色是白色、灰白色。结构松散。

2.2.2　按状态分类

为描述矿石爆破后的状态，将硅质矿物分为砂类和岩类。

（1）砂类。松散或基本松散块度100mm以下的占绝大多数的硅质矿物称为砂、砾类，简称砂类。硅质原料工业中，地质人员常采用十进位标准，粒度1mm以下者为砂，大于1mm者为砾。石英砂的分级标准见表2-1。

表2-1　石英砂的分级标准

名　称		粒径/mm	名　称		粒径/mm
砾	巨　砾	>1000	砂	粗　砂	1～0.5
	粗　砾	1000～100		中　砂	0.5～0.25
	中　砾	100～10		细　砂	0.25～0.1
	细　砾	10～1		粉　砂	0.1～0.01
			土	黏　土	<0.01

（2）岩类。坚硬或较坚硬，致密或较致密的块状岩石硅质矿物，其块度100mm以上占绝大多数的称为岩、砾类，简称岩类。

2.2.3　按成因分类

《非金属矿工业手册》（上册）（第188页）中，将硅质原料划分为四大类，见表2-2。《中国非金属矿产资源及其利用与开发》[9]一书（第107～108页）中，将硅质原料划分为七类，见表2-3。

表2-2　硅质原料矿床类型及矿床实例

矿床类型	主要矿石类型	矿体特征	矿石特征	成矿时代	实　例
沉积-变质矿床	石英岩	矿体形态复杂，一般层状，长几千米，宽几百米，厚几十至上百米	矿石呈乳白色，致密坚硬、块状，油脂光泽，半透明，性脆、粒状构造。抗侵蚀能力强，次生裂隙少，铁染微弱。矿石成分简单，石英96%～98%，胶结物为硅质；矿石的化学成分：SiO_2含量大于98%，Al_2O_3含量小于1%，Fe_2O_3含量小于0.1%	元古代	安徽凤阳石英岩矿床等

续表 2-2

矿床类型	主要矿石类型	矿体特征	矿石特征	成矿时代	实　例
海相沉积矿床	石英砂岩、石英岩、石英砂	层状，长上千米，宽几百米，厚几十米	矿石为白或灰白中细粒石英砂岩，石英岩或石英砂。颗粒多在0.2～0.4mm之间。化学成分：SiO_2含量大于97%，Al_2O_3含量为0.32%～0.6%，Fe_2O_3含量小于0.1%。石英石的成分变化复杂	震旦纪，泥盆纪，第四纪	河南洛阳方山石英砂岩矿床，湖北长山石英砂岩矿床，湖南雷子排石英砂岩矿床
陆相沉积矿床	泥质石英砂岩，泥质石英砂，石英砂等	透镜状，产于碎屑岩中，长几百至上千米，宽几百米，厚几米至二三十米	矿石成分复杂，都含少量长石；胶结物多为泥质，含铁量较高，矿石结构松散，有害杂质多	中生代，新生代（第三纪、第四纪）	湖北岩屋庙石英砂岩矿床，江西松峰湖砂矿床
脉石英-伟晶岩型矿床	脉石英，硅质岩	不规则脉状，长十余至几百米，宽几十至上百米，厚几至十几米	隐晶质块状构造，矿石成分单一，SiO_2含量一般在99%以上，Al_2O_3含量为0.2%～0.3%，Fe_2O_3含量小于0.05%	太古代，中生代	湖北灵虬山脉石英矿床，湖北赤眉山脉石英矿床，仙人岭硅质岩矿床

表 2-3　硅质原料不同矿床及其特征

矿种	矿床成因类型	成矿作用	成矿地质背景	构造环境	矿床特征		成矿时代	实例
					矿　体	矿　石		
石英岩	绿片岩相千枚岩片岩石英岩建造区域变质型石英岩矿床	区域变质作用	石英砂岩经受区域变质作用成矿	边缘海	层状，长几千米，宽几百米，厚几十至上百米	乳白，粒状结构，坚硬块状构造，硅质胶结，SiO_2含量为96%～99%，Fe_2O_3含量为0.08%～1.3%，Al_2O_3含量小于0.05%	元古代	皖凤阳老青山
石英砂岩	海相硅质岩建造沉积型石英砂岩矿床	沉积作用	石英砂分选富集经成岩作用成矿	海　洋	层状，长上千米，宽几百米，厚几十米	灰白，块状构造，粒状结构，SiO_2含量大于96%，Fe_2O_3含量为0.1%～0.2%，Al_2O_3含量小于1.5%	震旦纪，寒武纪，泥盆纪	湘潭家湾
	湖相碎屑岩建造沉积型石英砂岩矿床	沉积作用	石英砂分选富集经成岩作用成矿	内陆湖盆	透镜状，产于碎屑岩中，长几百至上千米，宽几百米，厚几米至二三十米	白，浅灰，块状构造，中细粒砂状结构，SiO_2含量在97%左右，Fe_2O_3含量为0.17%左右，Al_2O_3含量小于2%	侏罗纪，白垩纪	鄂当阳岩屋庙
	第四纪滨海碎屑建造石英砂矿床	沉积作用	石英砂分选富集成矿	大陆滨海	沿海滩分布，层状，长上千米，宽几十至几百米，厚几至十几米	石英含量大于90%，SiO_2含量为92%～98%，Fe_2O_3含量为0.1%～0.2%，Al_2O_3含量为0.1%～3.5%	第四纪	闽东山梧龙，鲁荣城旭口

续表 2-3

矿种	矿床成因类型	成矿作用	成矿地质背景	构造环境	矿床特征		成矿时代	实例
					矿体	矿石		
石英砂	第三纪、第四纪湖相碎屑建造石英砂矿床	沉积作用	石英砂分选富集成矿	大陆内部	沿湖分布，层状，长几百米，宽几十米，厚几米	石英含量为 69% ~92%，SiO_2 含量为 89% ~93%，Fe_2O_3 含量为 0.19% ~0.35%，Al_2O_3 含量为 3.45% ~5.5%	第三纪，第四纪	赣永修松峰，蒙通辽甘旗卡
	第三纪、第四纪河流碎屑建造石英砂矿床	沉积作用	石英砂分选富集成矿	大陆内部	层状，透镜状，长几百米至上千米，宽几十至四五百米，厚几米至二三十余米，与黏土互层	石英含量为 46% ~98%，选矿后：SiO_2 含量为 89% ~93%，Fe_2O_3 含量为 0.07% ~0.35%，Al_2O_3 含量为 2% ~5%	第三纪，第四纪	苏宿迁
脉石英	脉石英建造热液充填型脉石英矿床	热液充填作用	花岗岩浆或混合岩化岩浆的富硅热液充填成矿	地缝合带附近或弧后岩浆带及其继承性地区	不规则脉状，长十余至几百米，宽几十至上百米，厚几至十几米	隐晶质块状构造，SiO_2 含量大于 99%，Fe_2O_3 含量小于 0.05%，Al_2O_3 含量为 0.2% ~0.3%	太古代，元古代，古生代	川峨边金江河、鄂灵虬山

2.3 硅质原料矿地质工作要求

玻璃用硅质原料矿床地质工作要求，包括地质勘探、矿石品质测试、矿石储量圈定三方面内容，简要叙述如下。

2.3.1 硅质原料矿床勘探类型及勘探工程网度

玻璃硅质原料的地质工作包括普查、详查、勘探三个阶段。找矿详查是勘探工作的基础，勘探是找矿详查地质工作的继续，两者不能截然分开。找矿详查阶段是以地表地质研究和揭露为主，配合必要的深部工程控制，对矿床作出初步工业评价。矿床勘探是对已经确定具有一定工业意义的矿床继续深入进行地质研究外，往往要动用较多的勘探工程，来追索和圈定矿体，查明矿床的地质特征，对矿床作出确切的工业评价。

合理的勘探程度，要综合体现矿床地质勘探工作的经济效果，既要满足工业生产利用的要求，又要看地质勘探工作是否经济合理，是否超出了矿山设计和建设的需要。

地质工作者在总结我国玻璃硅质原料矿床地质勘探经验的基础上，地质勘探规范将矿床划分为三个勘探类型，见表 2-4 和表 2-5。

表 2-4 勘探类型划分依据

勘探类型	矿床特征
Ⅰ类	矿体形态简单，矿石质量稳定，地质构造简单的矿床
Ⅱ类	矿体形态简单，矿石质量较稳定，矿体内不连续夹层较多，或矿床地质构造较复杂，或矿床内火成岩较发育，为大中型矿床
Ⅲ类	矿体形态复杂，矿石质量不稳定的矿床

表 2-5 不同勘探类型对应勘探工程间距

勘探类型	矿床类型	勘探工程间距/m			
		B 级		C 级	
		沿走向	沿倾斜	沿走向	沿倾斜
Ⅰ类	岩类、砂类	100 ~ 150	100 ~ 150	200 ~ 300	200 ~ 300
Ⅱ类	岩　类	75 ~ 100	75 ~ 100	150 ~ 200	150 ~ 200
	砂　类	50 ~ 75	50 ~ 75	100 ~ 150	100 ~ 150
Ⅲ类	岩类、砂类			50 ~ 75	50 ~ 75

注：对于延展不大的矿床，勘探线不宜少于 2 ~ 4 条，勘探工程的间距，密度一般大于表中所列的密度。

若某一矿床已进行过地质勘探，编写了地质勘探报告，玻璃专业人员可以从报告中的勘探工程间距（网度）数据，来判别勘探类型，由勘探类型判别该矿床大致矿体地质特征。

2.3.2 矿石质量主要测试项目要求

具体如下：

（1）矿石化学成分测试项目。

基本分析项目：为矿体圈定和储量计算的主要依据，包括 SiO_2、Al_2O_3、Fe_2O_3 三项。

组合分析项目：确定矿石中对玻璃生产有影响的主要伴生组分，包括 TiO_2、Cr_2O_3 等。

多元素分析项目：按层或矿石类型采取 2 ~ 3 个有代表性的样品，了解矿石中其他伴生组分，包括 SiO_2、Al_2O_3、Fe_2O_3、TiO_2、Cr_2O_3、CaO、MgO、K_2O、Na_2O、烧失量。

（2）矿石颗粒度测试项目。分五级：即小于 0.1mm、+0.1 ~ −0.3mm、+0.3 ~ −0.5mm、+0.5 ~ −0.8mm 和大于 0.8mm 颗粒各占多少比例。

2.3.3 玻璃用硅质原料矿储量要求

具体如下：

（1）大型玻璃厂。矿山建设设计储量 200 万吨以上，其中 B 级应占 25% ~30%，C 级占 75% ~70%。

（2）中型玻璃厂。矿山建设设计储量 100 万 ~200 万吨，其中 B 级应占 20% ~25%，C 级占 80% ~75%。

（3）小型玻璃厂。矿山建设设计储量 20 万 ~100 万吨，确保 C 级 100%。

以上矿山建设设计储量是原国家建材部的规定。现在市场发生了巨大变化，而且全国范围内资源分布严重不均衡，对于矿山储量由各玻璃厂自行设定，通常是建本厂基地与外购成品相结合，但外购成品也应了解相应的储量以及勘探方面内容。

2.4 平板玻璃用硅质原料化学成分要求

有关国家标准规定了硅质原料的技术要求、测定方法、检验规则及运输、贮存和质量证明书等，其中硅砂化学成分要求见表 2-6。

表 2-6 硅砂化学成分要求（摘自 JC/T 529—1994） （%）

级别	SiO_2	Al_2O_3	Fe_2O_3
优等品	≥98.5	≤1.0	≤0.05
一级品	≥98.0	≤1.0	≤0.10
二级品	≥96.0	≤2.0	≤0.20
三级品	≥92.0	≤4.5	≤0.25
四级品	≥90.0	≤5.5	≤0.30

2.5 硅砂的主要用途及主要选矿方法

2.5.1 硅砂的主要用途

硅质矿物原料是重要的工业原料，且大多以利用石英的理化性质为主。硅砂是生产硅酸盐玻璃的主要原料，也是制造陶瓷坯体及冶金、玻璃、炼焦用耐火材料（硅砖）的原料。硅砂还可作为研磨材料、涂料、颜料、搪瓷的填料等。此外铁合金制造、石油、化工、环保、铸造行业都要用到硅砂。不同行业对硅砂有不同的要求，本节主要讨论与平板玻璃相关的内容。

2.5.2 硅砂的主要选矿方法

从上述各类硅质原料组成看，要用于玻璃或其他行业，尤其是石英砂，矿是不够纯的，开采的原矿并不能直接用于玻璃生产，通常要剔除或降低有害化学成分。所以，地质勘探报告评价矿石质量或加工流程中涉及选矿（去除杂质）问题。下面将硅砂（包括天然砂和人造砂）选矿方法及分选原理（表 2-7）作简要介绍。

表 2-7 硅砂主要选矿方法

选矿方法		分选原理	适用范围
擦洗及选择性磨矿法	擦洗	硅砂在强烈搅拌的高浓度矿浆中互相摩擦，其岩面氧化铁薄膜及细泥被擦洗掉	产品要求泥含量低，SiO_2 含量较高，且不损害颗粒形状，尤其适用于生产铸造砂，也适用于一般硅砂浮选前预处理
	选择性磨矿	长石风化后硬度较小，通过适当磨矿而粉碎	硅砂中杂质矿物风化较严重，产品不需保护粒形，如生产玻璃砂等
筛分法		将不同粒度的硅砂按筛网几何尺寸分为筛上或筛下产物	用以除掉原砂中过粗（如砾石等）或过细颗粒，或将产品筛分成用户所需的不同粒级，适用于处理各种用途的硅砂
重选法	水洗脱泥	使结块或石英颗粒黏附的黏土细泥在水中处于悬浮，在水流作用下使黏土及其他微细颗粒分出	玻璃、铸造等工业用砂脱除黏土细泥
	水力分级	根据不同粒度矿物在水中沉降速度不同，在上升水作用下将宽级别粒群分为若干个粒级产物	分出不同粒级以满足用户，适于处理铸造砂、玻璃砂、水泥标准砂等
	摇床选矿	铁等密度大的矿粒在水中沉降较快，密度小的石英颗粒在横向及纵向水流联合作用下与其分开	玻璃砂中除去铁及其他重矿物颗粒

续表 2-7

选矿方法	分选原理	适用范围
浮选法	根据石英与其他矿物表面物化性质的差异，在浮选药剂作用下使之与杂质矿物分离	浮法玻璃用优质砂中除去长石、岩屑、铁及其他重矿物
磁选法	含铁、铬等磁性矿物，在外加磁场作用下与非磁性的石英分离	玻璃砂中除去铁、铬等磁性矿物颗粒
化学选矿法（酸洗）	石英表面薄膜铁或褐铁矿颗粒在酸作用下生成易溶解化合物	生产高级玻璃制品用硅砂中除去铁质污染等

2.6 中南部分地区硅质原料资源

硅质原料资源在全国各省市都有分布，本节主要介绍湖北资源，附带介绍周边的资源。

2.6.1 硅质原料资源概述

2.6.1.1 资源储量现状

湖北境内已探明的各类硅质原料资源储量为 2.2884 亿吨，可以扩大到 3.6184 亿吨以上。其中包括泥盆纪石英砂岩 0.8231 亿吨，可以扩大到 0.9323 亿吨以上；脉石英（含硅质岩）1.0414 亿吨，可以扩大到 2.2414 亿吨以上；天然砂（长石质砂岩）0.4447 亿吨。做过 A + B + C 级工作储量为 3666 万吨，做过 D 级工作储量为 2199 万吨。泥盆纪石英砂岩矿在湖北省有相当大的储量，其次脉石英矿资源也很丰富。

2.6.1.2 资源分布现状

据《中国硅质原料矿床地质》[2]一书介绍，长江流域砂岩分布区（Ⅱ）就有湖北一片，见图 2-2。但这些资源有相当部分不能开采，或有重要公路、铁路通过，或被大片房屋或可耕可林地占去，或因为城市建设整治环境等原因以及相当部分挪作他用（作建筑石料使用），此外湖北的平板玻璃、各种玻璃制品、钢铁、铸造等企业在过去几十年已用去一部分，其储量有所缩小，并造成资源分布不均衡及交通不够方便。南方平板玻璃的主要资源泥盆系石英砂岩矿，一些有希望的矿点地质工作深度不够，已做过地质工作的基本开采利用完毕。有几家企业自办矿山，但因为未进行地质工作或深度不够而放弃。

2.6.2 硅质原料资源实例介绍

本节介绍石英砂岩、天然砂、脉石英资源。

2.6.2.1 1号地石英砂岩矿

A 矿床类型

沉积矿床，上泥盆统（晚泥盆世）。

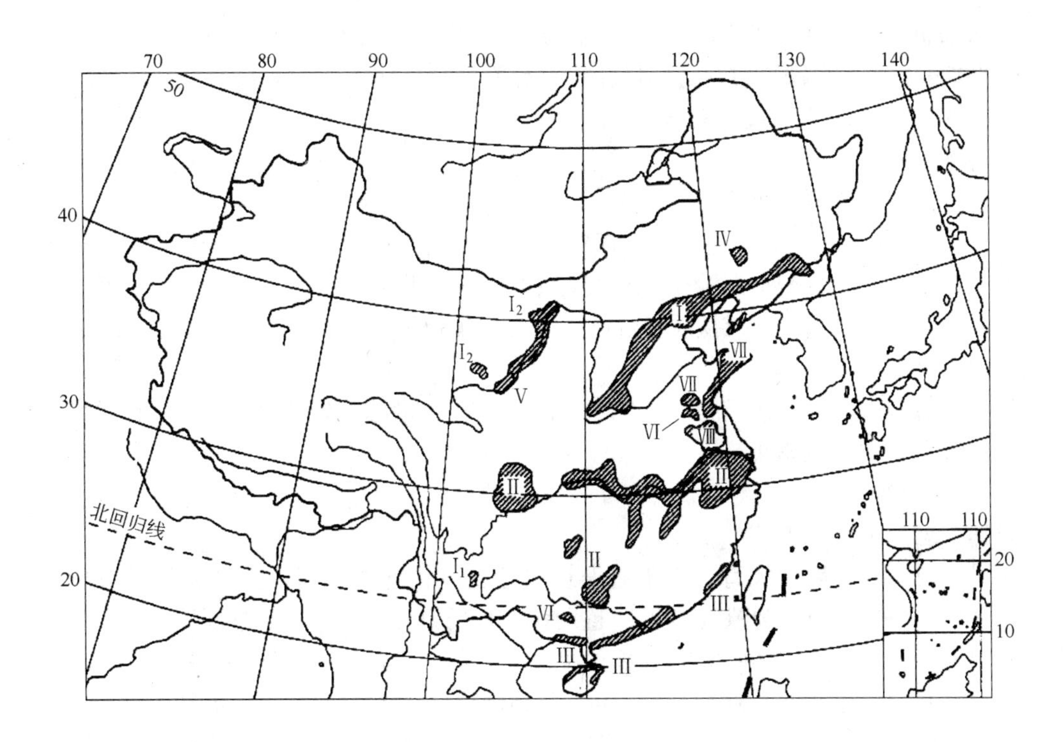

图 2-2 中国玻璃硅质原料成矿区域图

B 矿层特征

矿区矿层（D_3L^{1-2}）长约 600m（工程控制的部分），厚度一般为 13～18m。

C 矿石类型

矿石绝大多数分为细粒石英砂岩。白-灰白色，部分略带黄色。厚层状，细粒砂状结构，粒径 0.1～0.3mm 者占 85% 以上。个别为（中）细粒石英砂岩及石英岩状砂岩。碎屑成分：石英为 95% 左右。根据人工重砂和岩矿鉴定资料含有少量硅质碎屑（3% 左右）、微量的黏土粒（或长石）、褐铁矿、电气石、绿帘石、锆石、金红石等矿物。碎屑多具次圆状，少数石英具有次生加大再生长现象。胶结类型主要为接触式胶结，胶结物成分主要是水云母、绢云母、少量硅质（部分见微量褐铁矿）。有少部分矿石中黏土粒含量在3%～5% 左右。成为含黏土细粒石英砂岩。另外还有少量矿石为含砾（中）细粒石英砂岩。砾石为石英质，砾石含量 5%～10%。细粒石英砂岩为含矿层（D_3L^{1-2}层）中的最主要矿石类型，而含黏土细粒石英砂岩多分布在含矿层的上部层位或夹层近旁，含砾细粒石英砂岩则往往分布在含矿层的下部层位。

D 矿石质量

矿区矿体主要化学成分为 SiO_2，其含量一般大于 97.5%，次要成分为 Al_2O_3 和 Fe_2O_3，其中 Al_2O_3 一般含量小于 1.2%，Fe_2O_3 一般含量小于 0.20%。另外有微量的 TiO_2、Cr_2O_3、CaO、MgO、K_2O、Na_2O 等。通过 19 个采矿工程统计，得知：一般 SiO_2 为 97.205%～99.27%，其工程平均值 97.13%～98.68%；Al_2O_3 为 0.20%～2.07%，其工程平均值 0.39%～0.95%；Fe_2O_3 为 0.054%～0.34%，其工程平均值 0.12%～0.187%。

从统计数据看出，矿石中 SiO_2 与 Al_2O_3 一般呈现消长关系，即 SiO_2 较高者，Al_2O_3 较低；SiO_2 较低者，Al_2O_3 较高。但 SiO_2 高 Fe_2O_3 不一定低；Al_2O_3 低 Fe_2O_3 不一定低。Fe_2O_3 的变化直接与含铁物质本身的赋存状态有关。

E 铁的赋存状态及夹石分布情况

具体如下：

（1）矿区所见铁质的赋存状态可分以下几点：

1）在胶结物中：根据大量的岩鉴资料，部分矿石之胶结物中含有少量褐铁矿，铁的含量受其胶结物的含量增加而增高。但铁质含量在胶结物中含量是不均匀的，胶结物含量高，铁的含量不一定高。所以铁质在胶结物中局部集中可造成铁质含量增高，形成带状分布而产生内夹层。

2）含铁质的碎屑矿物：部分矿石碎屑物中含有少量的褐铁矿（磁铁矿极微量）粒，呈星点状分布（局部较密集）。

3）次生浸染铁质物。

具体介绍如下：

①矿区节理（裂隙）发育，由于地表长期经受风化淋滤作用，常沿裂隙（节理）而染有带铁质的泥质薄膜。裂隙（节理）越发育，其浸染越严重，一般近断层附近节理较一般地段更发育，而在稍离断层情况逐渐变好。断层影响带宽度一般在3m左右。

②地表基岩风化深度一般为1.5～3m，其顶部盖有0.1～1m的黄褐色砂质黏土、亚黏土夹砂岩碎块。风化基岩破碎，胶结松散，往往夹褐色黏土，其裂隙（节理）发育，沿裂面铁质浸染较重。

③地表岩石风化强烈，裂隙发育。往深部，构造节理仍然不少，但沿其裂面铁染较地表轻微。

矿石中 Fe_2O_3 的含量受节理裂隙次生铁泥质浸染物的影响，而使含量增高。这些含铁泥质物多呈薄膜状黏附于节理面上，经过水冲洗后，能够除去一部分，从而可以不同程度地降低矿石中 Fe_2O_3 的含量。也说明了次生含铁泥质物的可洗性，同时指出了该类型矿石用简单的水冲洗选矿是提高矿石质量的良好途径。

（2）夹层分布情况。在 D_3L^{1-2} 矿层之中，上部常见黏土岩或黏土质粉砂岩，黏土质细粒石英砂岩夹层（JA），其含铁量偏高，它的厚度变化较大（0～3.9m），呈不连续透镜体分布。此内夹层的分布呈不连续的透镜状，大致是东薄西厚。

F TiO_2 含量变化的一般情况

TiO_2 对于玻璃石英砂岩原料来说，是一种有害组分。根据少数重砂样品的鉴定，本矿区岩（矿）石中含有少量的金红石、板钛矿、白钛石等矿物，随着层位和岩性的不同，其 TiO_2 含量有变化。

TiO_2 含量变化规律如下：

（1）D_3L^{1-2} 含矿层的细粒石英砂岩（玻璃用石英砂岩）TiO_2 含量小于0.1%，一般在0.06%～0.08%之间。

（2）底板 D_3L^{1-1} 层的 TiO_2 含量较低，一般小于0.1%，个别样达到0.13%。

（3）顶板 $D_3L^{1-3}+D_3L^2$ 层的 TiO_2 含量偏高，一般接近0.2%，少数超过0.2%。

（4）D_3L^{1-2} 层中的（含铁）黏土质细粒石英砂岩夹层 TiO_2 含量较高，一般为0.5%左右。

综合上述，矿区有害组分含量 TiO_2 一般是较低的，特别是矿体含量都小于0.1%，对平板玻璃的生产影响不大。另外，矿石中 Cr_2O_3 含量甚微，一般小于0.0001%，对矿石质量影响更小。

G 矿层的顶底板

a 矿层底板

矿层（D_3L^{1-2}）的底板厚度一般为1~2.5m，其岩性自下而上分述如下：

底部砂砾岩，厚约0.5~1.0m，东厚西薄。上部为含砾细粒石英砂岩或含砾黏土（中）细粒石英砂岩，厚度不等，一般1m左右。砾石成分以石英为主，含极少量燧石、黏土砾（长石风化）。砾的磨圆度一般较好，大小均一，分选良好，成熟度较高。

D_3L^{1-1}层化学组分一般 SiO_2 96%~98%，Al_2O_3 0.5%~2%，Fe_2O_3 0.2%~1%。

b 矿层顶板（D_3L^{1-3}）

下部为（含铁）黏土质细粒石英砂岩，厚约0.1~0.5m。上部含黏土（中）细粒石英砂岩，厚约5m。下部与 D_3L^{1-2}的界线一般明显，但各处厚薄不一。矿层顶盖层化学组分一般 SiO_2 在96%以上、Al_2O_3 1%~5%、Fe_2O_3 0.3%~1%。

c 覆盖情况及综合利用的可能性

矿区顶板 D_3L^{1-3} 层和 D_3L^2 层组成了矿区的覆盖层。由于各处风化剥蚀情况不一，D_3L^2 层出露厚薄不同。其顶部的浮土碎石等残坡积物不多，一般不超过2m。

由于 D_3L^{1-3}层和 D_3L^2 层在矿区出露较厚，剥采比个别地段大于1∶1或接近1∶1，再加内夹层的剥离，使全矿区剥采比接近于1∶1。考虑综合利用，矿层的覆盖层为石英砂岩，可开采作硅石料或建筑石材等用。

H 开采技术条件

a 开采

本矿区矿体埋藏不深，适合露天开采。矿区第四系覆盖不厚，矿体上覆地层可以考虑综合利用，以期改善开采技术条件。

b 矿石和围岩的物理力学性质

具体如下：

（1）矿石易磨性。矿层及其顶板岩层多为厚层状石英砂岩，岩石致密坚硬，除局部受断层或极发育的节理影响处，岩石尚完整，稳定性较好。

选择了代表性的矿层和顶板围岩作了抗压强度试验，结果如下：

矿层 D_3L^{1-2}：垂直层面抗压强度一般为199.1~260.6MPa，个别为134.7MPa，平行层面抗压强度一般为145.1~180.2MPa，个别大于270.3MPa。

顶层 D_3L^{1-3}：垂直层面抗压强度一般为169.1MPa，平行层面抗压强度为109.2MPa。

底层 D_3L^{1-1}：垂直层面抗压强度为123.3MPa，平行层面抗压强度为244.0MPa。

上述结果表明，极限抗压强度较大，岩石较坚固，有利于开采边坡的稳定性。岩石的易磨性较差。

（2）松散系数、安息角、块度。松散系数：根据附近历年开采经验数字，一般开采后1.5t/m^3（实际体重为2.6t/m^3），即松散系数为1.73。安息角：45°~50°。开采的块度：一般30~50cm。

2.6.2.2 2号地石英砂岩矿

A 矿床类型

沉积矿床，上泥盆统（晚泥盆世）。

B 矿层特征

东矿段：矿区矿层长约280m（工程控制的部分），厚度13 ~ 14m。西矿段主要矿层长约200m以上，厚度15 ~ 17m，西矿段次要矿层长200m以上，厚7m。

C 矿石类型

矿石为细粒石英砂岩，粒径0.1 ~ 0.3mm，约占85%以上。碎屑成分以石英为主，约占90%左右，微量矿物有黏土（或长石）、电气石、锆石、绿帘石、褐铁矿等。矿物为接触式胶结，胶结物主要为水云母、绢云母、硅质等。矿层下部少数矿石含砾石，含量5% ~ 10%。

D 矿石质量

东矿段：矿石化学成分平均品位（B + C + D）：SiO_2 98.09%，Al_2O_3 0.87%，Fe_2O_3 0.162%。

西矿段：矿石化学成分平均品位（D外）：SiO_2 98.36%，Al_2O_3 0.62%，Fe_2O_3 0.162%。

2号地石英砂岩矿矿床地质特征、矿层时代、矿石性质类型以及覆盖层等方面同1号地石英砂岩矿区相似。

2.6.2.3 3号地石英砂岩矿

A 矿床类型

沉积矿床，上泥盆统（晚泥盆世）。

B 矿层特征

矿区矿体（层）长353m（工程控制的部分），出露宽度30m左右，厚度一般19m左右（16.28 ~ 19.59m）。

C 矿石类型

矿石为灰白色-白色细粒石英砂岩（石英岩状砂岩），厚层状，下部3 ~ 5m含砾。底板为灰白，浅黄色砂质砾岩，下部为黄绿色黏土质页岩，粉砂岩。矿石为细粒砂状结构，主要矿物为石英，有微量岩屑、白云母、电气石、白钛石、绿帘石等。岩石致密，石英有次生加大现象。

D 矿石质量

矿石矿物成分及化学成分较稳定。平均化学成分：SiO_2 98.87%，Al_2O_3 0.51%，Fe_2O_3 0.114%。

E 实验室流程试验

本矿区矿石由地质人员按地质规定取样，送玻璃研究设计院进行实验室流程试验（把块矿加工成砂：破碎、筛分、磨矿、水洗、分级、磁选以及化学分析和粒度分析），其试验结果见表2-8 ~ 表2-12。

表 2-8 原矿多元素化学分析 (%)

样号 \ 元素	SiO_2	Al_2O_3	Fe_2O_3	CaO	MgO	TiO_2	K_2O	Na_2O	烧失量
H_1	98.71	0.63	0.094 (0.17)	0.21	0.015	0.047	0.13	0.011	0.28
H_2	98.25	0.68	0.38 (0.50)						
Y_1	98.64	0.70	0.085 (0.24)						
Y_2	99.34	0.28	0.065 (0.16)						
Y_3	98.20	0.77	0.32 (0.43)						

注：括号内数据为未去除制样过程中混入的机械铁的化验结果。

表 2-9 石英精砂质量指标和粒度分析 (%)

样号 \ 指标	对原矿产率	化学成分			粒度组成		
		SiO_2	Al_2O_3	Fe_2O_3	+0.71mm	-0.71~0.125mm	-0.125mm
H_1	80.11~80.67	99.15~99.18	0.37~0.40	0.059~0.062	0.00	90.99	9.01
H_2	70.02~70.31	98.62~98.67	0.44~0.46	0.33~0.35	0.00	90.92	9.08
Y_1	78.19~78.76	98.90	0.46~0.47	0.066~0.073	0.00	91.27	8.73
Y_2	78.86~79.12	99.45~99.47	0.22~0.24	0.037~0.042	0.00	90.90	9.10
Y_3	70.91~70.37	98.59~98.68	0.44~0.46	0.29~0.30	0.00	90.81	9.19

表 2-10 验证样精砂粒度筛析结果

粒级/mm	H_2			Y_1			Y_2			Y_3		
	质量/g	产率/%	累计产率/%	质量/g	产率/%	累计产率/%	质量/g	产率/%	累计产率/%	质量/g	产率/%	累计产率/%
+0.71	0.00	0.00	0.00	0.00	0.00	0.00	0.00	0.00	0.00	0.00	0.00	0.00
-0.71~0.5	19.1	8.90	8.90	24.3	11.22	11.22	15.0	7.85	7.85	21.0	10.43	10.43
-0.5~0.315	35.9	16.72	25.62	44.6	20.60	31.82	40.1	20.97	28.82	30.7	15.24	25.67
-0.315~0.2	63.7	29.67	55.29	62.2	28.73	60.55	68.2	35.67	64.49	55.6	27.61	53.28
-0.2~0.125	76.5	35.63	90.92	66.5	30.72	91.27	50.5	26.41	90.90	75.6	37.53	90.81
-0.125	19.5	9.08	100.00	18.9	8.73	100.00	17.4	9.10	100.00	18.5	9.19	100.00
合　计	214.7	100.00		216.5	100.00		191.2	100.00		201.4	100.00	
筛前样重	215.2g			216.7g			191.5g			201.9g		

表 2-11 磁选试验

序　号	磁场强度/Oe	精砂产率/%	Fe_2O_3 含量/%
1	3000	80.51	0.065
2	5000	80.10	0.063
3	13000	79.85	0.062

表 2-12 精砂多元素化学分析

元　素	SiO_2	Al_2O_3	Fe_2O_3	CaO	MgO	TiO_2	K_2O	Na_2O	烧失量
含量/%	99.16	0.40	0.060	0.020	0.011	0.042	0.088	0.009	0.24

结果表明，H_1、Y_1、Y_2 三种样的精砂质量均达到合同要求，H_2、Y_3 两种样的精砂质量除 Fe_2O_3 含量稍高外，其他质量指标均达到合同要求。

从表 2-11 看出，磁选作业能降低分级沉砂中 Fe_2O_3 含量，但随着磁场强度的升高，其 Fe_2O_3 含量变化不大，故确定磁选作业的磁场强度为 3000Oe（1Oe = 80A/m）。

流程试验结论：本次试验采用的工艺流程成熟可靠，结果稳定，数据齐全，可作为设计建厂的依据。

该矿区无论从矿石质量还是储量都是最有希望的矿区。

2.6.2.4 4 号地石英砂岩矿

A 矿床类型

沉积矿床，上泥盆统（晚泥盆世）。

B 矿层特征

矿区矿体（层）呈长带状向西南展布约 6000m（有断层多处），工程控制部分 328m，工程揭露厚度16 ~ 19m。

C 矿石类型及特征

矿石类型为白-灰白色细-中粒石英砂岩，细粒或中粒砂状结构，接触式胶结。组成矿物成分：石英碎屑（94% ~98%），硅质岩岩屑（1% ~2%），石英岩岩屑（1%）、磁铁矿、电气石、白钛矿、锆石、绿帘石偶见。胶结物主要是绢云母，其次有少量铁质及硅质。

石英分选性和磨圆度均好，粒径 0.1 ~0.35mm，粒级大小分布较均匀，呈次圆 ~ 次棱角状，少数石英有次生加大和波状消光观象。硅质岩岩屑及石英岩岩屑的表面一般附着泥质和铁质。胶结物中的绢云母呈集合体状，充填在碎屑间隙处。由于胶结物较少，大部分碎屑颗粒互相紧密接触而呈典型的接触式胶结。

D 矿石质量

矿石化学成分：

SiO_2：97.96% ~ 99.27%，绝大多数大于 98%，平均 98.76%；Al_2O_3：0.29% ~ 1.58%，绝大多数 0.3% ~ 0.9%，平均 0.53%；Fe_2O_3：0.05% ~ 0.22%，绝大多数 0.08% ~0.12%，平均 0.10%。

无论横向或纵向，上述三个主要组分变化甚小，表明矿石质量相当稳定。

根据单样分析结果，全部样品的 SiO_2 及 Al_2O_3 达到Ⅰ类Ⅱ级矿石品位要求，而 Fe_2O_3 含量，除个别大于 0.2% 外，其余 60% 不大于 0.1%，换言之，半数以上达到Ⅰ类Ⅱ级矿石标准。

E 铝和铁的赋存状态

铝：主要赋存于胶结物绢云母中。

铁：来源于胶结物中的铁质，偶尔存在的原生磁铁矿和表部沿裂隙（节理）面黏附的次生铁质薄膜，这种次生铁质薄膜常常形成 1 ~3mm 的包壳，此表部矿石受次生铁染影响的深度一般在 3 ~4m。

F 矿层的顶底板

矿层直接底板为灰白色-淡红色黏土岩，经 510 和 709 样采分析结果：SiO_2 65.60% ~

68.10%，Al_2O_3 17.47% ~18.80%，Fe_2O_3 2.03% ~4.22%。

矿层顶板，主要为含铁黏土质细粒石英砂岩，间夹黏土岩，石英砂岩中含黏土质及铁质明显增高，因此一般作剥离物处理。

G 开采条件及剥采比

本矿区矿石节理较发育，覆盖层不大，适合露采。各块段剥采比为0.11~0.19，总剥离比为0.15。

2.6.2.5 5~11号地石英砂岩矿

5~11号地石英砂岩矿简要情况汇总于表2-13。

表2-13 5~11号地石英砂岩矿简要情况一览表

矿区序号	地质年代	矿体（层）规模	矿石类型	矿石质量	开采利用简况
5号地	泥盆纪	长2000m；宽50m；厚15m	细（中）粒石英砂岩、白-灰白色	SiO_2 大于98%，Al_2O_3 0.75%，Fe_2O_3 0.46%	开采过做建筑石料
6号地	泥盆纪		细（中）粒石英砂岩、白-灰白色、厚层状结构	SiO_2 97.74%，Al_2O_3 0.75%，Fe_2O_3 0.05%，CaO 0.05%，Na_2O 0.016%，K_2O 0.01%，TiO_2 0.12%，P_2O_5 0.009%	开采多年做玻璃瓶用
7号地	泥盆纪	长980m；宽60~560m；厚（平均）23m	细（中）粒石英砂岩、白-灰白色、厚层状结构	平均 SiO_2 98.03%，Al_2O_3 0.60%，Fe_2O_3 0.24%，TiO_2 一般0.08%	开采多年生产平板玻璃
8号地	泥盆纪	长1000m；宽50m；厚18m	细（中）粒石英砂岩、白-灰白色	SiO_2 大于98%，Al_2O_3 0.37%，Fe_2O_3 0.16%	开采过做建筑石料
9号地	二叠纪	长3000m；宽50m；厚7m		SiO_2 95% ~98%，Al_2O_3 0.58% ~1.39%，Fe_2O_3 0.13% ~0.35%	开采过做建筑石料
10号地	泥盆纪		细（中）粒石英砂岩、白-灰白微带淡黄色	SiO_2 98%，Al_2O_3 0.32%，Fe_2O_3 0.21%，烧失量0.71%	开采多年做玻璃瓶
11号地	泥盆纪		（砂状）	SiO_2 95%以上，水洗后 SiO_2 97% ~98%	开采过做玻璃瓶

2.6.2.6 安徽柏子村石英岩矿

A 位置和交通

矿区位于安徽省安庆市北西12km处，有简易公路相通，水路有石门湖码头与长江航线连通。

B 矿区地质特征

a 地层

矿区内出露地层自下而上主要有：

志留系下统高家边组（S_1g）：千枚粉状砂泥质粘板岩夹千枚页岩。志留系中统坟头组（S_2f）：黄绿、灰绿色砂岩及砂质页岩。泥盆系上统五通组（D_3w）：主要为白色中厚层石英岩，夹少量石英片岩，底部为厚层含砾石英岩，厚约 29 ~ 95m。与下伏地层呈平行不整合接触。

b 构造

区内褶皱构造主要为石门湖向斜南西段，该段核部地层为五通组石英岩，北西及南东两翼地层依次为坟头组，高家边组，地层对倾，倾角平缓，轴面近直立。

区内断裂构造发育，主要有以下三类：

F_1、F_3：正断层，走向近南北，地表见两条，其中 F_1 倾向东，倾角 45°。F_3 倾向西，倾角陡。

F_2：性质不明断层，地表见一条，走向由北西转向近南北向，位于拟采区西侧山沟中，断层两侧地层出露不连续，产状凌乱，受断层影响岩石节理较发育，断层附近可见黄绿色、灰绿色断层泥。

F_4：逆断层，发育于五通组与坟头组之间，走向北东，倾向南东，倾角 85°，地表表现为岩石破碎硅化，地层被错移。

C 矿体地质特征

a 矿床规模、形态及产状

本矿床赋矿地层为泥盆系上统五通组（D_3w）石英岩，矿体呈层状，产状平缓，走向北东及北西，倾向南东及南西，倾角约 9° ~ 42°，矿层平面呈宽带状，赋存最低标高 150m，最高 205m。拟采区平面呈梯形，平均长 135m，宽 100m，拟建采场开采基准面标高 150m，最大高差 55m，面积 13500m^2。

b 矿石自然类型、化学成分

矿石自然类型为白色中厚层石英岩，局部为浅灰白色，中粒变晶结构，块状构造，裂隙及孔隙发育处因长期风化淋滤，表面具铁染，呈浅褐黄色、浅紫红色。矿物成分较均匀。主要为石英，少量白云母和铁质。邻近矿区相同层位矿石化学成分：SiO_2 98.48%，Fe_2O_3 0.028%（合肥水泥设计研究院单样品分析结果）；国土资源部合肥矿产资源监督检测中心本矿区样品分析结果：SiO_2 98.59%，Fe_2O_3 0.053%，Al_2O_3 0.42%，TiO_2 0.085%，CaO 0.22%，MgO 0.23%。

c 矿石力学物理性能

矿石基本为新鲜矿石，结构致密坚硬，抗风化能力强。与邻区同类矿石类比，力学物理性能参数：密度 2.50g/cm^3，摩氏硬度大于 5.5 级。

d 影响矿石质量的因素

影响玻璃石英岩质量的主要有害化学成分为 Fe_2O_3，含 Fe_2O_3 的矿物主要为褐铁矿，有害组分的赋存状态和分布除主要受沉积环境控制外，后期的变质作用和断裂构造均可影响矿石质量。断裂构造不仅破坏了地层和矿体的完整性和连续性，也为热液活动提供了通道和沉淀场所，同时加快了风化和铁泥质浸染，因此，靠近断层处岩石裂隙发育，由于常年的雨水冲刷、淋滤，铁染较严重，现场观察，风化淋滤影响深度平均 1.2m，局部可达 2m。

e 成因类型

矿床成因类型属沉积变质型。

f 矿体覆盖层、顶、底板围岩及夹石

矿体赋存于泥盆系上统五通组（D_3w）白色中厚层石英岩中，覆盖层主要为第四系坡积的亚砂土、含砾亚黏土等。厚0.2～1.2m，平均0.7m，覆盖层较薄，另外其下矿体表层有平均厚1.2m的风化淋滤层，因铁质增高而无法利用。矿体无顶板，底板为志留系中统坟头组（S_2f）砂质页岩。通过地表踏勘，矿体未见夹石。

g 矿石加工技术性能

本次工作未进行矿石加工技术性能试验。已建成的工业生产流程证实矿石坚硬需多道破碎，方可生产出成品石英砂。

D 主要开采技术条件

矿体大部分裸露地表，覆盖层薄，开采断面最大高差为55m，高差中等。组成露天采场边坡的岩石为五通组（D_3w）中厚层石英岩，地表基本未风化，受断层影响，局部岩石裂隙较发育，密度一般1～2条/m，完整性一般，岩体结构类型为中厚层状结构，属极坚硬不易软化岩石，岩石稳固性好，拟采区内未发现软弱夹层及影响边坡稳定的软弱结构面存在，边坡稳定性良好。开采初期一般不会产生滑坡、泥石流等不良地质现象，随着掌子面和边坡高度的增大，因矿体局部完整性较差，雨季可能会出现小范围的滑坡或崩塌等现象。

E 储量及品位

本矿区确定为333类资源：63.3万吨，剥采比0.12∶1。

本矿区矿石化学分析结果：SiO_2 98.59%，Al_2O_3 0.42%，Fe_2O_3 0.053%，CaO 0.22%，MgO 0.23%，TiO_2 0.085%，可邻近矿区同层位岩石以往曾做地质普查工作，样品分析测试后加权平均SiO_2只有96.5%。本矿区工业生产其化学成分：Al_2O_3 0.52%～0.82%，Fe_2O_3 0.15%～0.16%，说明SiO_2大于98%。其工业生产成品砂粒度分析见表2-14。

表2-14 工业生产成品砂粒度分析 （%）

粒径/mm	+0.9	-0.9～0.71	-0.71～0.154	-0.154～0.125	-0.125～0.113	-0.113
白色成品砂	0.07（≤2mm）	2.42	47.75	4.78	18.86	26.11
黄色成品砂	0.13（≤2mm）	1.93	54.39	4.57	17.35	21.60

2.6.2.7 12～16号地硅砂（天然砂）矿资源

12～16号地硅砂（天然砂）矿简要情况汇总于表2-15。

表2-15 12～16号地硅砂（天然砂）矿简要情况一览表

矿区序号	地质年代	矿体(层)规模	矿石类型	矿石（砂）质量	开采利用简况
12号地	白垩纪		半固结泥质（长石）石英砂岩	SiO_2 90%左右	未开采（交通不便）
13号地	白垩纪	长几千米；宽70m；厚40m	半固结泥质（长石）石英砂岩	Al_2O_3 2.07%～12.05%，Fe_2O_3 0.26%～0.63%	开采多年做建筑石料

续表 2-15

矿区序号	地质年代	矿体(层)规模	矿石类型	矿石（砂）质量	开采利用简况
14 号地	第四纪	长几千米；宽几十米；厚几十米	松散泥质（长石）石英砂	SiO_2 89.9%，Al_2O_3 4.90%，Fe_2O_3 0.81%（擦洗后 0.3%）	开采多年，主要做铸造型砂，次要做玻璃瓶
15 号地	第四纪		松散泥质石英砂	SiO_2 91.17% ~ 92.39%，Al_2O_3 3.60% ~4.15%，Fe_2O_3 0.15% ~0.19%	开采做铸造型砂
16 号地	第四纪至现代	长几百米；宽几十米；厚几米	松散石英砂（中粗粒）	平均：SiO_2 93.77%，Al_2O_3 3.05%，Fe_2O_3 0.16%，TiO_2 0.11%，K_2O 1.54%，CaO 0.09%，MgO 0.05%，Cr_2O_3 微量	开采做型砂、玻璃瓶

2.6.2.8 17 号地脉石英矿

A 矿床类型

岩浆热液裂隙充填脉石英矿床，太古代。

B 矿层特征

全矿区共有 6 个矿体，以 1 号脉和 2 号脉规模最大，其余 4 个矿体规模小。1 号脉长 250 ~280m，宽 200m，厚 19.88 ~40.83m。2 号脉地表形态呈哑铃状，中间细，两头大，全长 380m，其中以北段规模最大长约 150m，宽 120m，而中段宽 15 ~30m，南段宽 60 ~90m。3 ~6 号脉长 50m 或小于 50m，宽 30m 或小于 30m，厚小于 1、2 号脉的厚度。

C 矿石类型

矿石呈白色、灰白色，由于地表铁质的浸染，有的矿石呈现浅黄-肉红色，断口呈贝壳状，乳白色油脂光泽。矿物成分几乎全由石英组成，粒径一般为 1mm，部分大于 2mm，颗粒间以弯曲的缝合线接触，并有单向延伸平行排列的特点。其他矿物有微量黄铁矿、白云母，局部见有绢云母、绿泥石、铁锰质及辉钼、黄铁矿团块形成的褐铁矿分散晕和沿节理分布的白云母等。

D 矿石质量

原矿化学成分：SiO_2 最高为 99.74%，最低为 98.42%，一般大于 99.00%。Al_2O_3 最高为 0.158%，最低为 0.006%，一般在 0.02% 左右。Fe_2O_3 最高为 0.158%，最低为 0.006%，一般在 0.02% 左右。Cr_2O_3 均小于 0.0004%，一般 0.0001% ~0.0002%。TiO_2 均小于 0.01%。CaO 一般 0.05% ~ 0.10%，MgO 一般 0.01% ~ 0.02%，K_2O 一般 0.02% ~0.03%，Na_2O 一般 0.07%。S 在 0.002% ~0.004% 之间。总之矿石质量优良，而且比较稳定。另有资料显示：SiO_2 99.00%，Al_2O_3 0.25%，Fe_2O_3 0.02%，CaO 0.08%，MgO 0.02%，TiO_2 小于 10×10^{-4}%，Cr_2O_3 小于 4×10^{-4}%，K_2O 0.11%，Na_2O 0.07%，SO_3 30×10^{-4}%。

E 开采利用简况

本矿区脉石英是我国大型优质脉石英矿床之一，开发利用较早，用于生产平板玻璃、器皿玻璃、工艺玻璃、技术玻璃、享有极高的声誉，但英国地质工程师设维尔认为此矿用于生产平板玻璃时对熔化不利。

2.6.2.9 18号地硅石矿

18号地各矿点矿床地质特征和矿石质量汇总于表2-16中。

表2-16 18号地各矿点矿床地质特征和矿石质量一览表

矿点序号	矿体规模			产状			地质特征（产出时代）	化学成分/%			
	长/m	宽/m	深/m	走向/(°)	倾向	倾角/(°)		SiO_2	Fe_2O_3	Al_2O_3	CaO
1号矿点（硅石脉）	5500	15	50	45	SE		NE3500mpt SW2000mr^{bc}				
2号矿点（硅石脉）	3000	10	30	60	NW		r^{bc}	98.87	0.14	0.96	0.028
3号矿点（硅石脉）	8500	20	50	55	SE		pt	99.26	0.21	0.50	0.028
4号矿点（硅石脉）	1800	10	30	50	NW		pt	99.50	0.096	0.38	0.022
5号矿点（硅石脉）	3500	20	50	100			∈、r^{bc}	99.60	0.15	0.18	0.045
6号矿点（硅石脉）	1500	10	30	50	NW		r^{bc}				
7号矿点（硅石脉）	8500	15	30	45	NW		r^{bc}	99.80	0.061	0.096	0.022
8号矿点（硅石脉）	5500	15	30	45~50	NW		r^{bc}与Z	99.80	0.061	0.096	0.022
9号矿点（硅石脉）	1200	15	30	45			r^{bc}	99.85	0.11	0.01	0.030
10号矿点（硅石脉）	2000	10	20	45			$\in_2$	99.20	0.21	0.01	0.02
11号矿点（硅石脉）	800	10	30	60	NW		$\in_2$	99.80	0.13	0.02	0.05
12号矿点（硅石脉）								99.6	0.15	0.13	0.045
13号矿点（硅石脉）								99.8	0.061	0.096	0.022
14号矿点（硅石脉）								99.5	0.096	0.38	0.022
15号矿点（硅石脉）								97.73	1.24	0.9	0.06

2.6.2.10 19~22号地脉石英矿

19~22号地脉石英矿资源简况汇总于表2-17中。

表2-17 19~22号地脉石英矿资源简况一览表

矿点序号	交通	矿床类型	矿体规模	矿石化学成分	开发应用	地质工作	储量/万吨
19号地	汽车转火车	脉石英	长234m； 宽20~40m； 厚3~7m	SiO_2 97.61%，Al_2O_3 0.05%，Fe_2O_3 2.62%，CrO_3 0.001%，TiO_2 0.0%	小规模开采	某地质云母队勘探	
20号地	汽车200km	脉石英	长300m； 宽0.2~2m； 厚1~2m	SiO_2 98.00%，Al_2O_3 0.77%，Fe_2O_3 0.04%，CaO 0.23%，MgO 0.07%	小规模开采销售块矿	某地质A分队槽探	
21号地	汽车100km	脉石英	4条脉； 长1000m； 平均厚2.5m	SiO_2 99.6% ~ 96.4%，Fe_2O_3 微量	小规模开采		
22号地	汽车200km	脉石英	矿脉不连续，较分散	SiO_2 98%以上，Fe_2O_3 0.1%以下	未开采，交通不便	某地质B分队找矿	200以上

2.7 硅砂矿山加工实例

2.7.1 概述

从上述2.6节资源介绍中看到，各种类矿物都不够直接利用，主要是化学成分或多或少存在差异，副矿物或伴生矿物既有有益的成分，也有有害的成分。而玻璃生产对硅质原料有相当高的要求：要求有益成分要在一定范围之上，有害成分要在一定范围之下。为此，加工提纯矿石（砂），使之成为玻璃原料，用于玻璃生产，是玻璃生产中重要的一环。

不同的矿种其形成条件不同，矿物组成和结构不同。加工工艺合理，可以大幅度提高硅砂产品质量，对玻璃生产十分有利。较差的矿源，若选择合理的加工工艺，可以变差为好，或变废为宝。矿源一旦经选择确定，加工工艺就要认真考虑，充分发挥优势，避开或消除劣势。

选择加工工艺大体上需考虑如下四点：一是能提高化学成分品位，剔除有害杂质；二是能得到理想的颗粒度，提高配合料混合均匀度；三是能在不增加成本的原则上考虑硅砂改性，降低硅砂熔点和澄清时间；四是综合考虑使其硅砂产率尽可能高、质量尽可能高、成本尽可能低。

作者到过许多矿山并认真分析过各自的特点。有矿山从20世纪50年代开始生产硅砂，近50年间经历过多次修改，已成为成熟的工艺。已开采40年、30年的矿山也相当多，开采20年、十几年的矿山有百余家，工艺各有特点，尤其在原矿剥离和开采、筛分、洗选、除铁、成品砂堆放均化方面各有诀窍。

2.7.2 加工实例介绍

本节介绍代表性矿山的加工工艺，供矿山加工流程设计选用。同时从另一角度去认识和讨论矿物，或讨论玻璃生产。

2.7.2.1 *响堂湾硅砂矿*

A 概述

响堂湾硅砂矿，年产平板玻璃用硅砂5.5万吨。矿石属泥盆系石英砂岩，硬度中等偏低，爆破后200mm以上的块状约占1%～5%，50～200mm块状约占30%左右，50mm以下或砂状占大多数。

B 生产工艺

工艺利用山坡高差而布置，湿法生产，东西两条生产线并排，工艺流程见图2-3。

C 优点和缺点介绍

a 优点

具体如下：

（1）矿石适合对辊加工，其成品砂粒较理想，成品砂粒度分析统计数据：大于0.9mm含量比例为0.07%～0.11%，－0.9～＋0.71mm含量比例为1.17%～2.22%，－0.71～＋0.125mm含量比例为65.77%～68.48%，－0.125～＋0.113mm含量比例为19.79%～20.76%，小于0.113mm含量比例为9.39%～12.29%。绝大多数集中在0.5～0.2mm之间。投产初期粗粒控制较差，粗粒比例稍大。

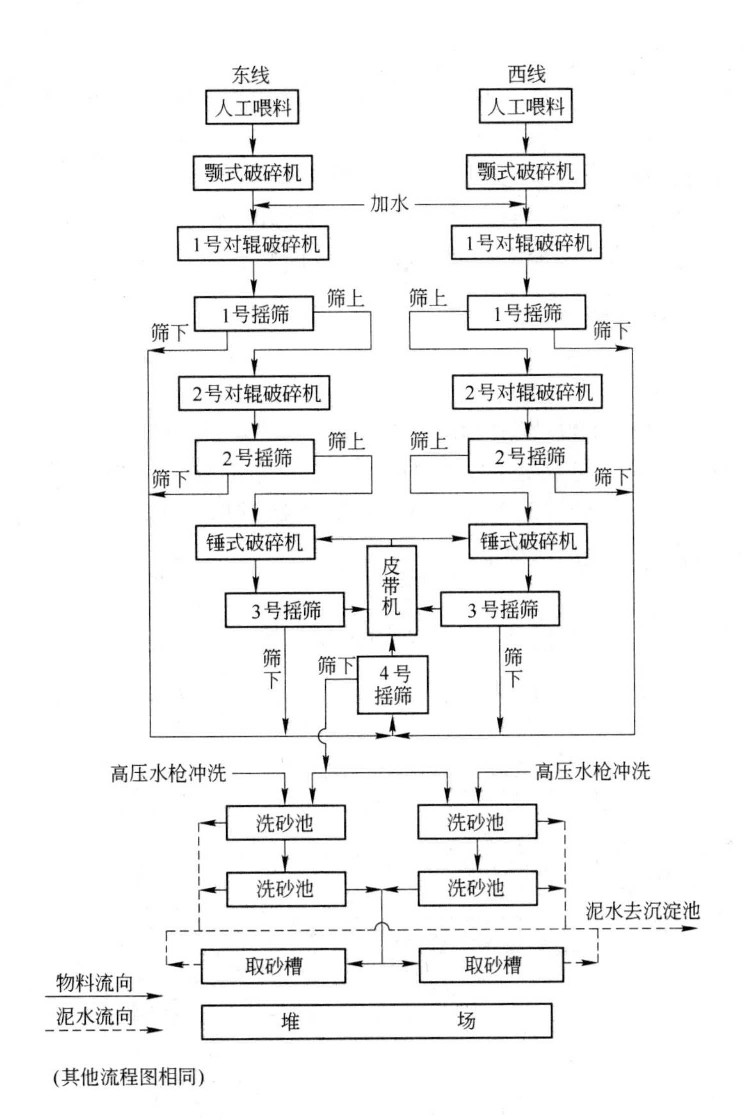

图 2-3 响堂湾硅砂矿工艺流程示意图

（2）水源充足，可以通过大水量充分水洗（高压水枪冲洗），洗去原矿中含黏土泥质，使黏土中的铁、铝含量下降，硅含量提高。成品砂统计数据 SiO_2 98.02% ~98.91%之间，平均为98.4%；Al_2O_3 0.39% ~0.96%之间，平均为0.71%；Fe_2O_3 0.08% ~0.39%之间，平均为0.20%；烧失量0.26% ~0.86%之间，平均为0.36%。

（3）除铁磁块布置方便，永久磁铁块多，所有砂浆水沟水槽均可安放磁块，机械加工带入的铁清除较干净。

（4）成品砂滤水快，水分稳定。因为成品砂粒度较粗，形状接近圆粒，排水（滤水）快，水分稳定，成品砂水分测定值90%的波动在0.5%范围内（实测水分在6.3% ~5.8%之间）。最大波动在1%范围内（即实测水分在6.6% ~5.6%之间）。假若不用行车抓斗取料而是取料机取料，水分将还可以缩小。

b 缺点

具体如下：

（1）矿石顶板及夹层薄，不易选矿剔除，混入原矿中，带入 Fe_2O_3 波动大且偏高。开采选矿难度较大，影响成品砂质量。

（2）矿石因裂隙发育，浸染形成的薄膜铁因为擦洗机桨叶材料差而取消，薄膜铁影响了成品砂质量。生产工艺设计不够先进，重点是擦洗和除铁。

英国地质工程师设维尔认为本矿硅砂成分和粒度具有一定的优势。

2.7.2.2 黄金桥硅砂矿

A 概述

黄金桥硅砂矿，年产平板玻璃用硅砂 3 万吨，小型试验性矿山。矿石资源以附近多家建筑石料采石场为基地，选取泥盆系优质石英砂岩作为原矿。采石场一般爆破后大于 200mm 块状占 1% ~5%，50 ~200mm 块状占约 40%，50mm 以下的，砂状约占大多数。从中选出优质砂岩作硅砂生产原矿。

B 生产工艺

加工工艺顺山坡布置，湿法生产，四台石辊碾并排，工艺流程见图 2-4。

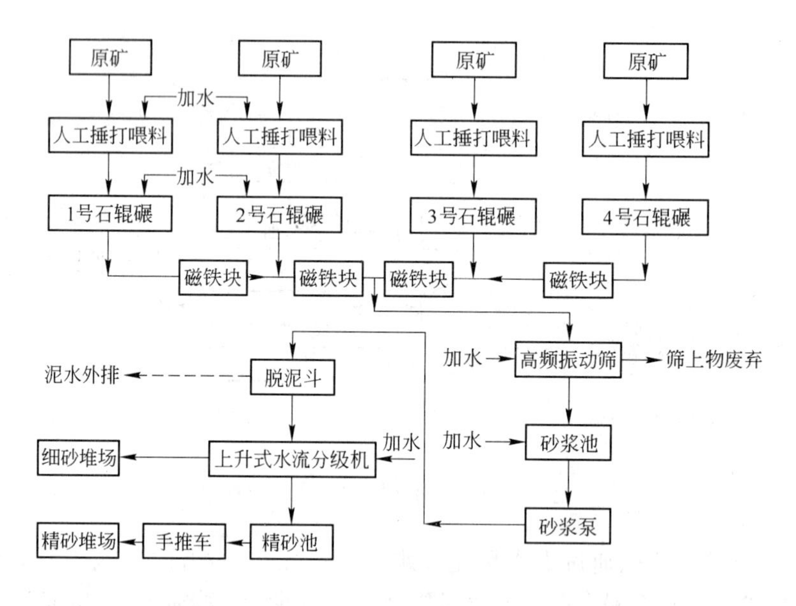

图 2-4 黄金桥硅砂矿工艺流程示意图

C 优点和缺点介绍

a 优点

优点具体如下：

（1）原矿可挑选范围大，采场多，且均属同一泥盆系石英砂岩类型，矿石质量优良。生产出的成品砂统计数据，SiO_2 最高为 99.0%，最低为 98.27%，平均为 98.68%；Al_2O_3 最高为 0.63%，最低为 0.22%，平均为 0.40%；Fe_2O_3 最高为 0.26%，最低为 0.15%，平均为 0.19%；烧失量最高为 0.45%，最低为 0.17%，平均为 0.32%，较同类型矿响堂湾砂矿其成品砂品位略有提高：SiO_2 提高了 0.28%，Al_2O_3 降低了 0.31%，Fe_2O_3 降低了 0.01%。

（2）机械铁少。石辊碾加工破碎一次完成，加工机械铁远比对辊破碎机加工尤其比锤式破碎机加工少，永久磁铁块吸铁其尾矿铁屑数量少。

（3）石辊碾加工具有较强的擦洗作用，矿石中的薄膜铁大多可以去除。

b 缺点

缺点具体如下：

（1）矿石硬度较大，黄金桥硅砂矿与响堂湾矿相比，石块普遍大、偏硬。

（2）石辊碾加工，成品砂粒度不易掌握，粒径分散，不是集中在0.5～0.2mm之间，且偏细。统计数据显示：大于0.9mm颗粒占0.42%～0.83%，0.45mm筛上颗粒占6.76%～10.68%，0.282mm筛上颗粒占5.76%～12.96%，0.19mm筛上颗粒占13.48%～17.8%，0.154mm筛上颗粒占12.74%～14.53%，0.125mm筛上颗粒占11.60%～12.22%，0.113mm筛上颗粒占7.28%～8.23%，小于0.113mm颗粒占24.38%～41.72%。说明该矿石不适合石辊碾加工，当然与生产管理技巧尚未掌握也有关系。

（3）水源不充足，污染大。

2.7.2.3 湖北一厂硅砂矿

A 概述

湖北一厂硅砂矿，厂办附属车间，年产平板玻璃用精砂4万吨，后多次扩建。矿石属白垩纪长石石英砂岩类，原矿爆破后为砂状。

B 生产工艺

附属车间建在玻璃厂内，平地上布置，湿法生产，两条生产线，工艺流程见图2-5。

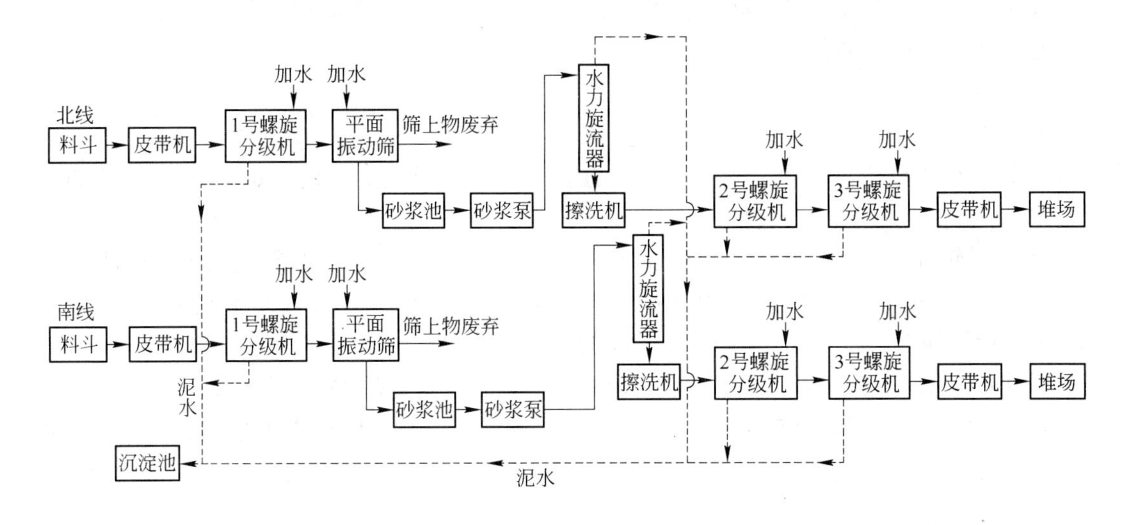

图2-5 湖北一厂硅砂矿工艺流程示意图

C 优点和缺点介绍

a 优点

具体如下：

（1）矿石易加工。矿石爆破后呈砂状，不用破碎设备，只要分级水洗处理，工艺流程较简单，投资小，成本低。

（2）原矿粒度较理想。地质资料数据显示：算术平均值：大于 0.8mm 颗粒比例为 0.19%，0.8～0.5mm 颗粒比例为 0.95%，0.5～0.3mm 颗粒比例为 20.48%，0.3～0.1mm 颗粒比例为 64.05%，小于 0.1mm 颗粒比例为 13.83%。

（3）配料可不用长石。因精砂中 Al_2O_3 含量偏高，不用长石再提供 Al_2O_3，减少了长石的超细粉问题，提高了混合均匀度。

b 缺点

具体如下：

（1）矿石中 Al_2O_3 含量较高，经擦洗可减少 Al_2O_3 含量，但精砂对原矿产率较低。矿石中的 SiO_2 含量偏低，Fe_2O_3 偏高，经擦洗可提高 SiO_2 含量，降低 Fe_2O_3 含量，但仍不能单独作硅砂配料，仍需搭配高硅低铁硅砂共同配料，硅砂库存管理要严格，不能混料。

（2）加工工艺建在玻璃厂内，废弃的筛上物虽然量不大（约占原矿的 5%），但长时间积集，无处存放。更主要的是加工后余下的尾砂泥量大（约占原矿的 40% 以上），长时间积集，无处存放，严重污染厂内环境。

2.7.2.4 青山冲硅砂矿

A 概述

青山冲硅砂矿，年产平板玻璃用硅砂 5 万吨，另有 2 万吨块矿用于炼硅钢。矿石为泥盆系石英砂岩（带紫色），较松散，爆破后大于 100mm 的块约占 20%，5～100mm 的块约占 40%～50%，5mm 以下的颗粒或砂状占 30%～40%。

B 生产工艺

工艺顺山坡地形而布置，湿法生产，东西两条线并排，工艺流程见图 2-6。

C 优点和缺点介绍

a 优点

具体如下：

（1）原矿硬度小，比较容易加工。自办机修车间自己设计对辊（ϕ300mm × 500mm）功率 5.5kW/台，生产成本较低。

（2）对辊加工，且每破碎一次过筛一次，避免过粉碎，成品砂颗粒较理想。统计数据显示，大于 0.9mm 的颗粒比例为 0.02%～0.32%，－0.9～＋0.125mm 的颗粒比例为 72.95%～82.04%，－0.125～＋0.113mm 的颗粒比例为 5.58%～10.93%，小于 0.113mm 的颗粒比例为 12.14%～15.97%。高压水枪多次冲洗，细粒及泥质排放较多。

（3）除铁及时，每半小时人工清除磁铁块上的铁屑一次，机械铁基本清除干净。

b 缺点

具体如下：

（1）矿源复杂，夹层多，选矿难度大，又无磁选机，矿石中的化合结构铁无法清除，成品砂中 Fe_2O_3 含量较高且波动较大是该矿最大的缺点。

（2）水源不充足，尤其冬季缺水，循环水成泥浆水，成品硅砂中 Fe_2O_3 到冬季更高。

2.7.2.5 畔塘硅砂矿

A 概述

畔塘硅砂矿，年产平板玻璃用硅砂 5 万吨，另有仪表玻璃用硅砂 2 万吨，铸造型砂 1

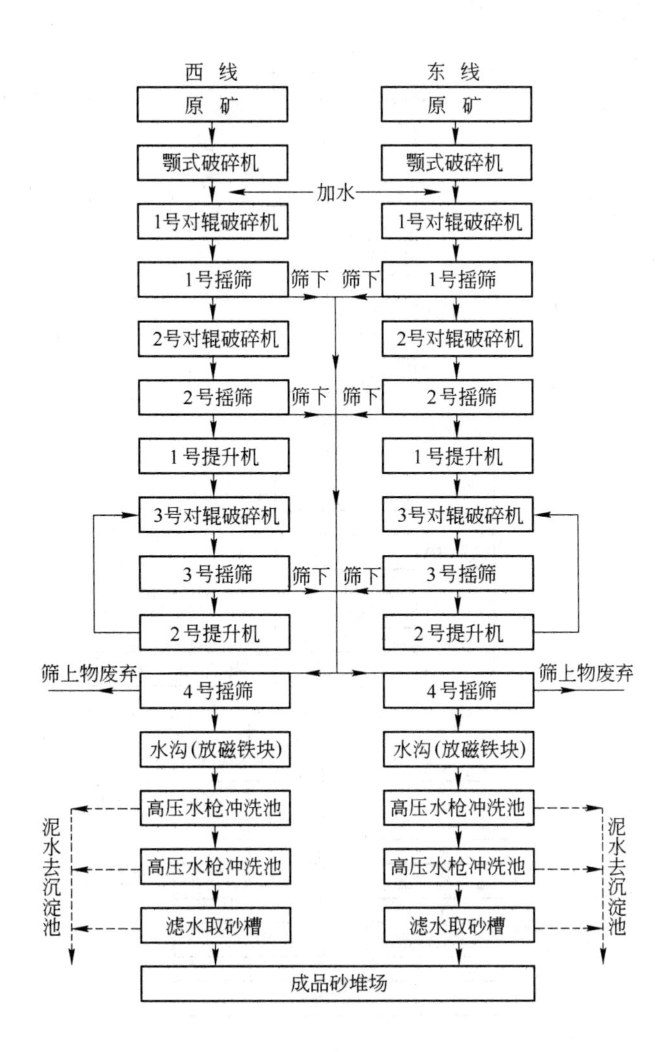

图2-6 青山冲硅砂矿工艺流程示意图

万吨。原矿泥盆系石英砂岩硬度稍大，爆破后大于200mm的块约占10%～20%，100～200mm的块约占20%～30%，小于100mm的块或砂状约占55%～65%。

B 生产工艺

工艺顺山坡地形而布置，湿法生产，三条生产线并排，工艺流程（其中一条线）见图2-7。

C 优点和缺点介绍

a 优点

具体如下：

（1）矿石化学成分较好，其中一层矿石含铁量很低，但这层矿石用于生产仪表玻璃，其余的生产普通平板玻璃。生产平板玻璃成品砂化学成分：SiO_2 97.82%～98.78%，平均为98.4%；Al_2O_3 0.65%～1.22%，平均为0.84%；Fe_2O_3 0.17%～0.39%，平均为0.269%；烧失量0.16%～0.50%，平均为0.42%。

（2）矿石适合对辊加工，粒度较好。成品砂粒度分析：大于0.9mm的颗粒比例

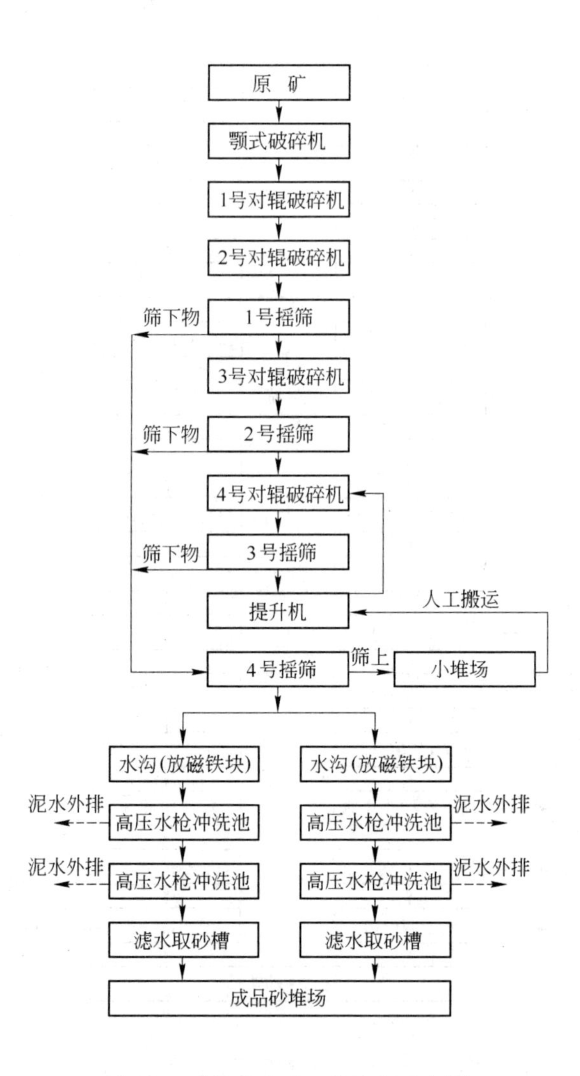

图 2-7　畔塘硅砂矿工艺流程示意图

为 0.05%，-0.9 ~ +0.125mm 的颗粒比例为 91.74%，-0.125 ~ +0.113mm 的颗粒比例为 0.7%，小于 0.113mm 的颗粒比例为 7.51%。流程设计破碎后及时过筛避免了过粉碎。

（3）人工除铁及时，每半小时清除磁铁一次，机械加工铁基本干净。否则成品砂 Fe_2O_3 更高。

b　缺点

具体如下：

（1）矿石埋藏深，剥采比大，选矿操作难度大，设计未选用磁选机，矿石中的化合铁无法清除。

（2）水源缺乏，尤其冬季缺水，基本是泥浆水洗砂，所以成品砂 Fe_2O_3 更高。

本矿成品砂样品连续取样 60 天寄美国分析，化学成分基本可满足 PPG 无槽引上工艺要求，但颗粒度需要改进提高。

2.7.2.6 荷塘硅砂矿

A 概述

荷塘硅砂矿，年产平板玻璃用硅砂12万吨。原矿属泥盆系石英砂岩类。剥采比不大，夹层不多。但矿石硬度大，爆破后200~600mm的块占绝大多数，600mm以上的块占一定比例，小块比例很少。

B 生产工艺

工艺流程顺山坡地形布置，湿法生产。因为矿石硬度大，需多道破碎，流程长1km多。四条生产线并排，工艺基本相同，但细破有选用对辊破碎机的，也有选用锤式破碎机的，还有对辊破碎锤式破碎联合使用的。工艺流程（其中一条生产线）见图2-8。

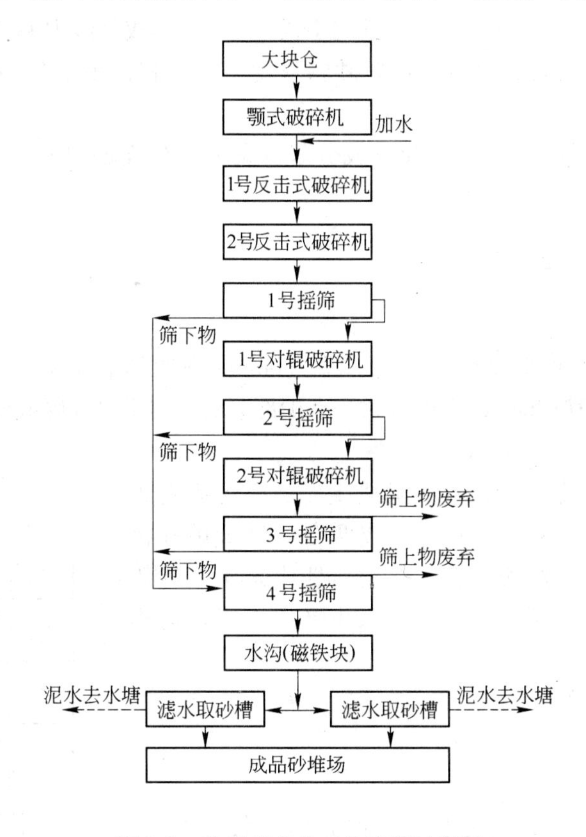

图2-8 荷塘硅砂矿工艺流程示意图

C 优点和缺点介绍

a 优点

具体如下：

（1）矿层厚度大，夹层少，覆盖层少，原矿质量优，选矿难度小。其成品硅砂化学成分较为理想，其中SiO_2最高为98.73%，最低为98.39%，平均为98.55%；Al_2O_3最高为0.69%，最低为0.46%，平均为0.56%；Fe_2O_3最高为0.34%，最低为0.08%，平均为0.184%；烧失量最高为0.44%，最低为0.06%，平均为0.30%。

（2）粒度较为理想。粒度分析大于0.9mm的颗粒比例为0.05%，-0.9~+0.125mm

的颗粒比例为 70.35%，-0.125 ~ +0.113mm 的颗粒比例为 8.21%，小于 0.113mm 的颗粒比例为 21.33%。流程设计过筛及时，过粉碎较少，且水洗流程长，冲洗充分，0.09mm 以下的超细颗粒基本排除。

（3）机械铁清除较彻底，因流程长达 1km，所有水沟内都安放有永久磁铁块吸铁，清除铁屑较及时。

（4）成品砂含泥质少。流程长，充分水洗，所有水沟内铺有耐磨铸石，与砂浆有摩擦去除矿石表面泥质作用。所以 Al_2O_3 含量较稳定。

b 缺点

缺点主要有：

（1）设计未选用先进的磁选机，矿石中的化合铁未能得到清除，Fe_2O_3 随矿源质量有波动。

（2）水源不充足，尤其冬季缺水，泥浆水洗砂，致使冬季成品砂中 Fe_2O_3 含量明显增高。

（3）中破选用反击式破碎机，对硅砂颗粒度不太有利，小于 0.113mm 的颗粒比例为 21.33%，偏高。

本矿成品砂样品寄美国分析，化学成分基本满足 PPG 无槽引上工艺要求，但颗粒度更需要改进提高。

2.7.2.7 枫树河硅砂矿

A 概述

枫树河硅砂矿，年产平板玻璃用硅砂 12 万吨。因附近所有矿源属风化强烈的泥盆系石英砂岩，爆破后基本为 10mm 以下的砂状，有少部分块状用手可弄碎或摔碎，极少块状稍硬。

B 生产工艺

工艺流程顺河边坡形地布置，湿法生产。因为矿石为小块或砂状，工艺设计简单，一台（或两台）锤式破碎机和两台摇筛就是一条生产线。长沙县约有四十余家硅砂矿采用同样的设计，枫树河硅砂矿有四条生产线，工艺流程（其中一条）见图 2-9。

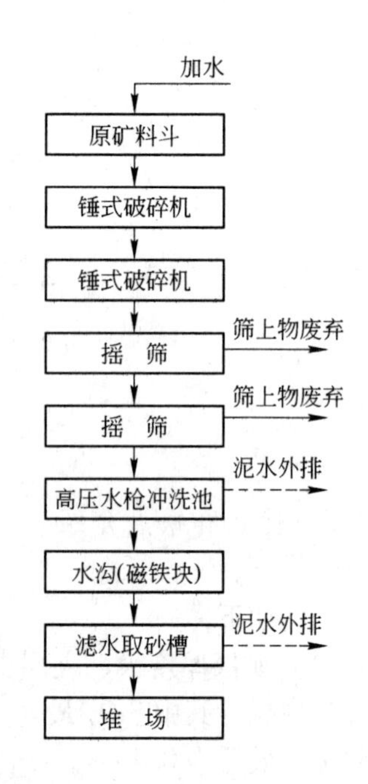

图 2-9 枫树河硅砂矿工艺流程示意图

C 优点和缺点介绍

a 优点

具体如下：

（1）矿石质量优。矿工又十分注重剥离顶板、夹层，有严格选矿的良好习惯，使其成品砂化学成分 SiO_2 最高为 99.13%，最低为 98.93%，平均为 99.03%；Al_2O_3 最高为 0.54%，最低为 0.32%，平均为 0.42%；Fe_2O_3 最高为 0.21%，最低为 0.12%，平均为 0.149%；烧失量最高为 0.75%，最低为 0.26%，平均为 0.44%，质量相当稳定。

（2）粒度较好。成品砂粒度分析：大于 1mm 的颗粒 0%，-1 ~ +0.5mm 的颗粒比例为 2%，-0.5 ~ +0.125mm 的颗粒比例为 80%，-0.125 ~ +0.074mm 的颗粒比例为 15%，小于 0.074mm 的颗粒比例为 3% 左右。

(3) 工艺简单。因矿石硬度小，破碎设备少，投资小成本低。

(4) 水源充足。所有硅砂生产线都在河边，生产用水为一次性，硅砂冲洗十分干净，含泥质少，Al_2O_3 含量相当稳定。

b 缺点

具体如下：

(1) 污染环境。因生产线建在河边，一次性用水，泥水排向河里，对河水产生了一定的污染。

(2) 熔点高。使用该类型的硅砂多年的株洲玻璃厂反映，硅砂熔点高不易化料。

英国地质工程师设维尔认为本矿硅砂成分、粒度及生产成本具有多方面优势。

2.7.2.8 石门硅砂矿

A 概述

石门硅砂矿，年产平板玻璃用硅砂120万吨以上。矿石属泥盆系石英砂岩类。强烈风化，爆破后部分为粉砂状、砂状、部分小块状（约100mm）、部分中块状（100～300mm）及大块状（300～600mm）、特大块状（600mm以上）不等，一般与爆破方式有关。

B 生产工艺

工艺流程多数利用山坡地形而布置，少数工艺流程利用山坡地形和平地建厂房相结合。一律为湿法生产。一共有6条生产线，见工艺流程（老线也即1线）示意图2-10、工艺流程（2线）示意图2-11、工艺流程（3～6线）示意图2-12。

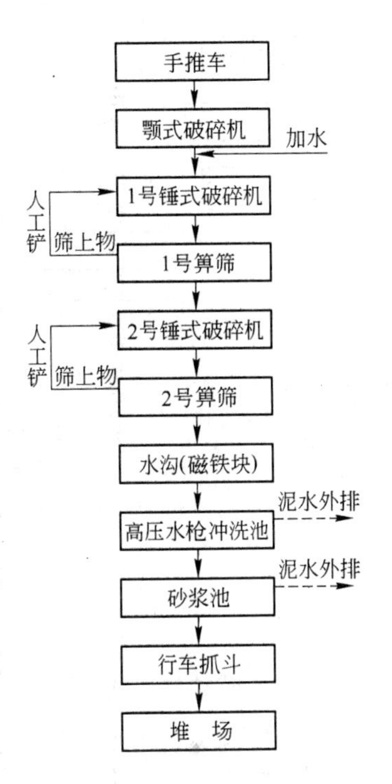

图2-10 石门硅砂矿（1线）工艺流程示意图

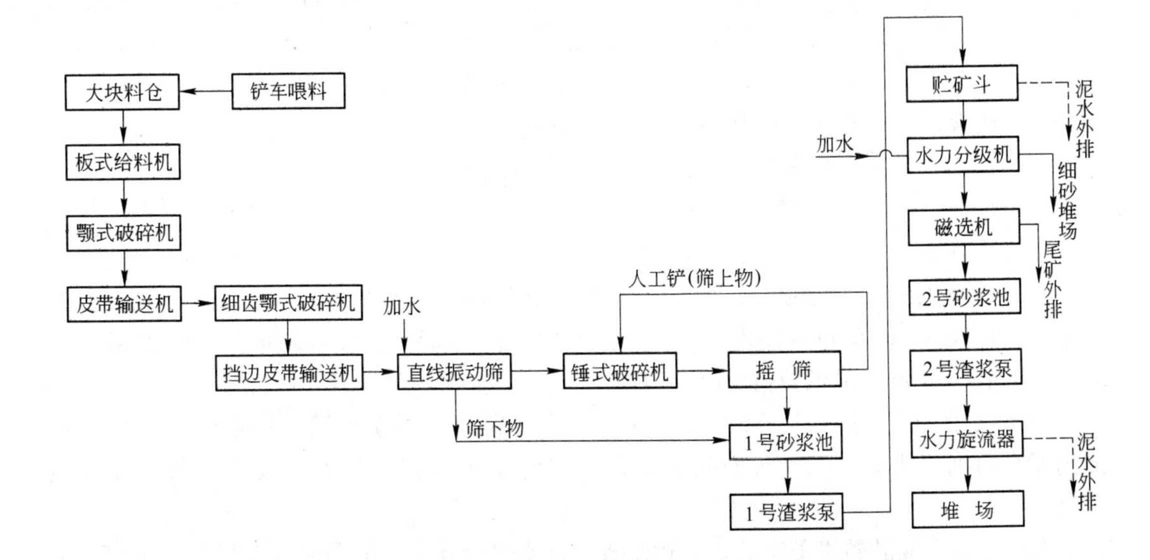

图2-11 石门硅砂矿（2线）工艺流程示意图

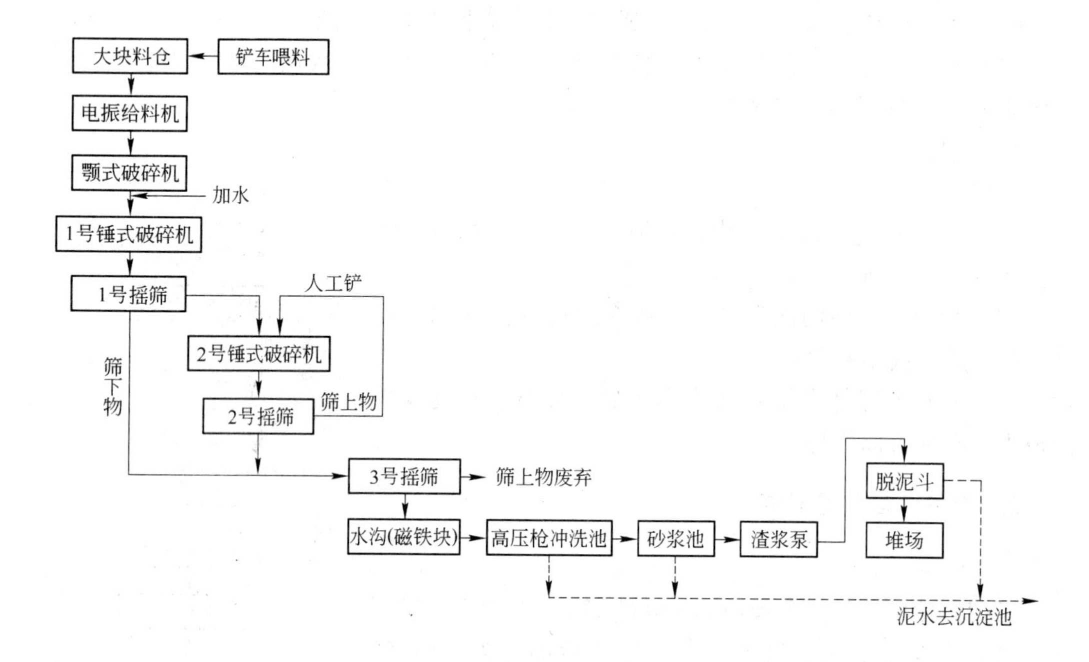

图 2-12 石门硅砂矿（3～6 线）工艺流程示意图

C 优点和缺点介绍

a 优点

具体如下：

（1）开采成本低。因矿石埋藏不深剥采比不大，夹层又少，矿层又厚，开采十分方便，选矿难度小，可大型机械化操作。

（2）加工成本低。矿石强烈风化，虽有大块但易加工，也易水洗。

（3）化学成分较理想。统计数据显示成品砂 SiO_2 最高为 99.11%，最低为 97.67%，平均为 98.47%；Al_2O_3 最高为 0.99%，最低为 0.34%，平均为 0.62%；Fe_2O_3 最高为 0.21%，最低为 0.03%，平均为 0.114%；烧失量最高为 0.82%，最低为 0.30%，平均为 0.50%。铁含量在大型硅砂矿中是少有的低而较稳定。

（4）矿石储量大。可服务年限长，便于统筹规划。

b 缺点

主要缺点有：

（1）粒度太细。地质资料数据显示，原矿粒度基本为 0.2～0.1mm。成品砂统计数据显示：−0.71～+0.125mm 的理想粒度比例太少，−0.125～+0.113mm 的颗粒占 40%～50%，小于 0.113mm 的颗粒占 30%～40%。

（2）污染环境。因为尾砂（泥）量大，找不到细砂用途出路，存放存在问题。洗砂的泥水向河里排放，泥水污染问题突出。洗砂水不含任何药剂，仅含极微量炸药残余物。

本矿矿石和成品砂寄美国分析，化学成分基本符合要求，但颗粒度太细达不到 PPG 无槽引上工艺要求。

2.7.2.9 光明硅砂矿

A 概述

光明硅砂矿创办于1994年，年产平板玻璃用硅砂25万吨。原矿属泥盆系石英砂岩类。矿石硬度不大，爆破后70%～80%为砂状或小块状，200mm以上的块状较少。夹层少，易于大型机械操作。

B 生产工艺

工艺顺山坡和厂房相结合而布置。湿法生产，一条生产线，由某甲级玻璃研究设计院正规设计，是中南地区少有的、先进的硅砂生产线，工艺流程见图2-13。

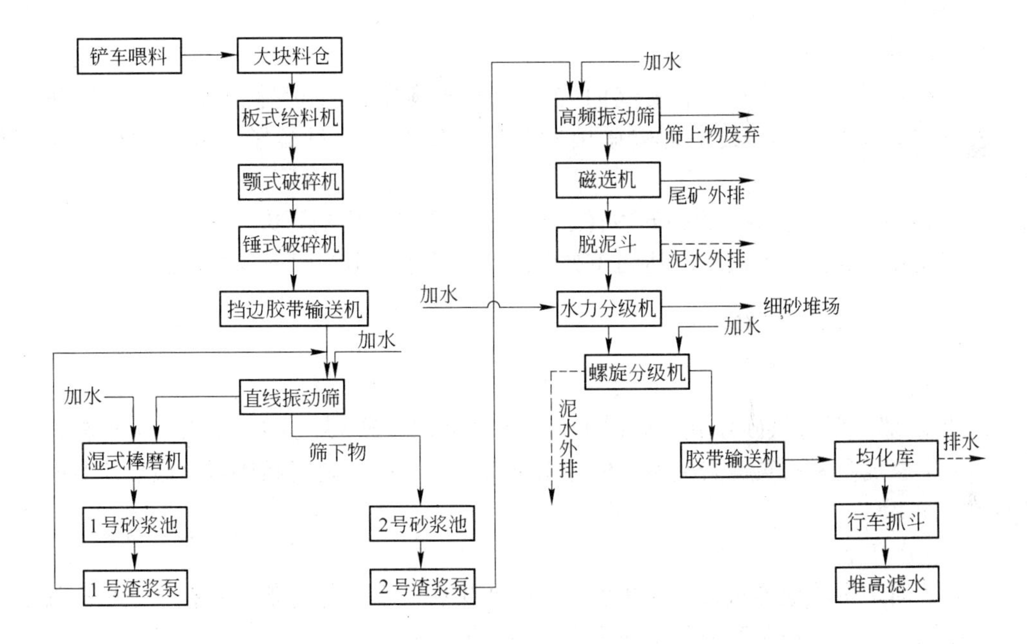

图2-13 光明硅砂矿工艺流程示意图

C 优点和缺点介绍

a 优点

优点主要有：

(1) 矿石化学成分优良。矿石化学成分：SiO_2为98.48%左右，Al_2O_3一般小于0.65%，Fe_2O_3一般小于0.1%，TiO_2小于0.053%，Cr_2O_3小于0.00054%。成品砂统计数据：SiO_2最高为99.49%，最低为98.57%，平均为99.07%；Al_2O_3最高为0.68%，最低为0.25%，平均为0.40%；Fe_2O_3最高为0.19%，最低为0.06%，平均为0.082%；烧失量最高为0.80%，最低为0.15%，平均为0.33%。不论矿石还是成品砂化学成分都是相当稳定的，是中南地区少有的优质矿山。

(2) 矿石原矿粒度优良。成品砂粒度分析统计数据显示：大于0.71mm的颗粒比例在0.03%～0.05%之间，-0.71～+0.45mm的颗粒比例在1.95%～3.42%之间，-0.45～+0.125mm的颗粒比例在87.37%～84.96%之间，-0.125～+0.113mm的颗粒比例在4.74%～5.44%之间，小于0.113mm的颗粒比例在6.91%～10.41%

之间，尤其主要颗粒（-0.45 ~ +0.125mm）的比例约为87% ~85%，是中南地区其他矿山不可相比的。

（3）开采成本低。矿层厚、夹层少、覆盖层也薄，剥离比小。矿石硬度小，开采成本相对其他矿山是较小的。

（4）生产工艺先进。破碎、磨矿设备选型合理，适合矿石特性；分级设备自动化程度高，分级效果好；用磁选机远比用永久磁块人工除铁先进；大型均化库的均化作用更是其他简易设计的矿山人工取砂等不能相比的。

（5）水源充足。部分循环使用，部分用新水，冬季不存在缺水问题，使得成品砂中的 Al_2O_3 波动最小。

b 缺点

缺点如下：

（1）矿山交通不便。火车皮流向受限，不能满足硅砂运输需要，尤其秋季无车皮，秋季橘子大上市，需集中运输矿山所在地县盛产的大量橘子，玻璃用硅砂没有保障。

（2）运距远，环节多。成品硅砂在运输过程中受到一定的污染。

本矿成品砂成分、粒度均可达到美英两公司的要求，但当时尚未建矿。

2.7.2.10 硅业-四都硅砂矿

A 概述

硅业-四都（联合供砂）硅砂矿，年产平板玻璃用硅砂15万吨。矿石与光明硅砂矿为同一矿源，属泥盆系石英砂岩类型。但开采坑口不同，矿石硬度和矿石爆破后块状基本与光明矿相同。

B 生产工艺

工艺顺河边山坡地形布置，湿法生产。硅业矿和四都矿各两条一共有4条生产线，工艺基本相同，工艺流程示意图其中一条生产线见图2-14。

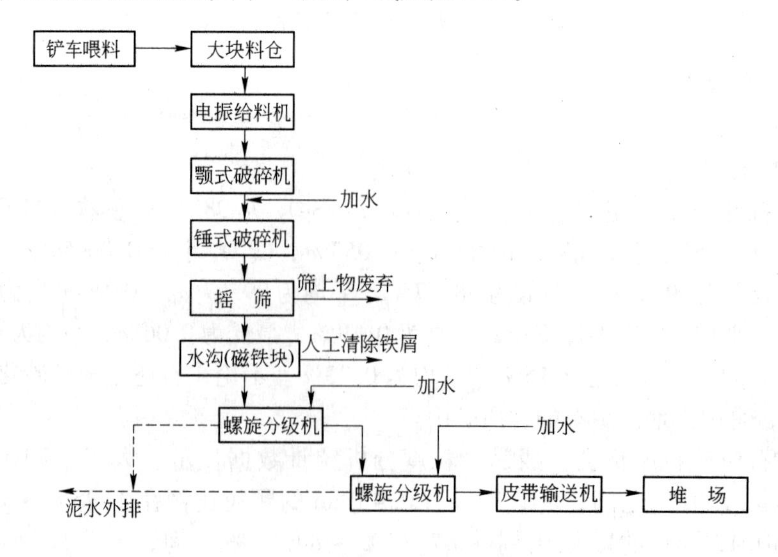

图2-14 硅业-四都硅砂矿工艺流程示意图

C 优点和缺点介绍

a 优点

具体如下：

(1) 矿源同光明矿相同，质量优良。

(2) 工艺设计简单，投资少，维护费用低。

(3) 水源比光明矿更充足，靠河边一次性用水。

b 缺点

具体如下：

(1) Fe_2O_3 含量稍高。工艺流程设计未选用磁选机，成品砂 Fe_2O_3 含量统计平均值 (0.103%) 稍比光明矿 (0.082%) 高 0.021%。

(2) 成品砂颗粒稍差。工艺流程未选用先进的高频振动筛和上升式水流分级机，其成品砂粒度分析比光明矿稍差，主要是重要的粒级 -0.45 ~ +0.125mm 的比例为 69.33% ~ 73.58%，比光明矿略少。

(3) 无均化库。露天堆放，汽车进入堆场，汽车轮带入粗粒石子，成品砂粒度质量受影响。

(4) 运输环节多，成品砂同样受到一定的污染。

2.7.2.11 某外资硅砂矿

A 概述

某外资硅砂矿，年产平板玻璃用硅砂 25 万吨。原矿属变质型石英岩。矿石硬度大，爆破后 70% ~80% 为大块状，进厂块度一般小于 700mm。

B 生产工艺

工艺流程在平地上工业厂房内布置，湿法生产。两条生产线均分为粗破工段和加工选矿工段，选用了高档设备，由设计院正规设计施工，是中南地区最先进的硅砂加工厂。粗破工段流程见图 2-15，加工选矿工段流程见图 2-16。

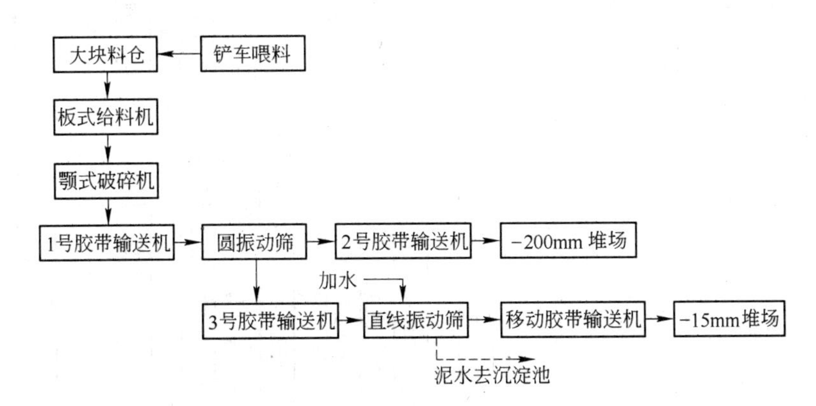

图 2-15 某外企硅砂矿粗破工段流程示意图

C 优点和缺点介绍

a 优点

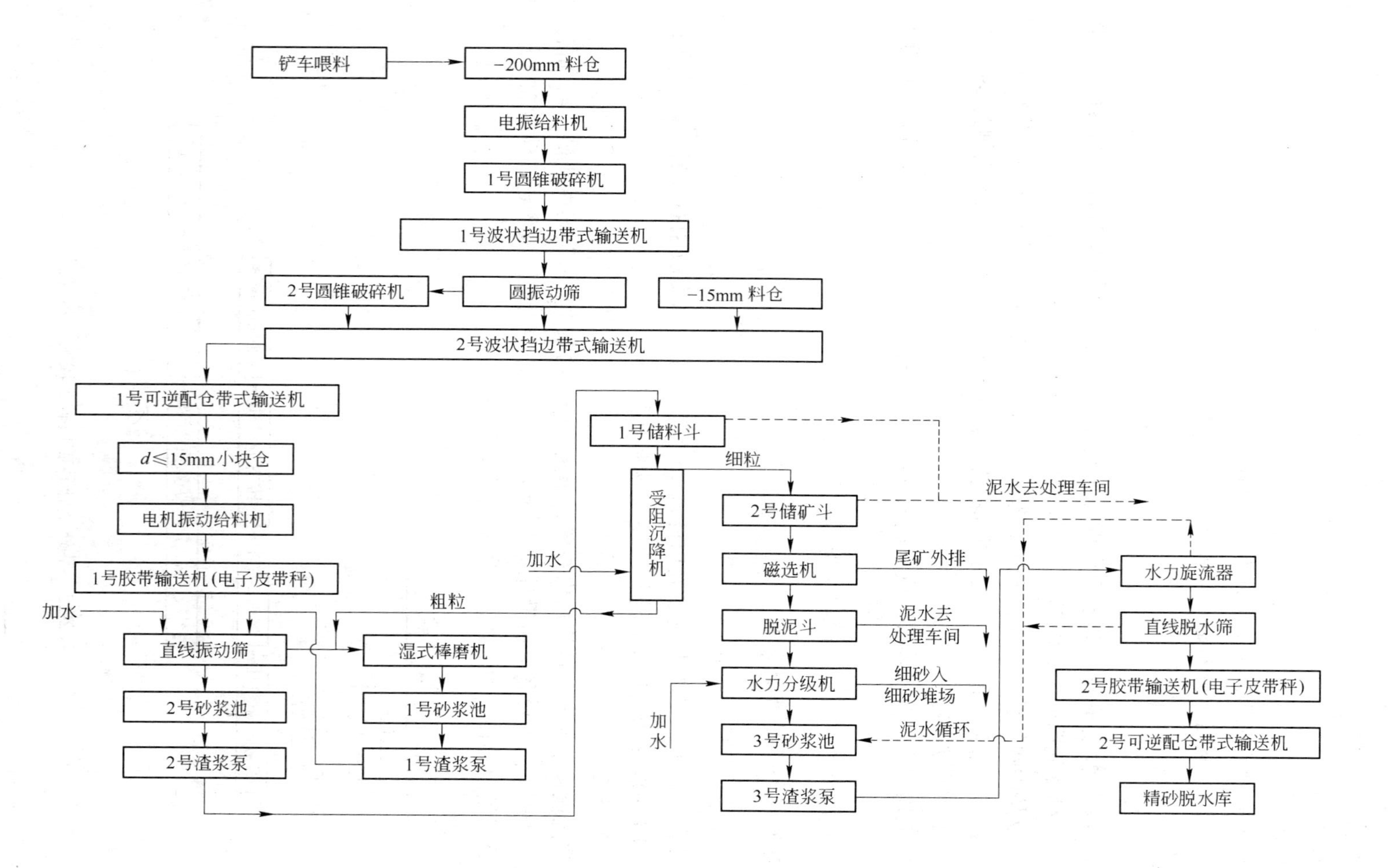

图2-16 某外企硅砂矿加工选矿工段流程示意图

优点主要有：

(1) 矿石质量优良，品位高，铁含量低，在中南地区享有极高的声誉。

(2) 工艺设计先进，自动化程度高。

(3) 成品砂质量相当稳定，粒度十分理想，是极好的高档浮法玻璃用硅砂。

b 缺点

具体如下：

(1) 投资大，设备多，生产成本高。

(2) 水源不够充足，部分循环水处理费用高。

(3) 尾矿泥存放不同程度地污染环境。

2.7.2.12 安徽某厂硅砂矿

A 概述

安徽某玻璃厂自办硅砂矿，年产平板玻璃用硅砂约 10 万吨。矿石属变质石英岩类型，硬度大，进厂块度一般小于 400mm。

B 生产工艺

工艺基本上在平地厂房内布置，湿法生产。一条线，人工喂料，有 8 台石辊碾呈圆周布置，砂浆流向中心的砂浆池，用渣浆泵打向楼顶，经高频振动筛、脱泥斗、上升式水流分级机、磁选机处理，工艺流程见图 2-17。

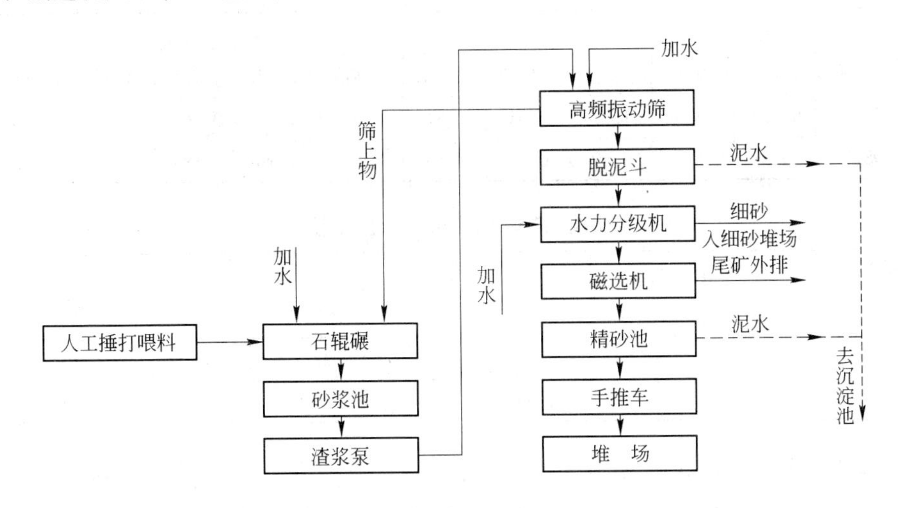

图 2-17 安徽某玻璃厂硅砂矿工艺流程示意图

C 优点和缺点介绍

a 优点

具体如下：

(1) 原矿质量优良，品位高，成分稳定，铁含量低。矿源同某外资硅砂矿，享有极高的声誉。

(2) 工艺设计较简单，投资较小，自动化程度较高，生产成本较低。

(3) 成品砂质量稳定。

b 缺点

具体如下：

（1）石辊碾加工，其成品砂粒度不十分理想，粒级较分散，细粉（小于 0.125mm）约占 30%。

（2）水源不充足，部分循环使用，尾矿泥不同程度地污染环境。

2.8 硅质原料应用实例分析

本节先比较几种硅砂的质量及性能，然后对某厂浮法线使用的四种硅砂进行对比分析，从而得出硅砂与玻璃生产的关系。

2.8.1 几种硅砂应用实例

2.8.1.1 畔塘硅砂和荷塘硅砂实例分析

某厂引进的美国 PPG 六机无槽引上玻璃生产线应用畔塘硅砂和荷塘硅砂，下面分为质量分析数据比较和熔化性能比较两个问题来叙述。

A 畔塘硅砂和荷塘硅砂质量分析数据比较

畔塘硅砂和荷塘硅砂化学成分统计数据比较见表 2-18，粒度分析数据比较见表 2-19。

表 2-18 化学成分统计数据比较 （%）

名称＼元素	SiO_2			Al_2O_3			Fe_2O_3			烧失量		
	最高值	最低值	平均值	最高值	最低值	平均值	最高值	最低值	平均值	最高值	最低值	平均值
畔塘硅砂	98.78	97.82	98.4	1.22	0.65	0.84	0.39	0.17	0.269	0.50	0.16	0.42
荷塘硅砂	98.73	98.39	98.55	0.69	0.46	0.56	0.34	0.08	0.184	0.44	0.06	0.30

表 2-19 粒度分析数据比较 （%）

名称＼粒径/mm	大于 0.9	-0.9 ~ +0.45	-0.45 ~ +0.282	-0.282 ~ +0.19	-0.19 ~ +0.154	-0.154 ~ +0.125	-0.125 ~ +0.113	小于 0.113
畔塘硅砂	0.05	10.05	17.62	31.05	22.24	10.78	0.19	7.51
荷塘硅砂	0.05	6.22	9.98	16.32	20.91	16.92	8.21	21.33

从表 2-18 可以看出，荷塘硅砂化学成分略优于畔塘。荷塘硅砂 SiO_2 最大波动为 0.34%，比畔塘硅砂 SiO_2 最大波动 0.96% 小 0.62%；荷塘硅砂 Al_2O_3 最大波动为 0.23%，比畔塘硅砂 Al_2O_3 最大波动 0.57% 小 0.34%，说明荷塘硅铝稳定些。荷塘硅砂 Fe_2O_3 平均值 0.184%，比畔塘硅砂 Fe_2O_3 平均值 0.269% 低 0.085%；烧失量畔塘硅砂波动小，荷塘波动大。

从表 2-19 可以看出，粒度分析畔塘硅砂远优于荷塘硅砂，荷塘硅砂小于 0.113mm 的细粒比例是畔塘的近 3 倍，畔塘硅砂理想粒级 -0.45 ~ +0.125mm 的比例为 81.69% 比荷塘 64.13% 多 17.56%。

B 畔塘硅砂和荷塘硅砂熔化性能比较

畔塘硅砂和荷塘硅砂按一定比例搭配掺和使用，在引进的美国 PPG 六机无槽引上 300t

的熔窑中试用，熔化情况良好，其引进的无槽引上玻璃质量仅次于国内当时一般浮法质量，平整度相当理想，说明这两种硅砂掺和配料可满足引进的无槽引上玻璃生产。

但是，荷塘硅砂熔点较高，难化料，增加荷塘硅砂用量而减少畔塘硅砂用量，熔化感觉较困难，需增加燃耗。这与成分基本相关，硅砂中随着 Al_2O_3 的增多，熔点有降低的趋势。硅砂中 Al_2O_3 含量在1%左右，存在一低共熔点。

荷塘硅砂 Fe_2O_3 含量比畔塘硅砂低0.085%。当增加荷塘硅砂用量，窑内透热性较好，熔化充分；当畔塘硅砂用量大时铁含量高，虽说熔点略低但铁高透热性差，熔化欠佳。两种硅砂各有优缺点。

2.8.1.2 青山冲硅砂与响堂湾硅砂实例分析

青山冲硅砂与响堂湾硅砂应用于改造无槽引上（将六机改为八机）玻璃中，分为质量分析数据比较和熔化性能比较两个问题来叙述。

A 青山冲硅砂和响堂湾硅砂质量分析比较

青山冲硅砂和响堂湾硅砂化学成分阶段统计数据比较见表2-20，粒度分析阶段统计数据比较见表2-21。

表2-20 化学成分阶段统计数据比较 （%）

名称 \ 元素	SiO_2			Al_2O_3			Fe_2O_3			烧失量		
	最高值	最低值	平均值	最高值	最低值	平均值	最高值	最低值	平均值	最高值	最低值	平均值
青山冲硅砂	98.47	97.03	97.61	1.17	0.09	1.06	0.37	0.14	0.234	1.18	0.24	0.653
响堂湾硅砂	98.73	97.62	98.33	1.15	0.38	0.73	0.30	0.20	0.238	0.72	0.26	0.447

表2-21 粒度分析阶段统计数据比较 （%）

名称 \ 粒径/mm	大于0.9	-0.9~0.45	-0.45~0.282	-0.282~0.19	-0.19~0.154	-0.154~0.125	-0.125~0.113	小于0.113
青山冲硅砂	0.02~0.32	5.59~15.83	10.07~18.51	14.83~19.63	17.15~24.17	12.78~17.95	5.58~10.93	12.14~15.97
响堂湾硅砂	0.3~3.09	10.38~16.43	11.49~22.12	20.76~28.32	16.65~24.15	8.36~15.89	3.51~9.18	4.21~9.02

从表2-20可以看出，响堂湾硅砂化学成分略优于青山冲硅砂，且稳定性好。响堂湾硅砂 SiO_2 最大波动为1.11%，比青山冲硅砂 SiO_2 最大波动1.44%小0.33%；响堂湾硅砂 Al_2O_3 最大波动为0.77%，比青山冲硅砂 Al_2O_3 最大波动1.08%小0.31%；响堂湾硅砂 Fe_2O_3 最大波动为0.1%，比青山冲硅砂 Fe_2O_3 最大波动0.23%小0.13%；响堂湾硅砂烧失量最大波动为0.46%，比青山冲硅砂最大波动0.94%小0.48%。

从表2-21可以看出，粒度分析响堂湾硅砂远优于青山冲硅砂。一是小于0.113mm的细颗粒比例响堂湾硅砂少于青山冲硅砂，二是理想粒级-0.45~+0.125mm的颗粒比例响堂湾硅砂多，而青山冲硅砂少，换言之，响堂湾硅砂粒级较集中，而青山冲硅砂粒级较分散。

B 青山冲硅砂和响堂湾硅砂熔化性能比较

响堂湾硅砂和青山冲硅砂按一定比例掺和使用，应用于改造的八机无槽引上320t窑炉玻璃生产中，对熔化性能进行分析。

从两硅砂化学成分稳定性分析，响堂湾硅砂化学成分稳定性优于青山冲硅砂。当响堂湾硅砂配料用量从50%下降到20%，同时青山冲硅砂用量由50%上调到80%时，生产应变差，化学成分稳定的硅砂其玻璃生产应好些。

从两硅砂粒度分析看，响堂湾硅砂投产初期筛分存在缺陷，致使粗粒（大于0.9mm）超标，但总体看响堂湾硅砂粒度理想程度优于青山冲硅砂。当响堂湾硅砂用量从50%下调到20%，同时青山冲硅砂用量由50%上调到80%时，生产应变差，粒度越集中的硅砂其玻璃生产越好。

但是生产实际情况正好相反。抽取响堂湾硅砂用量占50%加青山冲硅砂用量占50%连续两整月（1995年12月和1996年1月）共61d平均日产量为4023.18重箱，与抽取响堂湾硅砂用量占20%加青山冲硅砂用量占80%，连续两整月（1996年12月和1997年1月）共61d平均日产量4186.14重箱相比，增加青山冲硅砂玻璃产量增高了约4%，说明青山冲硅砂熔化性能略优于响堂湾硅砂，打破了粒级越集中越好的观点，说明硅砂熔点是关键。青山冲硅砂Al_2O_3含量平均值1.06%是一优点，有一低共熔点。当青山冲硅砂用量占80%时，玻璃生产相当稳定（生产管理岗位可以不设）。若青山冲硅砂粒度更集中一些则生产更好。

2.8.1.3 黄金桥硅砂实例分析

黄金桥硅砂应用于玻璃生产中分干法硅砂、湿法硅砂质量分析比较和干法硅砂、湿法硅砂熔化性能比较两个问题进行叙述。

A 黄金桥干法硅砂和湿法硅砂质量分析比较

黄金桥硅砂矿干法硅砂和湿法硅砂化学成分分析数据比较见表2-22，粒度分析数据比较见表2-23。

表2-22 化学成分分析数据比较 （%）

名称 \ 元素	SiO_2			Al_2O_3			Fe_2O_3			烧失量		
	最高值	最低值	平均值	最高值	最低值	平均值	最高值	最低值	平均值	最高值	最低值	平均值
干法加工硅砂	97.86	97.31	97.60	1.39	0.98	1.14	0.24	0.15	0.207	0.70	0.35	0.48
湿法加工硅砂	99.00	98.27	98.68	0.63	0.22	0.40	0.26	0.15	0.19	0.45	0.17	0.32

表2-23 粒度分析数据比较 （%）

粒径/mm	大于 0.9	-0.9 ~ +0.45	-0.45 ~ +0.282	-0.282 ~ +0.19	-0.19 ~ +0.154	-0.154 ~ +0.125	-0.125 ~ +0.113	小于 0.113
干法生产硅砂	0.92	33.24	17.56	10.51	7.75	5.46	4.63	19.94
湿法生产硅砂	0.42 ~ 0.83	6.72 ~ 10.68	5.76 ~ 12.96	13.48 ~ 17.8	12.27 ~ 14.53	11.60 ~ 12.22	7.28 ~ 8.23	24.33 ~ 41.72

从表2-22可以看出，同一矿源加工方法不同，其硅砂化学成分不同。干法生产（颚破和对辊加工）的硅砂 SiO_2 最大波动为0.55%，比湿法生产（石辊碾加工，参阅2.7.2.2节）的硅砂 SiO_2 最大波动0.73%小0.18%；干法生产的硅砂 Al_2O_3 最大波动为0.41%，与湿法生产的硅砂 Al_2O_3 最大波动0.41%相等；干法生产的硅砂 Fe_2O_3 最大波动为0.09%，比湿法生产的硅砂波动0.11%少0.02%，但 Fe_2O_3 的平均值湿法生产优于干法生产（少0.017%）；干法生产的烧失量最大波动为0.35%，比湿法生产的烧失量最大波动0.28%大0.07%。总体看，湿法生产的硅砂化学成分优于干法生产的硅砂（硅含量提高，铝、铁、烧失量降低）。当然时间段不同，矿源略有差异。

从表2-23可以看出，干法加工的硅砂，其+0.9mm和+0.45mm的粗粒远多于湿法加工。-0.113mm的颗粒干法中占19.94%（其中-0.09mm的约占了18%左右）；而湿法生产的硅砂-0.113mm的颗粒因管理出差错，造成超标，正常值是23%左右，略比干法19.94%多，其中-0.09mm的超细粉几乎为0。理想粒级-0.45~+0.125mm，湿法生产在正常情况下是55%左右。总体看，石辊碾湿法生产其粒度略优于对辊干法生产，主要指超细粉小于干法加工。石辊碾加工不显优势。

B 黄金桥干法硅砂和湿法硅砂熔化性能比较

当外地硅砂春运车皮紧张时，在改造的八机无槽引上日熔化量为320t窑炉中试用黄金桥干法生产的硅矿，其干法硅砂掺和比例为20%~25%，其他75%~80%为水洗湿法硅砂。总体情况干法硅砂掺入配料，其玻璃生产随干法硅砂掺和比例由20%提高到25%时，产量有下降的趋势，平均日产量下降6.3%，打炉、掉炉次数增多，说明料性变化大，熔化欠佳。熔化欠佳的原因是掺干法硅砂其颗粒度粗粒（+0.9mm、+0.45mm）偏多，细粉又偏细（-0.09mm），粗细不均，熔化后扩散不良。

黄金桥湿法生产的硅砂应用在同一窑期不同时间段，其使用比例由80%（配20%青山冲硅砂）下调到70%（即配30%的青山冲硅砂），其玻璃产量呈上升趋势，平均日产量上升约11%。说明黄金桥湿法生产的硅砂熔点高，反证了青山冲硅砂熔点低。湿法生产提高了黄金桥硅砂中的 SiO_2 含量，降低了 Al_2O_3 含量，增加了熔点，这是难化料的原因之一。黄金桥硅砂加工选用了石辊碾，加工出的粒度粒级分散（各种目数的筛上物比例数量相差不大），理想粒级（-0.45~+0.125mm）比例少，换言之，粗细不均化料后扩散不良，料性差致使引上作业差是原因之二。就此而言，SiO_2 高的硅砂熔点高，此时需要粒级集中在0.5~0.3mm或0.4~0.3mm或0.3~0.2mm更为有利。

2.8.1.4 光明硅砂和响堂湾硅砂实例分析1

光明硅砂和响堂湾硅砂应用于一窑两制（将八机无槽引上工艺中其中一台机放平改为压延玻璃，称为一窑两制）日熔化量为320t的窑炉中，分质量分析数据比较和熔化性能比较两个问题来叙述。

A 光明硅砂和响堂湾硅砂质量分析数据比较

一窑两制阶段光明硅砂和响堂湾硅砂化学成分统计数据比较见表2-24，粒度统计数据比较见表2-25。

表 2-24 化学成分阶段统计数据比较 (%)

元素 名称	SiO_2			Al_2O_3			Fe_2O_3			烧失量		
	最高值	最低值	平均值	最高值	最低值	平均值	最高值	最低值	平均值	最高值	最低值	平均值
光明硅砂	99.49	98.84	99.09	0.66	0.26	0.376	0.19	0.06	0.08	0.69	0.15	0.34
响堂湾硅砂	98.91	97.08	98.28	1.09	0.11	0.777	0.30	0.11	0.172	0.86	0.18	0.42

表 2-25 粒度分析阶段统计数据比较 (%)

粒径 名称	粗粒	粗粒～+0.45mm	-0.45～0.282mm	-0.282～0.19mm	-0.19～0.154mm	-0.154～0.125mm	-0.125～0.113mm	小于0.113mm
光明硅砂	大于0.71mm 0.03～0.04	-0.71～+0.45mm 1.95～3.42	18.65～23.54	28.29～32.67	19.84～21.33	10.96～12.47	4.59～5.44	6.91～10.41
响堂湾硅砂	大于0.9mm 0.24～0.65	-0.9～+0.45mm 9.81～11.71	10.15～14.38	24.30～28.32	21.41～24.62	12.16～14.29	4.85～6.02	7.47～9.42

从表2-24可以看出，光明硅砂中 SiO_2 最大波动为0.65%，比响堂湾硅砂 SiO_2 最大波动1.83%小1.18%。光明硅砂中 Al_2O_3 最大波动为0.40%，比响堂湾硅砂 Al_2O_3 最大波动0.98%小0.58%。光明硅砂中 Fe_2O_3 最大波动为0.13%，比响堂湾硅砂 Fe_2O_3 最大波动0.19%小0.06%。光明硅砂中烧失量最大波动为0.54%，比响堂湾硅砂烧失量最大波动0.68%小0.14%。光明硅砂化学成分稳定性远优于响堂湾硅砂。

从表2-25可以看出，光明硅砂粗粒很少，+0.9mm为0%，+0.71mm的最高为0.04%，响堂湾硅砂大于0.9mm的最高为0.65%，比前段刚投产时大有进步。光明硅砂理想粒度-0.45～+0.125mm的比例为81.37%～84.96%，响堂湾硅砂理想粒度-0.45～+0.125mm的比例为73.08%～76.71%。小于0.113mm的细粉光明硅砂与响堂湾硅砂相差不大。总体看，两硅砂粒度都很好，光明硅砂粒度更好。光明硅砂粒度是高档浮法的要求。

B 光明硅砂和响堂湾硅砂熔化性能比较

光明硅砂和响堂湾硅砂按一定比例配料应用于一窑两制（在考虑料性既要满足无槽引上作业又要兼顾压延作业），其熔化性能分析出现两种情况。

第一种情况：生产平稳。当光明硅砂用量由70%下调到65%再下调到60%，同时响堂湾硅砂用量由30%上调到35%再上调到40%，其生产情况无变化，玻璃产量没有明显提高也没有明显降低，调整时的前后或调整过程结束，稳定长时间生产均无变化。

第二种情况：生产不平稳。当光明硅砂用量由60%下调到55%同时响堂湾硅砂用量由40%上调到45%，调整前后生产平稳，然后光明硅砂55%配响堂湾硅砂45%其生产时间稍长，生产则明显下滑，相对第一种情况的用砂比例而言，其玻璃平均日产量下降约11%。

从化学成分看，光明硅砂和响堂湾硅砂都相当稳定，在某厂使用的八种硅砂中光明硅砂稳定性排第一位，响堂湾硅砂排第二位（在后面有关章节中叙述）。但认为光明硅砂熔点偏高，而响堂湾硅砂熔点偏低。其粒度理想程度光明硅砂排第一位，响堂湾硅砂排第三位，上述第一种情况的用量配比适合一窑两制作业，生产情况未发生明显变化，生产平稳是可以理解的。但当光明硅砂用量占55%响堂湾硅砂用量占45%时生产下滑，是粒度级配变差，总体响堂湾硅砂粒度相对分散些，所以熔化后扩散时间变长，若不充分扩散则料性变差，生产下滑，说明用砂比例不是任意的。

2.8.1.5 光明硅砂和响堂湾硅砂实例分析2

光明硅砂和响堂湾硅砂应用于日熔化量为350t浮法玻璃窑炉中（八机窑改造而成），分为质量分析数据比较和熔化性能比较两个问题来叙述。

A 光明硅砂和响堂湾硅砂质量分析数据比较

浮法阶段光明硅砂和响堂湾硅砂化学成分统计数据比较见表2-26，粒度分析统计数据比较见表2-27。

表2-26 化学成分阶段统计数据比较 （%）

元素 / 名称	SiO_2			Al_2O_3			Fe_2O_3			烧失量		
	最高值	最低值	平均值	最高值	最低值	平均值	最高值	最低值	平均值	最高值	最低值	平均值
光明硅砂	99.29	98.57	99.06	0.68	0.25	0.43	0.13	0.06	0.086	0.80	0.24	0.33
响堂湾硅砂	98.86	97.75	98.47	0.97	0.38	0.65	0.39	0.08	0.198	0.74	0.15	0.37

表2-27 粒度分析阶段统计数据比较 （%）

粒径 / 名称	粗粒	粗粒～+0.45mm	-0.45～0.282mm	-0.282～0.19mm	-0.19～0.154mm	-0.154～0.125mm	-0.125～0.113mm	小于0.113mm
光明硅砂	大于0.71mm 0.03～0.05	-0.71～+0.45mm 3.42～5.11	19.93～20.35	20.35～32.22	20.99～21.05	10.36～11.49	4.0～5.01	6.69～8.95
响堂湾硅砂	大于0.9mm 0.02～0.22	-0.9～+0.45mm 3.8～10.95	11.46～33.7	29.16～31.06	18.63～21.76	7.1～14.12	4.17～20.90	6.45～16.18

从表2-26可以看出，光明硅砂SiO_2最大波动为0.72%，比响堂湾硅砂SiO_2最大波动1.11%小0.39%；光明硅砂Al_2O_3最大波动为0.43%，比响堂湾硅砂Al_2O_3最大波动0.59%小0.16%；光明硅砂Fe_2O_3最大波动为0.07%，比响堂湾硅砂Fe_2O_3最大波动0.31%小0.24%；光明硅砂烧失量最大波动为0.56%，比响堂湾硅砂烧失量最大波动0.59%小0.03%。说明在浮法一窑期6年半的时间段中光明硅砂化学成分仍远优于响堂湾硅砂。

从表2-27可以看出，光明硅砂粗粒大于0.9mm为0%，大于0.71mm最高为0.05%，大于0.45mm的最高为5.11%；响堂湾硅砂粗粒大于0.9mm最高为0.22%，大于0.45mm的最高为10.95%；理想粒级-0.45～+0.125mm的光明硅砂最高为82.42%～84.63%，而响堂湾硅砂理想粒级-0.45～+0.125mm为72.8%～79.63%；小于0.113mm的光明硅砂最高为8.95%，而响堂湾硅砂最高为16.18%。光明硅砂颗粒度在浮法阶段仍远优于响堂湾硅砂。

B 光明硅砂和响堂湾硅砂熔化性能比较

光明硅砂和响堂湾硅砂按一定比例配料应用于日熔化量为350t 的浮法窑炉中，其熔化性能如下。

当光明硅砂用量比例由50%下调到48%再下调到40%，同时响堂湾硅砂用量比例由50%上调到52%再上调到60%时，其玻璃平均日产量呈下降趋势。当光明硅砂由50%下调到48%同时响堂湾硅砂由50%上调到52%，玻璃平均日产量下降0.64%；当光明硅砂由48%下调到40%同时响堂湾硅砂由52%上调到60%时，玻璃平均日产量下降7.11%。响堂湾硅砂增多，熔化性能变差，玻璃生产下滑。

回顾2.8.1.4节并分析上述性能变化，得知光明硅砂：响堂湾硅砂在70%：30%调整为65%：35%，再调整为60%：40%生产情况稳定无大的变化。光明硅砂再下降即光明硅砂：响堂湾硅砂在55%：45%，生产下滑，50%：50%，48%：52%，40%：60%生产下滑，说明光明硅砂与响堂湾硅砂搭配配料，光明硅砂用量应控制在55%以上，同时响堂湾硅砂应控制在45%以下生产才好。光明硅砂要多用，响堂湾硅砂要少用，反过来多用响堂湾硅砂生产不好，这与化学成分与熔点的高低推断相反。同时说明硅砂搭配配料不是任意的比例，而是有一个最佳搭配比例（与硅砂成分稳定性有关，尤其与粒级分布有关）。

2.8.1.6 硅业-四都硅砂和石门硅砂实例分析

硅业-四都硅砂和石门硅砂应用于日熔量为700t 浮法玻璃窑炉（新建）中，分为质量分析数据比较和熔化性能比较两个问题来叙述。

A 硅业-四都硅砂和石门硅砂质量分析数据比较

硅业-四都矿与石门矿硅砂化学成分统计数据比较见表2-28，粒度分析统计数据比较见表2-29。

表2-28 化学成分统计数据比较 （%）

元素＼名称	SiO_2			Al_2O_3			Fe_2O_3			烧失量		
	最高值	最低值	平均值	最高值	最低值	平均值	最高值	最低值	平均值	最高值	最低值	平均值
硅业-四都硅砂	99.32	98.08	98.98	0.69	0.17	0.41	0.23	0.07	0.103	0.64	0.06	0.35
石门硅砂	99.11	97.67	98.47	0.99	0.34	0.62	0.21	0.03	0.113	0.82	0.30	0.48

表2-29 粒度分析统计数据比较 （%）

粒径/mm＼名称	大于0.71	-0.71～0.154	-0.154～0.125	-0.125～0.113	-0.113～0.102	-0.102～0.09	小于0.09
硅业-四都硅砂	0.05～0.32	67.71～71.04	5.7～8.2	17.0～20.28	4.06～5.02	1.5～3.39	1.45～2.55
石门硅砂	0.06～0.23	24.21～46.57	6.93～9.13	29.71～45.91	8.43～13.27	0.01～0.03	4.01～8.83

从表2-28看，硅业-四都硅砂 SiO_2 最大波动为1.24%，比石门硅砂 SiO_2 最大波动1.44%小0.20%；硅业-四都硅砂 Al_2O_3 最大波动为0.52%，比石门硅砂 Al_2O_3 最大波动0.65%小0.13%；硅业-四都硅砂 Fe_2O_3 最大波动为0.16%，比石门硅砂 Fe_2O_3 最大波动0.18%小0.02%；硅业-四都硅砂烧失量最大波动为0.58%，比石门硅砂烧失量最大波动

0.52%大0.06%。硅业-四都硅砂 SiO_2、Al_2O_3 和 Fe_2O_3 比石门硅砂稳定，而硅业-四都硅砂烧失量比石门硅砂波动稍大，与运输污染有关。总体质量硅业-四都硅砂优于石门硅砂，一是主要成分稳定性好，二是铁含量平均值小。

从表2-29看，粗粒大于0.71mm比例硅业-四都硅砂与石门硅砂相差不大。较理想粒级－0.71～＋0.125mm硅业-四都硅砂占73%以上，而石门硅砂差的时候只占31%以上，好的时候占55%以上，波动大。细粒小于0.113mm硅业-四都硅砂占5.7%～8.4%，而石门占15.64%～21.74%。其中小于0.09mm的超细粉硅业-四都硅砂仅有0～3.39%，而石门有4.01%～8.83%。石门硅砂－0.125～＋0.113mm的颗粒比例较多，硅业-四都硅砂同光明硅砂相差不大。

B 硅业-四都硅砂和石门硅砂熔化性能比较

在日熔化量为700t的浮法玻璃熔窑中，硅业-四都硅砂和石门硅砂按一定比例配料，其熔化情况分两个阶段分述：一是投产初期，二是投产中期。

投产初期阶段，当硅业-四都硅砂用量：石门硅砂用量为50%：50%，生产了164d，其玻璃平均日产量为11839.69重箱。然后调整硅砂用量，当硅业-四都硅砂用量：石门硅砂用量为30%：70%，生产了142d，其玻璃平均日产量为11763.04重箱。说明硅业-四都硅砂用量减少（同时石门硅砂增多），其平均日产量下降了0.65%。证明硅业-四都硅砂优于石门砂。

投产中期阶段，当硅业-四都硅砂用量：石门硅砂用量为30%：70%，生产了154d，其玻璃平均日产量为12689.61重箱。然后调整了硅砂用量，当硅业-四都硅砂用量：石门硅砂用量为40%：60%，生产了84d，其玻璃平均日产量为12901.27重箱。接着再调整硅砂用量回到原配比，即硅业-四都硅砂用量：石门硅砂用量为30%：70%，生产了142d，其玻璃平均日产量为12765.14重箱。当增加硅业-四都硅砂10%（由30%上调到40%），其平均日产量增加了1.67%，当减少硅业-四都硅砂10%（由40%下调到30%），其平均日产量减少了1.06%，再度证明硅业-四都硅砂优于石门硅砂。化学成分稳定即波动越小越好，粒度越集中越好，熔化情况才良好，玻璃产量才高。操作水平也有关系，同样硅砂配比30%：70%，前几个月增加了1.67%，而后几个月减少了1.06%，相差0.61%，后几个月操作水平提高了。

2.8.2 浮法用四种硅砂对比

在2.7节及2.8.1.1节～2.8.1.6节中有关硅砂质量分析数据，一般是在电子秤称入电磁振动喂料器出口处取点样进行化学分析，根据数据量多少统计后得出。使用时间短，数据量较少，不分阶段叫统计数据，使用时间过长，数据量过多，则分阶段统计叫阶段统计数据。如响堂湾硅砂在各类日熔化量不同的窑型中都使用，则分使用窑型称为阶段统计数据。这些化学分析数据和入窑数据是两个概念。化学分析数据波动要大，入窑数据波动要小。在下面分化学分析数据统计值和入窑数据两个问题进行分析比较。

A 浮法用四种硅砂化学分析数据统计值比较

数据来自于样品，样品的代表性又与处理物料（样品）的过程有关，物料（样品）在加工、输送系统中不同的过程或位置，其数据是不同的。在进厂原料每一汽车或每一火车皮所取到的样品分析化学成分数据的波动要大于厂内均化库或格子库所取到的样品化学成分分析数据，而在均化库或格子库所取到的样品化学成分分析数据的波动又要大于电子秤称入电磁振动喂料器出口所取到的样品化学成分数据，是系统在运输中作了均化混合工作的结果。经过数据整理，得出浮法玻璃用四种硅砂化学成分分析数据统计值，汇总列于表2-30。

表2-30 四种硅砂化学成分分析数据统计值 （%）

元素 名称	SiO_2		Al_2O_3		Fe_2O_3		烧失量	
	最大波动范围	波动值	最大波动范围	波动值	最大波动范围	波动值	最大波动范围	波动值
响堂湾硅砂	98.86～97.75	1.11	0.97～0.38	0.59	0.39～0.08	0.31	0.74～0.15	0.59
光明硅砂	99.29～98.57	0.72	0.68～0.25	0.43	0.13～0.06	0.07	0.80～0.24	0.56
硅业-四都硅砂	99.32～98.08	1.24	0.69～0.17	0.52	0.23～0.07	0.16	0.64～0.06	0.58
石门硅砂	99.11～97.67	1.44	0.99～0.34	0.65	0.21～0.03	0.18	0.82～0.30	0.52

从表2-30可以看出，四种用量大的硅砂按电子秤处取样分析数据，其稳定性排列顺序如下：

SiO_2：光明硅砂排第一位，响堂湾硅砂排第二位，硅业-四都硅砂排第三位，石门硅砂排第四位。

Al_2O_3：光明硅砂排第一位，硅业-四都硅砂排第二位，响堂湾砂排第三位，石门硅砂排第四位。

Fe_2O_3：光明硅砂排第一位，硅业-四都硅砂排第二位，石门硅砂排第三位，响堂湾硅砂排第四位。

烧失量：石门硅砂排第一位，光明硅砂排第二位，硅业-四都硅砂排第三位，响堂湾硅砂排第四位，但烧失量波动值相差不大，对SiO_2、Al_2O_3、Fe_2O_3的含量入窑后的影响不大，对气氛变化影响一般也不大。

总体分析，光明硅砂主要元素SiO_2、Al_2O_3、Fe_2O_3的稳定性远优于石门硅砂。

B 浮法用四种硅砂入窑后数据分析比较

上述中已提到样品的采取地（位置）影响样品的数据。同样，在电子秤称入喂料器出口取样其分析数据波动大于在粉库内取样分析数据。在粉库内取样分析数据波动大于中间仓取样分析数据。中间仓取样分析数据波动远大于混合机混合后取样分析数据，混合机混合后取样分析数据波动约等于投料口取样分析数据。物料在操作或输送过程中的混合均化作用使物料化学成分趋向稳定的平均值。换言之，进入投料口的硅砂化学成分相对电子秤处更接近平均值（波动值更小）。当然物料（硅砂）进入集料皮带以后不能单独取样，混合机混合后更无法取样，但其硅砂成分被混合过程改善了，也就是说硅砂进入窑内，其化学成分的波动数据就不是表2-30中的数据，而是小于表中的数据。经数据处理，得出另一组数据，为入窑硅砂化学成分。

将各段（每月）最高值的平均值和最低值的平均值数据进行处理，能反映入窑实际的波动数据。经各段数据处理得到入窑数据波动范围如表2-31所示。

表 2-31 入窑硅砂化学成分波动范围 (%)

元素 名称	SiO_2		Al_2O_3		Fe_2O_3	
	最大波动范围	波动值	最大波动范围	波动值	最大波动范围	波动值
光明硅砂	99.285 ~98.826	0.459	0.5713 ~0.3075	0.2638	0.125 ~0.065	0.06
响堂湾硅砂	98.738 ~98.183	0.555	0.8133 ~0.4683	0.345	0.330 ~0.1267	0.2033
硅业-四都硅砂	99.237 ~98.60	0.637	0.5933 ~0.2200	0.3733	0.1533 ~0.073	0.0803
石门硅砂	98.76 ~97.905	0.855	0.925 ~0.360	0.565	0.19 ~0.055	0.135

从表 2-31 可以看出，波动值相对表 2-30 都缩小了，也就是入窑时变得更稳定了一些。处理方法一样，所得结果是公平的。从表 2-31 看变化，稳定顺序发生了变化。

SiO_2 的变化由小到大排列：光明硅砂排第一位，响堂湾硅砂排第二位，硅业-四都硅砂排第三位，石门硅砂排第四位。光明硅砂最稳定，石门硅砂相对而言最不稳定。

Al_2O_3 的变化由小到大排列：光明硅砂排第一位，响堂湾硅砂排第二位，硅业-四都硅砂排第三位，石门硅砂排第四位。光明硅砂最稳定，石门硅砂相对而言最不稳定。

Fe_2O_3 的变化由小到大排列：光明硅砂排第一位，硅业-四都硅砂排第二位，石门硅砂排第三位，响堂湾硅砂排第四位。光明硅砂最稳定，响堂湾硅砂相对而言最不稳定。

就熔化而言，成分越稳定其料性变化越小，暂且不考虑各种硅砂的熔点，就化学成分而言，选用光明硅砂优于响堂湾硅砂，选用响堂湾硅砂优于硅业-四都硅砂，选用硅业-四都硅砂优于石门硅砂。选用光明硅砂远远优于石门硅砂。在上述 2.8.1.2 节、2.8.1.4 节 ~2.8.1.6 节中已得到证实，可见用不同的硅砂生产玻璃，差异很大。

2.9 硅砂的选择

硅砂在平板玻璃原料中占总用量的 57% ~60%，是用量最大的原料，熔点高，难熔化，很大程度上决定玻璃的熔制作业即玻璃产品的产量和质量。选择硅砂并非是一件容易的事，要兼顾各个方面，既要利于玻璃生产又要考虑运输及成本等。

2.9.1 硅砂化学成分和 SiO_2 含量稳定性问题

在玻璃生产中，硅砂化学成分是选择硅砂的首要条件。化学成分（品位）过高（如脉石英）相对数据波动较小，但 SiO_2 含量越高熔点越高；品位过低，有害杂质过多，成分数据不稳难以掌握料性。下面以硅砂化学成分（品位）、SiO_2 含量稳定性和生产操作三个问题进行讨论。

2.9.1.1 *矿源应选用合适的品位*

在本章 2.4 节中已叙述我国玻璃对硅质原料化学成分要求。国际也曾推荐过硅砂成分：SiO_2 大于 99.5%，允差 ±0.2%；Al_2O_3 小于 0.3%，允差 ±0.05%；Fe_2O_3 小于 0.05%，允差 ±0.01%。这些要求都是根据玻璃产品档次要求而定，不同的玻璃产品，选用不同的硅砂。但是一个玻璃企业附近有什么硅质原料又是另一个突出的问题。

矿源品位是先天性的，选不好矿源就是先天不足，选好矿源给后道选矿加工创造了有利条件，其产品（硅砂）更有利于玻璃生产。若先天不足，后天选矿加工也可创造条件，改善先天不足，其产品（硅砂）也可以用于玻璃生产，但创造条件必定增加成本。无论先天好还是后天改善，最终硅砂要能计算配出本厂所设计的玻璃成分，并能生产出预期的产品来。下面列举看两种成品硅砂化学成分反推矿源品位稳定性。

响堂湾硅砂矿和石门硅砂矿相距千余里，不看地质资料可以从成品硅砂化学成分多年来统计数据，看两矿山矿源品位稳定性。

响堂湾硅砂 SiO_2 含量 98.86% ~97.75%，波动值为 1.11%；而石门硅砂 SiO_2 含量 99.11% ~97.67%，波动值为 1.44%。响堂湾硅砂 Al_2O_3 含量 0.97% ~0.38%，波动值为 0.59%；而石门硅砂 Al_2O_3 含量 0.99% ~0.34%，波动值为 0.65%。响堂湾硅砂 Fe_2O_3 含量 0.39% ~0.08%，波动值为 0.31%；而石门硅砂 Fe_2O_3 含量 0.21% ~0.03%，波动值为 0.18%。SiO_2、Al_2O_3 这两项稳定性响堂湾矿优于石门矿。Fe_2O_3 这一项主要是响堂湾硅砂矿在开采时，薄层顶板（含铁高）混入原矿中使其成品硅砂 Fe_2O_3 波动大，其次除铁设备响堂湾矿人工磁铁块除铁较落后，而石门矿有部分生产工艺线选用了先进的磁选机除铁。从原矿分析 Fe_2O_3 的数据看波动基本相当，只是响堂湾 Fe_2O_3 含量的平均值偏高，而石门矿 Fe_2O_3 含量的平均值偏低。总体看，响堂湾矿矿源品位稳定性优于石门矿，但往往原矿外观误导了人们，响堂湾矿矿石外观颜色不太一致，有白色的、有浅黄色的、有浅红色的，而石门矿矿石外观颜色较均匀，浅黄色，响堂湾硅砂成品外观看上去没有石门硅砂成品均匀。只看硅砂外表并不科学，它不完全反映内在品质。

在本章 2.8 节中已经叙述几种硅砂用于玻璃生产中的认识。对浮法玻璃而言，硅砂中 SiO_2 含量不宜过高，应在 99.30% 以下，并非 99.5% 以上。Al_2O_3 含量不宜过低，应在 1.1% 左右，并非 0.3% 以下。Fe_2O_3 的含量根据玻璃产品而定。透明白玻璃理想值 Fe_2O_3 应小于等于 0.08%，0.1% 以下为优，0.12% 以下或再高一点也可以使用。颜色玻璃最好在 0.4% 以下。其他微量元素如 K_2O、Na_2O、CaO、MgO 应尽可能多些，这是量的问题。至于稳定性即各成分波动值，越稳定越好，波动越小越好，生产证实化学成分变化小的硅砂其玻璃生产就好。但是在硅砂生产中，Fe_2O_3 是较难控制的一项，很难达到理想数据。既与矿源有关，与选矿工艺及投资也相关，当然与操作也有关。

PPG 公司的观点有相同之处，也认为只要相当稳定即使 SiO_2 含量只有 96% 也可以使用。不同之处认为 Al_2O_3 含量即使细微也对质量有害，其 Al_2O_3 和 Fe_2O_3 的波动范围要求更小。

2.9.1.2 选用先进的硅砂选矿工艺可提高化学成分稳定性

不论自办矿山还是外购硅砂成品，选矿工艺的先进与否与硅砂化学成分密切相关。先进的选矿工艺：一是选矿流程中有较强的擦洗过程，去除硅砂外表面的薄膜铁；二是能明显提高硅砂产品品位，降低有害元素；三是保证颗粒最优化，尽可能避免产生超细颗粒；四是具有多次均化作用，最大限度缩小波动值。这四条中均化作用更重要。下面列举同一矿源两种不同选矿工艺及其产品的稳定性。

光明硅砂矿和硅业-四都硅砂矿所用矿源在同一矿山，可以认为基本相同。但加工工艺不同（见本章 2.7.2.9 节和 2.7.2.10 节），光明矿十分先进，硅业-四都矿自己设计，其产品在外观上肉眼看不出什么区别，可经过数据统计整理得出不同的结论：化学成分稳定性有差异，光明硅砂比硅业-四都硅砂稳定性好。

光明硅砂 SiO_2 含量为99.29%~98.57%，波动值为0.72%；而硅业-四都矿 SiO_2 含量为99.32%~98.08%，波动值为1.24%。光明硅砂 Al_2O_3 含量为0.68%~0.25%，波动值为0.43%；而硅业-四都矿 Al_2O_3 含量为0.69%~0.17%，波动值为0.52%。光明硅砂 Fe_2O_3 含量为0.13%~0.06%，波动值为0.07%；而硅业-四都矿 Fe_2O_3 含量为0.23%~0.07%，波动值为0.16%。SiO_2、Al_2O_3、Fe_2O_3 三项光明硅砂波动都小于硅业-四都矿。这是因为光明硅砂矿选矿工艺设计加工过程有较好的均化作用，尤其大型均化库显示了均化作用，可以肯定地说先进工艺有其独特作用。当然颗粒也有差异，光明硅砂颗粒优于硅业-四都硅砂，这将在后面有关章节叙述，这里主要讨论化学成分。从上述例证中体会到加工工艺与化学成分稳定性密切相关。

2.9.1.3 选用硅砂品位要考虑便于玻璃生产操作

我国硅质原料资源分布是极不均衡的。有的企业附近分布有理想的矿源，有的企业附近则无理想的矿源，需到外地购买硅砂或使用附近较差的矿源，这样有可能选到化学成分不一的硅砂。

如湖北一厂使用一种高二氧化硅（98%以上）低氧化铝（0.6%以下）的硅砂和另一种低二氧化硅（95%以下）高氧化铝（2.0%以上）的硅砂，在原料管理上和生产调整中要精心操作，否则会造成混料对生产不利。

上述玻璃厂，使用上述两种化学成分不一的硅砂，当用高硅低铝砂替代窑内正在使用的低硅高铝砂时因成分差异玻璃板上出现了严重波筋的质量事故。说明化学成分不一的硅砂在生产操作中带来不便。

因此，玻璃生产中应选用化学成分相接近的，这更便于玻璃生产。当然有条件使用同一种硅砂，不经常换料（砂）不存在操作问题则更好。但由于资源限制，一窑用几种硅砂换料是避免不了的。当然用几种硅砂也有好处，有比较才有鉴别，只用一种硅砂无法进行比较，不能识别好坏。而用几种硅砂则可选用易熔化的硅砂，并可加大其用量。

2.9.2 硅砂熔点问题

硅砂熔点是重要指标。易熔化的燃料消耗小，易熔化的利于澄清和扩散，对玻璃产量质量有利。硅砂熔点高是相对其他原料而言的，但硅砂产地或品种不同其熔点是有差别的，千万不可忽视。这一节从硅砂品种、状态、加工方法三个方面来叙述。

2.9.2.1 硅砂品种不同其熔点不同

硅砂有脉石英矿加工成的、石英岩矿加工成的、石英砂岩矿加工成的和天然砂（长石质石英砂岩）加工成的几种。按其 SiO_2 含量的高低排列，脉石英矿加工成的硅砂熔点最高，而天然砂（长石质石英砂岩）加工成的熔点最低。石英岩和石英砂岩加工成的硅砂熔点一般在它们两者之间。总之随硅砂中含 K_2O、Na_2O、CaO、MgO 等有益元素而变。从熔点角度出发，浮法玻璃原料选用脉石英是不利的，选用长石质石英砂岩是有利的。

2.9.2.2 状态不同硅砂熔点不同

岩石破碎而成的硅砂和海边天然颗粒的硅砂其熔点不同。

岩石破碎受机械力加工而成的硅砂，砂粒表面保持棱角棱边、断裂面和边有极性，是因为石英结晶硅和氧组成的硅氧四面体中硅氧之间的键力为离子键，因为硅的极化力强，使之趋于共价键，故矿物表面（尤其棱角边）呈现极性较强的性质。或受机械力加工而成的砂保持岩石石英集合体（粒状或小块状）中微裂纹或孔隙（反应面积加大），水进入微裂纹或孔隙中，当与纯碱芒硝混合时，被水带入（溶入）而使硅砂的熔点降低。

海边天然颗粒的硅砂，因为浪击摩擦使其硅砂粒表面几乎成为球形（表面积小）而十分光滑，无棱角棱边、极性弱或微裂纹少，孔隙少，当与纯碱芒硝混合时溶入的或贴附的纯碱芒硝少而熔点显得高些。

岩石破碎而成的硅砂与海水浪击摩擦光滑的硅砂在化学成分相同、颗粒度相同的情况下，就比表面极性，表面极性强的溶入或贴附纯碱芒硝的量就多，熔点降低较多。从硅砂颗粒形状讲希望硅砂有棱有角（相对表面积较大），加工砂优于海砂（圆粒）。

2.9.2.3 加工方法不同其熔点也有差异

岩石破碎而成的硅砂，湿法生产时使用新水和循环水其硅砂熔点是有差异的。

岩石破碎而成的硅砂使用循环水（含残余炸药和农田化肥水）浸泡，对降低熔点有利。湖北某矿节理（裂隙）发育，生产中用含残余炸药和农田化肥水的循环水长时间浸泡。炸药残余物有硝酸盐等，在硅酸盐玻璃中硝酸盐可以和 SiO_2 形成共熔物，同时还有澄清作用，因而加速了玻璃熔制，硝酸盐是助熔剂，又是氧化剂同时也是脱色剂。残余炸药以盐的形式存在于硅砂中，可以对硅砂直接起改性作用。炸药爆破就是燃烧或分解的化学反应过程，炸药中的盐类反应后生成金属氧化物（或 Na_2O 或 K_2O 等），它们碰到水可以形成碱，以碱的形式存在于硅砂中，仍然有助熔作用。物质不灭，只是反应后生成的有害气体（NO_2、N_2O_5、CO 等）飞逸了，但仍有一部分气体产物存在砂岩中。炸药爆破的过程若是正氧平衡过大的炸药爆炸时，过剩的氧将使氮元素氧化成氧化氮（NO_2、N_2O_5）。若是负氧平衡过大的炸药爆炸时，由于氧不足，碳原子不能完全氧化，因而生成较多的一氧化碳（CO）。在爆破工程中，即使零氧平衡的炸药，因为爆炸时周围介质如某矿岩石裂隙发育，地表的有机物中的 H_2S、SO_2、NH_3 及 H_2O 和其他碱金属离子物等渗入地下，也会参加反应，使其化学反应复杂化也许生成有利的酸类、盐类。爆破产生的 NO_2 极易溶于水，NO_2 与水结合成硝酸，硝酸与 Na_2O 或 K_2O 又形成 $NaNO_3$ 和 KNO_3。爆破操作常有盲炮出现，炸药灌水处理，硝酸盐仍存在于硅砂中。循环水长时间使用，加之附近的农田化肥水（含 K_2SO_4 和 $MgSO_4$ 等）补充水池用水，都能增加砂岩中硝酸盐和硫酸盐的含量。爆破也有讲究，放大炮比放小炮差，放小炮炸药残余物分散在硅砂中。放炮时让炸药残余物尽量少飞扬，溶入（混入）砂岩中尽可能多，都是从增加硝酸盐的角度出发。废水废物利用，矿物特性（裂隙发育）及操作方法巧用。目的是增加硅砂中有利于降低熔点的盐类。

相对上述硅砂生产方法而言，水洗硅砂使用新水（一次性用水），硅砂中的炸药残余物或硝酸盐被洗砂新水带走，硅砂中残留的硝酸盐几乎为零，硅砂熔点并未得到改善。在生产中证实了湖北某矿和湖南青山冲矿用循环水浸泡硅砂使硅砂熔点降低是有一定作用的。

各种硅砂的熔点高低差别很大，各国玻璃同行都有认识。在生产中根据熔化料山位置、泡界线位置可以反映出来，或不同硅砂所生产的玻璃质量产量统计也可发现。当然实验室有条件的玻璃企业可以通过实验得出结论更好。

2.9.3 岩石节理发育的优点

岩石节理发育有其特点，分析特点、利用特点，在开采加工中注意发挥其特点很重要。下面从岩石节理发育的特点与硅砂熔点、岩石的开采和加工两个方面来讨论。

2.9.3.1 岩石节理发育的特点与硅砂熔点

具体如下：

（1）增加了铁质物。在硅质原料矿山地质勘探报告中，往往地质人员评价岩石因节理（裂隙）越发育，铁质物往往沿节理（裂隙）面充填，不同程度地污染了矿石，直接影响了石英砂岩的质量。充填的铁质物不论以什么状态存在，都增加了硅砂的铁含量，若形成薄膜铁，增加了硅砂加工的难度。湖北某石英砂岩矿裂隙发育，形成薄膜铁，而加工过程又取消了强制机械擦洗的擦洗机，致使硅砂中 Fe_2O_3 含量的分析值偏高证明了地质人员的说法。这是岩石裂隙发育的缺点。

（2）改变了硅砂的表面性质。岩石裂隙发育，沿节理（裂隙）面充填的物质并非只有铁质，还有其他的有益元素，如含有钙、镁、钠、钾等元素，可达到改性或降低石英砂熔点的作用。填充物钙、镁、钠、钾等元素由于外界因素的影响，对石英 SiO_2 晶体和砂岩中其他矿物晶体产生缺陷，石英晶体或其他晶体被活化，对 SiO_2 等晶体的物理化学性质产生一定的影响，起到改性作用或降低熔点作用。这是岩石裂隙发育的优点。

（3）改变了硅砂的化学成分。填充物中的有益元素钙、镁、钠、钾等元素无论以什么形式，是盐类还是氧化物、是游离态还是复盐的形式混在砂岩中，都改变了硅砂的化学成分，其均匀性要优于开采时少量顶板或夹层中的有益元素混进原矿中。换言之，裂隙发育的硅质矿石其中的有益元素，分布较均匀，是大自然的功夫。岩石经加工后更均匀。而开采时顶板（或夹层）混入到矿石中的有益元素分布是波动的，人为造成的。顶板（或夹层）混入的多，则硅砂中钾、钠、钙、镁含量高些，没有混入顶板（或夹层），则硅砂中钾、钠、钙、镁含量低些或几乎没有。选矿加工后可提高均匀度，但前者均匀度优于后者，前者熔点偏低而稳，后者偏高而波动偏大。这是岩石裂隙发育的又一优点。

（4）裂隙利于渗透。石英砂岩越发育，其裂隙越多，在硅砂开采和加工过程中利用裂隙，人为渗入有利于熔化的盐类，如用残余炸药及反应物或农田化肥水浸泡砂岩块或硅砂，发挥废物硝酸盐和硫酸盐对硅砂的改性作用，以降低硅砂熔点。岩石裂隙越发育，其硝酸盐和硫酸盐分布越均匀，其硅砂熔点越偏低。脉石英矿极不发育，浸泡也难以渗入，降低石英砂熔点极不明显。这就是利用裂隙发育的特点来降低熔点。这是裂隙发育的第三个优点。

2.9.3.2 节理发育的岩石的开采和加工

具体如下：

（1）开采利于均化。湖北某石英砂岩矿，因相对高差不大，为节约成本，开采只作一个台阶操作。因岩石节理发育（三组中其中一组最发育），爆破后基本松散而下滑，上中下不同位层矿石（小块和砂）一起下滑有一混合均化作用，使成分趋于稳定，对熔化有利。这样的开采操作可发挥优点。

（2）加工突出强制擦洗。岩石裂隙发育，充填铁质物以薄膜铁形式附着在硅砂表面。在硅砂加工过程中，要突出机械擦洗作用，以减少硅砂中铁的含量避免了缺点，同时发挥优点。

2.9.4 硝石矿作硅砂的改性

二氧化硅与硝酸盐产生低共熔。在玻璃生产中引入硝酸盐可降低熔制温度，但很少有平板玻璃企业引用价格较贵的硝酸钾硝酸钠化工原料，在硅砂加工中，能否使用含硝酸盐的矿物（在后面5.5节和5.6节中介绍）原料以降低硅砂熔点。下面从硝石矿的资源和硝石矿用于硅砂加工的事项两个方面来讨论。

2.9.4.1 *硝石矿的资源*

A 钠硝石矿

钠硝石矿既有独立的矿床也有共生矿床。但在湖北到目前为止尚未见到报道有独立的钠硝石矿床，但钠硝石矿常与芒硝矿、石盐矿、石膏矿共生。湖北应城和云梦两地都有芒硝矿，为其综合利用，芒硝矿边界品位以下的资源应用于玻璃硅砂加工中，可值得讨论。

B 钾硝石矿

钾硝石矿在我国尚未发现独立矿床。大多盐矿、芒硝矿中有伴生，已有资料报道在湖北某地有共生钾硝石矿床，也存在边界品位以下的资源，为其综合利用，可使用在玻璃硅砂加工中，更值得讨论。

C 过期和变质的炸药

含有硝酸钠或硝酸钾的炸药当过期或变质后，废物可当做矿物用，可以溶于水中用于长时间浸泡硅砂，也可讨论。

2.9.4.2 *硝石矿用于硅砂加工中的注意事项*

注意事项具体如下：

（1）硝石矿中的有害元素。边界品位以下的钠硝石矿、钾硝石矿，除含对玻璃生产有益的 KNO_3、$NaNO_3$、Na_2SO_4、$CaSO_4$ 等物质之外，还有 NaCl。NaCl 含量的高低决定了能否使用于硅砂加工中，微量 NaCl 对玻璃生产是有益的，但 NaCl 含量过高易侵蚀窑炉耐火材料，不能用于硅砂加工中。

（2）硝石矿的状态与加工方法。硝酸盐易溶于水，而硫酸盐中硫酸钠、硫酸钾、硫酸镁等溶于水，硫酸钙微溶于水，硫酸钡不溶于水。硝石矿可以是固体状态也可以是液体状态。

液态硝石矿（卤水）可以直接用在玻璃硅砂加工中长时间浸泡硅砂，以增加有利于硅砂熔化的盐类。固态硝石矿也可以事先用水浸泡以溶解可以溶解的盐类，再用来长时间浸泡硅砂。固态硝石矿还可以通过把矿石加入到硅砂原矿中一同加工，以增加硅砂中的微量硝酸盐和硫酸盐，以液态的形式引入为优。

不论以什么形式加入，目的是增加硅砂的助熔剂、澄清剂、氧化剂、脱色剂的量。

$NaNO_3$、KNO_3 既是助熔剂也是澄清剂、氧化剂、脱色剂。Na_2SO_4、$CaSO_4$ 等硫酸盐是澄清剂。以矿物的形式（或废物利用形式）提供，并与硅砂事先长时间处理，针对熔点高的硅砂和难以澄清的硅砂人为创造条件，这叫硅砂改性，专攻硅砂熔点，专攻硅砂澄清。尤其是靠近这类资源的玻璃企业（如湖北一厂、湖北三厂等）更值得注意。

2.9.5 粒级要求

硅砂合适的化学成分及相当的稳定程度是十分重要的，但粒度及粒级分布也同样非常重要。关于粒度及粒级问题将在第 6 章中以生产数据证实加以专题叙述，这里不详细叙述。

2.9.6 综合效益

选择硅砂应考虑综合效益，考虑的因素有硅砂到厂价格，途耗和筛余杂物含量，熔化燃耗，所生产的玻璃产量、质量等。当用两种硅砂进行比较时，其中到厂价格是明账好比较；途耗和筛余含量因不同产地运输环节有区别，汽车直接进厂的硅砂浪费少，火车进厂的硅砂浪费略大，去掉途耗和筛余后实际价格好比较；熔化燃耗的比较是较复杂的，条件变化因素较多，但长时间生产数据必定有区别，细心也可以比较出明显结果；产量的高低、质量的好坏细心比较也会有结果。这几项中，燃耗是重点。好熔化的硅砂燃耗小，玻璃产量高、质量好。要算总账，不能单看供应合同到厂价格一项，玻璃成本中硅砂直接费用所占比例较小，相对来说燃耗较大，计算易熔化节约的燃料费用能否抵消价格差价，是一项艰苦而又有意义的工作。

多年来生产统计证实，某厂浮法玻璃用四种硅砂的综合效益优劣顺序（由优到劣）是，光明硅砂、响堂湾硅砂、硅业-四都硅砂、石门硅砂。尽管价格相差较大，光明（硅业-四都）硅砂最贵，响堂湾硅砂最便宜，石门硅砂在两者之间。若响堂湾硅砂改造或重新设计上设备，综合效益优劣顺序（由优到劣）是：响堂湾硅砂居第一位，光明硅砂居第二位，硅业-四都硅砂居第三位，石门硅砂居第四位。

2.9.7 有害矿物与选矿试验

本节对有害矿物进行分类，并叙述选矿试验的必要性。

2.9.7.1 有害矿物分类

矿物往往不够纯，杂质与之共生或伴生。因此，在玻璃原料中引入有用矿物的同时也带进不同的有害矿物，这是用矿物作原料必须认识和讨论的课题。为了认识有害矿物，必须对有害矿物进行分类。有害矿物的分类方法很多，下面按元素、对玻璃产生缺陷、矿物比重、存在于不同矿物中、存在于不同砂粒中、铁质物性、铁存在石英砂中的不同位置、铁杂质磁性这八种情况分类叙述。

（1）按元素分类。对玻璃有害的元素是：铁、铬、镍、钛、锆、铝等。

（2）按对玻璃产生缺陷分类。具体如下：

1）使玻璃产生气泡，如铁质及铁的化合物使玻璃产生气泡叫铁泡。

2）使玻璃着色，生产透明玻璃时，如不同价态的铁和不同价态的铬使玻璃着成不同的绿色。

3）使玻璃产生结石，如镍、铬、钛、锆等化合物当粒子尺寸过大时形成结石。如PPG公司同行认为铬镍矿易产生0.01～0.02mm的小结石，会使钢化玻璃炸裂，特别要求铁粉加工到0.076mm以下，并对铁粉中的Fe_2O_3、FeO、Al_2O_3、TiO_2、Cr_2O_3、NiO、MnO、ZnO、PbO、SO_3、P_2O_5、As_2O_5等都有要求。

4）使玻璃产生波筋条纹，如过高的Al_2O_3使玻璃产生波筋和条纹。

（3）按矿物比重分类。具体如下：

1）轻质矿物。密度小于2.9g/cm³，如长石、云母、海绿石等。

2）重质矿物。密度大于2.9g/cm³，如石英砂岩中的重矿物是电气石（Na、Ca）（Mg、Fe）$_3$ · $Al_6[Si_6O_{18}](BO_3)_3(OH、F)_4$、锆石$ZrSO_4$、白钛矿$TiO_2$、榍石$CaTi(SiO_4)O$等。

（4）按存在不同矿物中分类。具体如下：

1）存在主矿物（石英）中，如石英内部包裹铁、固溶体铁、表面薄膜铁。

2）存在副矿物中，如某地石英砂岩的副矿物长石中存在铁质。

3）存在胶结物中，如响堂湾石英砂岩矿：铝来自胶结物绢云母中，铁来自于胶结物中。

4）存在岩石裂隙充填物中，如响堂湾石英砂岩矿裂隙发育充填物中的铁质。

5）存在顶板、夹层、黏土中，开采时不可避免混入少量顶板、夹层、黏土，其中的杂质铁是所有矿都存在的。

（5）按存在不同砂粒中分类。具体如下：

1）存在粗粒砂中，如某地石英砂岩$K2h^{2-5}$层位含黏土细粒长石石英砂岩矿石类型中粗粒0.5～0.8mm中Fe_2O_3含量为1.26%。

2）存在中粒砂中，如某地石英砂岩$K2h^{2-5}$层位含黏土细粒长石石英砂岩矿石类型中等粒度0.5～0.1mm中Fe_2O_3含量为0.58%～0.59%。

3）存在细粒砂中，如某地石英砂岩$K2h^{2-5}$层位含黏土细粒长石石英砂岩矿石类型中小于0.1mm细粒中Fe_2O_3含量为2.28%。

（6）按铁质物性分类。具体如下：

1）单质类，如铁，开采和加工带入的。

2）氧化物类，如Fe_2O_3（赤铁矿）、Fe_3O_4（磁铁矿）、$Fe_2O_3 \cdot nH_2O$（褐铁矿）。

3）碱类，如$Fe(OH)_2$（氢氧化亚铁）、$Fe(OH)_3$（氢氧化铁）。

4）盐类，如$FeCO_3$（菱铁矿）、$FeTiO_3$（钛铁矿）、$FeCr_2O_4$（铬铁矿）、FeS_2（黄铁矿）、Fe_xS_{1+x}（磁黄铁矿）、$(Zn \cdot Mn)Fe_2O_4$（锌铁尖晶矿）、$Fe_3Al_2[SiO_4]_3$（铁铝石榴子石）、$Ca_3Fe_2[SiO_4]_3$（钙铁石榴子石）等。

（7）按铁存在石英砂中不同位置分类。具体如下：

1）存在硅砂表面的铁，如氧化铁、氢氧化亚铁和氢氧化铁质薄膜包履或附着在石英砂颗粒表面上。

2）存在硅砂之中的包裹铁，铁以任何形式（包括氧化铁、盐类等）被石英砂粒机械包裹在里面的。

3）固溶体铁，硅砂中氧化铁与石英长石结合起来并成为固溶体或同晶化合物。

（8）按铁杂质磁性分类。具体如下：

铁杂质磁性分类及矿物举例见表2-32。

表2-32 铁杂质磁性分类

磁性类型	比磁化系数范围/$m^3 \cdot kg^{-1}$	矿物举例
强磁性矿物	$>3000\times10^{-8}$	Fe(单质铁)、Fe_3O_4(磁铁矿)、Fe_xS_{1+x}(磁黄铁矿)、γ-Fe_2F_3(磁赤铁矿)等
中磁性矿物	$(1500\sim3000)\times10^{-8}$	$FeTiO_4$(钛铁矿)、$FeCr_2O_4$(铬铁矿)等
弱磁性矿物	$(15\sim1500)\times10^{-8}$	$FeCO_3$(菱铁矿)、Fe_2O_3(赤铁矿)、$Fe_2O_3\cdot nH_2O$(褐铁矿)①等
非磁性矿物	$<15\times10^{-8}$	FeS_2(黄铁矿)、$Fe_3Al_2[SiO_4]_3$(铁铝石榴子石)、$Ca_3Fe_2[SiO_4]_3$(钙铁石榴子石)等

注：常见的矿物的比磁化系数和选别时需用的磁场强度见书后附表1和附表2。

①褐铁矿（$Fe_2O_3\cdot nH_2O$）是玻璃工艺教材中的写法。褐铁矿在吴良士主编的《矿产原料手册》中定义如下：针铁矿（FeO·OH）、水针铁矿（$FeO\cdot OH\cdot nH_2O$）和纤铁矿（FeO·OH成分中有少量SiO_2和CO_2杂质）、水纤铁矿、更富水的氢氧化铁胶凝体、铝的氢氧化物以及含水的氧化硅、泥质等常共同产出，肉眼很难区分，统称为褐铁矿。

2.9.7.2 选矿试验的必要性

从上述有害矿物的分类看，有害矿物是十分复杂的，不仅品种繁多，存在形式也很复杂，能否通过选矿达到预期的结果，选矿试验是必不可少的。

有的硅砂原矿分析数据看起来铁含量高，但经过擦洗、重选、磁选处理后可达到要求。有的原矿分析数据看上去铁含量并不太高，但存在硅砂之中的化学结合铁不易选出，或磁选磁场强度太高增加成本。有原矿分析Fe_2O_3含量为0.05%，但做出来的成品硅砂Fe_2O_3含量为0.1%以上或更高，看铁含量的平均值是一方面，看铁的存在状态又是一方面。只有按地质要求取样，进行实验室流程试验才可得出品位是否可以提高、有害元素（主要是铁）是否可以降低的结论。

地质技术人员的取样要具有代表性，一是代表矿石类型（有几类取几类），二是代表一定的储量（储量过小无意义）。在黄金桥矿的试生产和响堂湾矿的生产中深刻体会到：两矿未事先做选矿流程试验，原矿的铁有相当部分为0.03%，稍不注意混入顶板少量石屑和黏土或夹层，成品硅砂的Fe_2O_3含量为0.15%或更高，波动又大。顶板也是同类型矿石，只是铁含量过高，部分夹层也类似，对顶板和夹层中的铁质认识不足，从外观上看与矿石相同。说明做选矿流程试验可以事先明了不同层位矿石类型中的Fe_2O_3等有害矿物的含量，在开采时注意剥离或配矿，不至于使Fe_2O_3有大的波动。

选矿方法的确定也是通过实验室流程试验得出的。不同的矿源有不同的特点：是分级、淘洗、擦洗为主，还是磁选浮选为主，还是多种方法联合使用并突出某一方法？需要磁选的矿源，确定磁选磁场强度，其流程试验是硅砂矿山设计的依据，否则有一定的盲目性。一般石英砂岩类、长石质石英砂岩类、石英岩类、脉石英类的杂质赋存状态及选矿方法是有区别的，通过选矿流程试验确定方法。

2.9.8 其他注意事项

硅砂选择还有一些问题需要注意，具体如下：

（1）资源储量要大，服务年限要长。在正规的地质部门勘探工作的基础上确定硅砂矿山基地是十分重要的。

（2）运输要方便。如湖南叙莆县硅砂矿因运输状况欠佳，有用户不得不调整方案，另找矿源。

（3）成本要低。硅砂用量大，其总成本在市场竞争激烈时不可忽视，若每吨节约5元，1年后计算显示了可观的效益。

2.10 硅砂加工要点

中南地区所使用的硅砂大多为泥盆系，本节只对泥盆系石英砂岩加工生产过程中的强化均化、粒度优化、强化擦洗和磁性预处理分别加以叙述。

2.10.1 强化均化

天然矿物化学成分通常不稳定，而玻璃生产要求其化学成分变化越小越好，这就需要人们在加工中始终贯彻均化作用以提高矿产品成分的稳定性。均化分为无设备均化和有设备均化两种。

2.10.1.1 无设备均化

硅砂加工，现在全部改为矿山加工。在矿山加工，一般以中小型或小型规模作业的较多，而大规模作业的硅砂矿较少。中型或小型规模的矿山设计使用均化库的很少，因为投资大，只得自己简易设计土法上马生产硅砂，没有先进庞大的设备设施。没有设备设施也要均化，这就是无设备均化。无设备的均化就是在操作过程中始终贯彻横堆纵（竖）取，只要矿石或砂在运作一个过程做一个动作就采取横堆纵（竖）取。

（1）开采。因资源质量的差异，根据地质勘探报告，选择开采两个或三个坑口，质量最好的地段，质量较差的地段，平均可以达标的矿段同时开采，避免一个矿山只开一个坑口的做法。

（2）配矿。开采后的矿石，质量最好的运输一车，质量较差的运输一车，有序地运回加工厂堆放，一对一的横堆，并用铲车有序地收堆堆高。

（3）加工。在加工喂料时，用铲车取料，变换取料方向（纵取），使原矿喂入系统（生产线）有一个混合均化过程。成品砂从生产线上流出进入成品堆场时，同样人为地让它有规律地堆放（横堆）或堆锥。

（4）运输。成品砂在运回玻璃厂时，要经过装汽车、货站（火车站或码头）堆放，再装车（或船）三个过程，仍然采取横堆纵（竖）取。

无设备均化投资少，运作容易，但操作人员要有责任心，同样可以达到均化的目的，缩小成分波动范围效果也明显，原料管理人员抓质量的责任心非常重要。响堂湾硅砂矿没有设计大型均化库，但在洗砂过程中和堆场堆砂取砂过程考虑了均化作用，其成品硅砂化学成分的波动仅次于光明矿大型先进的均化库，证明了无设备的均化作用。

2.10.1.2 有设备的均化

有设备的均化主要指设计选用专用设备进行均化。它包括抓斗均化、皮带机均化、取料机均化。下面分别简要介绍它们的均化过程和作用。

A 抓斗均化

抓斗均化又分为矿山抓斗均化和玻璃厂内抓斗均化两种情况。

(1) 矿山抓斗均化。有矿山设计有行车抓斗，目的是将湿法生产出来的成品砂用行车抓斗从砂浆池中抓起来并通过行车运送到厂棚库内进行堆锥，使其堆锥自由下滑而均化，均化堆高时同时滤水排水。

这种情况的抓斗均化，入库的堆放规律要与出库时抓斗装车规律相关，使其成品砂最大限度地混合。行车操作人员的责任心十分重要，不得随意操作。

(2) 玻璃厂内抓斗均化。成品硅砂运回玻璃厂内，无论火车进厂还是汽车进厂，砂总是要入格子库的，用行车抓斗入库也要有规律操作，一是一个库格一个库格地装满，避免半格未用完又向上堆砂，二是入一个格时堆锥让其充分下滑而均化。当取料时同样要有规律，为避免水分波动过大要一层一层向下抓。同样，行车操作工的责任心十分重要，不能随意操作。否则化学成分的均化作用偏小，水分波动未能得到改善。

B 皮带机均化

皮带机均化又分为矿山皮带机均化和玻璃厂内皮带机均化两种情况。

(1) 矿山皮带机均化。有矿山成品砂下线用倾斜皮带机输送到堆场并进行堆锥，在堆锥时要尽可能使料堆高度加大，使其自由下滑而混合均化。装车出厂时有用铲车操作也有人工（用铁锹）操作，同样要有规律，使其最大限度地混合均化。

(2) 玻璃厂内皮带机均化。不少玻璃厂设计有皮带机均化库。成品砂进厂用提升机提升再溜到水平皮带机（高度8m）从动端，靠皮带机上的活动斜置刮板刮下使其成品砂横向（来回）堆高。这种皮带机均化比行车抓斗均化要先进一些，均化效果好一些，不受人为因素的影响。这种均化同样也应一个库一个库装满便于排水。

这种均化库的取料一般用铲车操作。用铲车操作有两点值得注意：一是有规律（料堆端头来回摆动）铲取，使其硅砂向下滑而混合均化；二是底层含水量高的不得铲取，否则水分波动过大使配合料中硅砂用量波动偏大。

C 厂内取料机均化

现在玻璃厂内硅砂用大型均化库均化堆放，用取料机取料的工厂越来越多，尤其日熔化量较大的工厂。不论均化库进料以什么形式，用什么设备，均要将库堆满，以便用取料机取料。进料堆放（一般用提升机和带斜置刮板水平皮带机）是化学成分的均化，取料机取料主要是水分减小波动的措施，同时也有成分均化作用。

大型矿山设计有均化库，硅砂运回厂内又一次大型均化库均化，用取料机取料，其硅砂化学成分波动值减小以及水分波动值减小是十分明显的，这是硬件先进的优点。没有这些硬件设备条件，靠操作人员的责任心进行均化也能改善。

有条件的工厂增设均化车间，不仅均化硅砂，还应均化白云石、石灰石、长石，一套设备具有多种用途。在矿物资源日趋变差的情况下，更有必要如此。

2.10.2 粒度优化

硅砂粒度在硅砂生产中往往不被人们重视，在设计矿山生产流程时，很多人把注意力放在生产效率上或工艺要简化，投资要少，如何让矿石产生最理想的颗粒，尽可能避免过粉碎，最大限度地减少0.1mm以下或更细的细粉是矿山加工要注意的问题。合理选用破碎设备、合理选用筛分设备以及合理设计加工流程是有讲究的。

2.10.2.1 合理选用破碎设备

生产实践证明，硅砂加工其粒度已被大家公认对辊破碎机加工粒度细粉最少，但对辊破碎机加工效率低。棒磨机加工其粒度较优细粉稍多，但效率高。反击式破碎机和锤式破碎机不如棒磨机。石辊碾破碎机加工其硅砂粒度最差，细粉最多。当然这些设备的比较应在同矿源矿石的基础上比较。响堂湾硅砂矿用对辊破碎机加工粒度明显优于锤式破碎机加工粒度。石门硅砂矿几条生产线一般采用锤式破碎机，其细粉比例相当大，曾在20世纪六七十年代，国有企业用对辊加工其粒度较好。

对辊破碎机、棒磨机、反击式破碎机、锤式破碎机、石辊碾破碎机都可以加工硅砂，选用何种机械最优，主要考虑矿源，根据矿源矿石情况而定，是联合使用，还是突出某种机械为主，细碎是关键。

2.10.2.2 合理选用筛分设备

A 筛分机种类

生产实践证明，筛分机以大型高频振动筛为最优，大型圆筒滚动筛次之，简易摇筛较差，选用固定筛网（箅筛）人工铲去筛上物为最差。湿法生产中，在水力冲击下，大于筛孔的颗粒从旁边蹦跳逃逸到筛下物去，使分级作用减弱。光明硅砂矿选用高频振动筛、上升式水流分级机，其硅砂成品中粗粒（+0.71mm）比例极小（小于0.04%），粗粒接近0.71mm略大于0.71mm；而石门硅砂矿生产一线用箅筛（固定筛网）筛分，其硅砂成品中粗粒有2mm的颗粒通过，是人工用铁锹铲筛上物时强迫压下去的。这些说明筛分机是有差异的。

B 筛分机数量

纯粹从优化粒度出发，应增加筛分机数量。每破碎一次应过一次筛，及时筛下合格的颗粒，避免合格颗粒再次破碎产生细粉。尤其是简易设计的中小型矿山更应多用筛分机，因为简易设计的摇筛功率小（一般1.5kW），结构简单、维修方便、布置简单，可以多用，及时筛出合格的颗粒。湖南几十个简易设计的矿山以宁乡县畔塘硅砂矿为代表的筛分机数量多，几乎破碎一次过一次筛，粒度较优，细粉泥浆总量为最少，精砂产率最高。

2.10.2.3 合理设计加工流程

硅砂加工流程设计有简易设计（矿山工人自己设计）和先进设计（设计院专业人员设计）之分，但工艺流程很难分出几个档次，各有特点，只能就两个极端工艺相比较，也就是说最简易的设计与最先进设计相比。

湖南省宁乡县、湘潭县、长沙县硅砂矿都属简易设计，其成品砂中超细粉（-0.102mm

以下）比例比湖南叙莆光明矿、安徽蚌埠外资企业先进硅砂矿超细粉比例大。换言之，简易设计的流程其成品砂中超细粉不可避免出现在合格颗粒中，难于分出；而先进的流程（上升式水流分级加螺旋分级）其超细颗粒比例几乎为零，水洗硅砂就是要冲走超细粉，其中上升式水流分级机冲洗超细粉更彻底干净些。

颗粒的优化就是粗粒控制为最小值（或零），超细粉控制为最小值（或零），中间的主要部分为最大值，其中0.5~0.3mm又占主要比例；尾砂尾泥为最小量，精砂产率为最大值，这就是粒度优化的概念。它与破碎设备、筛分设备加工流程有直接关系，当然与矿源也密切相关。矿源一经选定，不能再改变了，而设备及流程可以研究，可选有利的。

2.10.3 强化擦洗和磁性预处理

硅砂加工选矿方法有分级、淘洗、擦洗、磁选、浮选等，对于不同矿源选用不同的方法，一般是分级、淘洗、擦洗、磁选为普遍。

2.10.3.1 强化擦洗

A 薄膜铁的存在

硅砂加工，铁质是主要有害杂质，铁的赋存状态主要是以表面薄膜铁为主。对于泥盆系石英砂岩而言，尤其是岩石节理（裂隙）发育形成薄膜铁成为石英砂岩含铁量的相当重要的部分。这是硅砂加工流程设计者必须认识的问题。

B 强化擦洗

近期有人研究得出结论，薄膜铁的硬度比石英硬度小，采用擦洗作业效果好。薄膜铁经擦洗变成微粒泥浆，而石英颗粒不会磨碎。擦洗后需充分水洗，可代替化学选矿。在重视环保的今天尤为重要，因化学选矿会带来药剂的污染，而擦洗实质是机械性的剥离没有污染。

在硅砂加工实践中也体会到，设计必须考虑强化擦洗过程。响堂湾硅砂矿有擦洗机时硅砂表面擦得干干净净，硅砂由黄色褐红色变为白色，铁质薄膜基本看不到了。取消擦洗机后，硅砂为淡黄色或淡红色的偏多。

选用对辊破碎机加工，另设擦洗机，其粒度和擦洗两方面都得到较好的效果。而棒磨机虽兼顾擦洗过程，粒度未得到优化，石辊碾机也兼顾了擦洗过程，粒度更未得到优化。但设计人员往往考虑加工效率，大型矿山都选用湿式棒磨机，设计不可能面面俱到。

2.10.3.2 磁性预处理

在砂浆进入磁选机选别之前，增加砂浆中的杂质矿物的磁性称为磁性预处理。

A 杂质的磁性差异与预处理

硅砂经破碎筛分分级擦洗后，石英砂（浆）中杂质铁屑及其他重矿物的颗粒度均小于0.71mm，这个颗粒尺寸便于磁选。

杂质的磁性根据上述2.9.7节介绍，有强磁性的，有中磁性的，有弱磁性的，有非磁性的。若将强大的永久磁铁块置于小于0.71mm的砂浆流动水沟槽中，磁性矿物被磁化，增加了矿物颗粒磁性，强磁性矿物、中磁性矿物、弱磁性矿物、部分非磁性矿物相互吸附结团，当这种结团的杂质立刻经磁选机磁选其效果比不用磁铁块预处理直接经磁选机效果好。永久磁铁块预处理和磁选机联合使用实质是土洋结合的方案。当两台或三台磁选机串联使用，其磁选效果更好，但投资大电耗多；用磁铁块代替一台磁选机，将其磁性杂质吸结成团，更便于磁选机吸除。

B 磁铁块的铺设

磁铁块的铺设应紧靠在磁选机砂浆进口水沟槽中，即磁性杂质吸团结成后立刻进入磁选机选别。

磁铁块的数量可以是几百块或几千块，可以是方形或矩形，可以铺一层或多层。磁铁块铺设的水沟槽的侧墙板和底板均用高强度非磁性材料。水沟槽可以水平移动和翻转。

3 碳酸盐矿物原料

凡能用于玻璃生产的石灰岩、白云岩、大理岩之类的碳酸盐矿物统称为玻璃用碳酸盐矿物原料。碳酸盐岩类主要包括碳酸盐类矿物（方解石、白云石、铁白云石）含量超过50%的沉积岩，即石灰岩、白云岩以及由这类沉积岩变质形成的大理岩。石灰岩和白云岩是分布最广、储量最大、应用历史最长、使用范围最广泛、消耗量最大的工业岩石原料，可与铁矿并列为工业“主粮”。本章主要讨论玻璃常用的白云石、菱镁矿、石灰石、方解石等几种矿物。

3.1 碳酸盐矿物原料的分类及其性质

碳酸盐矿物原料可以按矿物组成、化学成分、岩石成因进行分类。下面分别叙述。

3.1.1 按矿物组成分类

《工业矿物与岩石》[8] 一书（第 339 页）中，按方解石、白云石和非碳酸盐矿物的组成不同将碳酸盐岩划分为 8 种类型，见图 3-1 中的 2～9 区。

在图 3-1 中除 1 区以外，其余 2～9 区，简称为碳酸盐矿物原料“八大家”，这 8 区将在 3.9 节中加以讨论，这里暂不提及。

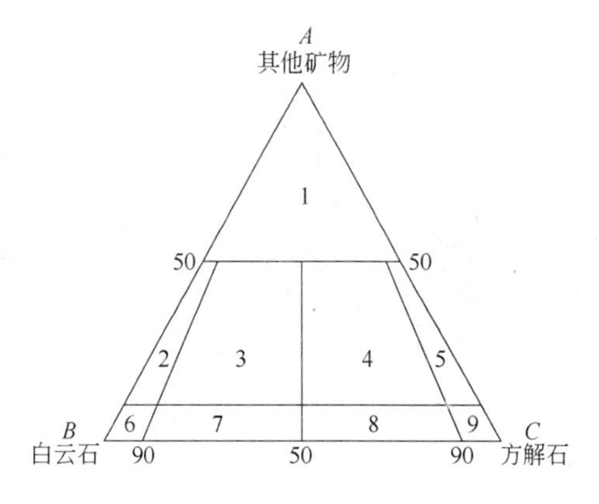

图 3-1 碳酸盐岩岩石分类图

1 区—非碳酸盐区；2 区—不纯白云岩区；3 区—不纯灰质白云岩区；4 区—不纯白云质灰岩区；5 区—不纯石灰岩区；6 区—白云岩区；7 区—灰质白云岩区；8 区—白云质灰岩区；9 区—石灰岩区

3.1.2 按化学成分分类

《工业矿物与岩石》一书（第 339 页）中，将碳酸盐岩类分为四类。

（1）超高钙石灰岩。其碳酸钙的含量大于 97.5%。

（2）高钙石灰岩。其碳酸钙的含量大于 95%。

（3）高纯碳酸盐岩。其碳酸钙和碳酸镁含量大于 95%。

（4）高镁白云岩。其碳酸镁含量大于 43%。

3.1.3 按岩石成因分类

《中国非金属矿产资源及其利用与开发》一书（第 109～111 页）中，将碳酸盐岩类分为石灰岩、泥灰岩、白云质石灰岩、白云岩、大理岩、白云石大理岩六类。下面分别叙述。

3.1.3.1 石灰岩

石灰岩属海相碳酸盐岩建造沉积型石灰岩和生物石灰岩矿床，是陆缘海中化学沉积作用、机械碎屑沉积作用、生物沉积作用形成的 $CaCO_3$ 堆积而形成的矿床。

A 石灰岩矿体特征

层状，长宽几百至几千米，厚几十至上百米。

B 石灰岩矿石特征

灰色，块状构造，晶粒状、粒屑状、生物骨架结构，由方解石和少量白云石和泥质组成。块度花色合适者可作饰面石材，其商品如红奶油为微晶灰岩，红皖螺为藻灰岩，腾龙玉为生物灰岩，紫豆瓣为内碎屑灰岩。

C 石灰岩成矿时代

石灰岩成矿时代包括寒武纪、奥陶纪、石炭纪、二叠纪、三叠纪。

3.1.3.2 泥灰岩

泥灰岩属海相碳酸盐建造沉积型矿床，是陆缘海中沉积作用形成含泥 $CaCO_3$ 堆积而形成的矿床。

A 泥灰岩矿体特征

层状，长宽几百至几千米，厚几十至上百米。

B 泥灰岩矿石特征

碎屑状泥灰岩和白云质泥灰岩，具浅红、灰黄、紫红色相间的纹理。块度花色合适者可作饰面石材，其商品如临朐红。

C 泥灰岩成矿时代

泥灰岩成矿时代为中奥陶世（统 O_2）。

3.1.3.3 白云质石灰岩

白云质石灰岩属海相碎屑岩碳酸盐岩建造沉积型白云质石灰岩矿床，是陆缘海中化学沉积作用形成 $CaCO_3$ 堆积而成的矿床。

A 白云质石灰岩矿体特征

层状，长宽几百至几千米，厚几米至几十米。

B 白云质石灰岩矿石特征

黑浅灰、灰白、灰色白云质石灰岩。块度花色合适者可作饰面石材，其商品如墨纹玉、蜀金白玉。

C 白云质石灰岩成矿时代

志留纪，泥盆纪。

3.1.3.4 白云岩

白云岩属海相碳酸盐岩建造沉积型白云岩矿床，是海水中 $MgCO_3$ 富集沉积而形成的矿床。

A 白云岩矿体特征

层状，长宽几百至几千米，厚几十至上百米。

B 白云岩矿石特征

白、浅灰色，块状、层状、角砾状构造，糖粒状结构，由白云石组成，MgO 含量为15%～22%，含方解石、石英、石膏、偶含重晶石、天青石、黄铁矿、萤石。块度花色合适者可作饰面石材，如玛瑙红、莱阳红。

C 白云岩成矿时代

震旦纪，寒武纪，石炭纪，二叠纪，三叠纪。

3.1.3.5 大理岩

大理岩又分两种矿床，一是重结晶型大理岩，二是接触变质型大理岩。

A 重结晶型大理岩

重结晶型大理岩属绿片岩相-角闪岩相片岩变粒岩镁质碳酸盐建造区域变质型大理岩矿床，是石灰岩受变质作用 $CaCO_3$ 重结晶而成的矿床。

a 重结晶型大理岩矿体特征

层状，透镜状，长宽几百至几千米，厚几十至上百米。

b 重结晶型大理岩矿石特征

白、灰白色，块状构造，变晶结构，由方解石组成。块度花色合适者可作饰面石材，如苍山白、雪花白。

c 重结晶型大理岩成矿时代

元古宙。

B 接触变质型大理岩

接触变质型大理岩属夕卡岩建造接触变质型大理岩矿床，是石灰岩接触变质而形成的矿床。

a 接触变质型大理岩矿体特征

层状，透镜状，长宽几十至上百米，厚几至十几米。

b 接触变质型大理岩矿石特征

矿石为大理岩。块度花色合适者可作饰面石材，如秋景。

c 接触变质型大理岩成矿时代

震旦纪，石炭纪，三叠纪。

3.1.3.6 白云石大理岩

白云石大理岩属绿片岩相-角闪岩相片岩变粒岩镁质碳酸盐建造区域变质型白云石大理岩矿床，是白云岩受变质作用 $MgCO_3$ 重结晶而成的矿床。

A 白云石大理岩矿体特征

层状，透镜状，长宽几百至几千米，厚几十至上百米，有时与菱镁矿共生。

B 白云石大理岩矿石特征

白、浅灰色，块状、层状、角砾状构造，糖粒状结构，由白云石组成，MgO 含量为15%～22%，含方解石、石英、石膏，偶含重晶石、天青石、黄铁矿。块度花色合适者可作饰面石材，如汉白玉、云灰。

C 白云石大理岩成矿时代

元古宙。

3.2 白云石矿物原料

3.2.1 白云石矿物定义

白云石是菱镁矿（$MgCO_3$）和方解石（$CaCO_3$）组成为 1 : 1 的复盐，其化学式为 $CaMg(CO_3)_2$，理论组成为氧化镁 21.86%、氧化钙 30.41%、二氧化碳 47.73%（或碳酸钙 54.28%、碳酸镁 45.72%）。1799 年，多洛米欧（Dolomieu）首次识别出白云石，所以白云石的英文命名为 Dolomite（《非金属矿物材料制备与工艺》[11] 第 288 页）。白云石、菱镁矿、方解石有许多性质相似，常共生在一起。天然白云石中常有一些白云石和石灰石之间的过渡组分存在。一般而言，只有当 $MgCO_3$ 的含量大于 25% 的岩石才可以称之为白云岩，俗称白云石。

3.2.2 白云石矿分类及性质

白云石是构成白云岩的最基本矿物，不同产地的白云石由于对应白云岩成因不同，其成分与白云石的理论组成有一定偏差。对白云岩的种类和命名是学术界一直争议的问题。本书将韩敏芳、马鸿文、李莹、刘绍斌、吴良士这五位作者所著书籍对白云石分类称之为“韩氏说”、“马氏说”、“李氏说”、“刘氏说”和“吴氏说”，下面一一介绍。

3.2.2.1 韩氏说

韩敏芳编著的《非金属矿物材料制备与工艺》一书（第 288 ~ 290 页）中，按成分和成因对白云石进行分类。

A 按成分分类

碳酸盐中由于两种主要组分——碳酸镁和碳酸钙的含量不同而形成菱镁矿、白云岩、石灰岩等类岩石。1957 年 Chilingan 根据 Ca/Mg 的比值对白云岩分类，结果见表 3-1。

表 3-1 按 Ca/Mg 比值对白云岩分类

岩石名称	Ca/Mg	岩石名称	Ca/Mg
菱镁质白云岩	1.0 ~ 1.5	方解石质白云岩	2.0 ~ 3.5
白云岩	1.5 ~ 1.7	纯白云岩	1.648
微方解石质白云岩	1.7 ~ 2.0		

B 按成因分类

白云岩的成因也是非常复杂的问题，一直困扰着地质界。目前比较公认的看法是依其成因可以把白云岩分为以下四类：

（1）同生白云岩。同生白云岩是在沉积环境中沉积后期以白云泥形式形成的白云岩，是微晶或细粒晶体的沉积。按形成历程又可分为：与蒸发岩共生的白云岩，与石灰岩共生的白云岩，与陆源沉积物互层的白云岩，散布在陆源沉积物中的白云石晶体，生物作用形成的白云岩和各种非海形成的白云石等六大类。

（2）碎屑白云岩。碎屑白云岩是白云石颗粒经过胶结作用形成的，这些白云石颗粒经过重力的横向移动离开了它们原生时的位置，在“深水”环境中再沉积下来，最终形成白云岩。

（3）成岩白云岩。成岩白云岩是沉积物固结过程中或固结以后，碳酸钙被交代而形成的白云岩；或是在沉积后期，碳酸钙沉积物的颗粒和胶结物被交代而形成的白云岩。

（4）后生白云岩。后生白云岩是在沉积以后的构造因素控制下，在局部范围内石灰岩被白云岩交代而形成的白云岩，这种白云岩与石灰岩的断层和裂缝密切相关。

总之白云岩是一种蒸发矿物，所有的白云石的形成均与盐水有关系。白云石的成因直接影响矿石的质量：越早形成的白云石，其质量越好。我国高产白云石并且矿石质量都比较好。从韩敏芳编著的《非金属矿物材料制备与工艺》一书中可见，“韩氏说”的分类较细较复杂。

3.2.2.2 马氏说

马鸿文编著的《工业矿物与岩石》一书（第235页）中，按成因将白云石分为沉积和热液两类。马氏说分述如下：

（1）沉积成因的白云石。沉积成因的白云石系石灰岩沉积后 Mg^{2+} 部分交代 Ca^{2+} 的产物，多见于海盆地的沉积物中，形成巨厚的白云岩或石灰岩、菱铁矿等互层。在泻湖相岩盐矿床中，常与石膏、硬石膏、石盐、钾石盐等共生。我国沉积型的白云岩主要赋存于前寒武纪地层中。

（2）热液成因的白云石。热液成因的白云石系含镁的热水溶液对石灰岩或白云质灰岩交代的产物，或由热液中直接结晶。在我国许多钨铋、铜铁等脉矿床中都有产出，在晶洞或裂隙中常发育有良好晶体，与方解石、石英、黑钨矿、黄铜矿等共生。

白云石晶体鉴定特征：晶面常呈弯曲的马鞍形。与方解石、菱镁矿区别在于晶形和双晶纹总是平行于菱面体解理的长、短对角线方向；与冷盐酸作用起泡不剧烈，加热则剧烈起泡。铁白云石氧化后变深褐色，易与菱铁矿混淆，需用差热分析等方法进行区别。

3.2.2.3 李氏说

《硅酸盐辞典》[17]里新疆非金属矿山设计院李莹主编的非金属矿章节（第253页）中，定义白云岩是主要由白云石组成的碳酸盐类沉积岩，指明白云岩在浅海及泻湖中由化学沉积形成或由碳酸镁交代碳酸钙形成。

常含方解石、黏土、石膏等混入物。常呈灰、白、浅红等色，粒状结构，致密块状构造。认为白云岩外貌与石灰岩相似，可借与稀盐酸不起泡或极微缓慢地微微起泡与石灰石相区别，石灰岩则强烈起泡。

3.2.2.4 刘氏说

刘绍斌等编著的《非金属矿工业手册》上册第一篇（第66页）中，将白云岩定义为沉积矿床，其成因分为海相沉积白云石矿床和泻湖相沉积白云岩矿床，其特性见表3-2。

表 3-2 海相、泻湖相沉积白云岩矿床地质特征比较

矿床类型	矿床特征						典型矿床
	赋存层位	矿体形态	矿床产状	矿石质量	矿床规模	共生矿产	
海相沉积白云岩矿床	多产于石灰岩系内	层状或透镜状。矿层厚几米至几十米，长宽几十米至几百米	与石灰岩沿走向和倾向可以互相递变	矿石质量较好	一般巨大（工业价值矿床）	萤石和天青石	湖南临湘白云岩矿床、江苏南京幕府山白云岩矿床
泻湖相沉积白云岩矿床	多产于中生代和第三纪地层内	层状或透镜状	常在石膏或含盐岩层之下或为互层	矿石质量较差	规模小，形成有工业价值的矿床很少		

3.2.2.5 吴氏说

吴良士编著的《矿产原料手册》中，定义白云岩是指以白云石为主要组分的碳酸盐类岩石，并按白云石矿物含量组成与结构分类，他认为应该分为结晶白云岩、碎屑白云岩、藻白云岩、泥晶白云岩四类。

A 结晶白云岩

a 结晶白云岩的组成与结构

主要成分为白云石，分子式为 $CaMg(CO_3)_2$，含量一般在 90% 以上，其次有少量方解石、石膏、硬石膏、石英、偶含重晶石、天青石和黏土矿物，其中方解石含量多在 5% 以下。结晶白云岩常为晶质粒状结构，层状、条带或块状构造。

b 结晶白云岩的物化性质

结晶白云岩呈白色、黄白色、灰白色，玻璃光泽，断口粗糙呈贝壳状，条痕白色，硬度 3.5 ~ 4.0，密度 2.8 ~ 2.9g/cm^3。白云石颗粒均匀，呈糖粒状，故比较松散。不溶于水，在冷酸中溶解缓慢。通常含 MgO 25%、CaO 30%，SiO_2、Al_2O_3、Fe_2O_3 含量 1% ~ 5% 不等，灼失量最高可达 45% 以上。江苏南京幕府山、湖北武昌乌龙泉、湖南湘乡的白云岩属此类。

B 碎屑白云岩

a 碎屑白云岩的组成与结构

主要成分为白云岩碎屑（块），大小不一，大者可达数平方米。碎屑（块）可占 60%，多呈角砾状、竹叶状、砂粒状等。胶结物主要为碳酸盐矿物，其中多数为白云石，其次为方解石及黏土矿物。碎屑白云岩为晶质至微晶质结构，砾状构造。

b 碎屑白云岩的物化性质

碎屑白云岩呈灰白色、灰黄色、灰色。岩石孔隙、空洞与裂隙发育，其中常有白云石、方解石与玉髓等充填，或呈晶簇状产出。岩石比较坚硬，但往往由于其中方解石与黏土矿物含量的变化，影响了白云石的坚硬程度以及矿石质量。湖北武昌乌龙泉西矿段的白云岩属此类。

C 藻白云岩

a 藻白云岩的组成与结构

藻白云岩是由生物遗体组成的白云岩，其中以藻类为主，形态多样，常见有叠层状、波纹状、松枝状和球粒状，有时亦可见到珊瑚和其他软体动物的遗体与碎片。藻白云岩主体成分仍为白云岩，常呈生物碎屑结构，块状、条带状构造。

b　藻白云岩的物化性质

灰白色、黄黑色与灰色，表面有许多溶蚀沟，呈现出藻类与其他生物的遗迹。硬度为3.5~4.0，坚韧性大，不易破碎。密度为2.7g/cm^3。加冷酸缓慢起泡。化学成分变化大，当其他生物碎屑较多时将使藻白云岩中 $Al_2O_3+Fe_2O_3+SiO_2+Mn_3O_4$ 等含量增高，从而影响了藻白云岩的质量。河北遵化魏家井、湖南湘乡白云岩属此类。

D　泥晶白云岩

a　泥晶白云岩的组成与结构

主要成分为白云石矿物，占总量80%左右，其次为黏土矿物、方解石、石膏、硬石膏、重晶石等。矿物以泥晶出现，粒度小于0.01mm，在显微镜下呈模糊不清的阴暗微粒集合体。泥晶白云岩为微晶质结构，块状和条带状构造。

b　泥晶白云岩的物化性质

泥晶白云岩呈灰黑色、灰黄色，致密、坚硬，硬度3.5~4.0，密度2.8g/cm^3。化学成分比较稳定，通常含MgO在20%以上，但CaO与 SiO_2 变化较大，往往影响了矿石质量。湖北武昌乌龙泉东矿段白云岩属此类。

以上观点既有共同点，又有分歧之处。玻璃生产引用白云石主要是引入其中的MgO，其次是CaO，所以按白云石的化学成分分类是玻璃工艺人员应了解和掌握的，但是白云石的成因其矿物特性与玻璃生产密切相关。在考虑主要矿物碳酸镁、碳酸钙的同时要认识其他矿物在白云石中的特殊作用，如白云石中的菱镁矿的作用，硫酸盐的矿物的作用、萤石的作用等。这些将在后面有关章节中加以讨论。

3.2.3　白云岩的成矿时代与质量

白云岩的成矿时代在上节已分别叙述过，这里将它按年代由老至新的顺序汇总重新排列如下：震旦纪、寒武纪、石炭纪、二叠纪、三叠纪。按部分编者的认识，震旦纪的白云岩质量最好，三叠纪的白云岩质量较差。对于浮法玻璃用白云岩，按其传统观念选用震旦纪（接近理论白云石成分）的最好，但本书另有不同看法，将在后面有关章节中加以讨论。

3.2.4　白云石的用途

白云石在玻璃工业中除作熔剂引入MgO和CaO之外，尚在农业领域中作土壤酸度的中和剂等，在建材工业中生产水泥和陶瓷坯料等，在化学工业中生产硫酸镁、轻质碳酸镁等，在冶金工业中，提取金属镁、生产耐火材料等，在环保领域用于水处理的过滤材料等。

不同领域有不同的要求，玻璃工业用白云石一般参考冶金工业白云岩矿山相关资料。在3.2.5节中所介绍的是冶金工业对白云岩矿床勘探及开采地质工作要求，供玻璃工业参考。

3.2.5 白云岩矿床地质工作要求

3.2.5.1 白云岩矿床勘探类型

冶金白云岩矿床勘探类型划分依据见表3-3。

表3-3 冶金白云岩矿床勘探类型划分依据

勘探类型	划分依据	典型矿床
Ⅰ	矿体规模大至中等，形态简单，厚度和矿石质量稳定或具有规律性变化，矿体内不含或少含不连续夹层，构造简单，火成岩脉和岩溶不发育	湖南湘乡白云岩矿床
Ⅱ	矿体规模大至中等，形态简单至较简单，厚度和矿石质量较稳定。矿体内不连续夹层较多，构造较简单，较复杂，火成岩脉和岩溶较发育	湖北乌龙泉东矿段白云岩矿床
Ⅲ	矿体规模中至小，形态较简单，厚度和矿石质量不稳定。矿体内不连续夹层多，构造较复杂，火成岩脉较发育，岩溶较发育至发育	湖北乌龙泉西矿段白云岩矿床

3.2.5.2 白云岩矿床开采技术条件一般要求

冶金白云岩矿床开采技术条件一般要求见表3-4。

表3-4 冶金白云岩矿床开采技术条件一般要求

项目	最低可采厚度/m	夹石剔除厚度/m	平均剥采比/$t \cdot t^{-1}$	边坡角/(°)	备注
技术要求界限	≥4	2～4	<1	45～60	最低可采厚度还可视不同矿山采掘机械化条件确定

3.2.6 玻璃用白云石质量要求

玻璃用白云石质量行业标准见表3-5。

表3-5 建材行业标准（JC/T 649—1996）

品级	化学成分/%							水分/%
	MgO	CaO	Al_2O_3	Fe_2O_3	Mn_3O_4	R_2O_3	$CaCO_3+MgCO_3$	
优等品	>21.00	≤31.00	≤1.00	≤0.10	—	—	—	≤1
一级品	>20.00	≤32.00	≤1.00	≤0.20				
合格品	>18.00	≤34.00	≤1.00	≤0.25				

3.2.7 湖北白云岩矿床分布地

湖北白云岩分布于武昌县（即江夏区）、大冶市、丹江口市、秭归县、广水市、孝昌县、京山县、宜城市、谷城县、利川市等地。

3.3 菱镁矿矿物原料

3.3.1 菱镁矿的定义

菱镁矿是镁的碳酸盐，化学式为 $MgCO_3$，纯菱镁矿含 MgO 47.81%（含 Mg 28.83%）、CO_2 52.19%。菱镁矿可以分为晶质菱镁矿及非晶质（隐晶质）菱镁矿两种。自然界菱镁矿中常伴有方解石、白云石、菱铁矿（$FeCO_3$）、菱锌矿（$ZnCO_3$）、菱锰矿（$MnCO_3$）、菱钴矿（$CoCO_3$）等无水碳酸盐矿物，在矿物学上统称为方解石族矿物。

3.3.2 菱镁矿分类及性质

菱镁矿可以按晶形状态分类、按岩石成因分类、按共生矿物分类，下面分别叙述。

3.3.2.1 按晶形状态分类

吴良士等编著的《矿产原料手册》一书（第214，215页）中，按菱镁矿在自然界中存在的两种晶形状态，分为晶质菱镁矿和非晶质（隐晶质）菱镁矿。

A 晶质菱镁矿

晶质菱镁矿赋存在沉积碳酸盐岩层中，通常由含镁热水溶液交代白云岩、白云质灰岩或超基性岩而成。规模较大，目前工业应用此矿床。

a 晶质菱镁矿的组成与结构

晶质菱镁矿主要成分为碳酸镁 $MgCO_3$，常含少量锰、铜、硫、磷、钾、钠等杂质，三方晶系，晶形为菱面体，常呈粒状集合体。当菱镁矿含量达80%～90%，则为晶质菱镁岩（矿）。常伴有滑石、白云石、磷灰石、石棉、磷铁矿等共生。呈块状、条带状和菊花状构造。

b 晶质菱镁矿的物化性质

晶质菱镁矿呈白色、灰色、粉红色，风化面呈灰黑色和褐色。硬度为3.5～5.0。密度为2.6～3.0g/cm^3。玻璃光泽。粒度大小不一，一般为1～2mm，性脆，易碎成砂粒状。滴加稀酸不起泡，也不发出声音。加热640℃以上即分解为 MgO 与 CO_2，体积收缩。

B 非晶质（隐晶质）菱镁矿

产于受风化淋滤作用的超铁镁质岩体中，规模较小。

a 非晶质（隐晶质）菱镁矿的组成与结构

非晶质菱镁矿成分为碳酸镁 $MgCO_3$，其中 MgO 45%，CO_2 50%，CaO 1%～2%，此外 SiO_2、Al_2O_3 和 Fe_2O_3 均小于1%，常含微量锰、铜、钠、钾、硫、磷等组分。非晶质、呈酸状结构，块状构造。

b 非晶质（隐晶质）菱镁矿的物化性质

非晶质菱镁矿呈白色、乳白色、淡黄色、褐色，不透明，条痕为白色。硬度为4～6。密度为2.9～3.0g/cm^3。贝壳状至不平滑土状断口，外观似未上釉的瓷坯，暗淡无光。滴加稀酸不起泡。煅烧后分解为 MgO 与 CO_2，并随温度不同时将具有不同性质。

3.3.2.2 按岩石成因分类

陶维屏等编著的《中国非金属矿产资源及其利用与开发》一书（第98页）中，将菱镁矿按成因可分为区域变质型菱镁矿，热液蚀变型菱镁矿和风化型菱镁矿三类。

A 区域变质型菱镁矿

属绿片岩相—角闪岩相片岩变粒岩镁质碳酸盐岩建造区域变质型菱镁矿矿床，是由区域变质作用而成矿。成矿地质背景为海盆中镁质富集经沉积变质而成矿。

a 区域变质型菱镁矿矿体特征

区域变质型菱镁矿呈层状、似层状、透镜状，长宽几百至几千米，厚几至几十米，多层群集于白云岩中，常与滑石伴生或共生。属工业应用矿床，规模巨大。

b 区域变质型菱镁矿矿石特征

区域变质型菱镁矿为块状构造、粒状结构，由晶质菱镁矿组成，MgO 含量为35% ~47%。

c 区域变质型菱镁矿成矿年代

元古宙。

B 热液蚀变型菱镁矿

热液蚀变型菱镁矿属超基性岩建造热液蚀变型菱镁矿矿床，是热液蚀变作用而成矿。成矿背景为蛇纹岩化作用使纯橄岩或辉石岩蚀变成矿。

a 热液蚀变型菱镁矿矿体特征

热液蚀变型菱镁矿呈透镜状、囊状、脉状，长宽各几十至几百米，产于蛇纹岩化纯橄岩或辉石岩中，与纤维状水镁石、滑石伴生或共生。

b 热液蚀变型菱镁矿矿石特征

热液蚀变型菱镁矿由块状、非晶质菱镁矿组成，质量不高，含蛋白石、透闪石、绿泥石、滑石。

c 热液蚀变型菱镁矿成矿时代

古生代（界 P_2）。

C 风化型菱镁矿

风化型菱镁矿属超基性岩建造风化型菱镁矿矿床，是由风化作用而成矿。成矿背景为蛇纹岩化纯橄岩风化成矿。

a 风化型菱镁矿矿体特征

风化壳厚为30~60m，矿体产于面状风化壳中，长几百米，宽几十米，厚度为30~40m，埋深为20~30m。

b 风化型菱镁矿矿石特征

风化型菱镁矿呈网状、块状构造，由非晶质菱镁矿组成，MgO 含量为40%左右，含蛋白石、玉燧、蛇纹石。

c 风化型菱镁矿成矿时代

第四纪。

3.3.2.3 按菱镁矿的共生矿物分类

韩敏芳编著的《非金属矿物材料制备与工艺》一书（第275页）中，按菱镁矿共生矿分六类：

（1）白云石-菱镁矿；

（2）滑石-菱镁矿；

（3）蛋白石-石英-菱镁矿；

（4）绿泥石-菱镁矿；

（5）滑石-白云石-菱镁矿；

（6）滑石-蛋白石-菱镁矿等。

3.3.3 菱镁矿的用途

菱镁矿用于玻璃中引入氧化镁。除此之外，主要用于冶金工业作耐火材料制造镁砖；用于建材工业作含镁水泥、绝热、隔音材料的原料；用于化学工业作制造硫酸镁和其他含镁化合物等；用于轻工业作制糖工业的净化剂、造纸工业的处理剂、橡胶工业的促进剂等；用于农业作饲料农肥原料以及提炼金属镁的主要原料。

3.3.4 菱镁矿的地质工作要求

3.3.4.1 菱镁矿矿床勘探类型的划分

菱镁矿矿床勘探类型根据地质因素划分为三类，见表3-6。

表3-6 菱镁矿矿床勘探类型的划分依据

勘探类型	矿床地质因素	典型矿床
Ⅰ	矿体走向延长大于2000m，呈似层状、构造简单，矿床和产状未受或仅轻微受地质构造破坏，矿体厚度稳定，厚度变化系数小于40%，矿体内部结构简单，其中夹石（级外品、夹层、脉岩）较少，主要矿石品级较稳定	辽宁海城菱镁矿矿床下部矿体
Ⅱ	矿体走向延长500~2000m，呈似层状。内部结构复杂，夹石较多，有大小不等的非金属矿包体。矿石品级变化大。单个矿体形状较复杂，厚度变化大，厚度变化系数40%~100%。有较多的白云石脉，有叠加褶皱	山东粉子山菱镁矿矿床主矿体
Ⅲ	矿体走向延长100~500m，呈不规则的似层状、薄层状、团块状、厚度变化大或很不稳定，厚度变化系数50%~120%	四川桂贤菱镁矿矿床

3.3.4.2 菱镁矿矿床勘探工程间距

菱镁矿矿床勘探工程间距见表3-7。

表3-7 菱镁矿矿床勘探工程间距

勘探类型	B级储量/m		C级储量/m	
	走 向	倾 向	走 向	倾 向
Ⅰ	150	100~150	300	100~150
Ⅱ	100	50~100	200	100
Ⅲ			50~100	50~100

菱镁矿矿床勘探中，对埋藏较深的矿体，勘探垂深一般不超过300m；对中型以上规模的矿床的储量要求，以B+C级储量为主，其中B级储量应占15%～25%。小型矿床一般只探求C+D级储量，其中C级储量不少于60%。

3.3.5 玻璃用菱镁矿质量要求

冶炼溶剂等行业用菱镁矿标准见表3-8，可供玻璃行业参考。

表3-8 菱镁矿标准（GB 9356—1988） （%）

牌 号	MgO	CaO	SiO_2	$Fe_2O_3+Al_2O_3$	其中Fe_2O_3
LMT1-47	≥47	≤0.5	≤0.5	≤0.6	≤0.4
LMT-47	≥47	≤0.6	≤0.6	≤0.6	≤0.4
LM-46	≥46	≤0.8	≤1.2	≤0.6	≤0.4
LM-45	≥45	≤1.5	≤1.5	≤0.6	≤0.4
LMG-44	≥44	≤1.0	≤3.5	≤0.6	≤0.4
LM-41	≥41	≤6.0	≤2.0	≤0.6	≤0.4
LMF-33	≥33	不规定	≤4.0	≤0.6	≤0.4

矿石基本分析项目一般为MgO、CaO、SiO_2，有特殊要求的应列入Al_2O_3、Fe_2O_3，组合分析项目在基本分析基础上，增加Al_2O_3、Fe_2O_3和烧失量。

表3-8是生产镁砂、轻烧镁粉及冶炼溶剂的菱镁矿的标准，同时玻璃原料也可参考。

3.3.6 湖北菱镁矿矿床分布地

到目前为止湖北尚未见到有菱镁矿矿床的报道，只有附近的河南省淅川有一矿床。

3.4 石灰石矿物原料

3.4.1 石灰岩定义及方解石特性

3.4.1.1 *石灰岩定义及特性*

含碳酸钙大于50%的岩石统称为石灰岩。石灰岩是沉积性岩石。其主要成分是碳酸钙，理论组成为CaO 56.03%，CO_2 43.97%。在自然界中，纯碳酸钙很少遇到，但含有各种杂质的碳酸钙是非常普通的（石灰石、白垩、白云石、大理石），几乎在所有的陆地上都可以遇到。

石灰石是石灰岩的俗称，为方解石微晶或潜晶聚集块状、无解理，质坚硬。其作用与方解石相同，但纯度较方解石差。含$CaCO_3$大于98%的石灰岩称为方解石（透明的方解石称为冰洲石）。人们习惯把碳酸钙含量小于98%的青灰色石灰岩称为石灰石。它们的特性、性质由$CaCO_3$所决定，其次与混入的镁、铁、锰、锌等杂质有关。

3.4.1.2 *方解石特性*

方解石几乎变成了碳酸钙的代名词，因为自然界中纯碳酸钙很少遇到，方解石不完全等同于碳酸钙，碳酸钙中混入些杂质（<2%）才叫方解石。碳酸钙在自然界中有两种存在形式，即文石和方解石。

文石呈斜方晶系结晶，由纯粹的 $CaCO_3$ 构成，有时含有锶、铁和锰的碳酸化合物的同晶杂质。有时文石呈单独的晶体，有时呈大块的集合体。文石在自然条件下或常温下很慢地转变为方解石和石灰晶石，而在400℃或400℃以上则转变得很快。

方解石属三方晶系，晶体呈菱面体，有时呈粒状或板状。一般为乳白色或无色。最纯净的石灰石晶体（大的方解石透明斜方六面体）具有光的双折射性质，可应用于物理仪器上。杂质污染时可呈暗灰色、黄色、红色、褐色等颜色。玻璃光泽，性脆，莫氏硬度为3，密度为2.6～2.8g/cm^3。在冷稀盐酸中极易溶解并急剧起泡。将方解石加热至850℃左右开始分解，放出二氧化碳气体，950℃左右反应剧烈。

方解石的密度平均为2.75g/cm^3。文石的密度为2.82～2.99g/cm^3。石灰石的密度依其中的杂质含量不同而不同，为2.65～2.80g/cm^3。

3.4.2 石灰石分类

石灰石可以按矿物组成分类、按化学成分分类、按沉积地区分类、按岩石成因分类、按矿物组成与结构分类，下面分别叙述。

3.4.2.1 按矿物组成分类

《非金属矿工业手册》上册（第113页）中，按矿物组成将石灰石分为九类，见表3-9。

表3-9 石灰石按矿物组成分分为九类 （%）

序　号	岩石名称	方解石	白云石	黏土矿物（硅质或铝质等）
1	石灰岩	100～90	0～10	
2	石灰岩	100～90		0～10
3	含云石灰岩	90～75	10～25	
4	白云质石灰岩	75～50	25～50	
5	含泥石灰岩	90～75		10～25
6	泥灰岩	75～50		25～50
7	含泥含云石灰岩	75～50	10～25	10～25
8	含云泥石灰岩	75～50	10～25	25～50
9	含泥云石灰岩	75～50	25～50	10～25

3.4.2.2 按化学成分分类

《非金属矿工业手册》上册（第114页）中，按矿物化学成分将石灰石分为八类，见表3-10。

表 3-10 石灰岩按化学成分分为八类 （%）

序 号	岩石名称	CaO	MgO	Al_2O_3（或 SiO_2）等
1	石灰岩	56～53.4	0～2.17	
2	含云石灰岩	53.4～49.6	2.17～5.34	
3	白云质石灰岩	49.6～43.2	5.43～10.85	
4	含泥石灰岩	53.4～49.6		3.95～9.88
5	泥灰岩	49.6～43.2		9.88～19.75
6	含泥含云石灰岩	49.6～43.2	2.17～5.43	3.95～9.88
7	含云泥石灰岩	49.6～43.2	2.17～5.43	9.88～19.25
8	含泥云石灰岩	49.6～43.2	5.43～10.85	3.95～9.88

3.4.2.3 按其沉积地区分类

《非金属矿工业手册》上册（第 115 页）中，按沉积地区将石灰岩分为海相沉积和陆相沉积两类。

A *海相沉积石灰岩矿床*

海相沉积石灰岩又分为有机沉积、化学和生物化学沉积、碎屑沉积矿床。其特点是：矿体呈层状、似层状或大透镜状，除碎屑沉积外，矿石成分一般比较均匀，质量好，矿层厚度、长度和规模都比较大，是最有工业价值的矿床。

B *陆相沉积石灰岩矿床*

陆相沉积石灰岩又分为陆相化学沉积石灰岩矿床及石灰华矿床、陆相机械沉积石灰岩矿床。陆相化学沉积石灰岩矿床及石灰华矿床，矿石成分均匀，质量较好，矿体常呈透镜体状，规模一般不大。陆相机械沉积石灰岩矿床，常零星分布于干河床和冰川发育地区，矿床规模小，矿石质量差。

3.4.2.4 按岩石成因分类

《非金属矿工业手册》下册（第 947 页）中，按岩石成因将石灰岩分为生物沉积矿床、化学和生物化学沉积矿床以及次生矿床三大类，见表 3-11。

表 3-11 按成因分类及特征介绍

序 号	矿床类型	矿石类型	矿 石 特 征	矿物组成
1	生物沉积	白 垩	$CaCO_3$ 含量大于 90%，岩石洁白呈疏松土状，硬度小，黏附性强，吸水性小，吸油性强，隐晶结构	方解石、少量石英和黏土、碳酸镁、氯化铁等
		鲕状灰岩	$CaCO_3$ 含量高，外形为球状，椭球状或鲕石状。鲕状大小一般 0.5～2mm。常呈褐红、黑灰等颜色	方解石及少量白云石、有机质和氧化铁矿物

续表 3-11

序号	矿床类型	矿石类型	矿石特征	矿物组成
2	化学沉积	石灰体	主要由不太稳定的碳酸钙变体组成，为六方形晶体，呈同心放射状和密集贝壳状结构	
	生物化学沉积	泥灰岩	为碳酸盐和黏土混合物的碳酸盐岩，一般含 $CaCO_3$ 50% ~75%，黏土物质 50% ~25%，颜色较杂，细粒或泥质结构	方解石、白云石、黏土、石英、氧化铁矿等
3	次生	大理岩	为一种致密的粗颗粒石灰岩。硬度大，多为装饰石材，表面易加工磨光	方解石等碳酸盐矿物、某些金属氧化矿、碳酸镁
		致密灰岩	多为有机生成物，呈贝状到碎裂状断口，多色。层状或块状，常伴有杂质	方解石、白云石、石英、黏土、长石、黄铁矿、沥青质

3.4.2.5 按矿物组成与结构分类

《矿产原料手册》（第 250 ~252 页）中，按水泥原料分类将石灰岩分为结晶灰岩、生物碎屑灰岩、泥晶灰岩、泥灰岩四大类，玻璃用石灰石可借用水泥分类法。

A 结晶灰岩

a 结晶灰岩的组成与结构

结晶灰岩是陆缘海中化学沉积作用形成 $CaCO_3$ 堆积而成的岩石。主要成分为方解石，含量大于 80% 以上。方解石呈菱形，粒度为 0.1 ~0.5mm，有的可达 1mm 以上。胶结物为泥晶方解石。常含白云石、燧石和少量黏土矿物。结晶灰岩为晶粒结构，致密块状，岩层常呈厚层状产出。

b 结晶灰岩的物化性质

结晶灰岩呈灰白色、灰黑色，致密，坚硬，密度为 2.5 ~2.8g/cm^3，性脆。湿度与孔隙度小于 1%。松散系数一般为 1.5 ~1.6。质纯，含 CaO 53% ~56%，MgO 小于 3%，SiO_2 与 Al_2O_3 一般小于 1%。加弱酸起泡。易破碎研磨。

B 生物碎屑灰岩

a 生物碎屑灰岩的组成与结构

生物碎屑灰岩是陆缘海中生物碎屑被碳酸钙机械胶结而成的沉积岩。生物碎屑含量变化较大，最高可占 90%，通常为 30% ~40%。生物门类主要为腕足类、珊瑚类、藻类、腹足类等，生物碎屑呈完整形体或碎片出现。其胶结物主要为泥晶或亮晶的方解石，偶含石英和黏土矿物。灰岩为生物碎屑结构、块状构造。

b 生物碎屑灰岩的物化性质

由于生物碎屑含量和胶结物的不同，使其物化性质变化较大。生物碎屑灰岩常为灰色、灰黑色，密度为 2.3g/cm^3，硬度为 3，孔隙率大，质地比较松散，坚韧性比较小，抗压强度较低，小于 100MPa，含 CaO 48% ~50%，MgO、Al_2O_3、SiO_2 含量较低，一般小于 1%。岩石易破碎。能溶于稀盐酸中。

C 泥晶灰岩

a 泥晶灰岩的组成与结构

泥晶灰岩是陆缘海中化学沉积或机械沉积作用形成的 $CaCO_3$ 堆积而成的岩石。主要由方解石组成，其含量可达90%以上，颗粒细小，一般小于0.1mm，常含燧石、石英和黏土矿物以及有机物。泥晶结构、鸟眼结构。块状构造、叠层构造，有时还含少量生物残片。

b 泥晶灰岩的物化性质

泥晶灰岩呈灰色、黑灰色、深灰色，致密，孔隙率小，硬度为3，密度为2.6g/cm³。泥晶灰岩常具层状或斜层理，岩石易于破碎与研磨。化学成分中含 CaO 49% ~54%，最高可达55%；MgO 小于2%，Al_2O_3、SiO_2 和 Fe_2O_3 均小于1%。溶于弱酸中。

D 泥灰岩

a 泥灰岩的组成与结构

泥灰岩是陆缘海中机械或化学沉积作用形成含泥 $CaCO_3$ 堆积而形成的岩石。主要由方解石和黏土矿物组成。方解石含量为50% ~75%，黏土矿物含量为10% ~25%。粒度一般在0.1mm以下，其次有少量或微量石英、有机物等成分。呈微晶质或泥晶质结构，块状构造。

b 泥灰岩的物化性质

泥灰岩呈灰黑色、浅灰色，断口参差不齐，硬度为3，密度为2.4 ~2.6g/cm³。加强酸起泡。岩石易破碎。含 CaO 43% ~50%，Al_2O_3 10% ~20%，SiO_2 5%，MgO 1%。不溶于水。

3.4.3 石灰岩的主要用途

石灰岩应用的领域及用量比例见表3-12。

表3-12 石灰岩在各行业用途及用量一览表

应用领域		占石灰岩总产量/%	主要用途
冶金工业		60.56	炼钢铁中作为氧化钙载体，以结合焦炭灰分和硅、铝、硫和磷等不需要的伴生元素，变成易熔的矿渣排出炉外
化学工业		8.99	橡胶工业的充填剂；造纸涂料的增量剂；制造电石的原料；制造漂白剂、制碱、海水提取镁砂、氮肥、塑料、有机化学品、碳化钙
建筑工业		9.16	生产建筑用灰浆，各种类型的石灰、碎石、筑路时沥青配料等
农业			烧成石灰用于中和酸性土壤和作为饲料
建材工业	水泥	17.31	硅酸盐水泥的主要原料
	玻璃		引入 CaO 的主要原料，作玻璃中的稳定剂
	陶瓷		引入 CaO 的主要原料
	耐火材料		用石灰乳作矿化剂，以便在焙烧硅砖时加速石英转化过程
制糖工业		0.05	制糖时的助滤剂
塑料工业			生产尼龙的重要配料
环境保护			工业废水的处理

由表3-12可见，玻璃用量在石灰岩中占很小比例。一般水泥厂分布较广，玻璃用石灰石借助水泥石灰石矿山资料。3.4.4节介绍水泥用石灰石矿床勘探相关规定。

3.4.4 石灰石矿床地质工作要求

3.4.4.1 石灰石矿床勘探类型划分

水泥用石灰石矿床勘探类型划分依据见表3-13。

表3-13 水泥用石灰石矿床勘探类型划分依据

矿床勘探类型	矿床特征
Ⅰ	矿石质量、矿层厚度稳定或具有规律性变化；不含或少量的不连续夹层，地质构造简单；岩浆岩，岩溶不发育
Ⅱ	矿床地质构造中等复杂；火成岩较发育；或矿石质量和矿层厚度变化较大；或矿石质量不稳定；白云岩化、硅化现象较发育；或夹层厚度不稳定
Ⅲ	变化较大，岩溶较发育等矿石质量变化复杂；白云岩化较重；岩溶发育；或岩浆岩和岩溶均发育；或不连续夹层多，矿石质量变化大等

3.4.4.2 水泥用石灰石矿床勘探工程间距

水泥用石灰石矿床勘探工程间距见表3-14，供玻璃用石灰石参考。

表3-14 水泥用石灰石矿床勘探工程间距及说明

矿床勘探类型	B级	C级
Ⅰ	(200~400)m×(200~400)m	地表工程间距同B级，推深不超过B级工程间距的一半，超过时应用少数工程控制
Ⅱ	(100~200)m×(100~200)m	地表工程间距同B级，深部：(200~400)m×(200~400)m
Ⅲ	(50~100)m×(50~100)m	地表工程间距同B级，深部：(100~200)m×(100~200)m

3.4.5 平板玻璃用石灰石质量要求

玻璃用石灰石行业要求见表3-15。

表3-15 建材行业标准（JC/T 865—2000）

品级	化学成分/%					水分/%
	CaO	SiO_2	MgO	Al_2O_3	Fe_2O_3	
优等品	≥54.00	≤2.00	≤1.50	≤1.00	≤0.10	≤1
一级品	≥53.00	≤3.00	≤2.50	≤1.00	≤0.20	
合格品	≥52.00	≤3.00	≤3.00	≤1.00	≤0.30	

3.4.6 石灰岩资源分布

3.4.6.1 中国石灰岩资源的时空分布

中国石灰岩分布省市及地质年代见表3-16。

表 3-16 中国石灰岩矿时空分布（由新至老排列）一览表

含矿的地质年代	石灰岩分布地区	主要岩性
第三纪	河南新乡、郑州郊区	泥灰岩、松散碳酸钙
侏罗纪	四川自贡地区	内陆湖相沉积石灰岩
三叠纪	湖北、湖南、江西、安徽、四川、云南、贵州、广西、广东、福建、浙江、江苏、陕西、甘肃、青海	泥质灰岩、厚层灰岩、薄层灰岩
二叠纪	湖北、湖南、江西、安徽、四川、云南、贵州、广西、广东、福建、浙江、江苏、陕西、甘肃、青海、内蒙古、吉林、黑龙江	厚层灰岩、燧石灰岩、硅质灰岩、白云化灰岩、大理岩
石炭纪	湖北、湖南、江西、安徽、河南、四川、云南、贵州、广西、广东、福建、浙江、江苏、陕西、甘肃、青海、新疆、内蒙古、吉林、黑龙江	厚层纯灰岩、厚层灰岩夹砂页岩、白云质灰岩、大理岩、结晶灰岩等
泥盆纪	湖南、四川、云南、贵州、广西、广东、陕西、新疆、黑龙江	厚层纯灰岩、白云质灰岩、结晶灰岩、薄层灰岩、泥质灰岩等
志留纪	甘肃、内蒙古、青海林尔木、新疆托克逊等	泥质灰岩、硅质灰岩、结晶灰岩等
奥陶纪	湖北、江西、河南、安徽、四川、贵州、青海、甘肃、陕西、江苏、山东、山西、河北、北京、新疆、内蒙古、吉林、辽宁、黑龙江	薄层、厚层纯灰岩、白云质灰岩、虎斑灰岩、砾状灰岩等
寒武纪	湖北、安徽、河南、云南、贵州、山西、河北、北京、山东、江苏、浙江、青海、宁夏、新疆、内蒙古、吉林、辽宁、黑龙江	鲕状灰岩、纯灰岩、竹叶状灰岩、薄层白云质灰岩
中、晚元古代	江苏北部、福建、甘肃、青海、北京、天津、辽东半岛	硅质灰岩、燧石灰岩
早元古代	河南南部信阳、南阳一带、内蒙古、吉林中部、黑龙江	大理岩

3.4.6.2 湖北石灰岩资源分布县市

湖北有确切资料可查的石灰岩分布地是：武昌区、蔡甸区、鄂州市、黄石市、浠水县、武穴市、阳新县、咸宁市、通山县、京山县、孝昌县、大悟县、汉川市、松滋市、宜都市、长阳县、建始县、恩施市、利川市、秭归县、谷城县、老河口市、房县等。

3.5 碳酸盐矿物原料的识别

玻璃最为常用的碳酸盐矿物名称是石灰石、白云石、菱镁矿三种。它包括引入氧化钙的如方解石、结晶灰岩、生物碎屑灰岩、泥晶灰岩、泥灰岩等，和引入氧化钙又引入氧化镁的如结晶白云岩、碎屑白云岩、藻白云岩、泥晶白云岩等，以及引入氧化镁的如菱镁矿几种。

在应用碳酸盐矿物原料时，要熟记几种常用的碳酸盐矿物原料的最重要的几项技术参数；要在外观颜色上快速加以区分以及用简易方法快速识别；要熟记碳酸盐矿物对玻璃密度的影响才会在实践中加深认识，下面分别叙述三个要点。

3.5.1 常用碳酸盐矿物原料重要技术参数

3.5.1.1 物理参数

石灰石、白云石、菱镁矿物理参数见表3-17。

表3-17 石灰石、白云石、菱镁矿物理参数

名 称	莫氏硬度	密度/g·cm^{-3}	松散密度/g·cm^{-3}	安息角/(°)
石灰石	3	2.6~2.8	1.53~2.0	29~35
白云石	3.5~4	2.8~2.95	1.64~2.0	30~35
菱镁矿	4~4.5	2.9~3.1	1.7~2.1	31~35

3.5.1.2 化学参数

石灰石、白云石、菱镁矿重要化学参数见表3-18。

表3-18 石灰石、白云石、菱镁矿理论含量及分解温度

名 称	化学式	理论含量	受热分解反应
石灰石	$CaCO_3$	CaO 56.03%，CO_2 43.97%	$CaCO_3 \xrightarrow{859℃} CaO + CO_2\uparrow$
白云石	$CaCO_3 \cdot MgCO_3$	CaO 30.41%，MgO 21.86%，CO_2 47.33%	$CaCO_3 \cdot MgCO_3 \xrightarrow{844℃} CaO + MgO + 2CO_2\uparrow$
菱镁矿	$MgCO_3$	MgO 47.81%，CO_2 52.19%	$MgCO_3 \xrightarrow{650℃} MgO + CO_2\uparrow$

3.5.2 碳酸盐矿物辨认

碳酸盐矿物原料白云石、石灰石、菱镁矿及许多过程矿物，因其性质相似，所以外观上很难区分。下面将生产中碰到过的主要碳酸盐矿物原料及识别方法整理如下。

3.5.2.1 生产中见过的外观颜色

同样是$CaCO_3$的成分，纯度极高的碳酸钙组成的岩石方解石有无色透明的、有白色的、有浅黄色等，纯度较高的石灰石有浅灰白色、浅灰青色、灰色、深灰色等，纯度较低的石灰石有灰色、青色、深灰色、浅黑色、黑色等。如湖北大冶市方解石有无色透明的、有白色的、有浅黄色的、有浅红色几种，武昌石灰石有浅灰白色的、浅青灰色、灰色、深灰色几种，湖南路口铺石灰石有青灰黑色、黑色两种。往往深色石灰石中有少量白色方解石。

同样是$CaCO_3 \cdot MgCO_3$的成分，纯度较高的白云石有纯白色、白色、浅灰白色、灰白色、青灰色、浅黑色等，纯度稍低的白云石有浅灰白色、浅灰色、浅土红色、褐红色等。

如大冶市白云石是纯白色的，浠水县白云石是纯白色的，临湘市白云石有纯白色的、有浅灰白色的、浅灰色几种，武昌白云石有浅灰白色、浅灰色、浅土红色、褐红色几种，富山白云石有浅灰白色的、有浅灰色的、有浅黄灰色几种。往往白云石中也有少量白色方解石。

碳酸盐矿物原料有许多过渡矿物有过渡颜色，但绝大多数玻璃厂用石灰石为青灰色、白云石为灰白色。

3.5.2.2 简易识别方法

A 某厂碳酸盐矿物原料对比识别

石灰石、白云石对比识别方法及内容见表3-19。

表3-19 某厂石灰石与白云石对比识别

序 号	对比内容	武昌优质石灰石	临湘、富山白云石
1	石块表面光泽	有油脂光泽	暗淡无光
2	石块新断口光泽	打开石块新断口有反光点点	打开新断口无反光点点
3	石块新断口气味	打开新断口无臭味（或不明显）	打开新断口有似 H_2S 臭味
4	机械强度	强度低易捶碎	强度高不易捶碎
5	与1∶1冷HCl反应	反应激烈，放出较大气泡	反应缓慢，放出微小气泡

简易方法主要用于野外考察。所谓简易方法就是用肉眼看：看表面、看新鲜断面或断口，用鼻子闻气味，人工捶打比较强度或用冷盐酸滴看化学反应。石灰石矿与白云石往往伴生或共生，颜色又十分接近，不会识矿就会混淆。初次接触原料的，尤其新参加工作的大学生往往把石灰石中白色方解石（少量的）当杂质丢掉，或把白云石当石灰石样品取回，或把石灰石当白云石样品取回。车间操作中白云石、石灰石常常混料，工作了多年的工艺人员也往往分不清。

上述识别方法仅就某厂具体矿而言，与其他地方的矿是否一一对应，尚未考证，但机械强度总体趋势与冷酸盐反应两项广泛实用。白云石的强度远大于石灰石。武昌有一种像红黏土（带褐红色）的白云石（含铁高），初看感觉手可弄碎，但用铁锤敲打，比灰白色白云石硬多了，薄块敲起来似钢板声。

B 通用比较法

通用比较法（盐酸反应识别法）见表3-20。

表3-20 通用比较法（盐酸反应识别法）

矿物名称及状态		与冷盐酸	与热盐酸
方解石（石灰石）	块 状	反应、放出气泡强烈、发出嗞嗞声	
白云石	块 状	反应、放出气泡不强烈、不发出嗞嗞声	
	粉 末	反应、放出气泡强烈	
菱镁矿	粉 末	不反应	反应、放出气泡

3.5.3 碳酸盐矿物对玻璃密度的影响

碳酸盐矿物原料受热分解后生成CaO、MgO，用其作为玻璃组成，虽然分量比 SiO_2、

Na_2O 少，但对玻璃密度变化起了十分重要的作用，因此可用玻璃密度数据变化来控制玻璃生产，此时尤其关注白云石、石灰石中的 CaO、MgO 的波动。表 3-21 介绍各氧化物含量的变化对玻璃退火密度的增减数值。

表 3-21　氧化物对钠钙硅酸盐玻璃密度的影响数值

每增加 1% 的氧化物	CaO	MgO	Na_2O	K_2O	SiO_2	Al_2O_3	Fe_2O_3
密度变化/$g \cdot cm^{-3}$	+0.0106	+0.0049	+0.0048	+0.0028	-0.0024	+0.0018	+0.0109
若 CaO 影响为 1，则	1	0.46	0.45	0.26	0.23	0.17	1.028

注：密度变化中 + 表示增加，- 表示减小。

对玻璃密度影响顺序是：$CaO > MgO > Na_2O > K_2O > SiO_2 > Al_2O_3$，Fe 的含量太小，没有达到1%，不排入顺序中。

3.6　碳酸盐矿物原料矿山实例

3.6.1　白云石矿

3.6.1.1　临湘白云石矿

A　概述

临湘白云石矿属海相沉积白云石矿床，赋存层位产于石灰岩系内。共生矿产萤石和天青石。矿床规模巨大，储量约亿吨。露天开采，开采作业面约 $2.5km^2$。

矿山位于京广铁路湖南临湘市麻塘铺站旁，有铁路专线总长 5km 环绕矿区。矿山于1958 年创办。总矿负责组织销售和生产总调度，分矿负责开采和加工。每年供应某大型钢铁厂白云石块约 300 万吨。

B　技术经济

a　矿石质量

临湘白云石矿长安分矿　湖北某劳改玻璃厂长期应用于平板玻璃生产中，统计数据显示：SiO_2 含量最高为 2.43%，最低为 0.55%，平均为 1.20%；Al_2O_3 含量最高为 1.53%，最低为 0.10%，平均为 0.36%；Fe_2O_3 含量最高为 0.10%，最低为 0.05%，平均为 0.064%；CaO 含量最高为 31.61%，最低为 30.08%，平均为 30.88%；MgO 含量最高为 21.56%，最低为 20.23%，平均为 20.79%。

临湘白云石矿桃林分矿前段　河南洛阳玻璃厂应用于平板玻璃生产中，统计数据显示：SiO_2 含量最高为 1.34%，最低为 0.64%，平均为 0.91%；Al_2O_3 含量最高为 0.48%，最低为 0.09%，平均为 0.19%；Fe_2O_3 含量最高为 0.23%，最低为 0.09%，平均为 0.13%；CaO 含量最高为 31.34%，最低为 30.01%，平均为 31.00%；MgO 含量最高为 21.91%，最低为 20.62%，平均为 21.18%。

临湘白云石矿桃林分矿中段　武汉某玻璃厂引进（美国 PPG 六机无槽引上）技术立项时分析，国内外进行对比，其分析结果见表 3-22。

表 3-22 桃林分矿白云石国内外分析数据 (%)

化验单位	SiO_2	Al_2O_3	Fe_2O_3	CaO	MgO	K_2O	Na_2O	TiO_2	NiO_2	SO_3	BaO	烧失量
美国 PPG1	0.61	0.19	0.034	30.51	21.32	0.014	0.023	0.003	0.002	0.02	—	47.08
美国 PPG2	0.77	0.12	0.040	31.04	21.09	0.002	0.014	0.003	0.002	N. D	—	—
地质学院 1	0.65	0.00	0.02	30.95	22.24	0.06	0.08	0.004	0.0003	0.000	—	46.76
省化学所	0.57	0.043	0.026	30.44	21.70	0.0090	0.0080	0.0022	0.0022	N. D	0.0002	46.81
地质学院 2	0.58	0.12	0.07	30.97	21.90	0.05	0.02	0.008	MnO 0.01	—	—	46.70
地质学院 3	0.22	0.042	0.09	30.78	21.64	0.02	0.01	0.01	0.00	0.008	0.0019	46.70
地质学院 4	0.32	0.05	0.33	31.41	20.26	0.01	0.01	0.00	—	0.05	0.0001	47.17

注：N. D 表示不可测，—表示未分析。

b 生产流程及产品分级

块料生产流程 剥地表浮土→半机械打炮眼→人工装填炸药→一次爆破→二次爆破→人工捶打至600mm→手推车→过地磅→颚式破碎机→圆筒机械滚动筛→分级堆放→装火车出矿。

粉料生产流程 小分口→雷蒙磨→选粉机→灌袋包装→袋装出厂。

产品分级 块料：大块600mm左右，中块300mm左右，大分口，小分口，瓜米共5档。粉料：60目（0.282mm），80目（0.19mm），100目（0.154mm），120目（0.125mm），140目（0.113mm）共5档。品级：MgO含量小于20%、20%~21%、21%~22%三档。

c 生产成本

块矿出矿价由1986年的12元/t，调到2007年的27元/t。粉料根据MgO含量和粒度而定，一般高出块矿20~30元/t。

C 用户

武汉某大型钢铁厂。曾经供应过株洲玻璃厂、洛阳玻璃厂、成都玻璃厂、武汉玻璃厂等。

3.6.1.2 富山白云石矿

A 概述

富山白云石矿属海相沉积白云岩矿床，赋存层位产于石灰岩系内，共生矿产萤石和天青石。矿床规模巨大，储量约亿吨。露天开采，开采作业面（2000年）约0.2km^2。

矿山位于湖北东部附近富山，长江水运、铁路运输方便。矿山于1994年创办。年销售量约200万吨以上。

B 技术经济

a 矿石质量

用于炼钢铁生产 某大型钢铁厂应用于钢铁生产中，一年内近2万吨块矿统计分析数据显示：SiO_2含量最高为3.0%，最低为0.56%，平均为1.07%；CaO含量最高为34.44%，最低为30.33%，平均为31.29%；MgO含量最高为21.11%，最低为17.49%，平均为20.23%。

用于玻璃生产　武汉某玻璃厂开辟新货源，生产前期抽查待发钢厂块矿分析结果：SiO_2 含量最高为0.74%，最低为0.12%，平均为0.37%；Al_2O_3 含量最高为0.27%，最低为0.10%，平均为0.2%；Fe_2O_3 含量最高为0.12%，最低为0.06%，平均为0.08%；CaO 含量最高为31.98%，最低为30.94%，平均为31.59%；MgO 含量最高为21.39%，最低为19.00%，平均为20.50%；烧失量最高为47.01%，最低为46.24%，平均为46.65%。

粉料抽查分析结果：SiO_2 0.70%、CaO 31.21%、MgO 20.76%、烧失量46.90%。

块矿外检分析（地质公司）结果：SiO_2 0.93%、Al_2O_3 0.19%、Fe_2O_3 0.12%、CaO 31.14%、MgO 20.51%、K_2O 0.06%、Na_2O 0.08%、TiO_2 0.000%、Cr_2O_3 0.0004%、烧失量46.00%。

b　生产流程及产品分级

块料生产流程　剥地表浮土→半机械化打炮眼→人工装填炸药→一次爆破→二次爆破→人工捶打至300mm→铲车喂料→颚式破碎机→溜板筛→锤式破碎机→机械滚动筛→提升机→按大小分口入料仓。

粉料生产流程　瓜米石屑→提升机→料仓→振动给料机→锤式破碎机→提升机→料仓。

运输流程　人工开启闸门→放料→翻斗汽车→火车站（或码头）堆场→装火车（或船）。

产品分级　块矿：大分口、小分口、瓜米三档。粉料：未分级，供钢厂用。品级：MgO 18%~20%、20%~22%两档。

c　生产成本

块矿出矿价比临湘高2~4元/吨，粉料散装出矿价14元/吨（2007年实施价格）。

C　用户

某三大型钢铁厂。曾经供应过武汉某玻璃厂和张家港某玻璃厂等以及出口日本。

3.6.1.3　谷城白云石矿

A　概述

谷城白云矿地表覆盖土及夹层很少，剥采比小。矿石硬度不大，爆破后均小于100mm。有长峪沟和罗坪两矿区，均为灰黑色或略带白灰色，颜色均匀杂质少。

矿山创办已30多年。有短途汽车（30km以上）运输到火车站再转运，运输不太方便。

B　技术经济

a　矿石质量

长峪沟矿区　河南洛阳玻璃厂应用于平板玻璃生产中，统计数据显示：SiO_2 含量最高为0.78%，最低为0.48%，平均为0.61%；Al_2O_3 含量最高为0.17%，最低为0.09%，平均为0.12%；Fe_2O_3 含量最高为0.29%，最低为0.26%，平均为0.28%；CaO 含量最高为30.89%，最低为30.27%，平均为30.54%；MgO 含量最高为22.05%，最低为21.41%，平均为21.82%；烧失量最高为46.91%，最低为46.50%，平均为46.73%。

湖北当阳玻璃厂应用于平板玻璃生产中，分析数据如下：SiO_2 0.53%、Al_2O_3 0.18%、

Fe_2O_3 0.11%、CaO 30.14%、MgO 21.62%、烧失量 46.30%。

罗坪矿区　河南洛阳玻璃厂应用于平板玻璃生产中，其分析结果：SiO_2 0.26%，Al_2O_3 0.21%，Fe_2O_3 0.11%，CaO 30.45%，MgO 21.77%，烧失量 47.14%。

b　生产流程

剥地表浮土→人工打炮眼→人工装填炸药爆破→铲车装车出矿。

C　用户

谷城白云石主要供湖北当阳玻璃厂、洛阳玻璃厂、襄樊市各小型玻璃厂等，武汉钢铁厂也曾用过一段时间。

3.6.1.4　武昌白云岩矿

武昌白云石矿主要是由某钢铁厂乌龙泉矿和武昌其他分布的矿点两大部分组成。某钢铁厂乌龙泉矿随石灰石矿同时开采近60年了，其数据尚未收集，主要采集武昌其他矿点的白云石，其分析数据见表3-23。

表3-23　武昌部分白云石矿点化学成分　　(%)

序 号	矿点名称	样品类别	SiO_2	Al_2O_3	Fe_2O_3	CaO	MgO	烧失量
1	王屋山	带红色白云石	0.39	0.34	0.79	30.98	20.30	46.80
2	劳四南山	青灰色白云石	0.16	0.35	0.25	36.68	16.13	46.58
3	宁　港	白云石平均样	0.41	0.08	0.41	39.73	14.64	45.71
4	宁　港	灰白色白云石	—	0.17	0.06	33.19	20.11	46.84
5	宁　港	土红色白云石	0.1	0.14	0.21	34.84	18.66	45.54
6	宁　港	浅红色白云石	—	0.89	0.37	31.38	20.31	—
7	劳　四	浅红色白云石	—	—	—	30.07	19.11	—
8	赶条山	白云石平均样	0.20	0.04	0.15	33.70	19.04	46.93
9	赶条山	红土色白云石	2.32	0.14	0.37	33.19	17.90	45.62
10	赶条山	灰白色白云石	0.05	0.08	0.19	34.75	17.84	46.73

注：因取样地点在地表且附近有烧石灰生产线，长期飞扬污染了矿石，使部分CaO或MgO数据偏离。

3.6.1.5　湖北其他白云石矿

湖北其他地白云石矿分布地有秭归县、广水市、孝昌县、京山县、宜城市、利川市等，但其技术数据尚未收集到。下面只就大冶市、浠水县以及某县三处白云石作一简要介绍，见表3-24。

表3-24　湖北三处白云石矿资源简况

矿　址	湖北某地白云石矿	湖北大冶市四斗粮白云石矿	湖北浠水县白云石大理岩矿
位置与交通	位于湖北某地，有公路、铁路相通，交通方便	位于大冶市四斗粮，矿山距大冶火车站约8km，火车到武汉124km	位于浠水清泉镇东北部的白石山。距县城10km，距浠水火车站15km，有公路相通
矿石颜色	灰白色、青灰色	纯白色	纯白色、白色

续表 3-24

矿 址		湖北某地白云石矿	湖北大冶市四斗粮白云石矿	湖北浠水县白云石大理岩矿
化学成分 /%	SiO_2	0.41	0.16	未分析
	Al_2O_3	0.06	0.21	未分析
	Fe_2O_3	0.036	0.12	0.42
	CaO	33.74	30.9	28.34
	MgO	18.7	21.0	18.34
	烧失量	46.64	—	—
开采时间及用户		开采多年，白云石粉料供江西、湖北、湖南等地生产玻璃瓶用	开采近 60 年，白云石粉料供武汉东西湖玻璃瓶厂、大冶玻璃厂以及出口	开采近 50 年，主要作建筑石材和水磨石料

3.6.2 菱镁矿

湖北及周边省份到目前为止只发现河南淅川有一菱镁矿，通过湖北省非金属地质公司权威部门与河南省非金属地质公司内部联系了解，其质量不够稳定，所以湖北省内的玻璃厂没有菱镁矿使用，成为一项空白。或到我国其他省市购买菱镁矿。我国部分菱镁矿质量见表 3-25 和表 3-26。

表 3-25 我国主要晶质菱镁矿矿石化学成分 (%)

项 目		SiO_2	Al_2O_3	Fe_2O_3	CaO	MgO	计算 $MgCO_3$①	烧失量
辽宁省	海城特级	0.17	0.12	0.37	0.50	47.30	96.79	51.13
	海城下房身矿区	0.26	0.06	0.27	0.45	47.30	96.51	50.99
	大石桥一级矿 1	1.90	0.47	0.50	1.14	45.80	89.58	48.87
	大石桥一级矿 2	2.47	0.28	0.40	0.53	46.37	92.74	50.00
	青山怀东段 1	0.66			0.73	46.19		
	青山怀东段 2	0.85			2.84	44.27		
	青山怀东段 3	1.09			19.63	31.18		
	营口一级原矿	1.13	0.21	0.33	0.33	47.14	96.15	50.97
山东省	莱州西采一级 1	0.90	0.18	0.55	0.37	47.00	96.13	51.11
	莱州西采一级 2	0.88	0.18	0.55	0.42	46.43	95.22	51.24
	莱州西采混级	4.95	1.39	0.93	0.86	44.08	83.69	47.33
	莱州东采混级	3.87	0.59	0.58	0.75	46.43	89.65	48.21
河北省	邢台大河 1	0.30			3.94	42.53		
	邢台大河 2	10.72			12.60	31.50		
四川省	甘洛岩岱	0.24			4.30	44.41		
	汉源桂贤	0.10			0.80	46.91		
甘肃省	肃北别盖	0.25			4.58	43.81		

① 计算 $MgCO_3$ 的方法：MgO/(100 - 烧失量) ×100%。

表 3-26 我国非晶质菱镁矿矿石化学成分 （%）

项 目	SiO_2	Al_2O_3	Fe_2O_3	CaO	MgO	烧失量
内蒙古 1	0.76 ~ 2.92	0.14 ~ 0.22	痕 量	1.37 ~ 4.38	42.00 ~ 47.15	49.74 ~ 51.38
内蒙古 2	6.40			4.79	40.35	
内蒙古 3	3.42			2.32	44.52	

3.6.3 石灰石矿

3.6.3.1 武昌乌龙泉石灰石矿

A 概述

武昌乌龙泉石灰石矿属海相沉积石灰岩、白云石矿床。矿区裂隙岩溶发育，裂隙率为12% ~22%，溶裂中为泥砂所充填。原矿含泥率 6.15% ~13.5%，个别高达 18%。开采中混入矿石的表土、泥团一般在 6% ~12% 左右。泥团黏性较大，去除较为困难。

B 石灰岩矿石化学成分及主要物理性质

石灰岩矿地质平均品位见表 3-27，物理性质参数见表 3-28。

表 3-27 石灰岩地质平均品位 （%）

矿岩种类		Ⅰ矿区			Ⅱ矿区		
		CaO	MgO	SiO_2	CaO	MgO	SiO_2
深色灰岩		53.97		1.63	53.57	2.21	1.71
浅色灰岩	优质石灰岩	55.26		0.32	55.59		0.26
	普通石灰岩	54.49		1.01	52.28		1.15
	平 均	54.88		0.66	54.77		0.48

表 3-28 主要物理性质

莫氏硬度	松散系数	松散密度/$g \cdot cm^{-3}$	安息角/(°)	密度/$g \cdot cm^{-3}$
6 ~ 8	1.38	1.7	40	2.69 ~ 2.70

C 选矿后产品质量

该矿主要开采普通石灰石、优质石灰石和白云石三个矿种。在露天开采中按不同采区和矿种分采，分运并分别破碎洗矿处理。其产品质量指标见表 3-29，生产操作质量报表摘录见表 3-30。

表 3-29 乌龙泉矿石灰岩产品质量指标

矿种类别	地质平均品位/%		产品名称和粒度/mm	洗矿后成品矿年平均品位/%							实际生产各产品产率/%
	CaO	SiO_2		CaO	SiO_2	MgO	$Fe_2O_3 + SiO_2 + Al_2O_3$	S	P	烧失量	
优质石灰岩	55.26	0.32	一级品 50 ~ 20	54.88	0.31	0.42	0.46	0.032	0.0018	43.49	55.6
			二级品 50 ~ 20	54.27	0.74	0.48	0.84	0.014	0.0014	43.22	
			粉矿 20 ~ 0	54.72	0.42	0.34					32.4
			手选泥团 + 洗矿尾矿								12.0

续表 3-29

矿种类别	地质平均品位/%		产品名称和粒度/mm	洗矿后成品矿年平均品位/%							实际生产各产品产率/%
	CaO	SiO_2		CaO	SiO_2	MgO	$Fe_2O_3+SiO_2+Al_2O_3$	S	P	烧失量	
普通石灰岩	54.49	1.01	100～40	54.00	0.85						28.90
			100～10	53.40	1.28						
			100～0	53.90	1.04						56.50
			20～0	54.44	0.37						
			10～0	52.34	2.50						2.60
			手选泥团+洗矿尾矿								12.00

表 3-30 乌龙泉矿石灰石质量检查站生产报表部分汇总 (%)

时 间	分析次数	类 别	CaO	SiO_2	MgO	Al_2O_3	Fe_2O_3	S	P	烧失量
1月内	18	最高值	55.48	0.68	0.61	0.12	0.22	0.025	0.023	43.54
		最低值	54.41	0.06	0.08	0.014	0.004	0.011	0.0010	43.12
		平均值	54.99	0.33	0.34	0.051	0.126	0.016	0.0029	43.34

从上述冶金用石灰石矿地质品位、制订指标及生产实际质量报表看，其质量适合玻璃生产要求，借用冶金用石灰石矿生产平板玻璃完全可行。

3.6.3.2 武昌石灰石矿

A 概述

武昌石灰石矿除武汉某钢厂乌龙泉石灰石矿外，四周分布有北边的王屋山矿、鸽子山矿、东边的将军山矿和灵山矿，南边的大洪山矿、小洪山矿、西边的三门湖矿和黑山矿等，总共约 60km^2，总储量约 4 亿吨以上。

新中国成立以来就开始开采，尤其改革开放以来石料开采场发展到数百家，大分口成分优质的一律供武汉某钢铁厂炼钢，其他供本地及武汉市各水泥厂生产水泥，作建筑石料及烧石灰量更大。近 60 年的开采，所剩储量为确保某钢铁厂使用，其余单位一律停止或基本停止使用，尤其建筑石料，一律转移到远郊外咸宁等地开发。

B 武昌部分石灰石矿化学成分

武昌其他矿点石灰石化学成分见表 3-31。

表 3-31 武昌部分石灰石矿化学成分 (%)

名 称	样品类别	SiO_2	Al_2O_3	Fe_2O_3	CaO	MgO	Na_2O	K_2O	烧失量
将军山 1	灰微带红色块	1.46	0.70	0.28	54.07	0.46	0.10	0.14	42.82
鸽子山	灰色块	2.41	0.96	0.34	53.52	0.26	0.09	0.13	42.29
大洪山 1	石 屑	1.02	1.77	0.21	53.71	0.56			
大洪山 2	石 屑	1.15	0.21	0.12	55.52	0.15			42.55
水泥厂东	灰色块	0.32	0.17	0.11	54.29	0.35			43.73
水泥厂西	灰色块	0.32	0.11	0.36	54.54	0.14			43.61

续表 3-31

名称	样品类别	SiO_2	Al_2O_3	Fe_2O_3	CaO	MgO	Na_2O	K_2O	烧失量
将军山 2	灰微带红色块	0.00	0.05	0.09	54.92	0.68			43.90
灵山上矿	灰色块				53.15	0.96			42.59
灵山下矿	灰色块				55.09	0.33			43.70
将军山南	灰红色块	0.00	0.04	0.05	55.34	0.63			43.40
将军山北	灰红色块				55.40	0.29			

3.6.3.3 湖北其他县市石灰石矿

湖北共有 23 个县市有石灰石矿，除武昌以外将其他部分县市石灰石矿简要情况列于表 3-32 中。

表 3-32 湖北部分县市石灰石矿简要情况

矿所在县市	位置与交通	矿石颜色	化学成分/%						开采时间及用户
			SiO_2	Al_2O_3	Fe_2O_3	CaO	MgO	烧失量	
谷城县	位于谷城县某地，矿山距离县城 60km，距离铁路专线 2km	黑灰色	7.15	0.42	0.25	49.43	2.02	40.13	开采 40 多年了，供某钢厂、本地水泥厂、某玻璃厂和建筑用料使用
大悟县	位于大悟县彭店区桥店乡，矿山距大悟县城 35km，距广水火车站 70km	灰黑色	2.66 ~ 3.30	1.27 ~ 1.73	0.66 ~ 0.50	51.28 ~ 50.60	1.76 ~ 1.62	40.17 ~ 39.48	开采 40 多年了，储量很大，仍为水泥生产原料
黄石市	位于黄石市黄金山，有铁路专线	青灰色	2.42	0.79	0.40	52.38	1.08		开采近 50 年了，资源基本枯竭，原主要用于炼钢和水泥生产
宜都市	位于宜都市某地，有铁路专线	灰白色	<4.0	K_2O + Na_2O <0.15		>50	<2.5		开采多年，生产大坝水泥原料
秭归县	位于秭归县某地	青灰色	1.73		0.15	54.0	0.52	42.2	开采多年，生产水泥和提纯后制造轻质碳酸钙等
浠水县	位于浠水某地、公路、铁路、水路相通武汉	灰白色	0.38	0.27	0.71	55.11			开采多年，生产石灰、电石、轻质碳酸钙的原料
某地	位于湖北某地、公路、水路、铁路均通武汉	青灰色				49.29 ~ 53.19 平均 51.74	1.33 ~ 5.5 平均 3.46		开采多年，供炼钢用等

3.6.4 湖北方解石矿

3.6.4.1 概述

湖北省有方解石矿的县市有大冶市、蒲圻市、通山县、宜都市、秭归县等地。其中大冶市方解石矿实地考察过。大冶市各矿点矿石均出露地表，未做地质工作，无勘探报告，但露天开采近60年了。其产品有块矿和石粉两种，根据各用户需要确定。

3.6.4.2 湖北部分方解石矿介绍

湖北部分方解石矿情况介绍汇总于表3-33中。

表3-33 湖北部分方解石矿简要情况一览表

矿点名称	位置与交通	结晶体	矿石颜色	化学成分/%						用途及用户
				SiO_2	Al_2O_3	Fe_2O_3	CaO	MgO	烧失量	
大冶马叫方解石矿	位于大冶市金湖马叫村，距大冶火车站4km	属三方晶系，常呈复三方偏三角面体及菱面体结晶，集合体呈板状致密块状	无色或白色，有被铁、锰、铜元素染成浅黄色、浅红色、紫色、褐色等	0.02	0.03	0.03	55.76	0.15	43.65	用于制造特种光学玻璃及瓶罐玻璃，供大冶玻璃厂等使用
大冶焦和村方解石矿	位于大冶市焦和村，距大冶火车站5km	属三方晶系，常呈复三方偏三角面体及菱面体结晶，集合体呈粒状（1~3mm）	白色，少量褐色	—	—	0.02	>55.5	—	—	用于制造瓶罐玻璃等，供大冶市华兴玻璃厂等使用
大冶四斗粮方解石矿	位于大冶市四斗粮村，距大冶火车站8km	属三方晶系，常呈复三方偏三角面体及菱面体结晶，集合体呈粒状（1~3mm）	白色，少量带浅黄色	0.78~1.01 平均0.904	0.0~0.20	0.10~0.15 平均0.127	55.56~55.89 平均55.76	0.13~0.18 平均0.16	—	用于制造瓶罐玻璃等，供武汉东西湖玻璃厂等使用
蒲圻某地方解石矿	位于蒲圻市某地，靠近107国道			0.2	0.06	0.04	55.8	<0.1	43.27	用于生产重质碳酸钙
秭归方解石矿	位于秭归县某地			0.08	—	0.08	55.79	—	42.79	用于制造轻质、重质碳酸钙等

3.6.5 某地镁质石灰石矿

3.6.5.1 概述

武汉周边某地镁质石灰石矿实质是一种碳酸盐矿物的过渡矿物，化学成分很不稳定，CaO 含量高则 MgO 就低，CaO 含量低则 MgO 就高，其 CaO + MgO 含量基本相等（在 55% 左右），但 SiO_2 含量变化不大。

把氧化镁含量在 5% 左右的称之为高镁石灰石，把氧化镁含量在 3% 左右的称之为低镁石灰石，见表 3-34。这两种石灰石供某钢铁厂使用，在后面有关章节里将讨论其在平板玻璃中的应用。

3.6.5.2 镁质石灰石化学成分统计数据

某地镁质石灰石化学成分见表 3-34。

表 3-34 某地镁质石灰石化学成分 （%）

名 称	类 别	CaO	MgO	SiO_2	CaO + MgO
高镁石灰石	最高值	53.73	18.83	1.56	57.62
	最低值	33.08	2.38	0.10	49.98
	平均值	49.25	5.21	0.16	54.46
低镁石灰石	最高值	55.35	15.22	1.58	57.7
	最低值	37.81	0.28	0.001	53.03
	平均值	52.04	3.19	0.25	55.23

3.7 碳酸盐矿物原料应用

3.7.1 源谭分矿白云石矿应用

湖南省临湘白云石矿桃林分矿是某厂建厂引进技术的立项依据。当时桃林分矿占有白云石最优矿段，某厂建成投产时，最优矿段偏向相邻的源谭分矿。下面介绍源谭分矿应用数据、质量分析和注意事项。

3.7.1.1 应用数据简况

A 化学成分

a 应用于日熔化量为 300t 的熔窑中

源谭分矿白云石应用于引进的美国 PPG 六机无槽引上工艺日熔化量为 300t 的熔窑中，其化学成分阶段统计数据显示：SiO_2 含量最高为 1.97%，最低为 0.08%，平均为 1.15%；Al_2O_3 含量平均为 0.25%；Fe_2O_3 含量平均为 0.06%；CaO 含量最高为 31.64%，最低为 30.00%，平均为 30.66%；MgO 含量最高为 23.89%，最低为 20.31%，平均为 20.82%；烧失量平均为 46.52%。

b 应用于日熔化量为 320t 的熔窑中

源谭分矿白云石应用在改进的八机无槽引上工艺日熔化量为320t的熔窑中，其化学成分阶段统计数据显示：SiO_2 含量最高为2.69%，最低为0.13%，平均为1.08%；Al_2O_3 含量最高为1.05%，最低为0.07%，平均为0.223%；Fe_2O_3 含量最高为0.30%，最低为0.05%，平均为0.092%；CaO含量最高为39.03%，最低为30.01%，平均为31.12%；MgO含量最高为21.71%，最低为14.31%，平均为20.51%；烧失量最高为47.99%，最低为45.59%，平均为46.40%。

B 粒度分析

块状（<80mm）进厂，对辊破碎机加工，六角筛过12目（1.6mm）筛网，电子秤处定期随机取样筛分析，其粒度分析结果：大于0.9mm占15.46%~18.39%、-0.9~+0.45mm占26.30%~27.45%、-0.45~+0.282mm占8.35%~10.79%、-0.282~+0.19mm占6.69%~8.26%、-0.19~+0.154mm占5.18%~5.56%、-0.154~+0.125mm占4.19%~4.54%、-0.125~+0.113mm占3.22%~7.56%、小于0.113mm占23.09%~24.96%。

3.7.1.2 质量分析和注意事项

主要对白云石的CaO、MgO、Fe_2O_3 含量的变化及粒度四项进行讨论。

A 钙镁氧化物含量

a 前段

前段即引进的美国PPG无槽引上工艺日熔化量为300t的熔窑中应用阶段，钙镁氧化物含量波动较大。CaO最大值与最小值相差1.64%，MgO最大值与最小值相差3.58%，对于玻璃生产用玻璃退火密度控制生产显得偏大。

b 后段

后段即改造的无槽引上工艺日熔化量为320t的熔窑中应用阶段，钙镁氧化物含量波动更大。CaO最大值与最小值相差9.29%，MgO最大值与最小值相差7.4%。据分析是在车间操作中白云石中有石灰石混入使其样品数据失常。将CaO最大值39.03%及MgO最小值14.31%删去，则CaO最大值与最小值相差3.25%，MgO最大值与最小值相差2.34%，能反映矿石进货质量。上述这个数据对玻璃生产仍显得波动大。

但是6年中每年CaO平均值在30.68%~31.56%之间，MgO在20.28%~20.64%之间，总体看还是较稳定的。氧化钙含量变化较大，主要是白色方解石伴生矿较多，要坚持手选，否则白云石中CaO数据偏高。生产中玻璃密度控制难度稍大，一般玻璃退火密度每相邻两天相差0.0001~0.0002g/cm^3，极少超出到0.0007g/cm^3，密度变化过大，光变角达不到高档玻璃要求。

白色杂质大部分为方解石，也有含 SiO_2 较高的黏土过渡矿物：其 SiO_2 含量为10.74%，CaO含量为11.32%，MgO含量为24.0%，这种矿物硬度极大，没有解理纹或解理纹不明显。虽然这种矿物发现量不多，若加工破碎出现粗颗粒，担心 SiO_2 熔化不良产生疙瘩缺陷。

B Fe_2O_3 含量

源谭分矿白云石氧化铁含量很低，6年中每年平均值在0.09%~0.101%之间，0.08%的占绝大多数。矿石本身含铁量低，开采又十分重视剥去地表层黏土，专用堆场条件好，污染小，多年来装火车形成清扫车皮的良好习惯是临湘白云石矿所有分矿的优点。但长期以来，某钢铁厂车皮进入矿区带入的重金属矿或多或少对玻璃生产是缺点，应加强清扫车皮。玻璃做得好的国外公司对这方面要求特别严格，玻璃用原料不与钢铁原料共用矿山。

C 细颗粒

破碎过筛其中小于 0.113mm 的细粉比例相比富山白云石多 3% ~4%，破碎加工在同一对辊六角筛系统中进行。细粉比例是由矿物结构或特性所决定的。

曾经将源谭分矿白云石做过试验，脉冲除尘器收下来的细粉不回系统，另行用袋包装不用，其量太大，约占 24%。当时 300t 熔窑每天白云石粉料用量为 54t 左右，收尘细粉就占有 13t，丢掉不用是浪费。

总之，源谭分矿白云石质量是好的。美国专业人员认为比美洲产的白云石品位高许多。

3.7.2 富山白云石矿应用

富山白云石矿是在临湘白云石矿即将被钢厂统购的情况下寻找到的新货源。富山白云石矿以前只用于钢铁生产，用于玻璃生产尚是首次。下面介绍应用数据、质量分析和注意事项。

3.7.2.1 应用数据简况

A 化学成分

富山白云石应用于浮法工艺日熔化量为 350t 和 700t 的熔窑中统计数据显示：SiO_2 含量最高为 2.57%，最低为 0.00%，平均为 1.01%；Al_2O_3 含量最高为 0.60%，最低为 0.08%，平均为 0.263%；Fe_2O_3 含量最高为 0.22%，最低为 0.06%，平均为 0.126%；CaO 含量最高为 32.83%，最低为 29.66%，平均为 31.08%；MgO 含量最高为 21.29%，最低为 19.06%，平均为 20.35%；烧失量最高为 46.85%，最低为 45.24%，平均为 46.31%。

B 粒度分析

a 对辊六角筛 12 目（1.6mm）加工工艺

大于 0.9mm 占 26.9%，-0.9 ~ +0.45mm 占 29.79%，-0.45 ~ +0.282mm 占 7.84%，-0.282 ~ +0.19mm 占 6.63%，-0.19 ~ +0.154mm 占 3.51%，-0.154 ~ +0.125mm 占 2.49%，-0.125 ~ +0.113mm 占 1.51%，小于 0.113mm 占 21.33%。

b 锤破六角筛 12 目（1.6mm）加工工艺

大于 0.9mm 占 23.82% ~28.56%，-0.9 ~ +0.113mm 占 49.35% ~52.66%，小于 0.113mm 占 22.15% ~23.51%。在 -0.9mm 至 +0.113mm 的档次中：-0.9 ~ +0.45mm 占 25% 左右，-0.45 ~ +0.19mm 占 14% 左右，-0.19 ~ +0.154mm、-0.154 ~ +0.125mm、-0.125 ~ +0.113mm 各占 4% 左右。粒度优于临湘。

3.7.2.2 质量分析和注意事项

富山白云石矿主要对钙镁含量、硅铝含量、铁含量、粉料水分、难熔重金属以及提高新矿山管理水平几方面加以讨论。

A 钙镁氧化物含量

富山白云石矿 CaO 含量最高值与最低值相差 3.17%，MgO 最高值与最低值相差 2.23%，对于玻璃生产波动偏大。但从 5 年中每年的平均值 CaO 在30.95% ~ 31.15%之间，MgO 在20.19% ~20.51%之间看，训练矿山工作人员还是得到了较好的效果。

富山白云石矿中方解石之类的伴生矿从外观上看极少，几乎没有大块，只有很少的小块，对白云石中 CaO 含量影响甚小。不像临湘白云石矿手选后仍有不少方解石。这是富山白云石矿 CaO 稳定性好于临湘的重要方面。CaO 临湘矿最大相差 3.25%、富山为 3.17%，MgO 临湘最大相差 2.34%、富山为 2.23%，充分说明富山矿优于临湘矿。其玻璃密度控制波动更小，首次应用获得成功。

B 硅铝氧化物含量与剥离注意事项

富山白云石 SiO_2 含量不高，一般在 1.5% 以下，Al_2O_3 含量在 0.5% 以下，破碎粗粒不用担心熔化不良出现砂粒疙瘩。当然 SiO_2 这个数值与国际推荐值小于 0.5% 还有差距，Al_2O_3 这个数值与国际推荐值小于 0.3% 也有差距。生产证实 SiO_2 在 1.5% 以下，Al_2O_3 在 0.5% 以下可以使用。

白云石（包括石灰石）中的 SiO_2、Al_2O_3 含量来自两方面，一是白云石矿本身所含，二是开采时混入的黏土所含。白云石（包括石灰石）中的 SiO_2、Al_2O_3 含量很大程度上取决于开采过程，开采时剥去地表浮土以及表层矿石是降低白云石（石灰石）SiO_2、Al_2O_3 含量的重要措施。

地表浮土以黏土为主，SiO_2、Al_2O_3 含量高。表层矿石也要剥去，因为表层碳酸盐矿物（碳酸钙、碳酸镁等），经千百万年或数亿年，地表 Ca^{2+}、Mg^{2+}、CO_3^{2-} 离子流失，造成 SiO_2、Al_2O_3 偏高。表层矿应作建筑石料使用，不能用于玻璃生产。地表矿石剥离应根据地形而定。

在可开采的范围内，凡天然雨水能接触到的地表、裂缝、地下缝隙、地下坑凹处、地质溶孔溶洞，凡有 Ca^{2+}、Mg^{2+}、CO_3^{2-} 流失层都作为表面层，都应剥离，这是开采剥离必须注意的事项。离子流失到深层地下形成石笋、石柱或更低处重结晶。

富山白云石矿地表形状复杂，表层剥离应作建筑石料使用，这是碳酸盐矿物开采不可忽视的内容，尤其新开辟的货源。曾经发现过富山白云石矿中灰色石块，外观看像白云石，可它实际是 SiO_2 或 Al_2O_3 质的，用1∶1稀盐酸滴在石块上丝毫没有气泡产生。用这种石块当做白云石破碎成 1.6mm 或 2.0mm，玻璃板上会增加疙瘩缺陷。

武昌一石灰石供应商搬迁到咸宁开发一新石灰石采石场，供某钢厂用料。但矿区地貌及地质复杂，表层未作建筑石料处理。致使石灰石中 SiO_2 超标，达不到某钢厂要求（SiO_2 <2%）而失败，卖掉石料开采场回原地是一例证。

确定白云石 SiO_2、Al_2O_3 含量应在矿山或堆场取较干净（没沾黏土）的块，破碎缩分后做全分析确定硅、铝含量，或参考地质报告中的硅、铝数据。进厂后混料污染不能作计算依据。电子秤处取样，因混有其他料只作参考，或删除个别或少部分高 SiO_2、Al_2O_3 数据的统计平均值作为白云石 SiO_2、Al_2O_3 含量参与玻璃成分计算相对固定下来。汽车运了硅砂又去运白云石，难免混入些硅砂，尤其关注白云石中的 SiO_2 含量。

C Fe_2O_3 含量

Fe_2O_3 含量随矿石表面沾黏土多少而变化，堆场表面雨水洗过的白云石其 Fe_2O_3 含量一般在0.08%左右。石料倒运堆放次数多对成分均化有好处，但铁有所增加。各地黏土含铁量较高，应尽量避免沾黏土，矿山开采更应剥离地表土，有条件的如能将块料水洗更好。当然选矿也很重要，带褐色的白云石铁高应剔除。

除上述事项之外，白云石加工带入的机械铁也不可忽视。往往加工系统无除铁装置。锤破加工与对辊加工相比，锤破增加 Fe_2O_3 约0.04%，说明锤破锤头钢耗大相映证，尽管都是锰钢，仍存在差异。

D 粉料水分

白云石一般加工后的粉料水分较稳定（0.5% ±0.1%）。块状进厂露天堆放，如其中的石屑过多、过集中，雨水影响粉料水分。水分大易结团，尽可能控制块度在一定范围（越均匀越好），避免碾压、避免石屑黏土。有条件厂棚存放更好，以提高白云石粉料称量精度。生产中已证实富山白云石矿粉料水分略比源谭粉料水分高。

E 难熔重金属与砖碴事故

碳酸盐矿物一般没有难熔重金属，如 Cr_2O_3、NiO_2。但钢铁厂运输车辆进入白云石矿区或白云石在铁路货站堆放受污染带入重金属。富山白云石经地质公司检测过含有 Cr_2O_3 0.0004%、TiO_2 0.00%，含量极低对玻璃影响甚小。

2005年3~4月浮法700t玻璃原板上发现大量黑色小疙瘩。查找三种硅砂，白云石、石灰石、长石，只发现石灰石中有微量铬铁矿。检测黑色小疙瘩为镁铬矿。最后查到纯碱库在浮法700t窑建设期中堆放过镁铬砖，镁铬砖末贴到纯碱袋表面随碱倒入纯碱系统产生镁铬矿（称为“砖碴事故”）。清扫所有纯碱袋表面、吸尘碱库地面多次，彻底根治了黑色小疙瘩。除此之外玻璃生产多年，未发现原料有难熔重金属。

F 提高新矿山管理水平的几个方面

具体如下：

（1）开采时注意剥离表层矿石，以保证白云石中 SiO_2、Al_2O_3 含量。

（2）运作中注意均化（横堆竖取），减小成分波动。但石料反复碾压成石屑，易吸水是不利因素。

（3）矿山过筛要严格，尽可能避免石屑，块度越均匀越好，以减少石粉水分波动。每到雨季白云石粉料水分就有一定的波动，认真统计才可发现。

（4）清扫运输工具，避免污染。曾两次发现装过铁矿粉的船舱未清扫干净就装运白云石，造成 Fe_2O_3 含量变化。由此可见，训练新供货商要付出相当精力，要让他们明白玻璃用矿与钢铁用矿不同，与建筑石料更不同。

3.7.3 武昌石灰石应用

武昌石灰石应用实例分应用数据介绍、质量分析和注意事项以及石灰石质量事故分析处理三方面进行讨论。

3.7.3.1 应用数据介绍

A 化学成分

应用数据介绍分应用前期技术准备，应用于引进的美国PPG六机无槽引上工艺日熔化量为300t熔窑中、改造的八机无槽引上工艺日熔化量为320t的熔窑中、改造的一窑两制工艺日熔化量为320t的熔窑中和浮法工艺日熔化量为350t及700t熔窑中这五项进行分述。

a 应用前期技术准备

为引进美国无槽技术，对乌龙泉石灰石矿进行了定期取样分析以便与国内外两方数据对比，其矿石样品分析结果见表3-35。

表3-35 国内外部分分析数据 (%)

分析部门	SiO_2	Al_2O_3	Fe_2O_3	CaO	MgO	TiO_2	Na_2O	K_2O	NiO	SO_3	BaO	烧失量
美国PPG1	0.12	0.07	0.052	55.70	0.24	0.001	0.022	0.006	0.003	0.01	未分析	43.86
美国PPG2	0.21	0.12	0.058	56.17①	0.297	0.007	0.003	0.001	0.003	0.008	未分析	43.77
地质学院1	0.30	0.00	0.04	56.04	0.16	0.003	0.003	0.01	0.0003	0.000	未分析	43.49
省化学所	0.12	0.019	0.045	55.64	0.26	0.0012	0.0060	0.010	0.0041	0.025	0.0006	43.73
地质学院2	0.17	0.11	0.08	55.85	0.30	0.003	0.01	0.04	MnO 0.01	未分析	0.00119	43.76
地质学院3	0.58	0.20	0.16	55.10	0.29	0.01	0.01	0.06	0.00	0.42	0.0031	43.22
地质学院4	0.24	0.13	0.01	54.76	0.68	未分析	0.1	0.1	未分析	0.03	0.0016	43.98

① PPG2分析CaO为56.17%，是因为取样堆场附近有烧石灰生产线，细粉石灰飞扬污染了优质石灰石，使CaO超过理论值56.03%。

b 应用于引进的无槽工艺中

武昌灵洞山石灰石应用于引进的六机无槽引上工艺日熔化量为300t的熔窑中，其质量统计数据显示：SiO_2含量最高为2.16%，最低为0.34%，平均为1.05%；Fe_2O_3含量最高为0.08%，最低为0.06%，平均为0.07%；CaO含量最高为54.59%，最低为52.87%，平均为53.82%；MgO含量最高为1.51%，最低为0.55%，平均为0.97%。

c 应用于改造的无槽引上工艺中

武昌王屋山石灰石应用于改造的八机无槽引上工艺日熔化量为320t熔窑中，其质量统计数据显示：SiO_2含量最高为2.61%，最低为0.22%，平均为0.85%；Al_2O_3含量最高为0.63%，最低为0.02%，平均为0.233%；Fe_2O_3含量最高为0.16%，最低为0.06%，平均为0.09%；CaO含量最高为55.54%，最低为51.90%，平均为54.06%；MgO含量最高为2.46%，最低为0.13%，平均为0.69%；烧失量最高为43.95%，最低为42.09%，平均为43.29%。

d 应用于改造的一窑两制工艺中

武昌王屋山石灰石应用于改造的一窑两制（引上十压延）工艺中日熔化量为320t的熔窑中，其质量统计数据显示：SiO_2含量最高为1.06%，最低为0.05%，平均为0.38%；Al_2O_3含量最高为0.6%，最低为0.07%，平均为0.183%；Fe_2O_3含量最高为0.40%，最低为0.03%，平均为0.08%；CaO含量最高为55.92%，最低为52.94%，平均为54.8%；MgO含量最高为2.54%，最低为0.19%，平均为0.83%；烧失量最高为46.18%，最低为42.51%，平均为43.27%。

e 应用于浮法工艺中

武昌王屋山、大洪山、灵山石灰石应用于浮法工艺日熔化量为350t及700t的熔窑中，其质量统计数据显示分三矿点分别叙述。

（1）王屋山石灰石。SiO_2 含量最高为1.3%，最低为1.20%，平均为1.25%；Al_2O_3 含量最高为0.08%，最低为0.05%，平均为0.07%；Fe_2O_3 含量最高为0.06%，最低为0.05%，平均为0.055%；CaO含量最高为55.19%，最低为52.89%，平均为53.63%；MgO含量最高为1.20%，最低为0.50%，平均为0.91%；烧失量最高为43.47%，最低为43.08%，平均为43.28%。

（2）大洪山石灰石。SiO_2 含量最高为2.92%，最低为0.00%，平均为0.83%；Al_2O_3 含量最高为0.22%，最低为0.05%，平均为0.11%；Fe_2O_3 含量最高为0.09%，最低为0.04%，平均为0.064%；CaO含量最高为55.26%，最低为52.40%，平均为53.97%；MgO含量最高为2.11%，最低为0.10%，平均为0.8%；烧失量最高为43.96%，最低为42.32%，平均为43.32%。

（3）灵山石灰石。SiO_2 含量最高为1.83%，最低为0.00%，平均为0.64%；Al_2O_3 含量最高为0.49%，最低为0.06%，平均为0.27%；Fe_2O_3 含量最高为0.29%，最低为0.09%，平均为0.16%；CaO含量最高为55.58%，最低为52.76%，平均为54.35%；MgO含量最高为1.59%，最低为0.04%，平均为0.45%；烧失量最高为43.83%，最低为42.47%，平均为43.22%。

B 粒度分析

石灰石颗粒度分析不分矿点只分加工工艺。加工工艺为对辊六角筛工艺和锤破六角筛工艺两种。下面分别叙述。

a 对辊六角筛12目（1.6mm）加工工艺

其粒度统计数据显示：大于0.9mm占5.59%~17.08%，-0.9~+0.45mm占31.21%~45.99%，-0.45~+0.282mm占11.08%~12.85%，-0.282~+0.19mm占5.21%~5.99%，-0.19~+0.154mm占3.63%~4.33%，-0.154~+0.125mm占2.51%~3.23%，-0.125~+0.113mm占2.02%~6.66%，小于0.113mm占22.84%~26.33%。

b 锤破六角筛12目（1.6mm）加工工艺

其粒度统计数据显示：大于1.25mm占0.24%~0.3%，-1.25~+0.9mm占22.19%~26.51%，-0.9~+0.154mm占37.85%~39.59%，-0.154~+0.113mm占6.91%~7.31%，-0.113~+0.102mm占5.27%~7.37%，小于0.102mm占19.33%~27.14%。

3.7.3.2 质量分析和注意事项

武昌石灰石主要用于炼钢和水泥生产以及建筑石料等方面，用于玻璃生产量太少。地方在运作矿资源方面并不考虑玻璃生产，所以某厂石灰石没有固定矿山，给质量控制增加了难度。讨论武昌石灰石的质量，从化学成分上重点对比CaO和 Fe_2O_3 的含量及变化。在粒度方面，主要是对比加工机型。

A 武昌石灰石CaO含量及其变化

a 武昌石灰石四个矿点CaO对比

四个矿点CaO数据对比见表3-36。

表 3-36 武昌石灰石四个矿点 CaO 对比 (%)

矿点名称	最大值	最小值	最大波动值	总平均值	统计数据个数
灵洞山	54.59	52.87	1.72	53.82	26
王屋山	55.92	51.90	4.02	54.35	260
大洪山	55.26	52.40	2.86	53.97	40
灵　山	55.58	52.76	2.82	54.35	153

从表 3-36 数据可以看出，灵山、王屋山石灰石 CaO 平均值在 54% 以上，而灵洞山、大洪山石灰石 CaO 平均值在 54% 以下。总的波动情况由小到大排列顺序是：灵洞山 < 灵山 < 大洪山 < 王屋山。

b 主要矿点对比

主要矿点是王屋山和灵山，使用年数长，用量多，分析次数多，作重点对比，见表 3-37。

表 3-37 主要矿点 CaO 年平均值对比 (%)

矿点名称	1995 年	1996 年	1997 年	1999 年	2000 年	2001 年	2003 年	2004 年	2005 年	2006 年
王屋山	54.09	54.19	53.89	54.57	54.99	53.63				
灵　山							54.97	54.16	54.06	54.39

从表 3-37 数据可以看出，灵山石灰石 CaO 含量年平均值在 54% 以上，优于王屋山石灰石。王屋山石灰石有两年平均值在 54% 以下。

B 武昌石灰石 Fe_2O_3 含量及其变化

a 武昌石灰石四矿点 Fe_2O_3 对比

四矿点 Fe_2O_3 数据对比见表 3-38。

表 3-38 武昌石灰石四矿点 Fe_2O_3 对比 (%)

矿点名称	最大值	最小值	最大波动值	总平均值	统计数据个数
灵洞山	0.08	0.06	0.02	0.07	26
王屋山	0.40	0.03	0.37	0.085	260
大洪山	0.09	0.04	0.05	0.064	40
灵　山	0.29	0.09	0.20	0.16	153

从表 3-38 数据可以看出，灵洞山、大洪山两矿石灰石矿 Fe_2O_3 低，而王屋山矿 Fe_2O_3 偏高，灵山 Fe_2O_3 最高。

b 主要矿点对比

主要矿点是王屋山和灵山，这两个矿山数据对比见表 3-39。

表 3-39 主要矿点 Fe_2O_3 年平均值对比 (%)

矿点名称	1995 年	1996 年	1997 年	1999 年	2000 年	2001 年	2003 年	2004 年	2005 年	2006 年
王屋山	0.09	0.09	0.093	0.092	0.07	0.07				
灵　山							0.159	0.158	0.164	0.16

从表 3-39 数据可以看出，灵山石灰石 Fe_2O_3 比王屋山石灰石 Fe_2O_3 高，说明武昌各矿点石灰石是不均衡的，其 CaO、Fe_2O_3 不相关，并非钙高铁就低。经常变换矿点对玻璃生产极为不利，应固定矿源。总体看，认真抓质量，建厂前期样品数据及后来不同窑期所用石灰石 21 年来主要成分 CaO 大体相同，质量较好。

C 粒度变化

武昌石灰石粒度分析数据偏少，但加工性能基本相同，决定颗粒的主要是加工机械，以下粒度基本能反映实际情况。

对辊加工，0.45mm 以上比例大约占 50% 以上，而小于 0.113mm 比例少，最高 26% 左右。锤破加工，0.45mm 以上比例仅占 40% 左右，而小于 0.113mm 的比例大，最低 30%。用对辊加工优于锤破加工。由对辊加工改成锤破加工提高了效率，但颗粒度变差。

3.7.3.3 *石灰石混料事故及处理*

A 事故发生原因及数据展示

a 事故发生原因

事故发生在八机无槽引上工艺期间。石灰石王屋山供应商快到春节未与需方商量将矿工提前放假，未经需方同意换地送货，认为矿石颜色一样。所送 200t 石灰石中混有白云石和含镁石灰石，其结果造成 3 个月玻璃退火密度较大波动的工艺事故。

b 事故期间数据展示

混入优质石灰石中的白云石其化学成分：CaO 最高为 41.95%，最低为 33.26%，MgO 最高为 19.13%，最低为 12.04%，此地白云石中 CaO、MgO 含量变化大。混入优质石灰石中的镁质石灰石其化学成分：CaO 48.04% ~48.41%，MgO 3.64% ~6.10%，此种含镁石灰石中 CaO、MgO 含量变化大。混料是随意的，并非均匀掺入，其结果在电子秤处所取石灰石粉料分析结果超出正常数据：SiO_2 含量最高为 1.25%，最低为 0.17%，平均为 1.04%；Al_2O_3 含量最高为 0.23%，最低为 0.10%，平均为 0.16%；Fe_2O_3 含量最高为 0.15%，最低为 0.09%，平均为 0.113%；CaO 含量最高为 52.60%，最低为 45.14%，平均为 47.60%；MgO 含量最高为 8.54%，最低为 1.70%，平均为 6.02%；烧失量最高为 44.39%，最低为 44.16%，平均为 44.31%。混合加工得到的粉料 SiO_2、Al_2O_3、Fe_2O_3 三项基本正常，CaO、MgO 及烧失量不正常。

B 玻璃退火密度变化

优质石灰石中混有白云石和镁质石灰石后，使石灰石成分大变，造成玻璃退火密度波动，见图 3-2。

C 事故分析及生产调整

a 事故分析

混料后粉料成分：SiO_2、Al_2O_3、Fe_2O_3 含量与正常优质石灰石相当。但 CaO、MgO 烧失量变化大。CaO、MgO 的波动影响玻璃退火密度，变化值为 0.0106g/cm^3 和 0.0049g/cm^3，是所有玻璃氧化物中第一名和第二名（见表 3-21），所以玻璃退火密度在 1 ~3 月中波动是很自然的。

b 生产调整

保持白云石和石灰石配料总质量基本不变的前提下，调整白云石、石灰石一次控制在

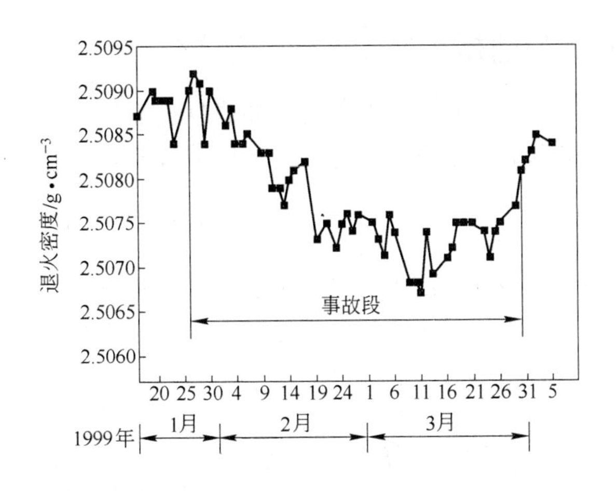

图 3-2 玻璃退火密度波动图

3～5kg/副范围内。以镁代钙（钙镁合量基本相等），虽然玻璃退火密度减小，但对熔化有利，熔化更充分。原因是在玻璃液中增加了 $MgCO_3$，而 $MgCO_3$ 的分解温度比 $CaCO_3$ 的分解温度低，熔化照常保持原有的燃耗，所以熔化更充分。假设优质石灰石中混入的不是白云石和含镁较高的石灰石，而是黏土矿物与碳酸盐的过渡矿物，其黏土过渡矿物中硅铝含量高，增加了玻璃熔化难度，熔化很可能变差。

事故期间的调整很难掌握。因混料是随意的，不是均匀的，不知上述矿物特性，而大幅度调整白云石或石灰石称量数据使生产会很难掌握。事故无意中验证了如下结果：其一，CaO、MgO 含量不稳，玻璃退火密度变化特灵敏；其二，以镁代钙使玻璃退火密度大幅度下降。

玻璃退火密度变小，不动层玻璃液不会被带动，不会引起严重玻璃缺陷（明显波筋）。此时若用优质石灰石全部替代混料，玻璃密度突然增大而下沉有可能干扰到不动层，不动层的玻璃密度偏大，可能产生较重的波筋或条纹。应过渡处理，即分两步或三步增加正常石灰石，减掉不正常的石灰石，生产会得到较平稳控制。事故发生在日熔化量为320t的引上窑中，若发生在浮法窑中，影响还要小一些。把握原料进厂质量是关键，石灰石用量不大，但 CaO 起着重要作用，不得忽视。

D 处理结果

经上述调整，事故得以稳定控制，将其玻璃产量在事故发生前和发生期间以及处理完后进行比较。

未混料之前两个月，平均日产量为 4276.19 重箱和 4572.69 重箱。混料期间两个月平均日产量为 4588.35 重箱和 4325.56 重箱。事故结束后两个月平均日产量为 4214.53 重箱和 4159.74 重箱。事故期间两个月平均日产量比前后都高，说明处理得当。

同时证明以镁代钙产量增加，事故无意中证明，以 $MgCO_3$ 代替 $CaCO_3$，分解温度降低，熔化充分，产量增高，加深了对镁的认识。

但是玻璃退火密度在变化期间其玻璃的光变角是有变化的。密度变化导致光变角变化，玻璃的化学均匀性包含了密度均匀，热历史均匀性也包含了密度均匀。化学均匀和热均匀决定着光变角。

3.8 碳酸盐矿物原料的选择

按常规，选择碳酸盐矿物原料，主要考虑主要成分含量及变化，避免黏土过渡矿物而加工性能要好等，这一节除介绍上述三点之外，还对碳酸盐矿物含硫的问题进行探讨。

3.8.1 主要成分

碳酸盐矿物原料应用在玻璃生产中的目的是引进氧化钙和氧化镁。而氧化钙和氧化镁影响玻璃密度变化最大。首先抓住主要成分的稳定性是重中之重。

3.8.1.1 白云石的主要成分

白云石引进氧化钙和氧化镁，钙镁同等重要。不仅 CaO 要稳，MgO 也要稳，变化越小越好。生产实践证明，中国的优质白云石，CaO 含量一般在 30% ~31% 之间，MgO 含量一般在 20% ~21% 之间居多，按常规，人们认为这是标准的白云石，也是最理想的白云石，其生产控制较好。但实际上存在 CaO 含量高出上述值或低于上述值的过渡矿物，MgO 含量低于上述值和高于上述值的过渡矿物。一个优质的白云石矿中也存在不均，也有过渡矿物。一个不优质的白云石矿更是不均匀，过渡矿物更多。

在通常的情况下，按人们习惯，目前都选用优质白云石。资源有好的先用好的，30 年或 50 年以后没有好的只能用差的。差的白云石也有好的一方面，将在后面再讨论。

3.8.1.2 石灰石的主要成分

石灰石引进氧化钙，以补充白云石中 CaO 的不足部分，同时便于调整。钙含量要稳，变化越小越好。生产实践证明，中国优质石灰石 CaO 含量一般在 54% 以上，按人们习惯，CaO 越高越好，用方解石的厂家也很多。但 CaO 含量低于 54% 的石灰石普遍存在，即使是优质石灰石矿中也有很多不优质的，或存在过渡矿物。生产实践证明，选用 CaO 含量 54% 以上的石灰石生产会得到很好控制，CaO 含量 53% 以上的生产也可以控制（稍差），CaO 含量再低一点不均化也可以用，但密度波动较大。人们追求 CaO 54% 以上已成习惯，当然它稳定。但石灰石中 CaO 含量更低一点，其中 MgO 含量更高一点对生产更为有利，但必须均化，这部分内容将在后面章节中再讨论。

3.8.2 黏土矿物

碳酸盐矿物原料应避免含黏土过渡矿物，因黏土过渡矿物中硅、铝含量高，限制了粗粒碳酸盐矿物加工。

3.8.2.1 黏土矿物成分

黏土矿物的主要成分是高岭石、迪开石、蒙脱石、水云母等。高岭石化学组成为 $Al_4[Si_4O_{10}](OH)_8$，含 Al_2O_3 39.5%、SiO_2 46.54%、H_2O 13.9%，少量 P_2O_5、SO_3、MgO、CaO、Na_2O、K_2O、BaO 等杂质。迪开石化学组成为 $Al_4[Si_4O_{10}](OH)_8$，蒙脱石化学组成为$(Al\cdot Mg)_2[Si_4O_{10}](OH)_2\cdot nH_2O$，常含钾、铁、CaO 等杂质。它们的成分复杂，铝硅含量高。给碳酸盐矿物 SiO_2 含量在 1.5% 以下，Al_2O_3 含量在 0.5% 以下的控制带来

难度。

国际推荐的天然玻璃原料白云石成分控制界限为：酸不溶物边界值小于0.5%、允差±0.2%；Al_2O_3 边界值小于0.3%，允差±0.1%；Fe_2O_3 边界值小于0.2%，允差±0.05%。国际推荐的天然玻璃原料石灰石成分控制界限为：酸不溶物边界值小于1%，允差±0.2%；Al_2O_3 边界值小于0.3%，允差±0.1%；Fe_2O_3 边界值小于0.2%，允差±0.05%。

国际推荐的要求更严，酸不溶物、Al_2O_3、Fe_2O_3 都难以达到。而且黏土矿物中难熔重矿物如刚玉、尖晶石、铬铁矿也相应更多些。

3.8.2.2 黏土矿物熔点

凡含硅铝及重矿物多的矿石熔点就高，为避免黏土矿物过多，既要考虑粒度，又要考虑熔点。碳酸盐矿物原料需要尽可能放大加工粒径，若黏土矿物含量过多，粒度不得放粗就不能选用。

3.8.3 加工性能

碳酸盐矿物原料现在加工都放得较粗，为减少超细粉，选择易加工、粒度粗又较均匀的矿物原料是同时要考虑的问题，但往往被忽视。

3.8.3.1 引入氧化镁的矿物原料加工性能

有两种选择：选择菱镁矿引进 MgO，但菱镁矿强度大，加工较难。选择白云石引进 MgO，其强度要低于菱镁矿，易加工一些。

不同白云石之间也有差异，选用富山白云石其细粉少于临湘白云石，这是由形成地质的条件所决定的。

加工钢厂用白云石块，余下的石屑加工成白云石粉料，加工较容易，但其成分不理想。某钢厂用石屑加工而成的白云石粉 SiO_2 波动大，最高可达3%，Al_2O_3 和 Fe_2O_3 波动也大，对于炼钢来说 Al_2O_3 和 Fe_2O_3 不要求；但用于平板玻璃生产，SiO_2、Al_2O_3、Fe_2O_3 三项都有要求，尽管 CaO 和 MgO 含量可以作玻璃用，但硅、铝、铁三项就否定了。选块矿加工石粉比选石屑加工石粉好。

3.8.3.2 引入氧化钙的矿物原料加工性能

选择方解石矿引进 CaO，方解石解理性完好，破碎加工细粉多。选择优质石灰石引进 CaO 加工后细粉明显少于方解石。不同优质石灰石之间也存在加工性能差异，优质石灰石与普通石灰石加工性能也存在差异。

选择建筑石料加工余下的石屑加工石灰石粉料，易加工，成本低，但化学成分不理想。如某厂利用建筑石料余下的石屑加工石灰石粉料，其 SiO_2 含量为1.02%～1.15%、Al_2O_3 含量为0.19%～1.77%、Fe_2O_3 含量为0.09%～0.21%、CaO 含量为53.71%～55.62%、MgO 含量为0.15%～0.56%。尽管 CaO、MgO 含量符合要求，但随着黏土矿物的波动、硅、铝、铁含量有较大波动，尤其 Al_2O_3 的含量严重超标。选用块矿加工粉料优于石屑加工粉料。除矿石特性外，加工设备及流程也要相适应。

总之，碳酸盐矿物原料的选择除考虑主要成分氧化钙、氧化镁的含量及稳定性外，次要成分也应有讲究，有害矿物也应在较小的范围内，这是化学上的要求。另外，物理尺寸（粒度）上的要求、矿山资源储量的要求、生产成本（包括运输距离）上的要求都不可忽视，要抓住最关键的点。

3.8.4 含硫-碳酸盐矿物

碳酸盐矿物中含有硫酸钙、硫酸钡、硫酸锶还有硫化氢以及钾钠等杂质，最纯的碳酸盐矿物原料也存在或多或少上述物质。下面来讨论它们的存在及在玻璃熔制中的作用。

3.8.4.1 含硫酸盐矿物

A 硫酸盐的存在及作用

a 存在形式

碳酸盐矿物原料白云石、石灰石中，硫有一定的含量。硫酸钙以石膏 $CaSO_4 \cdot 2H_2O$ 和硬石膏 $CaSO_4$ 形式存在，硫酸钡以重晶石 $BaSO_4$ 形式存在，硫酸锶以天青石 $SrSO_4$ 形式存在，它们当中都有硫元素。国外有人研究得出：碳酸盐岩层中硬石膏和石膏矿物比方解石或白云石更容易溶解，因此它们通常被选择性溶解而形成硫酸盐，均布于碳酸盐矿物之中。

b 硫酸钙、硫酸钡、硫酸锶的作用

碳酸盐矿物中的硫酸钙、硫酸钡、硫酸锶化合的硫对于炼钢铁是不希望有的。但这些硫酸盐矿物在玻璃中是有益的。

资料显示，在玻璃熔化中，只需要加入少量的 Na_2SO_4、$(NH_4)_2SO_4$、KNO_3、$NaNO_3$、NaCl、NaF 等助熔剂可以起到十分重要的作用。技术上占特别重要地位的是硫酸盐，特别是 1 价的 Na_2SO_4。它在熔制条件下只有少量溶解在熔体中，大部分熔融 Na_2SO_4 则聚集在刚熔化的熔体与未熔化的配合料组分之间的交界层中，因而降低了硅酸盐熔体的表面张力，使之更好地将石英砂粒润湿，并导致界面的能量平衡过程（界面对流）。与别的物质传递过程如扩散、热对流及密度对流对比，界面对流对玻璃均化的作用占首要地位。由于 $CaSO_4$、$BaSO_4$ 以及 $(NH_4)_2SO_4$ 等与熔融的碳酸钠反应而成 Na_2SO_4，它们的作用也与硫酸钠相当。

B 碳酸盐矿物原料中硫的含量

白云石、石灰石等碳酸盐矿物原料中硫以硫酸钙（石膏 $CaSO_4 \cdot 2H_2O$ 和硬石膏 $CaSO_4$）、硫酸钡（重晶石 $BaSO_4$）、硫酸锶（天青石 $SrSO_4$）盐的形式存在。现在来考察某厂几种碳酸盐矿物原料中硫的含量。

a 某厂石灰石中硫的含量

某钢厂 18 次全分析数据中，S 的含量最高为 0.025%，最低为 0.011%，平均为 0.016%。美国 PPG 公司分析数据中 SO_3 的含量为 0.008% ~0.01%。武汉地质学院分析数据中 SO_3 的含量为 0.000% ~0.42%。省化学研究所分析数据中 SO_3 的含量为 0.025%。

b 某厂白云石中硫的含量

临湘白云石经 PPG 公司分析，SO_3 的含量为 0.000% ~0.05%。富山白云石经某钢厂分析，S 的含量为 0.025% 左右。

无论分析数据硫以单质硫还是硫的氧化物出现，只是分析方法或表示方法不一样。其实质硫以硫酸钙、硫酸钡、硫酸锶等盐类的形式存在于碳酸盐矿物中。无论是硫酸钙还是硫酸钡在玻璃熔融体中最终与碳酸钠反应而变成了 Na_2SO_4。Na_2SO_4 的助熔澄清均化作用是显著的。含硫碳酸盐矿物起澄清均化作用的不仅仅是 CO_2，还有掺入的硫。从这个角度出发，选择的白云石、石灰石希望多带些硫酸盐。

C 硫及钾钠杂质的联合作用

碳酸盐矿物原料白云石、石灰石无论是纯度极高的还是不够高的，上述硫酸盐以及含钾含钠等杂质或多或少存在。纯度高的则杂质（钾、钠、硫）较少。解理完好的方解石其 $CaCO_3$ 含量极高，其微量元素更少，其熔点和分解温度就高。带些钾、钠、硫杂质其熔点和分解温度就低。不纯的矿物杂质多，其熔点和分解温度更低一些。矿物在熔窑内，杂质钾、钠、硫可以联合作用。从这个角度讲，生产平板玻璃选用方解石不如选用石灰石，选用优质石灰石不如选用含镁石灰石。本章叙述的石灰石混料事故没有影响玻璃产量，反而产量增加，其微量元素钾、钠、硫起了助熔和澄清作用。澄清的过程本身也是一个均化过程，气泡上升带动熔体均化，澄清好的玻璃其产量高、质量好。从石灰石中混入镁质石灰石和部分白云石事故领悟上述内容，得到结论：选料要杂一些，有条件掺杂更好。称72.2kg 纯二氧化硅、1.0kg 纯三氧化二铝、8.5kg 纯氧化钙、4.0kg 纯氧化镁、14.0kg 纯氧化钠来混合熔融得不到好玻璃是众所周知的。用高纯度的纯碱和高纯度的方解石以及高纯度的脉石英配料熔化而成的钠钙硅玻璃比前者好，但仍有缺点。

有益杂质是可贵的，选用是有益的，但选杂均化措施是必不可少的，减少成分波动，以免因密度差影响玻璃正常作业流。其实均化措施所发生的费用远小于熔化所耗的能量的费用。降低玻璃生产能耗不仅是管熔化技术人员的任务，掌握配方的人员在矿物、原料配制上起到的隐形作用也是非同寻常的，它不仅决定能耗，也决定了熔窑寿命。

3.8.4.2 含硫化氢

A 硫化氢存在及形式

a H_2S 存在

碳酸盐岩与油、气矿床关系密切。碳酸盐矿物是化学沉积和生物化学沉积而成的，只要是生物化学沉积就必定有 H_2S 存在。煤、石油、烃类天然气矿床中 H_2S 较为常见。H_2S 形成单一气藏者并不多见，我国在华北油田发现有 H_2S 含量高达92%的赵兰庄 H_2S 气藏，资料介绍说含 H_2S 气层累计厚度为574.7m，储集岩主要为白云岩、泥质白云岩，其次为砂岩及泥膏岩，储集空间主要为裂隙和孔洞。根据这一情况，说明其他非富集 H_2S 的生物化学沉积的白云岩、石灰岩中也有 H_2S 存在，只是含量较少而已。进厂白云石块度小于80mm，表面闻不到气味，当打开新断面瞬间可十分明显闻到 H_2S 气臭味，多次验证，说明白云石中裂隙和孔洞中藏有 H_2S 气体。石灰石打开新断面的瞬间闻不到臭味，或不明显，说明 H_2S 更少，但不说明完全没有，石灰石在研钵中加工就可以闻到臭味。含 H_2S 多少与矿物成因和白云石、石灰石孔隙度有关。

b H_2S 的存在形式

H_2S 以气态和液态酸两种形式存在于碳酸盐岩石中。

白云石、石灰石当破碎加工到粒度很细时，其裂隙和孔洞完全被破坏了，H_2S 若以气体形式存在就基本飞逸了，化学分析是测试不到的。当粒度放粗其裂隙和孔洞总会保留一部分，粒度放得越粗，其裂隙和孔洞越多，H_2S 储存量越多。矿物形成数千万年或数亿年或数十亿年的沉积功夫，其 H_2S 气体的渗透或熏陶时间何其长（共同生成），碳酸盐岩石总会有裂隙孔洞保留一些。国外有石油地质人员研究认为碳酸盐岩储层的孔隙度通常为 1% ~35%。

保留形式可能不同，孔洞里无水，H_2S 呈气体形式存在。一个 3mm 的碳酸盐矿粒与一个或几个 H_2S 气体分子相比，是大 10 万至 100 万倍的大球，可以储存不少 H_2S 气体。裂隙孔洞里若有水，水使 H_2S 变成了氢硫酸（弱酸）而存在裂隙孔洞里。岩石由于 H_2S 存在而发生选择性溶解，使孔隙度增大，储集更多的气体。氢硫酸中的硫处于最低氧化态 -2，具有还原性，能被氧化成单质硫。

从这个角度出发，多含些 H_2S 也是间接多引入些 SO_2。因为在窑内高温下氧气充足时，$2H_2S + 3O_2 = 2SO_2 + 2H_2O$；当氧气不充足时，$2H_2S + O_2 = 2S + 2H_2O$，单质硫保留时间不长又碰到 O_2 时生成 SO_2。SO_2 的澄清作用和硫的着色问题将在后面有关章节中加以叙述。

B 粗粒碳酸盐矿物原料利于澄清的解释

a 碳酸盐矿物粒度变粗利于澄清的公认解释

玻璃中所用白云石、石灰石原来加工粒度很细，生产实践证明微小气泡多难以澄清，后来将白云石、石灰石粒度放粗反而有利于熔化和澄清。公认解释有两点：第一点，在配合料熔化的低温阶段，大颗粒白云石、石灰石能阻滞碳酸盐分解和碳酸复盐的生成。而且对初生液相偏硅酸钠（$NaO \cdot SiO_2$ 和 $Na_2O \cdot 2SiO_2$）的润湿性差。所以初生液相能顺利通过大颗粒的白云石、石灰石之间的缝隙，对硅砂进行均匀润湿包围，进一步加大硅酸盐反应的速率。相反，如果白云石、石灰石粒度过细，会阻滞初生液相对硅砂颗粒的润湿包围、降低硅酸盐反应速率。第二点，在熔化的高温阶段，粗粒白云石、石灰石急剧分解，放出大量 CO_2 气体，有利于玻璃液的搅拌均化和澄清。

b 碳酸盐矿物粒度变粗利于澄清的增补解释

白云石、石灰石颗粒度变粗而含 H_2S 气体或氢硫酸（弱酸）增加，实质上多加入硫（SO_2），这些硫的加入与多加芒硝 Na_2SO_4 还有不可相比的优势，它（H_2S 生成的 SO_2）分布更均匀，又紧靠碳酸盐矿物，在碳酸盐矿物之中，更便于吸附碳酸盐放出的 CO_2 气体。含在白云石、石灰石中裂隙和孔洞的硫的分散性或均匀性是大自然的功夫比人为外加芒硝 Na_2SO_4 好。外加的 Na_2SO_4 还需要搅拌混合，当芒硝 Na_2SO_4 用量不太多时，混合均匀度不是十分理想。随颗粒增粗分散在白云石、石灰石裂隙和孔洞的 H_2S 中的硫，会同矿物中的硫酸钙、硫酸钡、硫酸锶中的硫，对玻璃的澄清更为有利或弥补了芒硝不足。因粒度增粗，氧化或分解反应滞后，部分澄清在高温进行，而部分细粒硫酸钙、硫酸钡、硫酸锶在较低温度分解在较低温度澄清，随颗粒由小到大陆续进行。

从这个角度出发，白云石、石灰石是否还可以放粗，1.6mm 太细，2.5mm 也不粗，可以慢慢变粗，直至 5mm 或 8mm，并不是目前通常所说最粗为 3mm。美国 PPG 公司海默明确肯定宁可放粗，也不要太细。

C 粗粒碳酸盐矿物熔化问题分析

a 配合料分层问题

白云石、石灰石粒度放粗担心配合料分层影响熔化。配合料局部分层现象可能存在。配合料中粗粒在窑内高温作用下，粗粒中的 H_2S 气体和水体积膨胀而炸裂或裂开或白云石、石灰石中的少量菱镁矿因分解温度低而先分解产生 CO_2 气体使之裂开，使小块（粗粒）又有一个分散均化搅拌作用。在炸裂的同时，H_2S 与 O_2 反应生成的 SO_2 和 H_2O 也会迅速增大体积，有搅拌作用。所以分层现象在窑内得到改善，不用担心。

b 现行操作中的粗粒现象

现行白云石、石灰石加工过程因筛网破裂或筛子密封不严（某厂长石加工就出现过），大于 1.6mm 的或 2.5mm 的更粗的颗粒未被筛起，一般对白云石、石灰石看筛并不像长石那样严格。曾不只一次发现配合料中石灰石、白云石有 5mm 以上的颗粒，但量少难以证实或难以观察到玻璃质量变化。

c 担心的是黏土矿物

白云石、石灰石中的黏土矿物或玉髓、燧石和石英因粒度过粗将难以熔化而成为疙瘩缺陷。也可能白云石、石灰石颗粒内的萤石共生矿 CaF_2 与其他物质生成了共熔物加强了内部的石英砂粒的逐步包围而加速其熔化。这就是在选择白云石、石灰石时要认真考虑的问题，黏土矿物不能过多。

临湘白云石和富山白云石以及武昌石灰石可以放粗到 5mm 或 8mm，但是，这三地矿石早已被钢铁厂统购无法试验了。其他地方的矿石没有接触过没有认识。当然窑大（1000t）均化作用强完全可以放粗到 8mm，窑小均化作用弱可以少放一些或放到 5mm，以免产生富钙的细条纹影响玻璃质量。

D H_2S 的测试

白云石、石灰石裂隙和孔洞里是否有 H_2S 气体储集，化学分析的方法很难分析，一般化验时加工总会把石料加工成较细的粉末，加工过程中 H_2S 会飞逸。是否可以在白云石、石灰石锤破机膛内抽取气体通入蒸馏水内，用试纸检测是否显酸性。由于 H_2S 溶于水后将形成弱酸氢硫酸，这可以证实白云石、石灰石是否由生物化学沉积而成。既然世界上将近一半的油田属碳酸盐岩型，其他边界品位之下的不够开发利用（对油、气来讲）的碳酸盐岩里也应有 H_2S 气体。H_2S 气体是油、气常见成分，无可非议，油气矿床生成了，碳酸盐岩是装油、气的特殊“罐子”（石油地质人员称为储层），“罐子”受到油、气长期渗透作用，“罐子”也带入油、气的各种成分，其实油、气和“罐子”共生。白云石、石灰石中存有 H_2S 气体。碳酸盐矿物中 H_2S 的存在及硫酸盐的存在是对碳酸盐矿物原料粒度放粗利于澄清的又一有力证据。

3.9 碳酸盐岩类“八大区”

在本章 3.1 节中已经提及地质或矿物技术人员将碳酸盐岩类族按岩石划分为八大区（图 3-1），这是他们在生产实践中总结归纳而成的。它对玻璃技术人员选择碳酸盐原料具有很好的指导意义。现在来讨论各区的特点。对于玻璃生产来说，主要是几种矿物组成的相及相平衡系统以及各区的化学成分与熔点相关的讨论。引进这些矿物的目的是在玻璃中需要其中的成分，同时考虑利于玻璃易熔，这是单纯从玻璃生产角度考虑问题。

3.9.1 相平衡系统讨论

3.9.1.1 由三角形顶点 *A* 看相平衡系统

在图 3-1 中，三角形顶点 *A* 就是其他矿物，翻阅资料，多数数据显示其他矿物主要指黏土矿物，Al_2O_3 和 SiO_2 所占比例较大。若 Al_2O_3 占主要分量，则此三角形变成为 Al_2O_3、MgO、CaO，成为 Al_2O_3-CaO-MgO 三元系统；若 SiO_2 占主要分量，则此三角形变成 SiO_2、MgO、CaO，成为 SiO_2-MgO-CaO 三元系统；若 Al_2O_3 和 SiO_2 都占有较大分量（两者分量相等），则此三角形变为四面体，成为 Al_2O_3-SiO_2-MgO-CaO 四元系统。此三元（矿物）系统实质上是待定多元（氧化物）系统。

3.9.1.2 由三角形底边两顶点 *B*、*C* 看相平衡系统

B 点（白云石角）就是 MgO-CaO 二元系统。因为没有绝对纯的白云石（$CaCO_3 \cdot MgCO_3$），考虑所含杂质，*B* 点其实质是 MgO-CaO-Al_2O_3 三元系统、MgO-CaO-SiO_2 三元系统以及 MgO-CaO-Al_2O_3-SiO_2 四元系统。

C 点（方解石角）就是 CaO 单元系统。因为没有绝对纯的方解石，考虑所含杂质，*C* 点其实质是 CaO-MgO 二元系统、CaO-Al_2O_3 二元系统、CaO-SiO_2 二元系统、CaO-MgO-Al_2O_3 三元系统、CaO-MgO-SiO_2 三元系统、CaO-MgO-Al_2O_3-SiO_2 四元系统。

把 *B* 点和 *C* 点看成理论纯度，即是理论白云石 $CaCO_3 \cdot MgCO_3$ 和理论方解石 $CaCO_3$，则此三角形就是 CaO-MgO-SiO_2 或 CaO-MgO-Al_2O_3 三元系统或 CaO-MgO-Al_2O_3-SiO_2 四元系统。

3.9.1.3 由其他区看相平衡系统

总体看，此三角形系统实质是多元系统。在其中的每个区内即 1～9 区都是多元系统。

1 区以 Al_2O_3、SiO_2 为主要含量，混有 CaO 和 MgO，其相平衡主要为 SiO_2-Al_2O_3 二元系统，其次有 SiO_2-Al_2O_3-CaO 三元系统、SiO_2-Al_2O_3-MgO 三元系统、SiO_2-Al_2O_3-CaO-MgO 四元系统。

6 区以 CaO、MgO 为主要含量，混有很少的 SiO_2、Al_2O_3，其相平衡主要为 CaO-MgO 二元系统。

9 区以 CaO 为主要含量，混有很少的 MgO、SiO_2 或 Al_2O_3 或 $SiO_2 + Al_2O_3$。其相平衡主要为 CaO 单元系统。

其余 2、3、4、5、7、8 区各有相应的主要相平衡系统。

3.9.1.4 各区与玻璃生产的关系

区域的划分是根据矿物含量而定的。说得更通俗一点，碳酸盐矿物是含 SiO_2、含 Al_2O_3、含 CaO、含 MgO 的混合矿物或黏土矿物、白云石矿物、方解石矿物的混合矿物。不同的区域矿物含量不同。有地质专家讲白云石、石灰石中常混入些杂质，认为对玻璃生产是有害的。应该说它不完全是缺点，而是有一定的优点。在窑内，多元系统有一个或多个低共熔点，这正是玻璃熔化所需要的。

1区定义为非碳酸盐区，研究它的相平衡对玻璃生产无意义。2、3、4、5区的相平衡及低共熔点的研究对玻璃生产有一定的意义。6、7、8、9区的相平衡及低共熔点的研究对玻璃生产有重要意义，其中6区和9区的相平衡及低共熔点的研究对玻璃生产有十分重要的意义。

3.9.2 成分和熔点

在三角形*ABC*中，各区的矿物含量不同，其氧化物含量随之不同，造成各区成分不同，使得熔点不同。下面对各区的成分和熔点进行讨论。

3.9.2.1 钙、镁合量稳定区

在三角形*ABC*中，将6区+7区+8区+9区合并为一个大区，称为钙、镁合量稳定区。只要在此大区内选矿，钙和镁的合量相等，即镁多则钙低，或钙多则镁少，相加所得钙（镁）氧化物总和基本在55%左右。这个大区内，其他矿物的含量（SiO_2、Al_2O_3）总量少，不必担心对玻璃产生了什么影响。这是玻璃生产选用碳酸盐矿物的关键区。本章3.6.11节提及的某地镁质石灰石就处在三角形8区或靠9区。选用这个大区的矿石不均化也可以应用，但玻璃密度变化大，均化更好，玻璃密度变化更小。

3.9.2.2 钙、镁合量不稳区

在三角形*ABC*中将2区+3区+4区+5区合并成为一个大区，称为钙、镁合量不稳区。在此大区内选矿，钙和镁的含量变化较大，是其他矿物（黏土矿物）含量高干扰所致，玻璃成分不易控制。若把三角形中间的等腰梯形再划分为两个或三个等腰小梯形，其钙、镁含量相对要稳定多了。尽可能不选用这个大区的矿石，硅、铝含量高，加工粒度严重受限。本厂附近只有这个大区的矿石或将来由于优质碳酸盐矿物确保钢铁生产，玻璃用没有好矿，只有这个大区的矿石用于制造玻璃，还得继续生产。到那时更要加强均化，碳酸盐矿物原料粒度要缩回到1.25mm或0.9mm或0.8mm，否则玻璃生产难以控制。简言之，目前要避开这个区。

总之，按照钙、镁合量稳定程度优劣顺序排列：

（6区、9区）=（7区、8区）>>（2区、3区、4区、5区）。

3.9.2.3 熔点存在差异

在三角形中6区与9区相比，6区$MgCO_3$含量最大，其分解温度低、熔点低；9区$CaCO_3$含量高，分解温度高、熔点高。

7区与8区相比，7区$MgCO_3$含量高于8区，7区分解速度快、易熔化，7区优于8区。

6区+2区合并成一个大区称为镁质区（钙少，SiO_2少、Al_2O_3少），与9区+5区合并成一个大区称为钙质区（镁少，SiO_2少、Al_2O_3少）相比，前者熔点低于后者。因前者含碳酸镁多。

7区+3区合并成一个大区称为含钙镁质区与8区+4区合并成一个大区称为含镁钙质区相比，前者熔点低于后者。同样因为前者含碳酸镁多。

总之，按照熔点低而稳定程度优劣顺序排列：

6 区 >7 区 >8 区 >9 区，2 区 >3 区 >4 区 >5 区，6 区 >2 区，7 区 >3 区，8 区 >4 区，9 区 >5 区。

3.9.2.4　$MgCO_3$ 含量决定熔点

碳酸盐矿物当中，$MgCO_3$ 的分解温度低于 $CaCO_3$。同样的能耗，矿物先分解，先参与玻璃化学反应，先熔化，这是关键数据。上述区域的熔点是由 $MgCO_3$ 含量多少决定的。

玻璃生产要研究硅砂，是因为硅砂用量大、熔点高，是主角，同时不能忽视研究碳酸盐矿物：多元系统，多个转熔点或多个低共熔点。硅砂决定玻璃生产，碳酸盐矿物特性是不可忽视的配角，钠钙硅玻璃三者缺一不可。

下面再叙述玻璃选矿。

若同时有 6 区和 7 区矿石，优先选 7 区，因为选 7 区可少用点石灰石，其分解温度偏低。

若同时有 9 区和 8 区矿石，优先选 8 区，因为选 8 区含镁量偏高点，9 区含镁量更少，8 区有利于分解。结论是白云岩中钙偏高一些，石灰石中镁偏高一些，对玻璃熔化有利。追求白云石镁越高越好，方解石（石灰石）钙越高越好，有缺点并不全面。在本章 3.2.6 节中提及的白云石合格品若 Fe_2O_3 能低一点，MgO 18%、CaO 34% 完全符合要求；与本章 3.6.5 节提及的镁质石灰石 MgO 5% 左右、CaO 49% 左右、SiO_2 变化不大相搭配配料，应该对玻璃熔化有利。玻璃中 CaO 和 MgO 的设计值是要研究的一方面，那由玻璃理论专家去研究。CaO 和 MgO 值定下后，如何引入是要研究的另一方面，这应由玻璃生产原料工艺技术人员在大窑中去研究。同样设计玻璃中 MgO 含量为 4.1%，用菱镁矿与方解石（或优质石灰石）搭配最不可取，菱镁矿用量少则石灰石用量就大，石灰石分解温度高，分解时间滞后。用纯白云石（MgO 21.85%、CaO 30.41%）与优质石灰石（CaO 55% 以上）搭配可以使用，但也不太理想。用高钙白云石与高镁石灰石搭配最好。搭配方案很多，但引用的矿物不同，成因不同，其分解温度和形成低共熔物是有低高或先后区别的。

地球是个特殊的、特大的、多功能“反应釜”，可以生产出无数种不同的矿物产品。高钙（CaO 34%）白云石是其中一种。高钙白云石中其钙都是以复盐（$CaCO_3 \cdot MgCO_3$）的形式存在，还是以多出的部分 $CaCO_3$ 和白云石（复盐）机械混合存在，下面继续探索。

既然白云岩是石灰岩由于 Mg^{2+} 交代而成，或者说白云石化是由石灰岩转变为白云岩的成岩过程，它是一个碳酸盐溶解和白云石沉淀的微化学作用过程。下列两化学方程式可以说明白云石的形成过程：

$$2CaCO_3 + Mg^{2+} = CaMg(CO_3)_2 + Ca^{2+} \quad （摩尔置换）$$

$$Mg^{2+} + Ca^{2+} + 2CO_3^{2-} = CaMg(CO_3)_2 \quad （胶结作用）$$

这个离子交换代替是否正好按白云石的理论纯度（$xCaCO_3 \cdot yMgCO_3$，$x:y = 1:1$）进行，也可能 Mg^{2+} 交代进入 $CaCO_3$ 中并没有达到 1∶1 的比例（或者说镁离子浓度不足），尚未达到成熟（理想）的白云岩，就被人们开采利用了。换句话说，CaO 34%、MgO 18% 是尚未形成的白云岩的半成品或过渡产物，就是说 CaO 34%、MgO 18% 仍然以复盐 $xCaCO_3 \cdot yMgCO_3$ 形式存在（x 大于 y）。高镁石灰石中其镁都是以复盐（$xCaCO_3 \cdot yMgCO_3$）形式存在（x 远大于 y），还是以 $MgCO_3$ 与石灰石中 $CaCO_3$ 机械混合的形式存在，因为白云石的置换作用是可逆的，在富钙介质的条件下，白云石可以方解石化，当方解石化尚未完成为理想的方解石，也就是说高镁石灰石是一半成品或过渡产物 $x\mathrm{CaCO_3}\cdot y\mathrm{MgCO_3}$（$x$ 远大于 y）仍是复盐。无论以复盐形式还是独立的矿物 $CaCO_3$ 和 $MgCO_3$ 的机械混合，以复盐形式最好，都是利于成分均匀、利于熔化的，是大自然的力量给人类作了预混。现在又回到最原始的说法：用纯 CaO 和纯 MgO 配料远比用纯碳酸钙和纯碳酸镁配料差；用纯碳酸钙和纯碳酸镁配料又比用含镁碳酸钙的复盐及混合物和含钙碳酸镁的复盐及混合物配料差。要利用大自然预处理的优势，让 $MgCO_3$ 这个分解温度低的矿物结合或掺和在其他矿物中，再经人们再处理（配料再混合）只会有利，不会有害。

人们需要在生产中去摸索、研究选矿方法。研究选矿、配料使玻璃熔制温度降低 5 ~ 10℃是可行的、有效的、实用的，也算是低碳经济的途径。若全国或全世界每座钠钙硅酸盐玻璃窑熔制温度都降 10℃，可少耗部分能源。

3.10　白云石岩类“四小类”

在 3.9 节讨论了碳酸盐岩类族中八大区的特性，讨论了各区的成分及熔点，明确了碳酸盐矿物中含 $MgCO_3$ 多的矿物对玻璃生产有利（分解温度低、耗能少、熔化快）的观点，以及讨论了它们成分的稳定性。

本节将讨论碳酸盐矿物中的白云岩，因为白云岩是提供玻璃中 MgO 和 CaO 的主要原料，是碳酸盐岩类中特别重要的分支。地质界对白云岩的形成及认识存在分歧，说法不一。这里只讨论“吴氏说”分类中相关的内容，即讨论白云石岩类中的四小类特性。

在“吴氏说”里，把白云岩分为结晶白云岩、碎屑白云岩、藻白云岩、泥晶白云岩四种，下面分别讨论它们的化学成分、硬度及加工性能以及结构对熔化的影响。

3.10.1　矿物及化学成分

不论是结晶白云岩、碎屑白云岩、藻白云岩还是泥晶白云岩，引用它们主要为了提供氧化物氧化镁、次要氧化物氧化钙。对于玻璃生产，MgO、CaO 统称为重要成分，都希望稳定。

3.10.1.1　主要矿物及重要成分稳定性

四种白云岩的主要矿物及重要成分稳定性比较见表 3-40。

表 3-40　主要矿物及重要成分变化比较

岩 石 名 称	主 要 矿 物	MgO	CaO
结晶白云岩	$CaCO_3\cdot MgCO_3$　占 90% 以上	25%	30%
碎屑白云岩	$MgCO_3$　占 25% 以上	变化大	变化大
藻白云岩	$MgCO_3$　占 25% 以上	变化大	变化大
泥晶白云岩	$CaCO_3\cdot MgCO_3$　占 80% 以上	20%	变化大

3.10.1.2　其他矿物及其他成分稳定性

四种白云岩的次要矿物及次要成分稳定性比较见表 3-41。

表 3-41　次要矿物及次要成分变化比较

岩石名称	其他（次要）矿物	SiO_2、Al_2O_3、Fe_2O_3
结晶白云岩	方解石、石膏、硬石膏、石英、偶见重晶石、天青石、黏土矿物等	$SiO_2+Al_2O_3+Fe_2O_3$　占1%～5%
碎屑白云岩	方解石、黏土矿物等	变化大
藻白云岩		变化大
泥晶白云岩	黏土矿物、方解石、石膏、硬石膏、重晶石等	SiO_2 变化大

按上述比较，重要氧化物 MgO、CaO 含量的稳定性是结晶白云岩最好，泥晶白云岩稳定性次之，碎屑白云岩和藻白云岩最差。选用结晶白云岩可以不用采取均化措施就可以使用。如果选择其他三种则应加强均化方可使用。

3.10.2　硬度和加工性能

四种白云岩硬度和加工性能比较见表 3-42。

表 3-42　硬度和加工性能比较

岩石名称	岩石硬度	加工性能
结晶白云岩	比较松散	易破碎
碎屑白云岩	比较坚硬	较易破碎
藻白云岩	坚韧性大	难破碎
泥晶白云岩	致密坚硬	最难破碎

按上述比较，选择结晶白云岩最为有利，加工成本低；选用泥晶白云岩最难破碎。但是资料显示：次要矿物含量的变化往往影响白云石的坚硬程度。四种白云岩的硬度在 3.5～4.0 之间，相对来说都有一定的差别，破碎加工难易程度就一般而言，不是绝对的，硬度在 3.5～4.0，选 3.5 的更好。

3.10.3　结构对熔化的影响

作为玻璃用白云石，选用后对玻璃熔化是有利还是不利，这是玻璃原料工艺人员想了解的问题。下面对“吴氏说”四种白云岩进行讨论。

（1）结晶白云岩对熔化的影响。结晶白云岩颗粒均匀，呈糖粒状，比较松散，气孔率较高，受热分解体积又发生较大的收缩，气孔率增速较快。因为分解并非完全从表面开始一层一层向里进行，表层、中层、里层总有不分解或后分解的其他物质如硅、铝、硫酸盐等。当结晶白云岩中的 $MgCO_3$ 或 $CaCO_3 \cdot MgCO_3$ 逐步分解，逐步扩大气孔尺寸及数量，更利于其他成分（如 Na_2O 等）的渗入，使其玻璃熔化速度加快。若选用结晶白云岩，颗粒度可以放粗，并不影响熔化。

（2）碎屑白云岩对熔化的影响。碎屑白云岩，其孔隙空洞与裂隙发育，利于 H_2S 气体的储集，除对澄清有利之外，同样有利于其他组分（Na_2O 等）的渗入，也会加速玻璃熔化。选用碎屑白云岩粒度可以放粗。

（3）藻白云岩对熔化的影响。藻白云岩表面有许多溶蚀沟，加工颗粒变粗其表面积并不小多少，同样有利于化学反应。藻白云岩是由生物遗体组成的白云岩，H_2S 气体与之共生的几率大，动物体内含有一定的硫，形成白云岩的同时 H_2S 气体也会共生。H_2S 气体的增加意味着 SO_2 的增多，SO_2 气体利于澄清，对玻璃熔化有利。选用藻白云岩粒度可以放粗。

（4）泥晶白云岩对熔化的影响。泥晶白云岩以粒度小于0.01mm的泥晶出现，致密坚硬。致密则气孔率极小，相对同样大小的颗粒度，表面积小，也即反应面积小。反应只能从表面一层一层向里进行，分解速度较慢，与玻璃中其他成分反应自然也慢，所以选用泥晶白云岩并不理想。粒度相对不能放粗。

矿物孔隙空洞裂隙发育，其气孔率大。希望碳酸盐矿物尤其白云岩（用量大）是多孔矿物。加工颗粒变粗，有利于 H_2S 气体的储集及其他熔体组分的渗入，反应面积并没有减少。随着白云石复盐中部分 $MgCO_3$ 先分解和复盐 $CaCO_3 \cdot MgCO_3$ 的同时分解反应不断进行，其气孔增大，化学反应愈加剧烈。首先 MgO、CaO 与白云石中的 SiO_2、Al_2O_3、Fe_2O_3、CaF_2 等杂质发生一系列的反应形成新的物质（内部的 CaF_2 与 SiO_2 也在发生反应加速熔化），再是玻璃熔体中的其他组分不断渗入白云石孔隙中与 MgO、CaO 反应。多孔性的矿物加大了反应面积，加速熔化，比铁板一块的致密的矿物反应更显优势。

3.10.4 矿物的晶体缺陷对熔化的影响

3.10.4.1 晶体缺陷存在及矿物性质变化

矿物在形成晶体时若无杂质，当温度和压力等条件适宜，其矿物形成内部结构完全服从空间格子构造规律的晶体，就成为理想晶体。若矿物中含有杂质元素，或多种杂质元素，其矿物产生晶体缺陷可能性大。

碳酸盐矿物尤其白云岩，混入的矿物品种太多。白云岩复盐晶体常呈菱面体状，晶面常弯曲呈马鞍形，有时呈柱状或板状集合体，常呈粒状和致密块状，与杂质化学成分有关。杂质不同，其白云石晶体产生的缺陷存在差异。杂质增多，晶体缺陷增多，将导致白云石矿物性质变化，如分解温度或熔点将降低得更多等。

选白云石要选杂质多的，伴随矿品种多，白云石晶体缺陷多，对玻璃熔制有利。有杂质并非完全是坏事。

3.10.4.2 矿石成因与熔化相关

研究白云岩的成因也是玻璃作熔剂的需要。一个玻璃厂所用的白云岩或许是结晶白云岩、碎屑白云岩、藻白云岩、泥晶白云岩四种分层沉积物或混合物，或许是某三种或某两种分层沉积物或混合物。其形成，地质界存在争议和分歧。为玻璃应用，有必要增加测定白云石的项目，如有效气孔度、吸水率、晶体缺陷、共生微量元素等。现行玻璃用白云石只测 MgO、CaO 主要化学成分，数据认识不足。实质白云石里面大多以复盐形式存在，少量以方解石和菱镁矿的混合物形式存在，应测其比例。方解石、菱镁矿的晶体也十分复杂多样，其复盐晶体也存在缺陷，与地质环境相关。最重要的是白云石中的 SiO_2，在何种地质环境以长石矿物复盐形式存在，又在何种地质环境以游离的 SiO_2 形式存在。希望白云石中少存在游离二氧化硅，则白云石分解温度低、熔点低。书上介绍的白云石分解温度其实是一个范围不是一个定值，人们需要研究最低分解温度是多少，它影响玻璃熔化。

3.11 白云石的特性

3.11.1 临湘白云石与富山白云石特性

当白云石矿分析数据相当多时，可以从中寻找矿床平均化学成分。根据化学成分推测它们的特性，比较其黏土矿物、钾钠矿物的含量，分析推测其分解温度高与低的比较等。

临湘白云石全分析次数为122次，半分析次数为130次，总分析次数为252次，时经6年多。富山白云石矿全分析次数为102次，半分析次数为120次，总分析次数为222次，时经5年多。根据这些统计数据求得两地白云石的平均化学成分见表3-43。

表3-43 两地白云石化学成分统计平均值 （%）

元素	SiO_2	Al_2O_3	Fe_2O_3	CaO	MgO	K_2O+Na_2O	烧失量	总和
临湘	1.07546	0.222	0.09216	31.11984	20.50635	0.047①	46.39992	99.46273
富山	1.00375	0.262	0.12634	31.07554	20.34820	0.140①	46.30275	99.25858

① 数据为非统计数据。

根据表3-43中数据可以分析岩石发育情况、黏土矿物含量、推测白云石的熔点或分解温度。

3.11.1.1 从成分看岩石发育

从表3-43中可以看出，SiO_2、Al_2O_3、Fe_2O_3含量与岩石发育相关。临湘白云石中$SiO_2+Al_2O_3+Fe_2O_3$含量为1.38962%，低于富山白云石中$SiO_2+Al_2O_3+Fe_2O_3$含量为1.39209%，说明富山白云石混入的黏土矿物多，这与富山白云石矿裂隙发育相关，富山白云石裂隙发育，黏土填充进入裂隙量多（或伴生黏土矿物多）。凡含黏土矿物多，则$SiO_2+Al_2O_3+Fe_2O_3$含量就高。

3.11.1.2 从成分看黏土矿物含量

A K_2O+Na_2O含量与黏土矿物相关

K_2O+Na_2O含量高的白云石其黏土矿物中含长石矿物量多。临湘白云石黏土矿物少，所以K_2O+Na_2O含量少；富山白云石黏土矿物多，所以K_2O+Na_2O含量多。长石矿物是黏土矿物的主要造岩矿物，K_2O+Na_2O含量表明了黏土矿物的含量。

B Fe_2O_3含量与黏土矿物含量相关

Fe_2O_3主要来源于黏土矿物，铁高表示混入的黏土矿物多。富山白云石块料黏土多，Fe_2O_3就高，雨水洗去黏土，Fe_2O_3就低，与事实相符。临湘白云石块料几乎看不到黏土，所以Fe_2O_3含量低与事实也相符。

3.11.1.3 从杂质含量看熔点或分解温度

杂质定义：除SiO_2、Al_2O_3、Fe_2O_3、CaO、MgO、CO_2之外的元素的含量称之杂质含量或未知含量。临湘白云石未知含量＝100－总和(99.46273%)＋K_2O+Na_2O(0.047%)＝

0.58427%，富山白云石未知含量 = 100 - 总和(99.25858%) + K_2O + Na_2O(0.140%) = 0.88142%。富山白云石矿未知元素含量多于临湘，说明杂质多，矿物晶体形成缺陷的几率大，所以富山白云石在分解温度或熔点上要低于临湘白云石。换言之，富山白云石矿对玻璃熔化更为有利。

3.11.2 几种白云石复盐最重要的特性

白云石除上述特性之外，MgO 与 CaO 含量的比值是最重要的特性。下面讨论镁钙比值相关系数和几种白云石的比值。

3.11.2.1 镁钙比值相关系数

复盐白云石的分解温度为 844℃，石灰石分解温度为 859℃，主要由它们当中的主要氧化物决定。因此，在玻璃成分设计镁钙含量一定的情况下应多用白云石少用石灰石，白云石中 CaO 高一些则石灰石就少用一些，分解温度总体会向低的方向偏移，也即在玻璃熔化时少加热。合理确定白云石中的镁和钙的含量，选用白云石并非镁越高越好，也非钙越高越好，更非钙、镁都高好。在保证镁量的基础上尽可能多些钙。镁/钙的比值不同表示镁钙含量不同，含量不同其性质不同，比值相关系数可以表达它们的主要特性。从平板玻璃生产角度考虑，比值偏小的优于比值偏大的。

3.11.2.2 几种白云石的镁钙比值和讨论

将几种白云石的 MgO/CaO 的比值列于表 3-44 中，下面进行简单分析讨论。

表 3-44 几种白云石的 MgO/CaO 比值相关系数

产 地	理论白云石	谷城罗坪白云石	谷城长谷沟白云石	大冶四斗粮白云石	临湘白云石	富山白云石	南部某地白云石
MgO/CaO 值	0.71884	0.71494	0.71447	0.67961	0.65895	0.65480	0.55737

引用白云石主要是引入 MgO，但 CaO 必须兼顾，保证镁的前提下尽可能多地引入 CaO，比值小的相对来说 CaO 高些。理论纯度的白云石其 MgO/CaO 比值为最高值 0.71884，其他白云石的 MgO/CaO 比值均小于 0.71884。

从表 3-44 看，谷城罗坪白云石按常规理论认为质量最好，最接近理论白云石。依次是谷城长谷沟白云石、大冶四斗粮白云石、临湘白云石、富山白云石、南部某地白云石。与保证镁含量前提下尽可能多地从白云石中引入钙（少用石灰石）的角度讲正好相反，也就是说白云石的优劣顺序（由优到劣）是：南部某地白云石、富山白云石、临湘白云石、大冶四斗粮白云石、谷城长谷沟白云石、谷城罗坪白云石，理论纯度白云石最差。也就是说白云石不是越接近理论成分越好。当白云石中的镁高到极限（菱镁矿化）成为菱镁矿时石灰石用量大，分解时间延长。但没有条件测试上述六种白云石在玻璃里的分解温度，来证实它们的分解或熔化性能。

假若有一种白云石引入的 MgO 和 CaO 含量正好满足玻璃成分中的镁和钙，没有（不用）石灰石，玻璃中的分解温度肯定低一些。对于 MgO 含量 4.1% 和 CaO 含量 8.5% 的浮法玻璃而言，找到 MgO/CaO 的比值为 0.4824 的白云石就不用石灰石了。过渡白云石仍是

复盐 $xCaCO_3 \cdot yMgCO_3$，其分解温度低于 $CaCO_3$。比值在 0.4824 ~ 0.71884 之间的白云石，大幅度增加了白云石资源的应用范围，此类资源中镁含量偏低，需要从高镁石灰石中补充，又扩宽了石灰石资源应用范围。

3.11.3 白云石成矿年代

根据韩敏芳编著的《非金属矿物材料制备与工艺》一书中的观点，越早形成的白云石，其质量越好。如果这种观点成立，可以由 MgO 与 CaO 的比值来推测上述六种白云石形成的相对年代。即是谷城罗坪白云石形成年代早于长谷沟白云石，长谷沟白云石形成年代早于大冶四斗粮白云石，大冶四斗粮白云石形成年代早于临湘白云石，临湘白云石形成年代早于富山白云石，富山白云石形成年代早于南部某地白云石。越接近理论白云石 MgO/CaO 值其形成年代越久远，离理论白云石 MgO/CaO 值越远的白云石其形成年代越新，也即是说 Mg^{2+} 离子交代 Ca^{2+} 离子更少，未形成完好的白云石是一种过渡白云石矿物，这是地球这个特殊的反应釜尚未达到反应温度或反应时间不够长、反应压力不够大所产生的半成品。按照韩氏书的观点，南部某地白云石现在 MgO 含量是 18.8%，CaO 含量是 33.7%，再过几千万年或一亿年或数亿年，MgO 含量能上升到 21% 以上，CaO 含量能下降到 30% 以下。但变化幅度无法测试，也无法考证。请地质专家将这六处矿做地质工作看是否相符，也是考证方法之一。

上述 MgO/CaO 比值的确定必经建立在许多数据（能代表矿床的平均值）基础上。如果数据过少，比值失去意义，几个数据求出的比值失真不能代表成矿年代。

3.12 碳酸盐矿物原料加工

3.12.1 概述

3.12.1.1 粗粒和细粒存在的问题

碳酸盐矿物粒度要求没有硅砂那么严格，但粒度尺寸同样由量变到质变，过粗不行，过细也不行。过粗影响配合料分层会带来玻璃液的化学不均，使玻璃产生高钙的波筋或条纹；过粗产生石英之类的疙瘩。过细易飞扬侵蚀窑炉耐火材料和堵塞蓄热室；过细会剧烈分解产生大量气泡分隔或阻滞初生液相对硅砂颗粒的润湿包围，降低硅酸盐反应速率。权衡之下为避免过细宁可适当放粗，适当放粗的优点在前面已叙述这里不再提及。

3.12.1.2 加工时细粉的产生不可避免

碳酸盐矿物不论是白云石，还是菱镁矿、石灰石，加工过程无法避免细粉产生。问题是细粉不能丢掉，那只能以最大限度控制加工过程，以产生最低比例的细粉，尽可能变粗一些。假若碳酸盐矿物也像硅砂一样湿法生产冲走极细（-0.102mm 以下或 -0.09mm 以下）的粒度，湿法生产又会带来水分过大影响称量精度，同样造成成分不均。同时极少量的细粉的存在有一定的益处，水洗工艺不能实施。

3.12.1.3 目前加工工艺现状

现行的碳酸盐矿物原料多数厂采用块料进厂，干法加工成一定粒径的干粉，其水分相当稳定，称量误差造成的成分不均甚微，是绝大多数玻璃企业的做法。设计院最初设计工厂一般选用颚式破碎机作粗碎，对辊破碎机作中碎和细碎，但企业为提高效率减少能耗将对辊破碎机改为锤式破碎机，并选用一台较大能力的锤式破碎机，简化了加工工艺流程。但是改造后碳酸盐矿物颗粒度质量有所下降，在3.7.2.1节中的B和3.7.3.1节中的B已作过叙述。不论对辊加工工艺还是锤破加工工艺，矿物已选定，通过合理调试或微加改进还有提高理想粒度比例的空间。下面从破碎、筛分、收尘三个方面去作些调整，完全可能得到较理想粒度。

3.12.2 破碎方面的改进

破碎方面的改进主要目的是使喂料稳定又均匀，排料顺畅。

（1）粗破。凡块料进厂一般块料控制在80mm以下。这种粗细不太均匀的块料，在电磁振动喂料器撮箕出口形状为中心低、两边高的弧形，中部料层厚、两边薄，进入颚式破碎机进口中间料多，两边偏少。造成颚板中间磨损快、两边磨损慢，破碎效率降低的现象，将会越来越严重。应调整喂料器撮箕出口形状为中间凸、两边凹，更利于料层厚度均匀分布而下落。减少颚板局部磨损快，漏下大块对下道工序产生压力，对加工不利。

喂料器撮箕出口两边块料受到侧板的摩擦阻力，运动前进的速度相对中间慢，中间块料前进速度相对比两边快。若将中间底板做成向上凸起，来阻滞中间块料前进，适当将两边做成凹形，以调节料层厚度均匀和前进速度均匀。

（2）中破。中破机前电磁振动喂料器撮箕口应做成中间微凸两边微凹，利于料层厚度均匀和前进速度均匀。减少对辊辊皮起槽或锤破锤头局部磨损过快，漏下较大颗粒对下道细碎产生不利。

（3）细破。细破机前电磁振动喂料器撮箕口应做成平口，利于料层厚度均匀和前进下料速度均匀。避免细碎辊皮中间起槽，对加工不利。

（4）排料。锤式破碎机排料要增加疏通耙，当箅条长孔因石料水分偏大堵塞或下落不畅时进行疏通。避免石料已合格的颗粒在机堂内再次破碎，产生过多的超细粉。

（5）工艺变更。凡80mm以下块料进厂，取消颚式破碎机，粗破和中破合并在一道工序中，用锤式破碎机。细碎用对辊破碎机（两台并联），成为两段破碎工艺。锤破机箅条长条孔尺寸可以大大放宽，不用疏通也不会堵塞。锤破后经振动筛筛分，振动筛分两层，上层粒度大于20mm，进入1号对辊，下层粒度 -20 ~ +5mm，进入2号对辊，筛下(-5mm)为合格粉料。对辊破碎后经六角筛筛分，筛下物为合格粉料，筛上物返对辊机再加工。变更设计后其粒度比颚破加锤破两段破碎工艺好。

3.12.3 筛分方面的改进

筛分的目的是及时将筛上合格颗粒筛下去，避免进入下道工序再次加工。筛分设备已定型不能更改了，可进行小的调整和改进。

（1）振动筛。振动筛喂料层均匀性是筛分效率的重要方面。若喂料落入筛面中心线靠筛子振动将物料抛一部分到两边，中间仍占大部分，合格颗粒落入筛孔的几率大大减少。避免待筛粉料集中，可以小的改进，在振动筛喂料端（高头）加阻挡板（或叫分料板），向两边分去一部分，使高头全宽方向上辅料均匀一些，发挥振动筛筛面效率，方可避免合格颗粒再次破碎。

（2）六角筛。六角筛设计都配有振动锤，当六角筛转动时振动锤敲击筛框，利于细粉筛下。尤其物料水分偏大的，筛孔堵塞，在振打锤锤击作用下堵孔现象得到较好的改善。不少工厂为减轻振打锤造成的噪声将其拆除，应当恢复。

（3）调试。调试由两方面进行，一方面是调整喂料量、筛子的振动频率、振幅或转速，摸索可以改善产量和粒度。某厂原料车间白云石加工系统由两位责任心强的老操作工加工一仓白云石粉，只用别人一半的时间，不仅产量高耗时少，粉料中细粉少。另外，调整进厂块度，南方某玻璃集团所进白云石、石灰石其块度 25 ~ 30mm，非常均匀，目的是控制下料均匀。保持含水率均匀从而达到最大限度的优质粒度。进厂块度大，相对表面积小，含水少，进厂块度小，相对表面积大，含水多，块度小到成为石屑或有少部分粉料其含水更大不利于筛分。进厂块度要很均匀，严禁带石屑、黏土、泥团。

3.12.4 收尘方面的改进

3.12.4.1 收尘的目的

收尘的目的主要是节约原料。其次是环境上的需要，避免危害人员的身体。

3.12.4.2 目前的收尘工艺

收尘工艺就是将粉尘吸到收尘器内，再排出粉尘的工艺过程。收尘工艺对玻璃厂原料车间而言，主要分两种，一是单机收尘，二是脉冲集中收尘。

单机收尘一般安装在粉料库顶，将系统加工好的粉料排入库内时扬起的粉尘吸收收集后再排入到粉库里。单机收尘的进口（收尘口）和排料口（排尘口）都在库顶空间内。

脉冲集中收尘一般安装在收尘楼面，所有产生粉尘点（破碎点、筛分点等）都安装有吸尘口（支管），再将各个吸尘支管汇集进入脉冲收尘器进口，经脉冲收尘器内过滤布袋收集再用脉冲气压振打排尘，排尘落入系统内。脉冲集中收尘器的进口和排料口都接在系统内。

3.12.4.3 问题和改进方案

A 问题

上述脉冲集中收尘时，排尘口是接在回加工系统的管道中，被排出的粉尘再次回系统同待加工的物料再加工。这样操作有两点问题：一是粉尘再回系统随之再加工，其粉尘有部分再度变细；二是粉尘因粒度过细活性增强产生吸水结团现象，加重堵塞筛孔，再次循环影响筛分，有恶性循环现象，对粒度优化不利。

B 改进方案

改变脉冲收尘器的安装位置，将脉冲收尘器安装在粉库顶部，将脉冲排出的粉尘直接排入粉库内，不进入系统再度加工。或脉冲收尘器安装位置不变，但增设螺旋输送机将排出的粉尘输送到粉库内。同时，加大抽风风力，尽可能吸收较大粉粒，可减少细粉产生。

4 铝硅质矿物原料

凡含有钾、钠、钙、钡、锂等碱金属或碱土金属的铝硅酸盐矿物，其主要成分为含SiO_2、Al_2O_3、K_2O、Na_2O、CaO、BaO、Li_2O的矿物，其中$SiO_2+Al_2O_3$含量约占60%～88%，称之为铝硅质矿物，又叫长石矿物。它是重要的造岩矿物之一。

凡能引入Al_2O_3，适合玻璃配方计算并能顺利熔化出平板玻璃的铝硅质矿物原料，称为平板玻璃用铝硅质矿物原料，也是玻璃生产的一种重要原料。

4.1 长石矿物原料分类

讨论长石矿物就应对长石进行分类。长石矿物分类及方法很多，但按成分分类和成因分类是主要分类方法，是认识长石矿物基础性内容。本节叙述这两种分类方法，为下面讨论长石矿物在玻璃中应用作准备。

（1）按成分分类。《非金属矿工业手册》下册（第867页）中按成分分类，把长石矿物分为钾长石、钠长石、钙长石、钡长石四类，见表4-1。

表4-1 不同成分的长石族矿物及其主要性质

矿物名称及化学式	理论化学成分/%						密度/$g\cdot cm^{-3}$	莫氏硬度	熔点/℃	晶系	颜色
	SiO_2	Al_2O_3	K_2O	Na_2O	CaO	BaO					
钾长石（正长石） $K_2O\cdot Al_2O_3\cdot 6SiO_2$	64.76	18.32	16.92				2.56	6	1290	单斜晶系	白、红乳白色
钠长石（曹长石） $Na_2O\cdot Al_2O_3\cdot 6SiO_2$	68.74	19.44		11.82			2.605	6	1215	三斜晶系	白、蓝、灰色或无色
钙长石（灰长石） $CaO\cdot Al_2O_3\cdot 2SiO_2$	43.19	36.65			20.16		2.77	6	1552	三斜晶系	灰、白、红色
钡长石（重土长石） $BaO\cdot Al_2O_3\cdot 2SiO_2$	32.00	27.16				40.84	3.45	6	1715	单斜晶系	蓝色或无色

（2）按成因分类。《中国非金属矿产资源及其利用与开发》一书（第92，93页）中，按矿床成因分为五类，见表4-2。

表4-2 长石矿床类型及其特征

矿床成因类型	成矿作用	成矿地质背景	构造环境	矿床特征		成矿时代	实例
				矿体	矿石		
混合岩化伟晶岩建造伟晶岩化型长石矿床	混合岩化和伟晶岩化作用	富铝沉积岩混合岩化和伟晶岩化成矿	地缝合带附近	矿脉群集、单脉长几十至几百米，延深几十米，厚几米	在矿脉的不同部位分别由钠长石或微斜长石组成长石块体	A_r	

续表 4-2

矿床成因类型	成矿作用	成矿地质背景	构造环境	矿床特征		成矿时代	实例
				矿体	矿石		
花岗伟晶岩建造伟晶岩化型长石矿床	伟晶岩化作用	花岗岩浆期后热液伟晶岩化成矿	弧后岩浆带及其继承性地区	多条伟晶岩脉产于花岗岩中，脉长上百米，宽几米至几十米	矿石为块状钾长石，含矿率80% ~ 90%，K_2O 7% ~11%	Pz_2 Mz	鄂罗田石桥铺
花岗岩建造边缘混合岩化型钠长石矿床	花岗岩边缘混合岩化作用	花岗岩体边缘混合岩化成矿	弧后岩浆带及其继承性地区	矿体绕花岗岩体内接触带呈脉状或以透镜状、不规则状贯入外接触带的片麻岩中	粒状结构，块状构造，含钠长石 70% ~ 95%，微斜长石 0 ~ 10%，少量石英、云母	Pz_2 Mz	湘衡山马迹
花岗岩建造似斑状花岗岩风化型钾长石矿床	风化残积作用	风化后钾长石斑晶残留成矿	弧后岩浆带及其继承性地区	矿体为似斑状花岗岩体风化壳，被覆状，面积几平方千米，风化深 20 ~30m	灰白、肉红色，似斑状结构，块状构造，含长石 70% ~ 85%，粒径为 0.5 ~ 5cm，含石英黑云母和重矿物	Q	鄂随州双兴峰
第四纪河湖风积碎屑建造沉积型长石矿床	沉积作用	花岗岩体风化后长石因水或风的搬运和沉积作用而富集成矿	弧后岩浆带及其继承性地区	透镜状产于冲积或湖积层中，风积者呈面状产出	长石颗粒在河、湖沙或风成沙中混杂富集	Q	鄂随州双兴峰

4.2 长石矿物特性及钾钠长石的区别

4.2.1 长石矿的矿物特性

玻璃专业人员对长石矿物的认识主要考虑在玻璃中应用，需关注矿物组成、颜色区分、矿物加工性能、矿物资源、矿物熔点五个方面。

4.2.1.1 *长石矿物组成*

长石矿物具有多样性。一般情况下，自然界中很少有纯长石存在，而是由多种矿物组成。

即使是被称为“钾长石”的矿物中，也可能共生或混入一些钠长石，一般把钾长石和钠长石构成的长石矿物称为碱长石。即碱长石中含 SiO_2、Al_2O_3、K_2O、Na_2O 等成分。

钠长石矿物中可能共生或混入一些钙长石，把钠长石和钙长石构成的长石矿物称为斜长石。即斜长石中含 SiO_2、Al_2O_3、Na_2O、CaO 等成分。

钙长石矿物中可能共生或混入一些钡长石，把钙长石和钡长石构成的长石矿物称为碱土长石。即碱土长石中含 SiO_2、Al_2O_3、CaO、BaO 等成分。

钾微斜长石是晶系为三斜晶系的钾长石的一种，钠长石的规则排列的形式夹杂在钾长石中，称为条纹长石。总之长石矿物的主要矿物组成是多样的。

除主要矿物多样共存外，次要矿物（或副矿物）同样多样共存，石英、铁矿物、黏土、云母、石榴石、电气石及绿柱石等。说得更通俗一些，长石矿物就是一个混合矿物，这是长石矿物的首要特性。

4.2.1.2 长石矿物颜色区分

长石矿物是多色矿物。在表 4-1 中可以看出，钾长石、钠长石、钙长石、钡长石各有各的颜色，但不十分明确。也就是说一种长石有多种颜色，因为不同地点、不同成矿条件含不同杂质显示了颜色变化，并不单一。同样是白色，有钾长石也有钠长石，还有钙长石。同样是红色，有钾长石，还有钙长石。同样是蓝色或无色，有钠长石，也有钡长石。在通常情况下对于一个矿点大多以上述颜色中的一种或两种为主，当然一个矿点长石显示多种颜色的也有。颜色变化也是长石矿物的特性之一。

4.2.1.3 长石矿物加工性能

长石矿物属坚硬矿物。长石矿物的莫氏硬度均为 6，无论钾长石、钠长石、钙长石还是钡长石都是致密坚硬的矿物，加工较为困难。但不同地域、不同成矿年代，仍存在差异，有风化形成的相对易加工，特定条件下形成的长石也存在坚硬无比的。凡块状矿进厂加工，选择破碎设备必须考虑最坚硬的矿物。总之，长石矿物坚硬难以加工也是长石矿物的特性之一。

4.2.1.4 长石矿物资源

长石矿物资源分布零散。各矿点矿石储量不够大，不能形成大规模生产，只能是民办开采加工，由当地一级组织统一管理。开采坑口多（品种存在差异），也是长石矿物特性之一。

4.2.1.5 长石矿物熔点

长石矿物的熔点相差较大。在表 4-1 中所列熔点数据其实质也是一个范围，并非一个定值，因为含副矿物或杂质不同熔点有变化。有书介绍，钾长石和钠长石的熔点为 1100 ~ 1300℃，钙长石和钡长石熔点更高，从表 4-1 中看，应在 1500 ~ 1700℃之间。长石矿物在与石英共熔时有助熔作用是最重要的特性。

4.2.2 钾长石和钠长石的区别

长石族是长石矿物的统称。长石矿物品种多，含量复杂。但用于平板玻璃生产，大多数厂家主要选用钾长石和钠长石。因此，下面只介绍钾长石和钠长石的区别，见表 4-3（摘自《中国非金属矿产资源及其利用与开发》一书第 43 页）。

表 4-3　钾长石和钠长石的区别

观察方法	钾　长　石	钠　长　石
A 肉眼观察	（1）晶面上无双晶纹，有时可见有反光程度不同的两部分（卡式双晶）； （2）两组解理交角 90°； （3）晶体呈粗短柱状； （4）肉红色或白色； （5）置于氢氟酸中 1 ~ 3min，再在 60% 的亚硝酸钴钠浸液中浸蚀 5 ~ 10min，用水冲洗后呈柠檬黄色	（1）底面及解理面上可见密集的聚片双晶纹； （2）两组解理交角 86°50′； （3）晶体呈板状； （4）常为白色或灰色，偶见红色； （5）置于氢氟酸中 1 ~ 3min，再在 60% 的亚硝酸钴钠浸液中浸蚀 5 ~ 10min，用水冲洗后不染色或呈浅灰色
B 镜下观察	（1）负突起； （2）次生变化多呈绢云母； （3）具卡钠双晶或格子双晶； （4）常具条纹构造	（1）折光率大于钾长石，正或负低突起； （2）次生变化多呈高岭土族矿物； （3）具钠长石双晶或卡钠双晶； （4）有环带构造和蠕虫状石英，很少见条纹构造

4.3　长石矿物的用途及质量要求

长石矿物除了做玻璃工业（约占总量 50% ~ 60%）和陶瓷工业（约占总量 30%）的主要原料外，还广泛用于化工、磨具磨料、玻璃纤维、电焊焊条等生产企业，各企业要求不一。

4.3.1　长石矿物的用途

长石矿物用于如下领域，见表 4-4。

表 4-4　长石矿物的主要用途

应用领域	主　要　用　途
玻璃及玻璃制品	碱长石作为平板玻璃及各种玻璃制品的原料，可降低玻璃熔化温度，节约纯碱用量。钠长石作为玻璃纤维原料，可改善其质量及取代叶蜡石等
陶　瓷	长石是生产各种陶瓷、搪瓷、电瓷的坯料（配入 20% ~ 40%）和釉药（配入 20% ~ 70%）的主要原料
水　泥	长石是白水泥的生产原料之一
化　工	钾长石是制造钾肥的一种原料
	化工工业上，磨碎的长石适于作乳胶、涂料和氨基甲酸乙酯丙烯类物的填充料
磨　料	长石粉料可用于磨具磨料工业
其他方面	长石作为填料在造纸、耐火材料、机械制造、涂料、电焊条等工业生产中都广泛应用

4.3.2　长石矿物质量要求

玻璃行业应用长石其质量要求见表 4-5。其他行业要求见表 4-6。

表 4-5 玻璃行业对长石的质量要求（摘自 JC/T 895—2000）

矿名称	品级	$w(Na_2O)$/%	$w(K_2O)$/%	$w(K_2O)$/%	$w(Fe_2O_3)$/%	$w(TiO_2)$/%	$w(TiO_2)$/%	粒度档次/mm（七档）
钾长石	优等品	≥13.50		≥11.0	≤0.18		≤0.03	0.044
	一级品	≥12.00		≥9.50	≤0.22		≤0.05	0.076
	合格品	≥10.50		≥8.00	≤0.25		≤0.10	0.125
钠长石	优等品	≥10.50			≤0.20			0.154
	一级品	≥10.00			≤0.25			0.19
	合格品	≥8.00			≤0.30			0.282 块（20～40mm）

表 4-6 其他行业对长石的质量要求

应用部门	质量要求	应用部门	质量要求
玻璃制品	$w(Al_2O_3)\geqslant 18\%$、$w(Fe_2O_3)\leqslant 0.2\%$、$w(Na_2O+K_2O)\geqslant 11\%$	陶瓷	$w(Fe_2O_3)\leqslant 0.1\%\sim 1.0\%$
化学工业	作填料时可含较多游离石英、作皮肤化妆粉要求 2～8μm 的碱长石	水泥及磨料	不要求

4.4 玻璃用长石类型及选矿方法

4.4.1 玻璃用长石类型

4.4.1.1 矿床开采

湖北及周边省份目前已开采的玻璃用长石矿，主要由伟晶岩（或伟晶花岗岩）中产出。另有一部分由风化花岗岩、细晶岩、热液蚀变矿床中产出及长石质砂矿中产出。

4.4.1.2 综合回收

此外，其他矿石选矿过程中综合回收长石也是玻璃用长石来源之一（但很少）。

4.4.2 玻璃用长石主要选矿方法及分选原理

4.4.2.1 选矿方法

玻璃用长石矿的开采和选矿均较简单。一般大中型玻璃厂所用钾长石常用拣选（手选）、水洗、脱泥、分级和磁选这几种方法。粉料加工用雷蒙磨、选粉机和磁选机。质量较好的只是手选后直接加工成粉料，不用水洗，也不用磁选。

4.4.2.2 分选原理及适用范围

长石选矿方法及分选原理见表 4-7。

表 4-7 分选原理及适用范围

选矿方法	分选原理	适用范围
拣选（手选）	根据外观颜色、结晶形状等差别进行人工分选	适用于产自伟晶岩中，质量较好的矿石，除去斜长石、云母、石榴石、电气石、石英、绿柱石等杂质矿物后，优质矿块直接出售或进行粉碎后出售
水洗脱泥分级	黏土、细泥等粒度细小沉降速度小，在水流作用下与粗粒长石分开	适用于产自风化花岗岩或长石质砂矿的长石中除去黏土、细泥、云母等杂质
磁 选	铁等磁性较强的矿物在外加磁场作用下与长石分离	除去铁等磁性矿物

4.5 长石矿物资源与开发利用介绍

长石在湖北分布于浠水县、英山县、罗田县、圻春县、大悟县、随州市、枣阳市、通城县等地；在湖南分布于平江县、临湘市、衡山市等地；在江西分布于星子县、修水县等地。这些资源有些已基本开发应用完毕，有些正在开发应用中，有些尚未开发或认识不到位。这一节将对钾长石、含钾尾矿、钠长石、锂长石、火山凝灰岩分别作简要介绍。其中重点介绍钾长石资源。因为钾长石应用广泛、应用量大，局部已造成枯竭或不久会造成枯竭。枯竭资源也要介绍以作为历史资料，同时可以增加人们保护资源和开发新品种的认识。

4.5.1 钾长石矿

4.5.1.1 浠水钾长石矿

A 资源分布及矿物流向

a 资源分布

浠水县钾长石矿是湖北省 20 世纪 60 ~ 90 年代钾长石矿的供应大县。分布于浠水县绝大多数乡镇，如蔡河镇、关口镇、余堰镇、洗马镇、十月镇、巴河镇、团陂镇、丁司垱镇、汪岗镇、竹瓦镇等。质量最优的是蔡河镇、余堰镇等。

b 矿物流向

自 20 世纪 60 年代开始，浠水钾长石块和钾长石粉长期供应长江中下游各玻璃厂、玻璃制品厂及陶瓷厂，尤为上海、浙江一带。浠水县靠近武汉市，浠水最先占领的是武汉市场，应用时间长、应用单位多，有一定的声誉。因开发应用早、用量大，现在浠水县的钾长石资源已所剩无几。

B 矿石质量

a 历史应用反映

浠水钾长石长期占领武汉各玻璃、玻璃制品以及各陶瓷厂市场，应用反映良好的如湖北某劳改平板玻璃厂、武汉药用玻璃厂、武汉制瓶厂等。省外的如上海耀华玻璃厂、浙江湖州玻璃厂等。其中湖北某劳改玻璃厂统计数据显示浠水钾长石：SiO_2 含量为 64.85% ~ 68.14%，Al_2O_3 含量为 17.70% ~20.45%，K_2O+Na_2O 含量为 11.19% ~13.42%，其中

K_2O 含量为5.09%~7.93%，Fe_2O_3 含量一般小于0.3%，CaO含量为0.49%~1.87%、MgO含量为0.67%~1.65%。武汉药用玻璃厂应用数据基本相同。

b 样品验证

浠水钾长石矿经矿山实地取样，由国内外化学分析对比（表4-8），验证数据表明与历史应用数据相符。可以把浠水钾长石矿作为武汉某玻璃厂引进技术建厂长石供应基地。

表4-8 浠水县钾长石矿化学成分 （%）

化验部门	SiO_2	Al_2O_3	Fe_2O_3	CaO	MgO	BaO	TiO_2	K_2O	Na_2O	MnO_2	NiO	SO_3	烧失量
美国PPG	64.0	20.42	0.13	1.79	0.22	0.36	0.080	7.62	5.16				
武汉地院1	69.36	16.20	0.32	0.18	0.03	0.028	0.0012	10.52	2.12	0.00			0.52
武汉地院2	68.34	16.85	0.18	0.27	0.04	0.060	0.01	11.48	2.06		0.00		0.35
武汉地院3	68.33	16.51	0.20	0.60	0.05	0.64	0.03	11.53	1.93			0.00	0.39

C 开采与加工

a 开采

类型1的矿石开采 此类矿石主要以单个（3~10cm）块矿不连续嵌入红黄色黏土中，呈条带状或脉状分布，块矿分布密度不等。有较密的，一个紧靠一个；有较稀疏的，隔30~50cm才嵌入一个或几个。脉宽一般为0.5m，只能人工顺脉走向开采。开采后需晒干脱去表面泥质。

类型2的矿石开采 此类矿以脉状产出，有一定规模。脉长数十米至上百米，宽几米或十几米，厚几米。矿石粒（块）度较细，大者30mm或50mm，小者1~5mm不等，无其他杂质。剥去表土可直接用钢纤开采。

这种长石质量也很好，颜色均匀，纯一色的肉白色。块度不一，似块、似砂、似土。开采后过筛筛去2mm以下的。不用水洗，直接销售。

b 加工

在20世纪六七十年代，销售以块矿为主要产品，加工的长石粉料为次要产品，八九十年代以粉料为主要产品，块矿为次要产品。浠水县大部分乡镇尤其靠近长江边或较近的乡镇都有长石粉加工厂。石粉加工规模一般一条生产线年产1万吨左右。有一石粉供应商利用类型2似块、似砂、似土的长石，剥去地表土后不用筛分直接加工成石粉销售十多年直至2008年。

石粉加工，浠水县一律没有用颚式破碎机，矿石直接喂入雷蒙磨内，经选粉机、磁选机、粉库、灌袋，产品出厂。产品分钾钠含量（分两档）和不同粒度装袋。

4.5.1.2 临湘钾长石矿

A 资源分布与矿物流向

湖南省临湘市钾长石矿主要分布在白洋、长塘、响山、板桥、夏畈、路口铺等乡镇。临湘钾长石曾名扬南边大半个中国，许多玻璃厂、陶瓷厂使用过，因资源逐步枯竭，先后都转移寻找新的矿源。

B 矿石质量

临湘钾长石在不同的时间段其质量不同，随着开采时间越来越长，质量逐步变差。下面是不同时间段的质量介绍。

a 株洲玻璃厂应用数据介绍

湖南株洲玻璃厂长期使用临湘白洋、长塘、响山三矿点长石，一年内上半年和下半年数据显示，质量有所下降，20 世纪 80 年代末上半年统计数据：SiO_2 含量最高为 71.85%，最低为 69.20%，平均为 70.63%；Al_2O_3 含量最高为 16.52%，最低为 14.92%，平均为 15.71%；Fe_2O_3 含量最高为 0.59%，最低为 0.18%，平均为 0.31%；CaO 含量最高为 0.56%，最低为 0.17%，平均为 0.24%；MgO 含量最高为 0.12%，最低为 0.01%，平均为 0.04%；Na_2O 含量最高为 2.24%，最低为 1.67%，平均为 1.94%；K_2O 含量最高为 11.79%，最低为 10.06%，平均为 10.71%。而某年下半年统计数据：SiO_2 含量最高为 72.01%，最低为 69.57%，平均为 70.87%；Al_2O_3 含量最高为 15.78%，最低为 14.76%，平均为 15.32%；Fe_2O_3 含量最高为 0.55%，最低为 0.23%，平均为 0.34%；CaO 含量最高为 0.31%，最低为 0.17%，平均为 0.23%；MgO 含量最高为 0.17%，最低为 0.03%，平均为 0.08%；Na_2O 含量最高为 2.32%，最低为 1.77%，平均为 2.00%；K_2O 含量最高为 10.59%，最低为 9.66%，平均为 10.24%。

下半年与上半年相比，下半年 SiO_2 含量平均值提高了 0.24%，Al_2O_3 含量平均值降低了 0.39%，Fe_2O_3 含量平均值上升了 0.03%，$K_2O + Na_2O$ 含量下降了 0.41%。

b 武汉某玻璃厂采样数据介绍

临湘长石样品分析，供美国 PPG 公司参考数据见表 4-9。

表 4-9 临湘市长塘乡矿点样品分析数据 (%)

化验部门	SiO_2	Al_2O_3	Fe_2O_3	CaO	MgO	K_2O	Na_2O	TiO_2	NiO	BaO	SO_3	烧失量
武汉地院 1	65.83	17.43	0.31	0.26	0.06	14.29	1.26	0.007	0.0010	0.03	0.000	1.23
武汉地院 2	69.94	15.99	0.14	0.364	0.085	9.96	2.66	0.006	0.001	0.10	0.000	0.22
武汉地院 3	69.20	16.10	0.35	0.49	0.33	10.88	1.98	0.013	0.0022	0.011	0.011	0.24

长塘矿点样品采集和数据分析时间仅隔上述白洋、长塘、响山三矿点应用数据之后 1 ~6 个月。数据表明样品质量接近于批量使用。美国同行重视长石，同浠水长石一样需连续考察矿石质量及其稳定性，以便选择。但英国地质工程师设维尔认为长石用量少不需考察。

c 2007 年数据介绍

据临湘市某长石粉供应商反映，有用户要求钾长石 $K_2O + Na_2O$ 含量在 12% 以上。因临湘资源枯竭，$K_2O + Na_2O$ 含量已降到 5% ~6%。作者推荐了临湘附近的平江县有长石，其质量较好：SiO_2 65.72%，Al_2O_3 18.92%，Fe_2O_3 0.14%，MgO 0.14%，CaO 0.25%，$K_2O + Na_2O$ 13.50%，烧失量为 0.50%。某供应商反映平江县 $K_2O + Na_2O$ 也同临湘一样只有 5% ~6%。作者又推荐了湖北两地 $K_2O + Na_2O$ 含量 13% 以上的，因交通不便和价格问题尚未采纳意见。资源是有限的，扩宽长石资源很有必要。

C 开采和加工

临湘钾长石，一律由当地村民人工露天开采，块度一般小于 300mm，就近在河边或小溪人工水洗、并手选去除杂石，然后由石粉加工厂收购。临湘市各石粉加工厂一律建在京广铁路旁或临湘白云石矿铁路专线旁。石粉加工与浠水长石加工相比多了一段粗碎即颚式破碎机破碎。然后再经雷蒙磨、选粉机和磁选机加工，袋装出厂。

4.5.1.3 罗田钾长石矿

A 资源分布与矿物流向

a 资源分布

湖北省罗田县钾长石矿主要分布在罗田县的石桥铺镇、河铺镇、九资河镇、胜利镇、七道河乡等地。以石桥铺镇供应量最大。全县资源总储量比较大。

b 矿物流向

在浠水县长石资源枯竭后，长石开发应用逐步移向邻近的罗田县，浠水长石去向就变成了罗田县长石的流向。但价格高，因为罗田县山高路远运距增加，罗田长石价格远高于浠水。

B 矿石质量

湖北某玻璃厂20世纪90年代中期再次试生产启动时，就将长石供应基地由浠水转移到罗田县。在湖北省地矿局鄂东北地质大队某分队提供资料的基础上又对罗田县境内部分矿点进行了实地考察并采样分析。其样品分析结果见表4-10。

表4-10 罗田县部分矿点（单色）样品化学分析结果 (%)

矿点序号及色泽	SiO_2	Al_2O_3	Fe_2O_3	CaO	MgO	Na_2O+K_2O	烧失量
矿点1（色泽略下同）	75.60	11.06	0.18	0.23	0.1	>12①	0.63
矿点2	69.80	16.98	0.27	3.05	0.18	9.2①	0.46
矿点3	69.12	18.20	0.39	1.16	0.05	10.52①	0.56
矿点4	65.79	17.57	0.28	0.46		15.00①	0.61
矿点5	73.37	13.69	1.38		0.1	10.42①	0.62
矿点6	70.59	15.37	0.24	0.06	0.19	12.86①	0.69
矿点7	64.66	18.37	0.22	0.04	0.05	16.08①	0.58
矿点8	65.59	18.36	0.51	0.13	0.10	5.15+7.59	0.60
矿点9	76.25	12.33	1.17	0.40	0.20	9.027①	0.63
矿点10	71.71	15.85	0.69	0.50		10.18①	0.83
矿点11	64.71	20.65	0.24	0.64	0.03	12.69①	1.04
矿点12	68.70	16.31	0.13	1.91	0.17	12.45①	0.33

① 数据为计算参考值，未带括号为分析值。

C 开采和加工

a 开采

罗田县长石矿点相对浠水较为集中，规模也较大一些。以石桥铺黄家湾长石矿点为最好，规模较大，一条伟晶岩脉，呈脉状，走向北东60°，倾向北西。脉体不分异（无分带性）。长约3000m，宽约40m。主要矿物为钾长石、斜长石、石英，次要矿物为微斜长石、云母。矿石结构为细小块体结构，似文象结构。所以罗田长石矿的开采规模较大而较集中。其他分散矿点的开采同石桥铺一样以露天开采为主，有个别矿点巷道（洞）开采。

b 加工

粗碎：罗田县长石矿因矿石为块体结构，开采后矿石块度较大。最大直径为1m，需人工捶至300mm以下。所以块矿进玻璃厂必须选用颚式破碎机作粗碎。矿山自办的各石粉加工厂也选用了颚式破碎机作为粗碎。

粉碎：经颚式破碎机破碎后，块度达到80mm以下。再经雷蒙磨、选粉机、磁选机加工成合格粉料。产品同样按钾、钠含量和粒度分档次袋装出厂。

4.5.1.4　通城钾长石矿

A　资源分布与矿物流向

湖北省通城县钾长石矿主要分布在北港镇境内。其中岭源村长石资源较好，规模较大，其他乡镇也有星散分布。通城县钾长石矿供应周边各省玻璃厂、陶瓷厂，在经过长达半个世纪的开采利用，资源所剩无几。到2009年通城县钾长石 K_2O+Na_2O 含量只有5%左右。现只有少量石粉销售，几乎处于关闭停产状态。

B　矿石质量

根据矿源实际质量当时收购单位制定指标见表4-11和表4-12。

表4-11　通城县矿产公司长石分级表　(%)

等　级	SiO_2	Al_2O_3	Fe_2O_3	K_2O+Na_2O
甲级长石粉	>65	17～18	<0.15	15
特级长石粉	65	18.5	<0.13	16
长石块	70左右	17～18	0.16	13

表4-12　通城县北港镇石粉厂长石分级表　(%)

等　级	SiO_2	Al_2O_3	Fe_2O_3	K_2O+Na_2O
甲　级	68～69	16.8～17	0.12	14
乙　级	70～72	15～16	0.20	9～11

在湖南株洲玻璃厂收集到通城县钾长石化学成分与表中数据基本相符。

C　开采和加工

通城县钾长石矿均由当地村民露天人工开采，就近河边人工水洗，由石粉加工厂收购。块状手选直接出售。粉料加工：用颚式破碎机粗碎，再由雷蒙磨和选粉机、磁选机加工。成品按钾、钠含量及粒度分档次出厂。

4.5.1.5　湖北某地斑晶状钾长石矿

本节分矿体（石）特征、矿石质量、有害矿物以及开发利用四个方面进行叙述。它将成为湖北最有希望的重要长石供应基地。

A　矿体（石）特征

a　矿体特征

湖北某地斑晶状钾长石矿床原岩是一种似斑状花岗岩体，其中钾长石斑晶为利用对象。此类岩体的钾长石斑晶个体，质纯，量多，矿石质量稳定，适宜露天开采。岩体中的矿石叫钾长石原矿，从原矿分布区流出的河流冲积物中钾长石砾石丰富的可形成砂矿。

斑晶状钾长石矿床是花岗岩体的一部分，为燕山期产物，侵入于元古地层中，与区域构造斜交，两者是侵入接触关系。

岩体有明显的分带现象，可以分为内部相和边缘相。内部相主要为中粒花岗结构的黑云母花岗岩，其次为中粒黑云母二长花岗岩。边缘相为似斑状花岗岩，两个相带渐变过渡，呈“牛眼”状分布。

边缘相的似斑状花岗岩体，即含矿体。主要岩性为似斑状中粒——中粗粒角闪黑云母花岗岩，其次是似斑状中粒黑云母二长花岗岩及似斑状黑云母花岗岩。含矿岩体中钾长石斑晶含量一般在15%~25%，局部地段达40%~50%，靠近岩体边部，斑晶的含量增高，尤其是西部和西北部，斑晶含量多，个体也大。边缘相分布面积200km^{2}以上。在原矿分布区，地形比高不大，无覆盖，岩石多呈风化半风化状态，采选都比较方便。

b 矿石特征

含矿岩体岩石的矿物组成除钾长石外，主要有更长石（25%~30%）、石英（25%~30%）、角闪石（5%~10%）及黑云母等。

矿石矿物——斑晶状钾长石为灰白色、浅黄色及浅肉红色，属微斜长石和微斜条纹长石。

钾长石平均密度为2.56g/cm^3。原矿中的钾长石，需经从母岩中分解洗选以后才能加以利用。

钾长石砂矿与原矿矿石性质完全一样，它是原矿经风化、流水的冲刷、磨蚀、洗选的产物。洗选后晶体表面的黑云母、角闪石、石英铁矿物等附着矿物冲刷殆尽，矿石质量更纯。只要通过筛选或手选，很容易取得钾长石砾石，这种矿石可以直接利用。在古河床和现代河床的沉积物中，4~60mm粒级的粗砂砾中绝大部分（80%~90%）是钾长石砾石。从使用角度出发，长石砂矿的开发利用，简单易行，更具现实意义。

B 矿石质量

a 本矿床矿石质量

本矿床矿石化学成分十分稳定，在10个不同的地段分别取样，砂矿和原矿中的钾长石矿石成分十分接近，详见表4-13。

表4-13 钾长石矿石主要化学成分 （%）

序号	SiO_2	Al_2O_3	Fe_2O_3	K_2O	Na_2O	TiO	CaO
1	64.72	18.79	0.45	9.23	3.82		
2	65.12	18.67	0.23	9.75	3.73		
3	64.63	18.56	0.26	9.26	3.75		
4	64.76	18.84	0.26	9.66	3.73		
5	64.52	18.65	0.35	9.50	3.17		
6	64.83	18.80	0.23	9.75	3.73	0.005	0.38
7	64.91	18.22	0.25	9.60	3.50		
8	64.64	18.67	0.11	9.40	3.58	0.004	0.38
9	64.61	18.70	0.24	9.40	3.75		
10	64.64	18.80	0.20	9.60	3.45	0.005	0.38

注：序号7为原矿，其他均为砂矿。

矿石的主要化学成分与钾长石的种属是一致的。

b　该矿床矿石质量与其他矿床矿石质量对比

对比情况如下：

（1）与国内已知钾长石矿床对比。国内部分已知钾长石矿床见表4-14。

表4-14　国内部分钾长石矿床主要化学成分对比表　（%）

产　地	SiO_2	Al_2O_3	Fe_2O_3	K_2O	Na_2O	CaO
云南个旧	64.14	18.65	0.24	11.97	1.73	
山东新泰	64.49	19.87	0.11	9.40	4.34	0.77
江西修水	63.40	21.89	0.09	10.49	3.08	0.21
山西闻喜	62～65	18～20	0.15～0.35	11～14	2～3	
湖南临湘	65.83	17.43	0.31	14.29	1.26	0.26
某地（平均值）	64.74	18.67	0.26	9.50	3.67	0.38

（2）与省内已知钾长石矿床对比。省内部分已知钾长石矿床见表4-15。

表4-15　省内部分钾长石矿床主要化学成分对比表　（%）

产　地	SiO_2	Al_2O_3	Fe_2O_3	K_2O	Na_2O	CaO
浠水某矿点	64.0	20.42	0.13	7.62	5.16	1.79
罗田矿点8号	65.59	18.36	0.51	7.59	5.15	0.13
某地（平均值）	64.74	18.67	0.26	9.50	3.67	0.38

该种类型矿石化学成分与山东新泰和山西闻喜矿床较为接近。新泰钾长石矿石，主要供应上海、洛阳、杭州、青岛等大玻璃厂以及玻璃制品厂。该矿床与湖北省内浠水长石、罗田长石相比，K_2O和Na_2O含量略有不同，其K_2O+Na_2O含量基本相当（略高）。但浠水长石、罗田长石实际大批量生产时，钾、钠合量远差于某矿床，在资源贫乏的今天，某矿床已是优质矿床。根据资料介绍，本矿床地质工作程度较低，需补做地质工作。

C　有害矿物

影响本矿床矿石质量的关键是Fe_2O_3含量略高。铁的赋存状态有两类，一类是矿物晶格中的铁离子，这种铁难以除掉，但数量有限，影响不大。另一类是含铁矿物，如磁铁矿、黑云母、黄铁矿等，需要尽量除去。除铁方法除了破碎洗选外，最常用的是磁选。如果要求较高就需除铁，放松要求不除铁也比浠水、罗田长石低。

D　开发利用

某地斑晶状钾长石矿床矿石化学成分稳定，规模巨大，应扩大开发利用规模，不但可以缓解钾长石紧缺的矛盾，而且对拓宽钾长石找矿范围具有典型的示范意义（国外早有先例）。

该矿床1996年开始小规模开采加工出售长石粉，也出售长石块。但交通不便，价格偏高。此矿床和湖北某县两地将会成为近期湖北及周边省份长石供应基地。

4.5.2　湖北稀有金属矿尾矿

湖北某地长石矿原为稀有金属矿山。该矿重选后的尾矿进行综合回收长石和石英，实现了矿物资源的综合利用。下面分原矿性质和选矿后长石质量两方面进行介绍。

4.5.2.1 原矿性质

A 矿物组成

主要矿物为：微斜长石（39.9%）、钠长石（19.6%）、石英（32.8%）、云母（7.8%，主要为白云母）及连生体矿物（2.31%）。

B 化学成分

入选原矿（即金属重选尾矿）化学成分见表4-16。

表4-16 入选原矿化学成分

成 分	SiO_2	Al_2O_3	Fe_2O_3	K_2O+Na_2O	CaO	MgO
含量/%	74.89	13.72	0.42	7.27	微 量	微 量

4.5.2.2 选矿后长石质量

入选原矿经综合回收长石、石英的选矿工艺流程处理后，其产品质量见表4-17。

表4-17 精矿化学成分 （%）

产 品	SiO_2	Al_2O_3	Fe_2O_3	K_2O+Na_2O
长 石	65.27	19.29	0.15	12.12
石 英	98.06	1.20	0.043	0.19
云 母	52.79	27.56	2.75	10.30

从表4-16看，入选前的化学成分就是一种长石，用于平板玻璃完全可行，只是Fe_2O_3含量偏高。尾矿再分选后其长石质量得到提高，钾钠含量提高了4.85%（表4-17），铁降低了0.27%。该矿可以得到长石和石英砂，一举两得，值得跟踪研究（或同类型其他尾矿）利用于玻璃生产中，解决了长石供应和硅砂部分供应，是长石来源之一。

4.5.3 钠长石矿

在湖北、湖南，钠长石矿资源的报道并不太多，湖北的浠水县竹瓦镇桃园乡平岑村和王祠乡仙阁村两地以及湖南的衡山市马迹有钠长石。下面介绍这两地钠长石的质量以及玻璃企业使用钠长石的发展方向。

4.5.3.1 钠长石矿石质量

A 浠水县钠长石

浠水县钠长石统计数据显示：SiO_2含量最高为72.28%，最低为69.57%，平均为71.15%；Al_2O_3含量最高为17.66%，最低为13.71%，平均为14.79%；Fe_2O_3含量最高为0.45%，最低为0.20%，平均为0.33%；CaO含量最高为1.09%，最低为0.12%，平均为0.45%；MgO含量最高为0.78%，最低为0.08%，平均为0.32%；Na_2O含量最高为10.63%，最低为7.23%，平均为8.4%；K_2O含量最高为3.29%，最低为2.24%，平均为2.88%。

B 衡山钠长石

衡山钠长石统计数据显示：SiO_2 含量最高为 68.02%，最低为 66.13%，平均为 66.97%；Al_2O_3 含量最高为 19.38%，最低为 18.50%，平均为 19.07%；Fe_2O_3 含量最高为 0.34%，最低为 0.18%，平均为 0.25%；CaO 含量最高为 1.28%，最低为 0.79%，平均为 1.07%；MgO 含量最高为 0.49%，最低为 0.07%，平均为 0.22%；Na_2O 含量最高为 11.90%，最低为 10.09%，平均为 10.73%；K_2O 含量最高为 0.44%，最低为 0.16%，平均为 0.34%。

4.5.3.2 玻璃企业使用钠长石的发展方向

玻璃企业应用钠长石要求 SiO_2 含量为 63% ~70%，Al_2O_3 含量为 16% ~20%，Fe_2O_3 含量小于 0.3%，Na_2O 含量大于等于 8%，K_2O 含量小于等于 1%。这个要求在 20 世纪 80 年代可以达到，目前因资源枯竭，发展方向一是调整质量指标放松要求，二是到偏僻的县镇开发新的钠长石资源，三是不再使用钠长石改换其他含钠含铝的原料。

4.5.4 锂长石矿

目前用于玻璃生产能代替钾长石的锂长石有锂辉石、锂云母、透锂长石等几种，各工艺书中都作了介绍，但平板玻璃目前实际应用较少，因为有钾长石供应。下面分别介绍它们的特性、质量要求以及资源分布地，相信会有一天部分玻璃厂因资源贫乏锂长石也得应用。但是锂长石是用于炼铝业、制造润滑剂和锂电池、合成橡胶、漂白剂、空气净化剂、烟火、炸药以及国防工业重要矿物，含锂矿物远少于含钾钠矿物，将来用于平板玻璃可能性较小。

4.5.4.1 锂辉石

A 锂辉石的特性

a 矿物组成

锂辉石分子式为 $Li_2O \cdot Al_2O_3 \cdot 4SiO_2$ 或 $LiAl(Si_2O_6)$，理论组成为：Li_2O 8.07%，Al_2O_3 27.44%，SiO_2 64.49%，化学组成较稳定，常含少量锰、铁、钠、钙、钾、铬等杂质元素，可含有稀有元素、稀土元素和铯的混合物以及钒、钴、镍、铜、锡等微量元素。锂辉石常与石英、微斜长石、钠长石、铌钽矿物共同产出。

b 物化性质

锂辉石硬度为 6.5 ~7，相对密度为 3.03 ~3.22g/cm^3。颜色有白色、灰色，含锰高的带紫色，称为紫锂辉石；含铬高的带翠绿色，称为翠绿锂辉石。条痕无色，玻璃光泽。矿物不溶于酸。

B 锂辉石质量要求

低铁锂辉石可以用于玻璃工业，其精矿质量要求参考值为：Li_2O 大于 6%，SiO_2 大于 65%，Al_2O_3 大于 22%，$Fe_2O_3 + MnO$ 含量小于 0.2%，$K_2O + Na_2O$ 含量小于 1.0%，P_2O_5 小于 0.2%。

四川某地花岗伟晶岩中产出的锂辉石化学成分：Li_2O 7.12%，SiO_2 62.55%，Al_2O_3 25.31%，Na_2O 1.25%，MgO 1.19%。矿物属单斜晶系。

C 锂辉石资源分布

锂辉石在湖北是否有矿床，尚未查到相关报道，但周边省份如四川省某地有锂辉石。

4.5.4.2 锂云母

A 锂云母的特性

a 矿物组成

锂云母的分子式为 $LiF \cdot KF \cdot Al_2O_3 \cdot 3SiO_2$ 或 $K(LiAl)_3[Al(Si_4O_{10})](OHF)_2$，常含钠、铷、铯等稀有碱金属元素。成分变化较大，通常 SiO_2 含量为47%~60%，Al_2O_3 含量为22%~29%，Na_2O+K_2O 含量为8%~12%，Li_2O 含量为3.5%~6%，F含量为4%~9%。替代钾的有钠（≤1.1%），铷（≤4.9%），铯（≤1.9%）；替代锂、铝的有 Fe^{2+}（≤1.5%），锰（≤1%），钙，镁较少；氟可被OH（≤2.6%）代替。

b 物化性质

锂云母硬度为2~3，相对密度为2.8~2.9g/cm³。锂云母含杂质不同显示不同的颜色，有玫瑰色、浅紫色、白色、有时无色，玻璃光泽，解理面显珍珠光泽。矿物溶于 H_3PO_4，在HCl、HNO_3、H_2SO_4 中溶解不完全。

B 锂云母的质量要求

用于玻璃的锂云母精矿质量指标为：1级：Li_2O 含量不小于4%，$Li_2O+Rb_2O+Cs_2O$ 含量不小于5%，K_2O+Na_2O 含量不小于8%，Fe_2O_3 含量不大于0.4%，Al_2O_3 含量不大于26%。2级：Li_2O 含量不小于3%，$Li_2O+Rb_2O+Cs_2O$ 含量不小于4%，K_2O+Na_2O 含量不小于7%，Fe_2O_3 含量不大于0.5%，Al_2O_3 含量不大于28%。3级：Li_2O 含量不小于2%，$Li_2O+Rb_2O+Cs_2O$ 含量不小于3%，K_2O+Na_2O 含量不小于6%，Fe_2O_3 含量不大于0.6%，Al_2O_3 含量不大于28%。

湖北某地花岗伟晶岩中产出的锂云母含量：Li_2O 4.51%，SiO_2 50.40%，Al_2O_3 23.22%，K_2O 10.33%，Rb_2O 1.57%，Cs_2O 0.08%，MnO 2.17%，F 7.15%。

C 锂云母矿资源分布

湖北某地有锂云母，周边省份锂云母产地主要是江西宜春，其次是河南官渡、四川康定和金川。

4.5.4.3 铌钽尾矿

A 铌钽尾矿的特性

a 矿物组成

铌钽尾矿是从钽铁矿中提炼金属铌和钽余下的尾矿粉，钽铁矿主要产于花岗伟晶岩中，与锂云母、锂辉石等及其他钽铌矿物共同产出。

b 物化性质

铌钽尾矿主要含 SiO_2、Al_2O_3、Na_2O、K_2O、Li_2O、P_2O_5 和 Fe_2O_3 及少量 Cs_2O、Rb_2O 和微量的 F_2。尾矿呈白色粉状，密度约为1.8g/cm³。含水量为7%~25%。

B 尾矿品种及化学成分

铌钽尾矿分为锂长石和锂云母两种。湖南省有两家玻璃厂用锂长石粉代替钾长石应用于压延和浮法玻璃中，湖北有一家玻璃厂用锂云母粉代替钾长石应用于浮法玻璃中，其分析数据如下。

a 锂长石粉

湖南株洲某玻璃厂应用分析化学成分：SiO_2 73.01%、Al_2O_3 14.61%、Fe_2O_3 0.15%、CaO 0.17%、MgO 0.02%、Na_2O 5.05%、K_2O 2.06%、Li_2O 0.94%、Rb_2O 0.28%、P_2O_5 0.59%。

湖南邵阳某玻璃厂应用分析化学成分：SiO_2 74.50%、Al_2O_3 15.67%、Fe_2O_3 0.08%、CaO 0.14%、MgO 0.14%、Na_2O+K_2O 含量7.8%，Li_2O、Rb_2O 未分析。

b 锂云母粉

湖北某玻璃厂应用分析化学成分：SiO_2 54.0%、Al_2O_3 23.5%、Fe_2O_3 0.23%、CaO 1.03%、MgO 0.83%、Na_2O+K_2O 含量大于等于8%、Li_2O 3.05%、其他项9.36%。

C 铌钽尾矿资源分布

湖北尚未见到有铌钽尾矿的报道，周边省份只有江西省宜春414矿有尾矿产出。

4.5.4.4 透锂长石

A 透锂长石的特性

a 矿物组成

透锂长石分子式为 $Li_2O \cdot Al_2O_3 \cdot 8SiO_2$ 或 $Li[Al(Si_4O_{10})]$，常含钾、钠、钙、铁等杂质元素。透锂长石产于花岗伟晶岩中，与锂云母、锂辉石、铯沸石、绿柱石等共生。

b 物化性质

透锂长石硬度为6~6.5，相对密度为2.3~2.5g/cm^3，矿石断口次贝壳状，性脆。矿石为白色、无色、灰色或黄色，偶见粉红色或绿色，条痕无色，透明至半透明，玻璃光泽，解理面上为珍珠光泽。矿物缓慢加热发生蓝色磷光。差热曲线上在1150℃有明显的吸热谷，在1200℃有明显的放热峰。

B 透锂长石的化学成分

湖北某地透锂长石 Li_2O_2 4.51%、Al_2O_3 15.42%、SiO_2 76.90%、Na_2O 0.44%，Cs_2O 0.15%、CaO 0.13%。

C 透锂长石资源分布

有资料报道湖北某地有透锂长石，产于花岗伟晶岩中（矿物属单斜晶系）。福建南平西坑及新疆阿尔泰可可托海有透锂长石产出。

4.5.5 火山凝灰岩

湖北火山凝灰岩曾做过微晶玻璃配方研究，国内有少数厂家用来生产高铝低碱玻璃瓶。也可以用于生产绿色平板玻璃，不用配铁粉，但目前无人尝试使用。火山凝灰岩尚未大规模开发利用，介绍它以便加深认识，预计50年后无资源时会有人在平板玻璃中研究、开发、利用火山凝灰。

4.5.5.1 火山凝灰岩的特性

A 矿物组成

火山凝灰岩属于岩浆岩系中的火山岩，是火山活动喷出的碎屑与雾状颗粒沉降、烧结、冷凝而成的块状固体。矿物组成主要是钾长石和高岭土占69%，石英占8%，斜长石占10%，黑云母占1%，岩石碎屑占10%。

B 物化性质

火山凝灰岩呈块状固体。外观通常呈浅灰色、夹杂黑色或褐色斑点。硬度中等，莫氏硬度不超过5。化学稳定性强。

4.5.5.2 火山凝灰岩的化学成分

湖北东部某地火山凝灰岩 SiO_2 72.89%、Al_2O_3 12.84%、CaO 0.25%、MgO 0.48%、K_2O 5.99%、Na_2O 2.20%，Fe_2O_3 1.12%（除铁以外，数据表明可以用作平板玻璃生产）。

4.5.5.3 火山凝灰岩资源分布

湖北东部、东南部一带分布有较大储量的火山凝灰岩，全国有13个省区有分布，总储量丰富，值得研究，也可能是潜在的玻璃原料资源。

4.6 长石矿应用实例

4.6.1 浠水钾长石的应用

浠水县钾长石应用在引进的美国PPG六机无槽引上工艺日熔量为300t的熔窑中，分应用数据介绍、质量分析及生产简况介绍两方面叙述。

4.6.1.1 应用数据介绍

A 化学成分

统计数据显示：SiO_2 含量最高为71.44%，最低为70.57%，平均为71.10%；Al_2O_3 含量最高为15.57%，最低为13.71%，平均为14.15%；Fe_2O_3 含量最高为0.38%，最低为0.22%，平均为0.31%；CaO含量最高为0.57%，最低为0.38%，平均为0.47%；MgO含量最高为0.39%，最低为0.16%，平均为0.28%；Na_2O 含量最高为3.29%，最低为2.52%，平均为2.98%；K_2O 含量最高为8.79%，最低为7.23%，平均为8.08%。

B 粒度分析

对辊破碎机加工，过24目（0.8mm）筛，其粒度分析为：大于0.9mm占0.02%，-0.9~+0.45mm占8.11%，-0.45~+0.282mm占13.87%，-0.282~+0.19mm占12.83%，-0.19~+0.154mm占13.17%，-0.154~+0.125mm占9.79%，-0.125~+0.113mm占9.56%，-0.113mm占32.24%。

4.6.1.2 质量分析及生产简况

A 质量分析

浠水长石 SiO_2 和 Al_2O_3 含量较稳定，SiO_2 含量在半年之内最大相差0.89%，Al_2O_3 含量在半年之内最大相差1.86%。Na_2O 和 K_2O 含量也较稳定，Na_2O 含量在半年之内最大相差0.77%，K_2O 含量在半年之内最大相差1.56%。与美国PPG公司考察时相比，质量略有下降，但仍然稳定。

SiO_2 含量稳定，是因为浠水长石中副矿物石英很少，几乎看不到明显的石英块、水晶块，偶见云母。从外观看肉红色肉白色为主，颜色均匀。

B 玻璃生产简况

在美国 PPG 引进的六机无槽引上窑中，用浠水钾长石生产的玻璃有一种特别的淡黄淡红色漂亮光泽，一是钾的作用，二是 PPG 无槽技术：板根火焰抛光的作用，主要是钾的作用。

4.6.2 罗田长石的应用

罗田县钾长石在某厂应用时间长，共经历了四个窑期、三种工艺。在这当中块状进厂和粉料进厂经常变换，情况较复杂。下面介绍罗田长石应用数据和质量分析以及对成分波动问题进行讨论。其中应用数据介绍中的化学分析分时间阶段分述。

4.6.2.1 应用数据介绍

A 化学成分

a 应用于八机无槽引上工艺日熔化量为 320t 熔窑中

块状进厂（第一阶段）：历经一年 71 次分析化学成分统计数据显示：SiO_2 含量最高为 73.51%，最低为66.91%，平均为72.27%；Al_2O_3 含量最高为18.59%，最低为12.68%，平均为15.13%；Fe_2O_3 含量最高为1.40%，最低为0.27%，平均为0.57%；CaO 含量最高为1.39%，最低为0.07%，平均为0.69%；MgO 含量最高为1.01%，最低为0.01%，平均为0.21%；烧失量最高为0.91%，最低为0.32%，平均为0.65%；K_2O+Na_2O 计算平均含量为10.48%。

粉料进厂（第二阶段）：历经半年 29 次分析化学成分统计数据显示：SiO_2 含量最高为 73.64%，最低为71.79%，平均为73.02%；Al_2O_3 含量最高为16.06%，最低为14.95%，平均为15.55%；Fe_2O_3 含量最高为0.72%，最低为0.29%，平均为0.396%；CaO 含量最高为 2.02%，最低为 0.72%，平均为 1.58%；MgO 含量最高为 0.64%，最低为 0.03%，平均为0.18%；烧失量最高为0.75%，最低为0.54%，平均为0.62%；K_2O+Na_2O 计算平均含量为8.65%。

又改块料进厂（第三阶段）：历经一年 117 次分析化学成分统计数据显示：SiO_2 含量最高为74.58%，最低为70.09%，平均为73.19%；Al_2O_3 含量最高为16.13%，最低为13.41%，平均为15.03%；Fe_2O_3 含量最高为1.33%，最低为0.24%，平均为0.64%；CaO 含量最高为1.34%，最低为0.13%，平均为0.66%；MgO 含量最高为0.86%，最低为0.01%，平均为0.25%；烧失量最高为1.15%，最低为0.53%，平均为0.77%；K_2O+Na_2O 计算平均含量为9.46%。

b 应用于一窑两制工艺日熔化量为 320t 熔窑中（第四阶段）

块料进厂历经两年零八个月 114 次分析化学成分统计数据显示：SiO_2 含量最高为 76.06%，最低为69.23%，平均为74.09%；Al_2O_3 含量最高为18.08%，最低为13.55%，平均为15.24%；Fe_2O_3 含量最高为1.04%，最低为0.34%，平均为0.539%；CaO 含量最高为 1.74%，最低为 0.09%，平均为 0.87%；MgO 含量最高为 0.60%，最低为 0.02%，平均为0.18%；烧失量最高为1.47%，最低为0.28%，平均为0.54%；K_2O+

Na_2O 计算平均含量为 8.63%。

c 应用于浮法工艺日熔化量为 350t 和 700t 熔窑中（第五阶段）

粉料进厂历经 5 年零两个月 128 次分析化学成分统计数据显示：SiO_2 含量最高为 76.93%，最低为 72.00%，平均为 74.44%；Al_2O_3 含量最高为 16.26%，最低为 13.38%，平均为 14.66%；Fe_2O_3 含量最高为 1.25%，最低为 0.29%，平均为 0.6%；CaO 含量最高为 1.67%，最低为 0.30%，平均为 1.03%；MgO 含量最高为 1.08%，最低为 0.02%，平均为 0.30%；烧失量最高为 1.91%，最低为 0.43%，平均为 0.74%；$K_2O + Na_2O$ 计算平均含量为 8.24%。

B 粒度分析

a 对辊六角筛 24 目（0.8mm）加工工艺

大于 0.9mm 占 0～0.03%，-0.9～+0.45mm 占 21.99%～40.87%，-0.45～+0.282mm 占 14.36%～21.67%，-0.282～+0.19mm 占 9.58%～11.24%，-0.19～+0.154mm 占 6.43%～8.25%，-0.154～+0.125mm 占 4.17%～10.34%，-0.125～+0.113mm 占 1.00%～4.38%，小于 0.113mm 占 14.81%～32.0%。

b 雷蒙磨选粉机加工工艺

大于 0.8mm 占 0～0.29%，-0.8～+0.45mm 占 0.43%～1.77%，-0.45～+0.154mm 占 6.61%～17.6%，-0.154～+0.125mm 占 1.61%～8.70%，-0.125～+0.113mm 占 14.07%～54.90%，小于 0.113mm 占 23.42%～75.88%。

4.6.2.2 质量分析

A 化学成分

由上述数据表明，SiO_2 含量波动：第一阶段最大相差 6.6%，第二阶段最大相差 1.85%，第三阶段最大相差 4.49%，第四阶段最大相差 6.83%，第五阶段最大相差 4.93%。

Al_2O_3 含量波动：第一阶段最大相差 5.91%，第二阶段最大相差 1.11%，第三阶段最大相差 2.72%，第四阶段最大相差 4.53%，第五阶段最大相差 2.88%。

Fe_2O_3 含量波动：第一阶段最大相差 1.13%，第二阶段最大相差 0.43%，第三阶段最大相差 1.09%，第四阶段最大相差 0.70%，第五阶段最大相差 0.96%。

$K_2O + Na_2O$ 含量平均值：第一阶段为 10.48%，第二阶段为 8.65%，第三阶段为 9.46%，第四阶段为 8.63%，第五阶段为 8.24%。

第二阶段粉料进厂其成分变化相对较小，SiO_2 变化 1.85%，Al_2O_3 变化 1.11%，Fe_2O_3 变化 0.43%，均小于第一、三、四、五阶段。用量少，质量略好，但是第二阶段 $K_2O + Na_2O$ 并不太高。在后面还要讨论 Al_2O_3 与 $K_2O + Na_2O$ 的关系，这里暂不论述。

去掉第二阶段，其余第一、三、四、五阶段相比，$K_2O + Na_2O$ 含量呈下降趋势。说明用量大，$K_2O + Na_2O$ 含量下降。尤其第五阶段用量最大，其 $K_2O + Na_2O$ 含量最低。

Al_2O_3 含量平均值变化不大，第一、二、三、四阶段均为 15% 以上，只有第五阶段在 15% 以下。总体还是较好的。这是选用长石的最重要的参数。在后面有关章节再讨论长石中的 Al_2O_3 问题。

SiO_2 含量平均值由 72.27% 逐步上升到 74.44%，呈上升趋势，这与罗田长石副矿物石英含量有关。罗田钾长石中夹杂有明显石英块，水晶块较多，又无法一一手选，用量增加，手选难度加大，与分析统计数据相符。石英、水晶杂质在长石中是罗田长石最大的缺点。说明罗田长石稳定性差于浠水长石。但罗田长石外观上无黏土、块大，而浠水长石外观上有黏土、块小（外观像土），往往产生错误判断。

B 粉料粒度

对辊加工粒度偏粗的多，0.9～0.282mm 占主要部分，小于 0.113mm 的较少。雷蒙磨加工粒度分布波动大，－0.154～＋0.113mm 占主要部分有过一段时间，－0.113～＋0.09mm 占主要部分也有过一段时间，小于 0.09mm 占主要部分同样也有过一段时间。换言之，细粉比例相差较大，不稳定。往往狠抓粗粒不放，细粉增多。狠抓细粉不放，粗粒增多。作者认为罗田长石夹杂石英、水晶多且质纯（SiO_2 含量高达 99.9% 或 99.99%），不能放粗，宁可偏细。但是生产中曾经用对辊加工 22 目（0.85mm）全通过也生产过一段时间，玻璃板上未发现疙瘩出现。

4.6.2.3 长石成分波动问题讨论

罗田长石化学成分波动大，硅砂、白云石、石灰石、长石四种地材相比，长石成分波动最大。下面分析影响或决定波动的因素。分与矿源有关，与供应量有关，与操作方式有关三方面来讨论。其中操作方式又分状态（粉状、块状）有关，储存量有关，取样地点与点数、次数有关三方面分别叙述。

A 与矿源有关

从表 4-10 可以得出，罗田长石各矿点化学成分很不一致，矿点又零散分布，而每一个矿点储量又无法满足需求量，只能多点开采，造成化学成分波动是很自然的。矿源是主要的。

B 与供应量有关

需求量越大，开采矿点就越多，成分波动就越大。如上述第二阶段粉料进厂，需用量较少（一座日熔化量为 320t 熔窑），其化学成分相比而言，波动小多了。而第五阶段供两座熔窑（一座 350t，一座 700t），年需求量大多了，开采矿点相应增加，其成分波动大是肯定的。

C 与操作方式有关

具体如下：

（1）进厂状态不同，波动情况不同。凡粉料进厂，成分波动偏小，块料进厂成分波动偏大。粉料在矿山加工，在系统内有一次混合均化过程，进厂后经过库房堆放、倒运、上料、筛分、入库，又有一次混合均化过程，其成分又一次得到改善。

块状进厂，经厂内加工系统内有混合均化过程，少了矿山那一次混合，其成分波动相比粉料进厂大。

（2）储存量不同，波动情况不同。无论矿山堆放，还是玻璃厂内堆放，储量偏小，横堆竖取操作较容易，其成分变化小；储存量过大，横堆竖取操作不严格（随意），其成分变化大。当然这里与管理有关。

（3）取样地点和点数，次数不同，波动情况不同。取样地点：可以是矿山开采场堆垛处，矿山石粉厂块状堆垛处，粉料灌袋处，粉库袋堆码处，玻璃厂卸车处，仓库堆码处，电子秤喂料器出口处。取样地点越接近窑头，其混合几率越大，成分波动则越小。若在配合料混合机混合后取，其每一副配合料中长石是一个定值（平均值），当然混合机混合后无法取到长石单种样品，但原理上越趋向平均值则波动越小。

取样点数：可以是一点（粉料铲1小勺），可以是两点（铲2小勺），可以是三点（铲3小勺）或多点。一点的代表性比两点的代表性差，两点的代表性比三点差。取多点混合做化学分析其数据更接近平均值，某厂规定是取一点做化学分析，数据波动偏大。而别的玻璃厂取多点混合再做化学分析，其数据波动偏小是重要原因。这一操作过程往往不被认识。凡块状样品一般取多块作平均样处理，凡粉料样品一般取一点作点样处理。

取样次数：可以是一天取一个样，也可以三天取一个样，还可以一周取一个样，某厂规定一周取一个样。时间间隔长则波动大，时间间隔短相对波动小。

某厂一般在电子秤称入喂料器出口处取一点样进行化学分析，其数据看上去变化很大。但取样之后，物料经过秤斗内堆锥、电磁振动喂料器排料、由集料皮带落入中间仓、进入大混合机混合（主要的）、混合机排料落入配合料皮带上、配合料落入窑头仓、投料机推入窑内都有混合均化作用；在窑内在液流对流作用下也有混合均化作用，其长石粉化学成分越来越接近平均值。经数据处理得到入窑后长石化学成分可能存在的范围与电子秤处取样数据相比见表4-18。

表4-18 长石成分变化对比 （%）

序号	元素	SiO_2	Al_2O_3	Fe_2O_3	CaO	MgO	$K_2O + Na_2O$	烧失量
1	分析数据最大波动范围	76.93 ~ 69.23	18.59 ~ 12.64	1.40 ~ 0.24	2.02 ~ 0.07	1.08 ~ 0.01	10.61 ~ 7.51①	1.91 ~ 0.28
2	推测数据可能存在范围	75.94 ~ 73.01	15.14 ~ 13.92	0.93 ~ 0.38	1.42 ~ 0.63	0.73 ~ 0.09		1.14 ~ 0.55

① 每半年统计一次的平均值变化范围。

从表4-18序号2中数据看，这些数据的缩小是机械设备动作和窑内液流动作所做的工作的结果，对于玻璃生产来说仍觉得波动太大，长石需要再做工作。长石提供Al_2O_3在某厂玻璃中占主要分量（54%以上），长石的波动引起玻璃中Al_2O_3的波动（控股作用），有必要研究长石、稳定长石成分，在本章最后一节将讨论长石的均化问题。

4.6.3 钽铌尾矿在浮法玻璃中试用

江西宜春414矿钽铌尾矿中的一种锂云母粉在某厂浮法一线日熔化量为350t平板玻璃窑中的试用，是2004年9月24日开始配料，至2005年5月4日结束，共试用了221d。现将锂云母粉试用目的、外调简况、分析数据、生产调整作简要介绍，然后对试用结果进行分析得出结论。

4.6.3.1 试用目的

具体如下：

（1）从降铁角度出发。上述罗田长石因Fe_2O_3含量严重超标，而锂云母粉Fe_2O_3含量较低，试图替代罗田长石矿。

（2）从氧化锂助熔角度出发。尾矿锂云母粉价格低于纯碱，又含氧化锂，可代替 K_2O 和 Na_2O，节约纯碱用量、降低能耗和生产成本。

4.6.3.2　试用前外调简况

A　用户调查

湖南株洲玻璃厂在压延窑上进行过短期试验，使用江西宜春 414 矿钽铌尾矿中的一种锂长石粉生产压延玻璃。该厂曾发表过有关文章，现将文章内容简要整理介绍如下。

a　压延玻璃成分设计

压延玻璃成分见表 4-19。

表 4-19　压延玻璃成分比较　（%）

玻璃成分	SiO_2	Al_2O_3	Fe_2O_3	CaO	MgO	Na_2O	K_2O	Li_2O	Rb_2O	P_2O_5
原成分	72.2	2.30	0.24	6.40	4.10	13.59	0.91	—	—	—
试用成分	72.3	2.31	0.19	6.40	4.10	13.91	0.27	0.12	0.04	0.08

b　熔化变化

该厂发表的文章是肯定态度，认为锂长石粉对生产有利，熔化有改善。

（1）料山翻泡剧烈：未使用钽铌尾矿时翻泡一般在 2 号小炉开始；使用尾矿后料山在到达 1 号小炉翻泡就十分明显。

（2）料山位置:使用钽铌尾矿后料山一般不超过 3 号半小炉,较使用前缩短一个小炉位置。

（3）料山与泡界线距离：使用尾矿后，基本上不出现料山顶泡界线的现象，不论泡界线或远或近，之间总有两个小炉左右的距离。

c　优缺点分析

优点：文章肯定造成熔化加快的主要原因：一是 Li_2O 代替 K_2O 促进了 Rb_2O 的助熔作用，二是钽铌尾矿中的 F_2 加速了熔化过程。

文章得出，玻璃中引入 0.12% 的 Li_2O，每年可节约纯碱 262.8t。尾矿（锂长石）进厂价格（钽铌矿距株洲 90km）低于钾长石，尾矿不用加工，合计年降低成本上百万元。

文章得出，尾矿中的铁含量比钾长石低 3 倍以上，能降低玻璃中 Fe_2O_3 含量 0.05%，玻璃的透光性能明显改善。文章肯定钽铌尾矿（锂长石粉）成分稳定性好于钾长石，生产好控制，玻璃密度波动范围变小。

缺点：文章也肯定，尾矿水分过大（7% ~15%）；大颗粒偏多需筛分；Li_2O 会增加玻璃的析晶，作业温度不能过低，要通过经常抢锅来减少影响等几方面的缺点。

但负责原料的工程技术人员认为，尾矿成分不稳定，随矿山钽铌矿层与层之间的波动而波动，认为尾矿只能生产普通玻璃，不能生产厚玻璃和高档玻璃。

B　矿山调查

尾矿存放条件很差，没有专用仓库，靠公路边堆放。水分很大，最高可达 25%。有用户需要用干的，正在上设备烘干，但因为成本过高，后来得知烘干工艺中途停建。

4.6.3.3　某厂试用分析数据介绍

A　尾矿锂云母粉化学成分分析

SiO_2 含量最高为 59.95%，最低为 55.94%，平均为 57.41%；Al_2O_3 含量最高为

22.57%，最低为18.33%，平均为21.05%；Fe_2O_3 含量最高为0.34%，最低为0.10%，平均为0.225%；CaO 含量一般为微量；MgO 含量一般为微量；烧失量最高为4.84%，最低为3.60%，平均为4.05%；$K_2O + Na_2O$ 含量未分析，查找资料为12%。

B 尾矿锂云母粉粒度分析

大于0.9mm 微量（有几小片不明金属屑），-0.9 ~ +0.45mm 占1.10%，-0.45 ~ +0.154mm 占41.60%，-0.154 ~ +0.125mm 占4.10%，-0.125 ~ +0.113mm 占19.4%，-0.113 ~ +0.102mm 占11.21%，-0.102 ~ +0.09mm 占0.12%，小于0.09mm 占21.90%。

4.6.3.4 生产调整情况介绍

A 生产条件

a 玻璃设计成分

试用锂云母时玻璃设计成分维持不变（设计 SiO_2 72.10%、Al_2O_3 0.9%、CaO 8.4%、MgO 3.9%，$K_2O + Na_2O$ 14.0%），即试用前成分、试用期间成分、试用结束后玻璃成分没有变化，保持生料新生玻璃液不变，以便比较。只是将钾长石粉换成了锂云母粉，Al_2O_3、SiO_2 局部计算，硅砂用量小有变化，其余白云石、石灰石、纯碱、芒硝用量不变。试验中玻璃中 Al_2O_3 设计为0.9%，不作变动。

b 熔化成型工艺参数

锂云母粉配料试用前后各工艺参数基本维持不变，但生产中可变因素太多，免不了发生小的调整，在下面的生产比较中分别叙述。

B 生产比较

锂云母粉试用了221d，为了便于比较，前面用钾长石粉配料也取221d，试用结束后恢复长石粉配料同样也取221d，将这三段时间内所发生的生产动作：包括原料换料（A、C、D 三种硅砂用量比例变换）及相邻两天玻璃退火密度变化、熔制车间操作变化及生产现象以及玻璃原板炸裂与产量比较分别进行叙述，从中寻找生产变化规律，总结用锂云母的问题所在。

a 原料调料及密度变化分析

在这三段时间内进行了换砂品种或变换比例，玻璃密度发生了变化，影响生产应分别分析以便了解生产变化。将前段长石配料221d，即从2004年2月18日至9月25日称为“长石前段”。锂云母试用配料221d，即从2004年9月26日至2005年5月4日，称为“锂云母段”。后段长石配料221d，即从2005年5月5日至12月11日，称为“长石后段”。下面分别介绍三段时间发生的密度变化。

长石前段：2004年4月29日用砂比例改为：C砂54%配A砂46%，其玻璃退火密度变化0.0003g/cm³。5月12～13日，没有调整原料，玻璃退火密度自然变化了0.0012g/cm³。5月17～18日，没有调整原料，玻璃退火密度自然变化了0.0008g/cm³。5月21日，用砂比例改为C砂56%配A砂44%，变化了2%，玻璃退火密度没有变化(0.0000g/cm³)。5月24日用砂比例又改回C砂54%配A砂46%，变回2%，玻璃退火密度没有变化(0.0000g/cm³)。5月27日用砂比例调整为C砂50%配A砂50%，玻璃退火密度变化了0.0001g/cm³。6月21～22日，没有调整原料，玻璃退火密度变化了0.0008g/cm³。9月

8 日，用砂比例调整为 C 砂 60% 配 A 砂 40%，其玻璃退火密度变化了 0.0001g/cm³。

在长石前段中，只是变换 C 砂和 A 砂用量比例，其退火密度变化 0 ~ 0.0003g/cm³，没有调料，玻璃退火密度自然变化 0.0008 ~ 0.0012g/cm³。换砂比例对生产无明显影响。

锂云母段：2004 年 11 月 1 日，用砂比例改为 C 砂 60% 配 D 砂 40%（变换了硅砂品种），其玻璃退火密度变化了 0.0004g/cm³。11 月 22 ~ 23 日，没有调料，玻璃退火密度自然变化了 0.0008g/cm³。12 月 8 日，用砂比例为 C 砂 60% 配 A 砂 40%（变换了硅砂品种），其玻璃退火密度变化了 0.0003g/cm³。12 月 13 ~ 14 日，没有调料，玻璃退火密度自然变化了 0.0008g/cm³。12 月 20 ~ 21 日，又没有调料，玻璃退火密度自然变化了 0.0008g/cm³。12 月 27 日，用砂比例改为 C 砂 60% 配 D 砂 40%（变换了硅砂品种），其玻璃退火密度变化了 0.0010g/cm³。2005 年 1 月 4 日，用砂比例改为 C 砂 40% 配 D 砂 60%，其玻璃退火密度变化了 0.0002g/cm³。1 月 21 日，用砂比例改为 C 砂 60% 配 A 砂 40%（变换了硅砂品种），其玻璃退火密度变化了 0.0006g/cm³。1 月 24 ~ 25 日，没有调料，玻璃退火密度自然变化了 0.0009g/cm³。2 月 2 日，用砂比例改为 D 砂 60% 配 A 砂 40%（变换了硅砂品种），玻璃退火密度变化了 0.0001g/cm³。3 月 3 日，用砂比例改为 C 砂 60% 配 A 砂 40%（变换了硅砂品种），玻璃退火密度变化了 0.0004g/cm³。

在锂云母段，变换硅砂品种六次，其玻璃退火密度变化了 0.0001 ~ 0.0010g/cm³，大多变换硅砂品种玻璃退火密度变化 0.0004 ~ 0.0006g/cm³，个别为 0.0001g/cm³ 和 0.0010g/cm³。没有调料，玻璃退火密度自然变化了 0.0008 ~ 0.0009g/cm³。换砂有影响但不大，影响大的是 D 砂。

长石后阶段：2005 年 7 月 6 ~ 7 日，没有调料，玻璃退火密度自然变化了 0.0008g/cm³。7 月 18 ~ 19 日，又没有调料，玻璃退火密度自然变化了 0.0007g/cm³。9 月 15 日，用砂比例变为 C 砂 60% 配 D 砂 40%（变换了硅砂品种），玻璃退火密度变化了 0.0004g/cm³。10 月 24 日，用砂比例改为 C 砂 45% 配 D 砂 55%（变换比例），玻璃退火密度变化了 0.0004g/cm³。10 月 26 日，用砂比例又变为 C 砂 30% 配 D 砂 70%（变换比例），玻璃退火密度变化了 0.0003g/cm³。

长石后阶段，调整较少，变换硅砂品种一次密度变化 0.0004g/cm³。没有调料，密度自然变化了 0.0007 ~ 0.0008g/cm³。换砂品种影响也不太大。

从上述三个阶段看，硅砂变换比例和变换品种对玻璃退火密度有影响，但不太大。长石前段自然变化最大为 0.0012g/cm³，锂云母段自然变化最大为 0.0009g/cm³，长石后段自然变化最大为 0.0008g/cm³，是白云石或石灰石影响的。结论是换砂对玻璃生产无大影响。

b 熔制发生动作生产变化分析

在这三段时间内熔制车间发生了许多不利于分析的问题，给试验总结增加了困难，要在困难中寻求真实数据必须细致，下面分别对这三段时间内所发生车间动作一一分析，从中得出正确结论。

长石前段：3 月 22 ~ 28 日，热修蓄热室 7d 对玻璃生产有一定影响。4 月 18 日，卡脖水包烧穿漏水，影响玻璃产量一个班。5 月 2 日，熔化降温降拉引量。5 月 9 ~ 10 日，流道扒碴两天。5 月 22 ~ 26 日，气泡无限多持续 5d。5 月 26 日扒流道前浮碴。5 月 30 日，卡脖水包烧穿漏水影响产量一个班。6月1日，换搅拌耙。6月6~9日，出现红色小疙瘩，持续4d。7月8~19日，波筋严重持续12d。8月6日，空交机断钢丝绳。9月6~8日，疙瘩无限多持续3d。9月25日，降拉引量。

锂云母阶段：9月26日，提高拉引量。10月6日又提高拉引量。10月11~21日，扒烟道灰持续10d。10月19~21日，玻璃原板炸裂持续3d。11月16~18日，疙瘩多、炸裂多持续3d。11月19日，修流道造成满槽，影响产量。12月27~28日，霞石疙瘩无限多持续2d。2005年3月22~28日，出现黑色疙瘩持续6d。4月11~21日，烟道扒灰持续11d。4月26日，停电15min。4月27日，又停电10min。4月27日，玻璃板小气泡增多。

长石后阶段：5月7~10日，摆板持续4d。5月11日，玻璃原板出现大量气泡夹杂物、波筋。5月12日，换水包，气泡多，疙瘩多，炸裂多。5月22~26日，摆板持续5d。5月23日~6月1日，波筋重持续10d。8月1日，卡脖捞碴。8月8日，卡脖捞碴。8月30日，修1、2节胀缝锁砖。10月15~30日，疙瘩多持续16d。

根据上述影响因素，其产量应扣除，但是三段时间中对产量都有影响，只考虑极端影响。下面就炸裂和总产量进行比较。其中考虑极端影响即满槽无产量应扣除，其余不扣除。

c 玻璃产量与玻璃原板炸裂次数分析

试验前后及试验中碎玻璃用量与生产情况比较，见表4-20。

表4-20 碎玻璃用量与玻璃生产产量对比

配料方案	长石前段	锂云母阶段	长石后段
生产日期	2004年2月18日~9月25日	2004年9月26日~2005年5月4日	2005年5月5日~12月11日
平均碎玻璃比例/%	59.55	46.06	42.89
平均日炸裂次数/次·日$^{-1}$	9.92	38.21	17.07
总产量/重箱	1544794.76	1474111.92	1542993.79
平均日产量/重箱	6990.02	6670.19	6981.87
备注	有3d生产12mm，其他生产4mm或5mm	4mm或5mm，扣除满槽后平均6836.81重箱	4mm或5mm

从表4-20可以看出，用锂云母粉配料期间所加入的碎玻璃比例46.06%与长石后段期间碎玻璃比例42.89%相当，这两段可以加以比较。用锂云母粉时平均炸裂次数38.21次/d，多于用长石粉平均炸裂次数17.07次/d，平均日产量6670.19重箱，少于6981.87重箱，若扣除满槽后碎玻璃影响了12d之外的平均6836.81重箱/d，仍然低145.06重箱/d。这12天不正常说明与操作难度大、料性不好掌握直接相关。若扣除，221d相差32058.26重箱，按当时价格70元/重箱计算，共损失2244078元，平均每天损失10154元。

上面分析了扣除满槽的影响，下面再来分析换砂的影响，因为春节铁路运输较紧张，试用锂云母粉当中增加一种硅砂。砂库容量有限，调料较为频繁，平均一个多月变换一次硅砂，改变比例和换砂种。改变比例影响小，换砂种影响大。虽说换料（换砂）没有对退火密度产生大的变化，但硅砂之间的性能差异给生产带来不利因素，换砂生产不够稳定，根据多年来的总结，换一次硅砂种类最高损失产量200～300重箱，但很快恢复平稳，最低的没有损失，没有任何变化。锂云母配料当中作过6次换砂种，都按最高损失300重箱/次计算，6次就是1800重箱。将这1800重箱从32058.26重箱中扣除，221d仍减产了30258.26重箱，按70元/重箱计算，共损失2118078元，平均每天损失9584元。

满槽影响，换砂种影响已作过计算，下面再来分析碎玻璃影响。这三段时间碎玻璃用量：前段长石配料∶锂云母配料∶后段长石配料等于59.55%∶46.06%∶42.89%。前段时间碎玻璃比例高，就算其质量好，不参与比较。只把试用锂云母配料和后段长石配料作对比，不可能221d锂云母配料都碰上质量差的碎玻璃。再将锂云母配料期间碎玻璃质量引起集中炸裂的也扣除。玻璃原板集中炸裂的天数是2004年10月19～21日共3d和11月16～18日共3d，总计6d。扣除这6d不参与计算，与长石后段配料相比仍然减产28924.48重箱，平均日减产130.88重箱，按70元/重箱计算，损失2024714元，日平均损失9162元，这是总的结论。

上述总的结论是十分保守的算法。其实满槽后12d生产不正常与料性不易掌握直接相关。通常满槽对产量影响仅持续1d或2d，不可能影响12d。按满槽影响2d扣除，换砂影响扣除，碎玻璃集中炸裂影响扣除后，减产56419.09重箱，平均日减产255.29重箱，按70元/重箱计算，损失3949336.3元。这才是真正的结论。其实碎玻璃质量对长石配料前段和后段都有影响，尚未扣除。

d　最佳生产状态比较

下面将长石粉配料和锂云母配料连续高产作业最佳状态作一比较，见表4-21。

表4-21　作业最佳状态比较

配　料	连续生产时间	连续日产7000重箱以上的天数/d	平均日产/重箱	连续高产当中调料内容	备　注
钾长石	2003年10月8日～12月27日	81（全4mm）	7505.47	作过5次大的硅砂比例调整	其中11月10日一天卡脖水包坏了，低于7000重箱，与熔化质量无关
锂云母	2004年10月22日～11月15日	25（全4mm）	7315.97	11月10日作过一次换砂种	
钾长石	2005年11月24日～12月27日	34（全4mm）	7330.47	没有调料	

从表4-21可以看出，长石配料生产稳定些，连续高产的天数多，锂云母配料生产不够稳定，连续高产的天数少，平均日产量也低，是由料性所决定的。株洲玻璃厂负责原料的老工程师明确说钽铌尾矿只能生产普通玻璃，不适合生产厚玻璃和高档次产品，认为尾矿锂长石比钾长石差，各家说法不一。

4.6.3.5　试用结论及原因分析

A　结论

钽铌尾矿中的锂云母粉可以用于浮法玻璃生产，但实践证明效果比罗田钾长石差。

B 原因分析

a 化学成分波动

江西宜春414矿化学成分层内稳定，层与层之间变化很大。钽铌矿开采不可能开完一层再开另一层。袋装进厂锂云母粉批与批之间的成分无法掌握，也无规律。玻璃成分设计 Al_2O_3 又低，锂云母中 Al_2O_3 含量越高，用量就越少，占一副配合料总量的1.11%，不利于混合。尤其 Al_2O_3 的变化使玻璃液的化学均匀性受到影响，对玻璃液的料性影响太大，这是首要的。

b P_2O_5 增加玻璃析晶倾向

锂云母粉所含 P_2O_5 是玻璃中常用的晶核剂。曾有人研究锂辉石、锂长石、锂云母用于浮法玻璃组成中代替长石，两组试验得出同样的结论，都认为 P_2O_5 大大提高了玻璃的析晶倾向。在微晶玻璃中也有报道，在微晶玻璃中钽铌尾矿促进玻璃的晶化过程。P_2O_5 增强析晶倾向是事实，株洲玻璃厂文章也肯定这一点。

c 混入难熔物质

锂云母粉是提炼金属钽、铌加工余下的尾矿，湿法生产使其尾矿水分波动大（5%～25%），需在矿山地面（公路边）凉干、晒干包装操作过程中混入不明难熔物质，给玻璃生产造成不利。同时宜春钽铌矿除含铁、锰、铌、钽外，常有钛、锡、钨、铀、铋、锑、铅、钡、钇、锆、铈、氟等元素混入。其中 TiO_2、ZrO_2、P_2O_5、Ta_2O_5、WO_3 是常用的氧化物晶核剂。又有不明难熔物，又有多种晶核剂，析晶上下限温度无法制订。

d 粒度分散混合均匀度差

粒度分散：锂云母粉粗粒多，超细粉也多。粗粒是罗田钾长石粉的11倍：锂云母粉0.8mm筛上杂物比例占1d锂云母用量的2.72%；罗田钾长石粉0.8mm筛上杂物比例占1d长石用量的0.25%，$2.72\% \div 0.25\% \approx 11$。细粉是长石粉的34倍：锂云母脉冲收尘物比例占1d锂云母用量的20.45%；罗田钾长石粉脉冲收尘物比例占1d长石用量的0.59%，$20.45\% \div 0.59\% \approx 34$。粒度不均匀，细粉多，使配合料混合均匀度变差，玻璃化学均匀性受影响。

形状不佳：锂云母粉粒度形状多呈片状，易飞扬，那段时间原料车间粉尘污染特别严重。若长石输送系统不受改造位置限制，溜管角度可提升，直接使用湿锂云母粉（不晒干），就不会飞扬。但又因粒度细、水分大、易结团，同样对配合料混合均匀度不利，玻璃化学均匀性同样受影响。

e 活泼元素加重耐火材料侵蚀

尾矿锂云母粉中最活泼的金属如铷、铯，最活泼的非金属氟都有两面作用。对玻璃熔化有利，对耐火材料侵蚀不利。耐火材料受到侵蚀，产生疙瘩、气泡、波筋、条纹使玻璃产质量下降。尾矿锂云母粉是“矛”又是“盾”，它“吃疙瘩”，也制造疙瘩，希望它不侵蚀耐火材料，但又希望它能在玻璃液里“吃疙瘩”。

以前用萤石作助熔剂生产平板玻璃，因为氟使玻璃的结晶性能恶化，析晶速度加快；激烈的侵蚀熔窑耐火材料；玻璃液中残存的氟可使玻璃结构强度降低；化学稳定性变坏，致使玻璃易“发霉”。萤石中的氟和尾矿锂云母粉中的氟含量波动都大，有资料显示锂云母里有时氟高达7.15%以上。

碱、芒硝中的 NaCl 的含量越少越好，因为 NaCl 侵蚀耐火材料。在卤族这个家族里，氯不是最活泼的元素，氟才是最活泼的元素，氯次之。因为某厂所用的纯碱和芒硝 NaCl 含量有点高，用尾矿又引入一些氟，加重了侵蚀。

在 221d 里试用说明，采用锂云母粉弊大于利。没有条件测试，既没有黏度-温度曲线，也没有热膨胀曲线，只有一条产量-时间曲线，因为工厂效益就靠这条曲线，所以叫效益线。建议同行们不要用钽铌尾矿锂云母粉生产浮法玻璃，就是普通玻璃也不要用。钽铌尾矿另一种副产品锂长石粉中含氟未曾详细了解，应测试氟的含量，但株洲玻璃厂浮法中使用尾矿锂长石粉多年。

4.7 长石应用的经济效益计算

4.7.1 概述

4.7.1.1 Al_2O_3 的引入是主要目的

引用长石，主要是引入 Al_2O_3 作为玻璃的改良物，而其他原料如低铝高硅硅砂、白云石、石灰石中所含 Al_2O_3 不足以达到玻璃中 Al_2O_3 的设计值，从长石中引进 Al_2O_3 补充这是行业通常做法。长石是引入 Al_2O_3 的主要原料，目的明确。

4.7.1.2 Al_2O_3 含量指标

为达上述目的，通常要求长石 Al_2O_3 含量要达到16%以上，也有18%以上的，这个指标已成为各玻璃厂习惯性要求。根据要求去找货源，向供应商提要求或合同中首要技术参数就是 Al_2O_3 的含量，这是我国玻璃行业不成文的习惯规定。

4.7.1.3 要用经济效益来评价 Al_2O_3 含量的高与低

在生产中通过实践探索，认为长石中的 Al_2O_3 含量的高低不能成为合同标准的首要参数，应从生产实际应用中去计算其综合经济效益。实践证明低 Al_2O_3 长石好，高 Al_2O_3 长石不好。Al_2O_3 含量稳定是必要的，必须达到，但含量不一定高。下面通过某厂 Al_2O_3 含量一高一低的两种长石计算，得出的结果是低铝长石好。

本节由供应价格和折合成纯碱对经济效益进行计算，并从助熔与对耐火材料侵蚀的利弊三个方面去认识长石及长石的 Al_2O_3 含量高与低。

4.7.2 按供应价格计算其效益

不同的玻璃厂有不同的货源，品种不同、运输距离不同，到厂价格自然不同，要进行具体计算，方可认识到哪种长石价值高。

某厂所用长石为湖北罗田县钾长石，其 Al_2O_3 含量较低，一般 14.4% 左右。而另一种长石（锂云母粉）Al_2O_3 含量较高，平均 21.05%。应用这两种长石配料，计算差价得知，用低 Al_2O_3 长石费用高于高 Al_2O_3 长石（锂云母）费用，表 4-22 和表 4-23 为计算结果。

表 4-22 350t 窑原料配料用量计算结果 (kg/副)

用 料	石灰石	白云石	硅 砂	长石/锂云母	芒 硝	纯 碱	合 计
长石配料	54	267	930	28	11	327	1617
锂云母粉配料	54	267	940	18	11	327	1617

表 4-23 计算两种长石每副料价格差

用 料	石灰石	白云石	硅 砂	长石/锂云母	芒 硝	纯 碱	合 计
长 石	—	—	930kg×0.11 元/kg	28kg×0.23 元/kg	—	—	108.74 元/副
锂云母	—	—	940kg×0.11 元/kg	18kg×0.26 元/kg	—	—	108.08 元/副

注：硅砂价格为 0.11 元/kg，长石价格为 0.23 元/kg，锂云母粉价格为 0.26 元/kg。

从表 4-22 粗略计算，只是硅砂和长石（锂云母）两项有变化，其他石灰石、白云石、芒硝、纯碱用量不变。也即是说长石被锂云母粉替代后硅砂和长石用量作了调整，其他不变。

在上述计算中，两种配料方案中石灰石、白云石、芒硝、纯碱用量没有变化，不参与计算，只计算变化了的硅砂和长石。计算结果：用长石配一副料比用锂云母配一副料多 0.66（108.74 − 108.08）元，一天配 155 副料，一年则多 3.734 万元（0.66 × 155 × 365 元）。表面上看用长石配料一年比锂云母配料多用了 3.734 万元。

4.7.3 按折合纯碱和硅砂计算其效益

不同的长石，其中的 K_2O 和 Na_2O 含量不同，把长石中 K_2O 和 Na_2O 换算成纯碱，按纯碱价格计算，长石中的其他成分 SiO_2、Al_2O_3、CaO、MgO 等都当做硅砂使用，按硅砂价格计算，计算长石给配合料实际带来的价值。有否升值，要看本厂的硅砂进厂价格和纯碱进厂价格，还要看上述成分计算。根据某厂实际价格进行计算如下：

（1）换算一副料中长石或锂云母的含碱量。两种矿石中钾钠换算见表 4-24。

表 4-24 矿石粉中的钾钠换算成纯碱计算表

用 料	用量/kg	其中 $K_2O + Na_2O$ 含量/%	带入 $K_2O + Na_2O$/kg	Na_2O/Na_2CO_3 换算系数	换算成 Na_2CO_3/kg
长 石	28	8.74	2.4472	0.5849	4.184
锂云母	18	12	2.16	0.5849	3.693

注：1. 罗田长石 $K_2O + Na_2O$ 平均值按 700t 熔窑同期值 8.74% 计算。
2. 锂云母 $K_2O + Na_2O$ 中包括 Li_2O 等，其值变化很大，查找资料大多为 12%，按 12% 计算。

计算结果一副料长石代碱（节碱）4.184kg，锂云母代碱（节碱）3.693kg。

（2）按折合成纯碱和硅砂价格计算。将上述换算成的纯碱量、按纯碱价格计算，其余量按硅砂价格计算，然后相加，其计算及其结果见表 4-25。

表 4-25 一副料长石（锂云母）折合成纯碱、硅砂费用计算

用 料	硅砂费用①	折合成硅砂费用②	折合成纯碱费用③	①+②+③三项合计
长 石	930kg/副×0.11 元/kg	(28 − 2.4472)kg/副×0.11 元/kg	4.184kg/副×1.5 元/kg	111.387 元/副
锂云母	940kg/副×0.11 元/kg	(18 − 2.16)kg/副×0.11 元/kg	3.693kg/副×1.5 元/kg	110.682 元/副

注：硅砂价格按 0.11 元/kg，纯碱价格按 1.5 元/kg 计算。

换算后，长石配料实际价值 111.387 元/副，锂云母配料实际价值 110.682 元/副。年差价为(111.387 − 110.682)元/副 × 155 副/天 × 365 天 = 3.99 万元，用长石配料一年可多升值 3.99 万元。说明长石中 Al_2O_3 低可以多用，多用带入的 $K_2O + Na_2O$ 反而多些，价值升高了。

长石配料中 K_2O 和 Na_2O 换算成纯碱与供应账面价格相比升值：按供应价计一副长石配料费用为 28kg/副 × 0.23 元/kg = 6.44 元/副，换算成砂和碱后费用为(28 − 2.4472)kg × 0.11 元/kg + 4.184kg × 1.5 元/kg = 9.087 元/副，每副长石配料升值为 9.087 − 6.44 = 2.647 元，一年升值 14.98 万元。换言之，一年可少花 14.98 万元的纯碱。

锂云母配料中 K_2O 和 Na_2O 换算成纯碱与供应账面价格相比升值：按供应价计一副锂云母配料费用为 18kg/副 × 0.26 元/kg = 4.68 元/副，换算成砂和碱后费用为(18 − 2.16)kg × 0.11 元/kg + 3.693kg × 1.5 元/kg = 7.2819 元/副，每副锂云母配料升值为 7.2819 − 4.68 = 2.6019 元，一年升值 14.72 万元。换言之，一年可少花 14.72 万元的纯碱。

长石升值多（14.98 万元），锂云母升值少（14.72 万元）。

上述计算是 350t 熔窑生料用量只占 53.94%（熟料占 46.06%）时长石的节约情况，若 700t 熔窑生料用量占 70%（熟料占 30%）时长石的节约情况就是 1 年 50 万元以上。多用低 Al_2O_3 长石好。

4.7.4 活泼元素助熔与侵蚀利和弊

引进长石除考虑 Al_2O_3 和 $K_2O + Na_2O$ 的经济计算之外，还要看其他元素，尤其是最活泼的金属和非金属。因为它们有两面作用，对于助熔效果好还是侵蚀作用大无法计算，只能在大窑内进行验证试验后从实际生产数据才能得出结果，用实践来检验。

罗田长石是否有 Li_2O 尚未化验，其他 Rb_2O、Cs_2O、Fr_2O 也未查找到相关资料报道。

但锂云母粉 Li_2O、Rb_2O、Cs_2O 有资料可查，某厂所用尾矿中的锂云母粉属二级稍差，其中 Li_2O 3.0% ~3.99%，$K_2O + Na_2O$ 8.0%左右，Rb_2O 1.2%左右，Cs_2O 0.19%左右。

碱金属元素按锂、钠、钾、铷、铯、钫顺序化学活泼性递增，钫是最活泼的金属。锂云母粉中，有 Rb_2O、Cs_2O 存在，虽然量不大，但降低玻璃的熔点它们所起的作用比锂、钠、钾更显著，但它们对耐火材料的侵蚀是万万不可忽视的。美国 PPG 公司人员对碱金属在玻璃中过量要求严格，以保持耐火材料长寿命，值得借鉴。

锂云母粉中，资料报道有 4% ~9% 的氟，氟是最活泼的非金属，这也是耐火材料受严重侵蚀的又一不利因素。锂云母代替钾长石配料，不能只图有利的一面，忽视不利的一面。生产实践证明，锂云母粉用于浮法玻璃生产中是不可取的，前面 4.6.3 节以浮法玻璃应用锂云母的生产数据揭示了结果，间接说明了活泼元素的助熔与侵蚀耐材的利弊。相反，从另一角度反证了低铝长石的熔点并不高，熔化充分玻璃产量、质量才高。

总之，对长石的认识不能以 Al_2O_3 含量高来定论，一要根据成分计算其效益，二要在大窑中试验总结方可得出正确认识。

4.8 长石的选择与评价

本节从 Al_2O_3 含量着手，按照 Al_2O_3 含量决定着钾、钠含量，从钾、钠含量决定着熔点的思路进行讨论。在叙述长石 Al_2O_3 的稳定问题、长石成分与颜色相关、钾钠比例决定熔点之后，再重点讨论长石代用矿尤其是天然砂的问题。

4.8.1 要求长石铝含量稳定

玻璃选用长石主要是引入 Al_2O_3，而 Al_2O_3 的波动对玻璃料性影响很大，所以 Al_2O_3 含量的稳定成为选用长石的关键问题。一是 Al_2O_3 含量是多少，二是 Al_2O_3 含量波动幅度。这一节只讨论 Al_2O_3 的波动问题。

（1）玻璃中 Al_2O_3 波动的决定因素。长石提供 Al_2O_3 占某厂玻璃中 Al_2O_3 总量的54%以上，起了控股作用。长石中 Al_2O_3 含量稳定则玻璃中 Al_2O_3 含量也相应稳定一些；长石中 Al_2O_3 含量不稳定则玻璃中 Al_2O_3 也相应变化。在玻璃分析几种氧化物中，氧化铝的变化相对其他氧化物而言是最大的。这与控股作用的长石成分波动密切相关。

也有可能硅砂中 Al_2O_3、外购碎玻璃中 Al_2O_3、长石中的 Al_2O_3 含量同时波动（叠加——同时增加或同时减少），但这种几率极低，三种原料提供 Al_2O_3 互补的几率相对较大。硅砂若选用高硅低铝砂，则 Al_2O_3 含量变化甚微。外购碎玻璃使用量过大，其 Al_2O_3 含量有可能波动，大多数浮法玻璃 Al_2O_3 含量一般设计为0.8% ~1.1%，但瓶罐等其他玻璃变化较大，此时 Al_2O_3 波动值得考虑。最重要的部分还是长石，抓住长石，稳住 Al_2O_3 含量是长石选择的首要内容。

（2）长石中 Al_2O_3 含量变化现状。长石中 Al_2O_3 含量，不同时间段其数据有很大差异，大体上看最高为18.59%，最低为12.68%，波动较大。每年平均值在10.64% ~7.51%之间，看上去变化不太大，但对于玻璃生产料性的控制仍不理想。在矿山严格选矿，Al_2O_3 含量也可高一点稳一些，但坚持不了多久，反而给调整配方增加难度。

（3）玻璃中 Al_2O_3 分析值的认识和处理。玻璃中 Al_2O_3 分析值，不仅受原料影响，同时也受取样、分析试剂等方面的影响。做化学分析的样品质量占一周玻璃总质量的万亿分之二，一周取一次玻璃样品，要周与周之间 Al_2O_3 的数据达到预期理想状态有很大难度，尤其加入大块碎玻璃，扩散并不十分完好，取到的机会还是有的。还有化学试剂等方面的因素造成的误差。因此，不要一见到 Al_2O_3 变化就想调整料方，而是要参考前几周数据，求最近几周的平均值，看平均值是否是设计值。若是设计值或只有微小差异，就不需要调整。

（4）选用钾、钠长石，尽可能避开钙、钡长石。钾长石和钠长石没混入其他长石，则 Al_2O_3 含量在18.32% ~19.44%之间。若混入钙长石或钡长石则 Al_2O_3 含量变化就大，混入的钙长石或钡长石越多，其 Al_2O_3 含量越高，因为钙长石中 Al_2O_3 理论值是36.65%，钡长石中 Al_2O_3 理论值是27.16%，都高于钾长石和钠长石。但是几种长石往往共生，要避开钙、钡长石不太容易，还有高岭石、石英、水晶存在，使长石 Al_2O_3 含量波动。长石中 Al_2O_3 含量要求越稳定越好，但实际上不稳定，需要人工均化，这个问题将在4.9节再叙述。

4.8.2 要求长石颜色纯正

长石矿的颜色代表了实质内容。化学成分与颜色密切相关，对罗田长石数据进行整理发现有如下关系：

（1）罗田长石 CaO 与 Fe_2O_3、K_2O+Na_2O 呈负相关。将罗田长石 12 年的所有分析数据按 CaO 含量由高到低划分为 3 组，求每组平均值，对应的 Fe_2O_3、K_2O+Na_2O 也随之有平均值 3 组，见表 4-26。从表 4-26 得到结论，随着 CaO 含量的下降，其 Fe_2O_3、K_2O+Na_2O 含量上升，Fe_2O_3 上升幅度不大，而 K_2O+Na_2O 含量上升幅度较大，即 CaO 含量高的长石则 Fe_2O_3、K_2O+Na_2O 含量就低，呈负相关。为节约纯碱，最好不选钙长石或混入的钙长石越少越好。根据颜色认真选矿可以做到，或可以提高。

表 4-26　钙与铁、钾钠呈负相关　（%）

CaO 含量	Fe_2O_3 含量	K_2O+Na_2O 含量
1.230	0.567	8.0875
0.895	0.570	8.5528
0.680	0.598	9.9750

（2）罗田长石 SiO_2 与 K_2O+Na_2O 呈负相关。将罗田长石 12 年所有分析数据按 SiO_2 含量由高到低划分为三组，求每组平均值，对应的 K_2O+Na_2O 也随之有平均值三组，见表 4-27。从表 4-27 得出结论，随着 SiO_2 含量的下降，K_2O+Na_2O 含量上升，SiO_2 含量低，则 K_2O+Na_2O 含量就高，呈负相关。且 SiO_2 含量变化大，随之 K_2O+Na_2O 含量波动也大，要选择特别低的 SiO_2 含量就是不含水晶和石英的纯肉白色的接近理论成分的长石，其 K_2O+Na_2O 含量才稳定并高。但是长石中副矿物石英块夹杂在长石中是罗田长石的特性，普遍存在。这说明要 SiO_2 含量十分稳定是困难的，除非进行多次均化或另找货源。

表 4-27　硅与钾钠呈负相关　（%）

SiO_2 含量	K_2O+Na_2O 含量	SiO_2 含量	K_2O+Na_2O 含量
74.585	8.1225	72.68	9.7875
73.89	8.7050		

（3）罗田长石 Al_2O_3 与 K_2O+Na_2O 呈正相关。将罗田长石 12 年所有分析数据按 Al_2O_3 含量的高低划分为三组，求每组的平均值，对应的 K_2O+Na_2O 也随之有平均值三组，见表 4-28。由表 4-28 得出结论，随着 Al_2O_3 含量的下降，其 K_2O+Na_2O 含量也下降，但变化不完全同步，不是直线关系。随着钾长石中混入的钠长石的比例不同有变化，也就是说，钾长石中混入的钠长石少些，K_2O+Na_2O 含量偏高的多些，混入的钠长石多些，其 K_2O+Na_2O 含量偏高的少些。希望最好不混入钠长石，是纯钾长石就好。但是长石矿是混合矿，不可能有纯钾长石供应。在纯钾长石中 Al_2O_3 含量为 18.32%，比纯钠长石 Al_2O_3 19.44% 低，而纯钾长石中 K_2O 含量为 16.92% 比纯钠长石中 Na_2O 11.82% 高。在纯钾长石（理论成分）中 Al_2O_3 18.32% 与 K_2O 16.92% 的比值是 1.083，在纯钠长石（理论成分）

表 4-28　铝与钾钠正相关　（%）

Al_2O_3 含量	K_2O+Na_2O 含量	Al_2O_3 含量	K_2O+Na_2O 含量
15.4075	9.290	14.395	8.4925
15.0225	8.8325		

中 Al_2O_3 19.44% 与 Na_2O 11.82% 的比值为 1.645。这个比值表征了它们的特性，需同样 Al_2O_3 用量，选用钾长石带入的碱量多，选钠长石带入的碱量少。在后面将进一步讨论各种长石的 $Al_2O_3/(K_2O+Na_2O)$ 的比值。

总之，长石块矿外观颜色代表着实质成分，由颜色选成分，颜色越纯则成分也随之越好。块矿可用肉眼判别，但是粉料判别较难。粉料可通过水洗留下粗粒用放大镜进行观察，仍然可以了解长石质量，当然依靠化学分析是主要的。

4.8.3 长石中 K_2O 和 Na_2O 的比例与熔点

4.8.3.1 混合长石的熔点

长石是混合矿，即钾长石中混有钠长石，混入多少其熔点是有区别的。纯钾长石的熔点为 1290℃，而纯钠长石的熔点为 1215℃。在同一温度下钠长石熔融体对石英的助熔作用大于钾长石熔融体。钾长石中混入的钠长石量变化，则熔点也随之变化，混入的钠长石越多，则熔点更低一些。

4.8.3.2 四种主要长石中的钾钠比例及熔点评价

A 四种长石的钾钠比例

浠水县钾长石中 K_2O 含量平均为 8.08%、Na_2O 含量平均为 2.98%，K_2O/Na_2O = 2.71。临湘市钾长石中 K_2O 含量平均为 10.54%、Na_2O 含量平均为 1.96%，K_2O/Na_2O = 5.38。罗田某一矿点长石中 K_2O 含量为 7.59%、Na_2O 含量为 5.15%，K_2O/Na_2O = 1.47。某地斑晶状钾长石 K_2O 含量平均为 9.50%、Na_2O 含量平均为 3.67%，K_2O/Na_2O = 2.59。

B 熔点评价

上述观点是单纯从 K_2O 和 Na_2O 两元素考虑，按照这一观点，上述四种长石的熔点由低到高排列顺序是：罗田（某矿点）长石、某地斑晶状钾长石、浠水长石、临湘长石。罗田（某矿点）熔点最低，临湘最高。

4.8.4 长石代用矿

4.8.4.1 长石代用矿的成分讨论

代替钾长石和钠长石的有高岭石矿、叶蜡石矿、钽铌尾矿或其他含 Al_2O_3 的矿。

A 代用矿可以提供 Al_2O_3，但其中 K_2O+Na_2O 含量太低

（1）高岭石。高岭石化学组成为 $Al_2O_3 \cdot 2SiO_2 \cdot 2H_2O$，各组分理论含量：$Al_2O_3$ 为 39.5%，SiO_2 为 46.5%，H_2O 为 14%。可以引进 Al_2O_3，但钾钠含量太低，只有开采时混入的黏土中有一点点，不可取。

（2）叶蜡石。叶蜡石化学组成为 $Al_2O_3 \cdot 4SiO_2 \cdot H_2O$，其各组分理论含量 Al_2O_3 为 28.3%，SiO_2 为 66.7%，H_2O 为 5%。可以引进 Al_2O_3，但钾、钠含量同样太低，也是开采时混入的黏土中有一点点，不可取。

（3）钽铌尾矿。钽铌尾矿可以引进 Al_2O_3，也可以引进 K_2O+Na_2O，还可引进 Li_2O、Rb_2O、Cs_2O 等。可以助熔，但带来的负面作用大于助熔作用，利中有弊，同样不可取，在前面已作叙述。

B 代用矿中 Al_2O_3 过高带来的问题

具体如下：

（1）用量少，不利于混合。上述代用矿中 Al_2O_3 含量都较高，玻璃中 Al_2O_3 设计值有限，所以代用矿用量更少，不利于混合。既然专家们认为工业纯 Al_2O_3 生产玻璃不好，就不必要选 Al_2O_3 含量高的。

（2）代用矿中 Al_2O_3 的稳定性。上述代用矿中 Al_2O_3 含量是否稳定，值得思考。Al_2O_3 含量不稳定带来其他成分尤其是有害不明元素的波动对玻璃熔制带来什么结果，认识还太少。

4.8.4.2 Al_2O_3 限制钾钠

A 铝-碱比值系数概念的提出

引入长石，主要是引进其中的 Al_2O_3，但长石复盐结构中的重要助熔剂 K_2O 和 Na_2O 必须同时考虑。换言之，评价长石质量不能只看 Al_2O_3 含量的高低，也不能只看 $K_2O + Na_2O$ 含量的高低，而是两者都要兼顾。玻璃中铝含量设计是一小数目，因而限制了多用长石。玻璃中钾、钠设计值大，又想尽可能多地用长石多带进钾和钠。这里存在一定的矛盾，长石中 Al_2O_3 与（$K_2O + Na_2O$）是成正相关（铝上升，钾钠也上升），也即成正比的关系，但不同的长石其斜率不同。在4.7 节对长石中的 K_2O 和 Na_2O 折合成纯碱的计算中，实质已涉及斜率，也就是说不同的长石其铝含量和钾钠含量存在不同的关系（斜率）。因此，可用 Al_2O_3 含量与（$K_2O + Na_2O$）含量的比值来表达这个斜率，同时这个斜率（比值）也代表长石的质量。

B 铝-碱比值系数的数学含义

$Al_2O_3/(K_2O + Na_2O)$的比值中，用 A 代表 Al_2O_3 含量，用 Na 代表 $K_2O + Na_2O$ 含量，比值系数变为数学公式：$\frac{A}{Na} = x$，x 为比值系数。x 值小则表明相对 Na 大（钾钠含量多），x 值大则表明 Na 小（钾钠含量少），A（Al_2O_3 含量）的需要量是定值。数学公式可以变形为：$A = x \cdot Na$，A 为定值，Na 大则 x 小，Na 小则 x 大。把含量的关系变成了简单算式来表达，用这个系数评价长石质量既简单又合理。

C 玻璃中 Al_2O_3 含量制约长石、硅砂用量

平板玻璃中的 Al_2O_3 一般设计值为 0.8% ~1.1% 的占绝大多数，对于一座熔窑，Al_2O_3 的量基本为一定值。长石提供玻璃中 Al_2O_3 含量是主要部分，其他由硅砂中 Al_2O_3 含量引入。因此，用低铝硅砂则长石用量就大，硅砂中 Al_2O_3 高则长石用量就少。希望多用长石，多带来碱，但受到长石中 Al_2O_3 含量的限制。硅砂已选定低铝硅砂，则长石的选用即考虑铝和碱的数量关系成为重点研究对象。

D 用铝-碱比值系数评价几种长石的质量

a 先求各长石的铝-碱比值

罗田长石的铝-碱比值分析　罗田长石 12 个矿点的铝-碱比值分析如下：

在 4.5.1.3 节表 4-10 中 12 个矿点按照 Al_2O_3 和 $K_2O + Na_2O$ 的含量求出铝-碱比值，并将比值由小到大排列于表 4-29 中。

表 4-29 罗田长石 12 矿点的铝-碱比值排列顺序

矿点序号	1号	7号	4号	6号	12号	5号	9号	8号	10号	11号	3号	2号
Al_2O_3/(K_2O+Na_2O) 值	0.922	1.142	1.171	1.195	1.310	1.314	1.366	1.441	1.557	1.627	1.730	1.846

按比值小的为优质，则 12 个矿点的优劣顺序即是表 4-29 中的排列顺序。看两头，选矿点 2 号（比值最大）远差于矿点 1 号（比值最小）。

罗田长石生产统计数据的铝-碱比值分析如下：

在上述 4.8.2 节中的（3），罗田三组不同铝含量（高中低）的长石，其比值为，高铝组：中铝组：低铝组等于 1.659：1.701：1.695，按比值小的为优质，则由优到劣的顺序是高铝组、低铝组、中铝组，但相差不大。

浠水长石的铝-碱比值分析　浠水长石样品比值分析如下：

在 4.5.1.1 节表 4-8 中，浠水长石样品铝-碱比值平均为 1.335。

浠水长石生产统计数据的铝-碱比值分析如下：在 4.6.1 节中浠水长石统计数据的铝-碱比值平均为 1.279。生产实际应用质量优于样品质量。

其他地长石的铝-碱比值分析　临湘长石：样品的铝-碱比值平均为 1.207，生产统计数据的铝-碱比值平均为 1.247。样品质量优于实际应用质量。斑晶状钾长石：样品的铝-碱比值平均为 1.418。稀有金属尾矿：选矿前的铝-碱比值为 1.887，选矿后的铝-碱比值 1.59。选矿后质量优于选矿前质量。锂云母粉：生产统计数据的铝-碱比值平均为 1.754 左右。

长石质砂岩（天然砂）：湖北一厂用参考铝-碱比值约 1.075。

b　用铝-碱比值评价质量

将上述所有比值分为两类，一类为同类即长石类，见表 4-30，另一类为不同类即各种引入铝质原料，见表 4-31。

表 4-30 长石（同类）铝-碱比值表

长石产地	临湘		浠水		某地斑钾	罗田			稀有金属尾矿	
数据来源	样品平均	生产统计	样品平均	生产统计	样品平均	统计高铝组	统计中铝组	统计低铝组	选前样品	选后样品
Al_2O_3/(K_2O+Na_2O) 值	1.207	1.247	1.335	1.279	1.418	1.659	1.701	1.695	1.887	1.59

表 4-31 铝质（不同类）铝-碱比值表

原料名称	纯氧化铝（100%）	锂云母	罗田长石	长石质砂岩
Al_2O_3/(K_2O+Na_2O) 值	100/0 = ∞	1.754 左右	0.922～1.846，生产统计平均 1.684	1.075 左右

注：铝质原料按供应价格由高到低排列。

根据表 4-30 的数据，选用临湘长石优于浠水长石，选用浠水长石优于斑晶状钾长石，选用斑晶状钾长石优于罗田长石，选用罗田长石优于稀有金属尾矿选前。这是新观点的评价。由于考虑了 Al_2O_3 又考虑了 K_2O+Na_2O 在窑内的综合效益，将上述四种主要长石进行排列，由优到劣的顺序是：临湘长石、浠水长石、斑晶状钾长石、罗田长石。正好与4.8.3.2 节 B 的结论相反。

当然上述评价仅就代碱总量技术经济角度讲，还要考虑钾和钠比值以及到厂价格。

根据表 4-31 的数据，选用工业纯氧化铝远远不如选用锂云母，选用锂云母不如选用罗田长石，选用罗田长石不如选用天然砂。这类价格相差更大，表中按价格排列同时也是按比值排列。天然砂价格最低，具有非常大的研究价值。

例如：需要 10kg 的 Al_2O_3，需称罗田长石(10 ÷ 14.942% =)66.925kg，则 66.925kg 长石带入 $K_2O + Na_2O$(66.925 × 8.872% =)5.938kg。需称锂云母粉(10 ÷ 21.05% =)47.51kg，则 47.51kg 锂云母带入 $K_2O + Na_2O$(47.51 ×12% =)5.70kg。长石带入一价氧化物多 5.938 − 5.70 = 0.238kg。长石 $Al_2O_3/(K_2O + Na_2O)$ = 14.942%/8.872% = 1.684，锂云母 $Al_2O_3/(K_2O + Na_2O)$ = 21.05%/12% = 1.754。比值系数小的质量优，引进 10kg 氧化铝带入碱量（氧化物）相差 0.238kg(或纯碱 0.407kg)(举例数据为生产统计数据)。

4.8.4.3 天然砂作长石代用矿的讨论

A 天然砂的铝-碱比值

把天然砂定义为 Al_2O_3 含量最低的“长石”，追求长石的 Al_2O_3 越高越好是一个误区（高到极限就是工业纯 Al_2O_3），用天然砂就是走出误区。天然砂就是长石质石英砂岩，或者说石英砂岩中混有较多的长石。天然砂中 Al_2O_3 波动大，要使其加工选矿均化后方可求其铝-碱比值。湖北一厂用天然砂 Al_2O_3 含量平均为 2%，$K_2O + Na_2O$ 含量为 1.86%。求得铝-碱比值为 1.075 左右，是最佳的长石代用矿。湖北一厂用天然砂生产浮法玻璃，其质量高于湖北其他厂两个档次，这是天然砂起了潜在作用（或因素之一），人们未认识到这一点。用天然砂就是以硅砂低价格买了较多的高价格纯碱精品，同时具有高质量的混合。湖北一厂 500kg 天然砂，可带来 10kg Al_2O_3 和 9.3kg $K_2O + Na_2O$，换算成纯碱 15.9kg，与上述举例相比其效益显然有优势。

B 天然砂中钾、钠、硅的赋存状态

天然砂中的钾、钠（纯碱）是以复盐的形式分布在量相当大的硅砂中，而长石中的钾、钠（纯碱）是以复盐的形式分布在量较小的硅砂中。从混合均匀度角度讲，在天然砂中是大自然先作了一次预混合。天然砂配料与长石配料相比，混合均匀度高。一是量不同，天然砂用量大，利于混合；二是粒度粗细不同，长石粉过细，不利于混合。长石配料处于劣势，天然砂配料显示了优势。

长石矿属火成岩，长石中的钾钠赋存于复盐结构中，它们不是碳酸钠、碳酸钾（纯碱初品），而是氧化钠、氧化钾（纯碱精品）。它们在窑内的熔融不需要先吸热分解放出气体成为 Na_2O、K_2O，再由 Na_2O、K_2O 去起助熔作用，而是直接可以去助熔。天然砂和长石都是大自然形成的含碱原料，天然砂看上去含碱少（太稀薄），但它用量大，合计起来总碱量并不少；长石看上去含碱多（较集中），但是它用量小。对于玻璃生产来讲，实质上天然砂是个碱多、粒度好、利于混合的原料，长石是个碱少、粒度差、不利于混合的原料。

上面讨论了钾、钠是分布在“硅砂”中的纯碱（它优于外加纯碱）。下面换个角度分析，就是 SiO_2 的存在状态问题。SiO_2 以游离状态的 SiO_2 晶体引入，以少量复盐的形式引入，以少量复盐与游离 SiO_2 混合物的状态引入，三者是有区别的。SiO_2 以复盐（长石结构中）的形式引入（提供）其熔点低，这是长石作助熔剂的一方面。以复盐形式引入 SiO_2 尽可能多，但是受到了玻璃中 Al_2O_3 含量的设计值的限制，不可能多引入。从这个角度讲，希望长石中的 SiO_2 偏高为好，Al_2O_3 偏低为好，钾钠越高越好。罗田 12 个矿点中序号 1 的矿点成分基本符合要求，这个矿点的成分与通常行业人员习惯追求的不符。因长石矿物用量少，一般厂不去深入研究，照常规操作。希望长石中 SiO_2 偏高为好，但又不希望它以游离形式存在，应以复盐的形式存在。长石中副矿物石英（或水晶）就是游离态的。从这个角度讲浠水长石优于罗田长石。罗田长石中的副矿物石英或水晶混入长石，提前与钾、钠混合又优于浠水长石。

C 天然砂的熔点

纯钾长石在自然界中没有，同样纯钠长石在自然界中也没有。混合在一起，钾占多数就叫钾长石，钠占多数就是钠长石。其混合长石的熔点应在 1215～1290℃之间，低于钾长石的熔点，而高于钠长石的熔点。混合长石以复盐的形式混合在天然砂中，使天然砂熔点大大降低。换言之，天然砂中有长石，其熔点就不是 1723℃，而是远低于 1723℃。含长石越多，则熔点越低。但不会低于钠长石熔点 1215℃。当然还有少量的钙长石、钡长石混入，问题并不是单纯的钾钠长石混合，但只要钙长石、钡长石混入的量极少，则天然砂的熔点就呈降低的趋势。生产浮法玻璃，用品位极高的脉石英砂和品位相当差的长石质砂岩二者选一，英国地质工程师设维尔宁选后者。

总之，选择长石也要认真研究，选铝-碱比值偏小的，熔点偏低的，粒度偏粗又利于混合的。天然砂是优等“长石”或是最佳代用矿，应首选。

4.9 长石开采加工要点

4.9.1 开采要点

具体如下：

（1）缩小开采范围。长石一般零散分布，较集中的不多。长石共生矿物通常有石英、云母等，有害杂质是 Fe_2O_3。总体来说其成分不够稳定。各地形成地质条件各有差异，在某一地质条件下去开采，其化学成分相对变化较小，换其他地质条件应作另一种类考虑。为稳定成分，尽可能缩小开采范围。但是缩小开采范围与供应量相矛盾。

（2）注意配矿。无论开采矿点多少，对每一个矿点经手选后其成分仍有好有差，所以开采现场要进行配矿，质量好的和质量差的搭配堆码。手选是首要的，要一块一块捶去石英块后再搭配，手选去除石英是开采的难点，配矿更显重要。

4.9.2 加工要点

4.9.2.1 加工粒度确定

目前现代企业所需的长石一律为粉料进厂。因为长石中副矿物多，尤其罗田长石中夹杂有水晶，带缺陷的水晶熔点稍低，晶体完整的熔点相当高，SiO_2 含量高达 99.9% 或 99.99%，应加工成 0.6mm，全通过为最优。当然 0.8mm 筛上物有一点点，使用也未曾发现问题。某厂曾用0.85mm全通过生产过一段时间，未发现问题，但熔化后扩散不完好，对玻璃化学均匀或多或少有影响。

4.9.2.2 雷蒙磨加工要点

矿山长石粉加工，一般采用雷蒙磨、选粉机加工，此种工艺并不十分完好，又无资金改造。但是此工艺通过调整也可以改善粉料粒度。

（1）加大抽风风力。加大抽风风力，尽可能抽出0.09mm以上粒度，避免超细粉过多，增加产量。

（2）严格管理。加工工段与包装工段严格隔离，避免粗粒（大于0.85mm）混入包装工段，造成粒度不合格。

（3）处理好原矿。原矿加工前水洗去泥应充分凉干或晒干，以免影响除铁效果。石粉中的铁含量随粉料水分波动，水分大易结块（团）不便于除铁。某厂长石进厂袋装粉原样含水0.6%，其Fe_2O_3含量为0.82%。将原样吸铁，此时水分0.5%，Fe_2O_3 0.62%。将上述吸过铁的样烘干1h后再吸铁，此时水分为0，Fe_2O_3为0.63%，是因为烘干后粉料飞扬造成Fe_2O_3偏高，若粉料不飞扬，Fe_2O_3应低于0.62%。

4.9.2.3 长石粉杂物筛子的设计

长石粉进厂后，人工解包，倒入卸料斗内由输送系统输入到粉库。倒袋速度过快，则六角筛筛分效率降低，筛上物丢掉的比例增大，有相当部分合格颗粒未筛下去，作杂物丢掉，造成较大浪费。

曾经对筛上杂物进行过三次再筛分。第一次筛分结果为+0.8mm占7.26%，-0.8mm占92.72%。第二次筛分结果为+1.0mm占8.33%，-1.0~+0.9mm占38.89%，-0.9~+0.8mm占0.08%，-0.8mm占52.78%。第三次筛分结果为+0.8mm占12.39%，-0.8mm占87.62%。可以利用的（-0.8mm）占52.78%~92.75%，被浪费了（当杂物丢掉了）。

为提高筛分效率，一是减慢倒袋速度，让其充分筛下合格粒度。二是将六角筛筛子加长1倍。使其粉料在筛面上多停留时间。六角筛是块料进厂加工工艺的慢速设计，用于粉料筛除杂物不合理，但是管理到位也可以用好。

4.9.2.4 严格检查筛网

某厂为碎玻璃碴加工，决定将长石块料加工系统改为碎玻璃粉加工，需将长石粉料放出并灌袋倒运到新增设的长石（粉料进厂）配料系统。长石粉库设计内部有钢板隔板，将一个大库分为两半成为两个小库，操作人员将日常配料的一边放完，粉料粒度正常。当另一边库（备用库）放到中途时问题出现了，有大量粗颗粒。原来是长石加工操作工不按规程检查筛网，筛网破损而大量粗粒进入了粉库，而私下将下面的闸板闸死不用，只用另一边配料。若不是换库，可能某天开启关掉的闸板配料，事故将是十分严重的，玻璃板上肯定会出现大量疙瘩。长石过筛严格检查筛网是确保长石颗粒尺寸的唯一措施，别无选择。

4.9.2.5 均化

在本章不少处讨论长石成分的波动问题，均化应是改变成分变化的有效措施。均化过程应包含在每一个加工操作过程中，从矿山开采配矿、块料堆垛、装汽车、石粉厂内堆场卸车堆垛、喂入加工系统、灌袋、袋包堆垛直至运输到玻璃厂内每一个过程，都可以采取横堆竖（纵）取的做法。矿山管理和厂内管理两方面都不能放松，必须实施。

厂内均化过程比矿山更为简单方便。可以把1袋看作1块砖，卸车时，按顺序一块（袋）一块（袋）由东西方向或南北方向堆码，使用时变换方向由南北方向或东西方向取。使其粉料有一混合均化作用，成分会有改善，既不增加设备，又不增加成本。当然长石不均化也可以用，但对玻璃料性的稳定不利。如果设计一套（多用）均化车间进行机械化均化更好，均化两次或三次最好。

若选用天然砂代替长石，其加工方法应按硅砂加工处理。

5 其他熔剂原料

能促使玻璃熔制过程加速的原料称为助熔剂或加速剂。采用助熔剂加速玻璃的熔化，就可在不增加设备的情况下，使熔窑的熔化能力提高15% ~20%，所以国外玻璃厂广泛采取这一措施。本章就平板玻璃厂常用的几种助熔剂原料作简要介绍。

5.1 概述

5.1.1 化工熔剂原料

5.1.1.1 主要化工熔剂原料

平板玻璃生产的主要化工助熔剂原料是工业纯碱，浮法玻璃生产有用重质纯碱（1.1 ~1.5g/cm^3），也有用轻质纯碱（0.1 ~1.0g/cm^3）。当今用重质纯碱的厂家逐步增多，已占绝大多数。

5.1.1.2 次要化工熔剂原料

生产平板玻璃的次要化工助熔原料是元明粉。元明粉主要起澄清作用，其次是助熔作用。这也是当今浮法玻璃的通常做法。

5.1.2 矿物熔剂原料

5.1.2.1 重要矿物熔剂原料

天然碱和苏打作为矿物熔剂原料曾在平板玻璃行业使用较长时间，是工业纯碱供应量不足时，代替工业纯碱降低成本时的做法。

5.1.2.2 次要矿物熔剂原料

钠硝石、钾硝石、石盐、萤石作为矿物熔剂原料，也曾在玻璃生产中使用过，尤其萤石资源较丰富，使用较广泛。

下面分别介绍纯碱的矿物原料和化工原料、芒硝的矿物原料和化工原料、萤石矿、硝石矿。

5.2 纯碱

5.2.1 矿物原料

能提炼成纯碱的矿物原料包括天然碱、苏打、水碱、重碳酸钠盐、氯碳钠镁石以及其他含碳酸钠盐类。

5.2.1.1 天然碱

A 组成与结构

天然碱又名碳酸钠石，成分为碳酸钠，分子式为 $Na_2CO_3 \cdot NaHCO_3 \cdot 2H_2O$，其中含 Na_2O 41.14%，CO_2 38.94%，H_2O 19.92%。单斜晶系，晶体为板状或厚板状，常呈晶族状、马牙状、纤维状、土状集合体。

B 物化性质

天然碱有无色、灰色、土黄色，透明，玻璃光泽，硬度为 2.5～3.0，密度为 2.147g/cm^3。遇盐酸起泡，溶于水中沸腾，并有酸味与碱味。在空气中稳定，能生成白色外壳。在紫外线照射下发荧光。

C 矿床特征及利用

天然碱有固体矿床和卤水矿床之分，常与石膏、芒硝、石盐等共生于同一盐湖或同一含盐层中，并且常伴有碘、溴、钾、硼等，在加工时可综合回收利用。

D 主要用途

天然碱主要用于生产纯碱、烧碱与小苏打，亦可用于化工、轻工生产上。在冶金与玻璃生产中做辅料。

E 质量标准

据国土资源部2002年12月发布的地质矿产行业标准《盐湖和盐类矿产地质勘察规范》(DZ/T 0212—2002)，天然碱矿床工业指标见表5-1和表5-2。

表 5-1 天然碱矿一般工业指标

类　别	开采方式	计量组分	边界品位/%	工业品位/%	最小可采厚度/m	夹石剔除厚度/m
卤水矿		Na_2CO_3 + $NaHCO_3$	≥2	≥3.5	10	
固体矿	钻井水溶		≥17	≥25	0.1	0.05
	坑　采		≥17	≥25	0.7	0.02
	露天开采		≥20	≥25	0.6	0.1

表 5-2 天然碱矿水溶系列有害组分最大允许含量

元　素	Fe	NaCl	Na_2SO_4
含量/%	≤0.02	≤1.2	≤0.1

F 产地

天然碱产于河南桐柏吴城、安棚，江苏洪泽，辽宁铁岭，内蒙古查干里门诺尔、察汗诺等地。

5.2.1.2 苏打

A 组成与结构

苏打主要成分为碳酸钠，分子式为 $Na_2CO_3 \cdot 10H_2O$，其中 Na_2O 21.66%、CO_2 15.38%、

H_2O 62. 96%。单斜晶系，晶形为板状，常呈粒状、皮壳状、禾束状和致密块状集合体。

B 物化性质

苏打有白色、灰色、浅黄色，透明，玻璃光泽，硬度为 1.0 ~ 1.5。密度为 1.42 ~ 1.47g/cm^3。易溶于水，在 30℃时，100g 水可溶 40g 的苏打。遇盐酸强烈起泡。在空气中很快失水变成白色粉末成为水碱。加热即熔融。

C 矿床特征及利用

苏打很少有独立单一矿床，常与天然碱、石盐、芒硝等共生并处同一盐湖中，同时它常伴有溴、硼、碘、钾等，在加工中可回收利用。

D 主要用途

苏打主要用于生产纯碱、烧碱和小苏打，广泛用于化工、造纸、染料、洗涤、纺织、皮革等工业部门。在冶金与玻璃工业中作为辅料。

E 质量标准

苏打的质量标准与天然碱矿床基本相同，详细内容参阅表 5-1 和表 5-2。

F 产地

苏打产于内蒙古查干里门诺尔、察汗诺，河南桐柏吴城、安棚，辽宁铁岭等地。

5.2.1.3 水碱

A 组成与结构

水碱主要成分为碳酸钠，分子式为 $Na_2CO_3 \cdot H_2O$，其中 Na_2O 49. 98%、CO_2 35. 49%、H_2O 14. 53%。斜方晶系，晶形比较少见，通常为皮壳状或粉末状集合体。

B 物化性质

水碱有白色、灰色、黄色，玻璃光泽，硬度为 1.0 ~ 1.5，密度为 2.25 ~ 2.26g/cm^3。易溶于水中，在 31.8℃时，100g 水可溶 50.3g 水碱。

C 矿床特征与利用

水碱很少形成单一独立的矿床，常与天然碱、苏打共生并处同一盐湖中产出，在生产中可综合利用，同时常伴有碘、溴、硼、钾等，在加工时可回收利用。

D 主要用途

水碱主要用于生产纯碱、烧碱和苏打，广泛用于化工、轻工等部门生产加工上。

E 质量标准

水碱的质量标准基本上与天然碱相同，参阅 5.2.1.1 节 E。

F 产地

水碱产于内蒙古巴盟查干里门诺尔、内蒙古阿盟古尔乃。

5.2.1.4 重碳酸钠盐

A 组成与结构

重碳酸钠盐又名苏打石，其成分为重碳酸钠，分子式为 $NaHCO_3$，其中含 Na_2O 36. 90%、CO_2 52. 38%、H_2O 10. 72%。单斜晶系，晶形为柱状，偶为玫瑰状粗晶，常呈松散状、多孔块状集合体。

B　物化性质

重碳酸钠盐为白色，有时为灰色或牛皮纸色，透明，玻璃光泽，硬度为3.5，密度为2.21~2.24g/cm^3。易溶于水。加盐酸起泡。加热变为Na_2CO_3。

C　矿床特征与利用

重碳酸钠盐常与天然碱、石盐等共生，组成含碱矿层，在开发时可综合开发，在加工处理时可综合回收。

D　主要用途

重碳酸钠盐主要用于生产纯碱、烧碱和小苏打，以供化工及其洗涤、纺织、制革、玻璃、食品等部门需要。

E　质量标准

重碳酸钠盐质量标准基本上参考天然碱标准执行，参阅5.2.1.1节E。

F　产地

重碳酸钠盐产于河南桐柏吴城、西藏杜佳里湖、美国绿河盆地。

5.2.1.5　氯碳钠镁石

A　组成与结构

氯碳钠镁石主要成分为碳酸钠、碳酸镁与氯化钠，分子式为$Na_2CO_3 \cdot MgCO_3 \cdot NaCl$，其中含$Na_2O$ 24.92%、MgO 16.21%、CO_2 35.38%、Na^+ 9.24%、Cl^- 14.25%及其他若干不溶物。等轴晶系，晶形呈八面体，常为细粒球状集合体。

B　物化性质

氯碳钠镁石有无色、淡黄色，半透明，玻璃光泽。断口不平坦，呈贝壳状。硬度为3.5~4.0，密度为2.407g/cm^3。易溶于酸，放出CO_2。能溶于水中并生成$MgCO_3$固体残留物沉淀。加热能熔融，并发出声音。在紫外线下发荧光。

C　矿床特征与利用

氯碳钠镁石既可形成独立矿床也可常与天然碱矿相伴于同一含矿层位中，在开发利用中可分离回收。

D　主要用途

氯碳钠镁石主要用于提取纯碱与烧碱。

E　质量标准

氯碳钠镁石质量标准一般参照天然碱质量标准执行，参阅5.2.1.1节E。

F　产地

氯碳钠镁石产于河南桐柏吴城、西藏杜佳里湖。

5.2.1.6　其他含碳酸钠盐类

其他含碳酸钠的盐类有碳钠钙石(分子式为$Na_2CO_3 \cdot 2CaCO_3$)、它常与天然碱、石盐和氯碳钠镁石等共生。

钙水碱(分子式为$Na_2CO_3 \cdot CaCO_3 \cdot 2H_2O$)，它常与天然碱、碳钠钙石、单斜钠钙石等共生。

单斜钠钙石(分子式为 $Na_2CO_3 \cdot CaCO_3 \cdot 5H_2O$)，它常与钙水碱、天然碱共生。

这些含碳酸钠的盐类，主要提取水碱、苏打，也可以提取纯碱。

5.2.2 化工原料

5.2.2.1 纯碱行业质量指标

化工原料纯碱是由天然矿物原料提纯加工而得。根据提纯工艺，产品有结晶纯碱和煅烧纯碱两类，玻璃工业采用煅烧纯碱。由于提纯工艺不同，其产品质量有一定差别，行业统一制定指标见表5-3。

表5-3 纯碱行业生产指标（摘自 GB/T 210.2—2004） （%）

品　级	NaCl	Na_2SO_4	Na_2CO_3	水不溶物	Fe
Ⅰ	≤0.8	≤0.05	≥99.0	≤0.10	≤0.008
Ⅱ	≤1.0	≤0.08	≥98.5	≤0.15	≤0.010
Ⅲ	≤1.2	≤0.10	≥98.0	≤0.20	≤0.020

5.2.2.2 部分纯碱厂纯碱质量

玻璃工业采用煅烧纯碱。煅烧纯碱为白色粉状物，易溶于水，极易吸收空气中的水分潮解、结块，因此需要贮存于干燥仓库中。下面只介绍某玻璃厂所用纯碱主要化学成分和颗粒度简要情况。关于纯碱质量对玻璃生产的影响在后文有关章节中讨论。

A　湖北应城碱厂

应城碱在某厂应用时间较长，化学成分在不同的时间段其数据不同，与原矿有关，但总体质量较好。统计数据显示前段：Na_2CO_3 含量最高为99.20%，最低为98.09%，平均为98.76%；NaCl含量最高为1.02%，最低为0.58%，平均为0.734%。中段：Na_2CO_3 含量最高为99.30%，最低为96.12%，平均为98.14%；NaCl含量最高为1.15%，最低为0.33%，平均为0.732%。后段：Na_2CO_3 含量最高为99.15%，最低为98.08%，平均为98.87%；NaCl含量最高为0.67%，最低为0.62%，平均为0.64%。NaCl含量后段有改善。

粒度分析：大于0.9mm占5.4%～16.91%，－0.9～＋0.45mm占20.65%～26.44%，－0.45～＋0.113mm占53.32%～64.06%，小于0.113mm占3.34%～9.86%。颗粒度比较好。

B　武汉制氨厂

武汉制氨厂生产的纯碱在某厂应用时间也较长。统计数据显示：Na_2CO_3 含量最高为99.19%，最低为98.58%，平均为98.95%；NaCl含量最高为0.79%，最低为0.60%，平均为0.665%。NaCl含量尚可接收。

C　内蒙古碱厂

内蒙古碱厂生产的纯碱在某厂应用时间最短。统计数据显示：Na_2CO_3 含量最高为99.44%，最低为98.07%，平均为98.84%；NaCl含量最高为0.95%，最低为0.24%，平均为0.438%。NaCl含量较为理想。

D　河南桐柏碱厂

河南桐柏碱厂生产的纯碱在某厂应用时间最长。统计数据显示：Na_2CO_3 含量最高为

99.36%，最低为98.28%，平均为98.98%；NaCl含量最高为0.77%，最低为0.28%，平均为0.43%。但初期化学成分略差。

粒度分析：大于0.9mm占0.08%~6.73%，-0.9~+0.45mm占0.12%~17.11%，-0.45~+0.113mm占40.72%~73.18%，小于0.113mm占8.16%~59.07%。粒度偏细，波动较大，这是桐柏碱的特点。

5.3 芒硝

芒硝是玻璃工业的澄清剂（同时也是助熔剂），一般选用化工厂生产的成品元明粉（也称无水硫酸钠），不再使用矿物芒硝，但人们习惯将化工原料元明粉仍称为芒硝。

5.3.1 矿物原料

能提炼成元明粉的矿物原料包括芒硝、无水芒硝、钙芒硝、白钠镁矾。

5.3.1.1 芒硝

A 组成与结构

芒硝矿的别名格鲁勃盐。主要成分为硫酸钠，分子式为 $Na_2SO_4 \cdot 10H_2O$，其中含 Na_2O 19.24%、SO_3 24.85%、H_2O 55.91%。单斜晶系，晶形呈板状，常为致密块状集合体，有时为纤维状、皮壳状或薄膜状集合体。

B 物化性质

芒硝无色，有时浑浊面微带黄色或绿色。透明，玻璃光泽。断口为贝壳状。硬度为1.5~2.0。密度为1.49g/cm^3。易溶于水，味微咸，稍带清凉感觉。在干燥空气中易失水，变成白色粉末状无水芒硝。

C 矿床特征与利用

芒硝矿有固体矿和卤水矿之分，卤水矿分为地表卤水和浅藏（或深藏）卤水。芒硝矿常与石盐、石膏或与天然碱共生于同一含矿层中，在开发与加工处理中可分别回收利用。

D 主要用途

芒硝主要用于生产元明粉，并广泛用于化工、轻工、农业等部门。

E 质量标准

据国土资源部2002年12月发布的地质矿产行业标准《盐湖和盐类矿产地质勘查规范》(DZ/T 0212—2002)规定，芒硝矿床工业要求见表5-4和表5-5，质量标准见表5-6。

表5-4 芒硝矿一般工业要求

产　状	开采方式	计量组分	边界品位/%	工业品位/%	最小可采厚度/m	夹石剔除厚度/m
卤水矿		Na_2SO_4	≥3	≥5	10	
固体矿	钻井水溶		≥30	≥45		
	露天开采		≥30	≥45	0.1~0.3	0.2~0.6

表 5-5　芒硝矿水溶系列有害组分最大允许含量　　(%)

Fe	Ca	Mg	Cl
≤0.02	≤1.5	≤0.5	≤1.5

表 5-6　不同品级芒硝矿质量要求　　(%)

项　目	Ⅰ级品	Ⅱ级品	Ⅲ级品	备　注
Na_2SO_4	>90	>80	>70	(1) 所有组分含量以干基计算；(2) 总水分应加以分析
NaCl	<1	<4	<20	
$CaSO_4$	<1	<3	<5	
$MgSO_4$	<1	<2	<2	
Fe_2O_3	<0.005	<1	<1	
水不溶物	<1	<10	<20	

F　产地

芒硝矿产于湖北应城，山西运城，青海柴达木盆地、大柴旦，内蒙古查干里门诺尔，云南安宁，新疆七角井、艾丁湖等地。

5.3.1.2　无水芒硝

A　组成与结构

无水芒硝又名元明粉。主要成分为硫酸钠，分子式为 Na_2SO_4，其中含 Na_2O 43.64%、SO_3 56.36%。斜方晶系，晶形呈双锥体，常为块状或晶簇状集合体。

B　物化性质

无水芒硝矿呈无色、白色，常因含泥质或氧化铁而变成灰色或褐色。透明，玻璃光泽至油脂光泽。硬度为2.5～3.0。密度为2.68～2.69g/cm³。易溶于水，当40℃时溶解度为388g/L，味苦咸，带热感。易潮解，在室温和潮湿空气中易水化变成白色粉末状的芒硝而失去光泽与透明。

C　矿床特征与利用

无水芒硝矿常与石盐、芒硝矿共生，在选矿与加工中可回收与利用。

D　主要用途

无水芒硝矿主要用于化学工业、轻工业及化肥生产上。

E　质量标准

无水芒硝与芒硝不但经常共生，而且往往因气候关系而变换，所以据国土资源部2002年12月发布的地质矿产行业标准中将两者作同一处理，其一般工业要求与芒硝矿相同，详见5.3.1.1节。目前市场上将无水芒硝分为4级，各个品级质量要求见表5-7。

表 5-7　无水芒硝级别及其质量要求（GB/T 6009—2003）　　(%)

级　别	Na_2SO_4	水不溶物	Ca + Mg	Fe	Cl	水　分
Ⅰ—1 级品	≥99.0	≤0.005	≤0.15	≤0.002	≤0.35	≤0.2
Ⅰ—2 级品	≥99.0	≤0.05	≤0.15	≤0.008	≤0.70	≤0.50
Ⅱ级品	≥98.0	≤0.10	≤0.30	≤0.040	≤1.00	≤2.00
Ⅲ级品	≥95.0	≤1.00	≤0.40		≤1.50	≤5.00
Ⅳ级品	≥90.0	≤2.00	≤0.50			

F 产地

无水芒硝矿产于山西运城、云南安宁、内蒙古查干里门诺尔、新疆哈密七角井。

5.3.1.3 钙芒硝

A 组成与结构

钙芒硝主要成分为硫酸钠和硫酸钙，分子式为 $Na_2SO_4 \cdot CaSO_4$，其中含 Na_2O 22.28%、CaO 20.16%、SO_3 57.56%。单斜晶系，晶体呈菱面体，常为致密块状或肾状集合体。

B 物化性质

钙芒硝矿呈灰色、黄色，有时因含铁质而呈粉红色。条痕白色，贝壳状断口。玻璃光泽。硬度为2.5~3.0。密度为2.70~2.85g/cm^3。在水中缓慢溶解，并沉淀出石膏，溶液微具咸味。

C 矿床特征与利用

钙芒硝矿常与石盐、石膏、芒硝等共生，在选矿与加工中可回收利用。

D 主要用途

钙芒硝矿主要用于生产元明粉，用于造纸、皮革、橡胶和医药生产上。

E 质量标准

据国土资源部2002年12月发布的地质矿产行业标准《盐湖和盐类矿产地质勘查规范》(DZ/T 0212—2002)规定，钙芒硝矿按开采方式其一般工业要求见表5-8。水溶系列有害组分最大允许量同芒硝，见表5-5。

表5-8 钙芒硝矿一般工业要求

开采方式	计量组分	边界品位/%	工业品位/%	最小可采厚度/m	夹石剔除厚度/m
坑　采	Na_2SO_4	≥10~15	≥15~20	1~2	1
露天开采		≥8	≥20	0.1~0.3	0.2~0.6

F 产地

钙芒硝矿产于四川新津大岭、云南武定小井。

5.3.1.4 白钠镁矾

A 组成与结构

白钠镁矾矿主要成分为硫酸钠和硫酸镁，分子式为 $Na_2SO_4 \cdot MgSO_4 \cdot 4H_2O$，其中含 Na_2O 18.53%、MgO 12.06%、SO_3 47.87%、H_2O 21.54%。单斜晶系，完好晶体呈短柱状，但很少见到，通常为致密块状、粒状与纤维状集合体。

B 物化性质

白钠镁矾矿无色，常因含杂质而呈蓝绿色或浅红色。玻璃光泽。硬度为2.5~3.0。密度为2.2~2.3g/cm^3。易溶于水，味苦咸。在空气中不易风化。受热爆裂，生白色薄膜。

C 矿床特征与利用

白钠镁矾矿常与芒硝、无水芒硝共生或与石盐、钾盐镁矾、光卤石等共生，多以露天开采为主。矿石可采用冷冻法、盐析法和真空蒸发法进行选矿，将其与其他组分分离，加工中回收利用。

D 主要用途

白钠镁矾矿主要用于生产元明粉以及用于提取金属镁，生产镁的化合物，用于化学工业与轻工业有关生产部门。在后面章节中讨论直接作为玻璃澄清剂的可能性。

E 质量标准

据国土资源部2002年12月发布的地质矿产行业标准《盐湖和盐类矿产地质勘查规范》(DZ/T 0212—2002)规定，白钠镁矾矿床的一般工业指标见表5-9。水溶系列有害组分最大允许含量与芒硝、无水芒硝相同，见表5-5。

表5-9 白钠镁矾矿床一般工业指标

计量组分	边界品位/%	工业品位/%	最小可采厚度/m	夹石剔除厚度/m
Na_2SO_4	≥25	≥35	0.5~1.0	0.2~0.6

F 产地

白钠镁矾矿产于山西运城、青海大柴旦、新疆哈密、湖北潜江等地。

5.3.2 化工原料

5.3.2.1 元明粉行业质量指标

化工原料元明粉是由天然芒硝等提纯加工而得，因提纯工艺不同，产品质量有差别，行业相应有规定，其元明粉指标见表5-7。

5.3.2.2 部分芒硝厂元明粉质量

无水芒硝是白色或浅绿色粉状结晶。芒硝能吸收水分而潮解，应储放在干燥有屋顶的堆场或库内。下面只介绍某厂所用元明粉部分化学成分，其他项不作介绍。

A 湖北应城芒硝厂

应城芒硝厂生产的元明粉在某厂应用时间最长，统计数据显示：Na_2SO_4 最高为98.84%，最低为97.43%，平均为98.22%；NaCl 最高为1.50%，最低为0.38%，平均为1.04%；CaO 最高为0.49%，最低为0.02%，平均为0.11%；MgO 最高为0.03%，最低为0，平均为0.012%。水不溶物较少约0.618%，但 NaCl 严重超标。

B 湖北云梦芒硝厂

云梦芒硝厂生产的元明粉在某厂应用时间很长，统计数据显示：Na_2SO_4 含量最高为98.33%，最低为96.33%，平均为97.55%；NaCl 含量最高为1.23%，最低为0.35%，平均为0.635%；CaO 含量最高为0.03%，最低为0.01%，平均为0.015%；MgO 含量最高为0.02%，最低为0，平均为0.007%。水不溶物含量高达1.793%，NaCl 大多超标。

C 四川彭山芒硝厂

彭山芒硝厂生产的元明粉在某厂应用时间也很长，统计数据显示：Na_2SO_4 含量最高为98.93%，最低为97.72%，平均为98.2%；NaCl 含量最高为0.63%，最低为

0.53%，平均为0.556%；CaO含量最高为0.07%，最低为0.02%，平均为0.05%；MgO含量最高为0.02%，最低为0.004%，平均为0.0128%。水不溶物含量多，约1.18%左右，NaCl大多合格。

D 四川名山芒硝厂

名山芒硝厂生产的元明粉在某厂应用时间也很长，统计数据显示：Na_2SO_4 含量最高为99.40%，最低为98.56%，平均为99.07%；NaCl含量最高为0.504%，最低为0.36%，平均为0.428%；CaO含量最高为0.05%，最低为0.004%，平均为0.035%；MgO含量最高为0.02%，最低为0.01%，平均为0.013%。水不溶物含量较少，约0.454%，NaCl含量较为理想。

E 其他芒硝厂

江西芒硝厂和河南桐柏芒硝厂生产的元明粉在某厂应用时间较短。江西芒硝厂生产的元明粉一般 Na_2SO_4 含量为96.11%～98.37%，NaCl含量为0.86%～0.93%，CaO含量为0.04%～0.07%，MgO含量为0.004%～0.02%。河南桐柏芒硝厂生产的元明粉一般 Na_2SO_4 含量为97.67%～98.50%，NaCl含量为0.19%～0.20%，CaO含量为0.31%～0.32%，MgO含量为0.02%左右。

5.4 萤石矿

5.4.1 萤石矿定义及物化性质

5.4.1.1 定义

萤石是一种钙的天然卤素化合物，又名氟石，其化学式为 CaF_2，其中钙占51.33%，氟占48.67%。

5.4.1.2 物化性质

自然界中，纯净的萤石很少，萤石因含有不同的杂质其颜色显示不同变化，常呈紫色、红色、灰黑色、绿色、淡黄色、浅玫瑰色、浅蓝色、白色等。透明至半透明。硬度为4，性脆。密度为3.1～3.2g/cm^3。在阴极射线和紫外线下发紫光。大多数萤石（约60%）具有不同程度的放射性（含铀、钍、镭等放射性元素），紫色者放射性元素含量最高，可达0.01%。萤石不溶于水，与盐酸、硝酸反应微弱，遇浓硫酸会分解为氟化氢。熔点较低，为1270～1350℃。

5.4.2 萤石矿分类

萤石矿分类方法很多，但主要按矿床成因和共生矿进行分类。

（1）按萤石矿床成因分类。《中国非金属矿产资源及其利用与开发》一书（第78页）中，将矿床成因分两类，分述如下：

1）海相硅质岩黑页岩碳酸盐岩建造沉积型萤石矿床。此类矿床矿体长几百米，延深几百米，厚几米；萤石沉积具旋回性；热液改造时形成萤石脉与矿层共生。矿石为含萤石碳酸盐岩，萤石呈细粒状或糖粒状；含 CaF_2 60%～80%。成矿时代为古生代（界 P_2）、二叠纪。

2）脉石英建造热液充填型萤石矿床。此类矿床矿体不规则脉状群集于围岩的破碎带中；单脉长数百至上千米，延深几百米；脉体上部主要为石英。矿床矿体围岩硅化、绢云母化、高岭土化和绿泥石化。矿石为萤石集合体，块状、角砾状、条带状、网络状、晶簇状构造；粒状，压碎或交代溶蚀残余结构；含石英、重晶石、黄铁矿、方解石及炭质、铁质；含 CaF_2 35% ~90%。成矿时代：中生代（界 M_2）。

（2）按萤石共生矿分类。《非金属矿物材料制备与工艺》一书（第303页）中，将共生矿分为七类，分述如下：

1）单一萤石型。该类矿石几乎由单一萤石矿物组成，石英和方解石含量甚少；多呈脉状体产出，稍加手选即可利用。

2）石英-萤石型。该类矿石主要由萤石和石英组成，两者往往互成消长关系。萤石含量可达80% ~90%。其他可有少量方解石、重晶石和硫化物矿物相伴生，这是一种常见的矿石类型，可占矿体总储量的40% ~50%或更多。

3）硫化物-萤石型。与上列石英-萤石型不同的是矿石含有较多的金属硫化物，硫化物有方铅矿、闪锌矿和黄铜矿。铅、锌含量有时可达到工业品位。它们常可回收利用。

4）方解石-萤石型。方解石含量可达30%以上，有少量石英，有时组成石英-方解石-萤石型矿石。这类矿石分布比较广。

5）重晶石-萤石型。重晶石常与萤石共生，含量为10% ~40%。有时重晶石与萤石在矿体中构成明显的垂直分带现象，即上部以萤石为主，中部为萤石加重晶石，下部以重晶石为主，再向下可变为以方解石为主。该类型矿石常伴有黄铁矿、方铅矿、闪锌矿等硫化物，有时石英含量增加，组成石英-重晶石-萤石型矿石，并含有少量方解石。

6）硅质岩萤石型。硅质岩主要包括砂页岩、云母石英片岩、石英岩等。萤石呈细粒浸染状、胶结物状、条（纹）带-微层状、团块状及扁透镜状等分布于岩石中，是一种沉积成因的矿石。

7）碳酸盐岩萤石型。萤石多呈细粒或糖粒状分布于石灰岩、大理岩中，与方解石或白云石组成粒状共结镶嵌结构或变嵌晶结构。有的组成条纹、条带状、微层到薄层状结构，属于沉积成因矿石。

此外，还有锡石-萤石型、锡石-电气石-萤石型、灰锑矿-辰砂-萤石型、沥青铀矿-萤石型、钨-锡-萤石型等。

5.4.3 萤石矿的地质工作及质量要求

5.4.3.1 一般矿床要求

萤石矿床一般工业指标见表5-10。

表5-10 萤石矿床一般工业指标

项 目		CaF_2 质量分数/%	最低可采厚度/m	夹石剔除厚度/m
边界品位		≥20		
工业品位		≥30		
矿石品级	富 矿	≥65（S<1%）	0.7	0.7
	贫 矿	20 ~65	1.0	1 ~2

5.4.3.2 建材行业质量要求

建材行业应用萤石其质量要求见表5-11。

表5-11 陶瓷、搪瓷、玻璃、水泥用萤石粉矿的质量要求

品 级	化学成分/%		粒度及其他
	CaF_2	Fe_2O_3	
特三级	≥98.0	≤0.02	粒度要求不大于6mm；不得混入外来杂质
特二级	≥97.0	≤0.02	
特一级	≥95.0	≤0.02	
一级品	≥90.0	≤0.02	
二级品	≥85.0	Ⅰ级0.2，Ⅱ级0.3	
三级品	≥80.0	Ⅰ级0.2，Ⅱ级0.3	
四级品	≥75.0	≤0.3	
五级品	≥70.0	—	
六级品	≥60.0	—	
七级品	≥50.0	—	
八级品	≥40.0	—	

5.4.4 萤石矿的用途

萤石矿按用途可以分为冶金级萤石、制酸（化工）级萤石、玻陶级萤石、光学萤石和工艺萤石等。萤石的工业技术要求一般视其在工业上的不同用途而定。

（1）玻陶级萤石。玻陶级萤石指标为CaF_2 95%～96%，SiO_2≤2.5%～3%，Fe_2O_3<0.12%，$CaCO_3$<1.0%，此外不含铅、锌、硫、$BaSO_4$等有害杂质。萤石的粒度应在100目（0.154mm）左右。萤石用于玻璃作助熔剂，人们逐渐认识到萤石中的氟侵蚀耐火材料并使玻璃的结晶性能恶化因此不再在平板玻璃中使用萤石。但在白云石矿中有萤石共生，存在有利的一方面，因此了解萤石矿仍有意义。

湖北大悟县、通城县、红安县三地萤石，曾在湖北某玻璃厂生产玻璃马赛克作助熔剂和乳浊剂使用过两年。

（2）其他级萤石。其他级萤石一是指冶金级萤石，在冶金中作助熔剂使用；二是指制酸（化工）级萤石，从萤石中提取氟生产氢氟酸和氟化物制品、人造冰晶石等；三是指光学级萤石，用于光学工业中。四是指工艺级萤石，作宝石制作艺术饰品等。它们各有不同的要求，这里不一一叙述。

5.4.5 萤石矿的分布地及部分矿点质量

5.4.5.1 萤石矿的分布地

湖北及周边有萤石矿的县市有：湖北的秭归县，广水市，浠水县，大悟县，通城县，红安县等；湖南的临湘市桃林等乡镇，衡南，柿竹，平江县等；江西的永平，德安等地；

四川的二河水等地。

5.4.5.2 部分矿点质量

浠水萤石化学成分：CaF_2 89.9%、SiO_2 0.19%、Al_2O_3 0.2%、MgO 0.70%。

临湘萤石化学成分：块矿 CaF_2 60%～98%、精矿 CaF_2 93%～98%。

秭归县萤石可作宝石使用。

5.5 钠硝石矿

5.5.1 钠硝石矿的定义及物化性质

5.5.1.1 钠硝石矿的定义

钠硝石矿亦称智利硝石，主要成分为硝酸钠，分子式为 $NaNO_3$，其中含 Na_2O 36.46%、N_2 16.48%、O_2 47.06%。常有 NaCl、Na_2SO_4 和 $Ca(IO_3)_2$ 混入。

5.5.1.2 钠硝石矿的物化性质

钠硝石矿属三方晶系，晶形呈菱形，常为块状、皮壳状和盐华状集合体。钠硝石为白色、无色，因含杂质而染成淡灰色、淡黄色或褐色。白色条痕。玻璃光泽。透明，性脆、贝壳状断口。硬度为1.5～2.0。密度为2.24～2.29g/cm^3。极易溶于水，味咸且凉，潮解性强烈，在空气中吸收水分并变成白色粉末。

5.5.2 钠硝石矿矿床特征及质量要求

5.5.2.1 矿床特征

钠硝石矿有独立的矿床也有共生矿。钠硝石矿床多为露天开采，由于其矿体分散、矿层较薄，通常是将采出矿石经破碎过筛后用40℃水淋滤，将其淋滤的溶液通过结晶分异作用，从溶液中获得较纯的钠硝石。

钠硝石矿常与石盐、石膏、芒硝共生，可在加工中综合回收。

5.5.2.2 质量要求

据国土资源部2002年12月发布的地质矿产行业标准《盐湖和盐类矿产地质勘查规范》(DZ/T 0212—2002)规定，钠硝石一般工业指标见表5-12。

表5-12 钠硝石一般工业指标

边界品位/%	工业品位/%	最小可采厚度/m	夹石剔除厚度/m
$NaNO_3 \geqslant 2$	$NaNO_3 \geqslant 5$	1	0.2

若伴生组分较多，并可综合回收利用，其工业指标可适当降低。

现市场上钠硝石产品一般分为3级，其质量要求见表5-13。

表 5-13 钠硝石产品质量要求

级 别	$NaNO_3$ 含量/%	NaCl 混入率/%	主要用途
Ⅰ级品	97	0.5	制造硝酸、炸药
Ⅱ级品	96	1.0	化工产品
Ⅲ级品	95	1.5	生产氮肥

5.5.3 钠硝石矿的用途及分布地

5.5.3.1 用途

钠硝石矿用于生产硝酸以及氮肥和炸药。冶金工业中用作炼镍的强氧化剂，玻璃生产中用作氧化剂和澄清剂。

5.5.3.2 分布地

钠硝石产于青海西宁、甘肃肃北以及新疆鄯善水草湖。

5.6 钾硝石矿

5.6.1 钾硝石矿的定义及物化性质

5.6.1.1 钾硝石矿的定义

钾硝石矿又名硝石、火硝或印度硝石。主要成分为硝酸钾，分子式为 KNO_3；其中含 K_2O 46.58%、N_2 13.86%、O_2 39.56%。常与石盐、芒硝等共生。

5.6.1.2 钾硝石矿的物化性质

钾硝石矿属斜方晶系，晶体细长，比较少见，常呈针状、毛发状和粉末状集合体，也有呈盐华状、皮壳状集合体。白色、浅灰色，常因含有混入物而呈杂色。玻璃光泽或丝绢光泽。硬度为 2，性脆。密度为 1.99g/cm^3。能快速溶于水中、味苦，蒸发后乃为钾硝石（KNO_3）晶体。在空气中不潮解、火焰为紫色。

5.6.2 钾硝石矿矿床特征及质量要求

5.6.2.1 矿床特征

钾硝石矿床尚未发现独立的矿床，其大多伴生在其他盐类矿床中，常与石盐、芒硝等共生，在开发中回收利用。所以勘查与开发工作需依附主矿床而进行。

5.6.2.2 质量要求

目前无统一标准，在生产钾肥中参照钾盐标准执行，若作为硝酸生产原料则参照钠硝石标准执行，但由于它可提取钾，所以指标可适当降低。

5.6.3 钾硝石矿的用途及分布地

5.6.3.1 用途

钾硝石矿主要用于生产钾肥与氮肥，同时其附产物可用于生产硝酸。关于含钠硝石和钾硝石的废弃物在玻璃硅砂生产中的应用讨论在 2.9.4 节叙述过，这里不再谈及。

5.6.3.2 分布地

国外（印度、智利、俄罗斯、美国等）有分布，中国没有独立的矿床，但在石盐矿、芒硝矿中伴生或共生。

6 原料粒子及粒级

在物理学中，粒子（particle）指能够以自由状态存在的最小物质组分。在工业生产和日常生活中一般把细小的固体称为“粒子”。这里谈及的原料粒子即原料颗粒。在矿物学中，粒度（grain size，particle size）指颗粒的大小，是组成矿石、岩石、土壤的矿物或颗粒的大小的度量。常以矿物或颗粒的直径（mm 或 μm）大小或以 95% 的物料所通过的筛孔尺寸（mm 或目）表示。某些工业部门，有时把矿石的块度也称“粒度”。通常物料是由各种粒度的矿粒群组成的。为了表示物料粒度的组成情况，用某种分级方法（如筛分）将粒度范围宽的矿粒群分成粒度范围窄的若干级别，这些级别称为“粒级”（grade，size fraction）。粒级通常以它的上限尺寸（d）及下限尺寸（dI）所占的百分数来表示。在玻璃研究和生产中，为了划分矿物原料的品级，确定矿物原料的使用范围及加工技术性能，确定生产线所用各种原料的粒度和粒级都是必要的研究内容。

6.1 概述

实验室常用的测定物料粒度组成的方法有筛析法、水析法和显微镜法。常用的粒度分析仪有激光粒度分析仪、超声粒度分析仪、消光法光学沉积仪及 X 射线沉积仪等。本节只讨论平板玻璃工厂常用的筛析法及标准筛。

6.1.1 标准筛

6.1.1.1 标准筛定义

标准筛是量度粒子尺寸的标准。原料粒子尺寸是由筛分析筛子的目数、孔数或孔径来量度的。筛分析用的筛网应是标准的，丝径误差要在规定的范围之内，丝与丝的间距误差也有相应的规定，不能超出规定的范围。

6.1.1.2 标准筛制造质量现状

20 世纪 80 年代以前筛网制作比较规范，玻璃原料筛分析用标准筛一般指浙江生产的标准筛，粒度分析准确度高。改革开放后，由于各地均可生产标准筛，相关部门又未进行严格的管理，筛孔尺寸误差相当大，应用这种筛做玻璃原料筛分析难免出现偏差。有数据显示，某厂用的 D 号硅砂，粒度分析用两个产地出产的筛子进行筛分析，合同中关键数据——粒子下限尺寸相差 15% ~20% 或更多。筛分结果矿山供应商认为合格，玻璃厂方认为严重超标，争议很大，往往导致玻璃生产中出现产量质量问题，尚不易被人们发现。

6.1.1.3 标准筛表示方法及换算

A 标准筛表示方法

具体如下：

（1）用孔径表示：即用孔的尺寸大小（mm）来表示。

（2）用单位面积上的孔数表示：即 1cm^2 面积内有多少个孔。

（3）用目数表示：即 1in（1in = 25.4mm）长度范围内有多少个孔。

B　目数与孔数换算

目数与孔数换算见公式 6-1。

$$K = \left[\frac{M}{2.5}\right]^2 \quad \text{或} \quad M = 2.5\sqrt{K} \tag{6-1}$$

式中　K——1cm^2 面积上的孔数；

M——目数，即 1in 范围内的孔数；

2.5——1in（1in = 2.54cm≈2.5cm）。

6.1.1.4　振动标准筛筛分时间

样品筛前烘干水分为 0.05% 以下，再放入振动台振动筛分，时间为 5min，然后逐个称量。

6.1.1.5　标准筛制参考对照表

国内某些厂引进过美国技术，习惯用美国筛制，因此表 6-1 列出美国筛和我国筛对照供参考。

表 6-1　标准筛制参考对照表

我国分样筛①			美国 ASTM		
目 /孔·in^{-1}	孔径 /mm	丝径 /mm	筛 号	孔径 /mm	丝径 /mm
			2.5	8	1.83
			3	6.75	1.65
4	5.4		3.5	5.66	1.45
			4	4.76	1.29
			5	4	1.12
6	3		6	3.36	1.02
8	2.5		7	2.83	0.92
			8	2.38	0.84
10	2.0		10	2	0.76
12	1.6		12	1.68	0.69
			14	1.41	0.61
16	1.25				
			16	1.19	0.52
18	1		18	1	0.48
20	0.9				
24	0.8		20	0.84	0.42
26	0.71		25	0.71	0.37
28	0.63				
32	0.56		30	0.59	0.33

我国分样筛①			美国 ASTM		
目 /孔·in^{-1}	孔径 /mm	丝径 /mm	筛 号	孔径 /mm	丝径 /mm
35	0.5		35	0.5	0.29
40	0.45				
45	0.4		40	0.42	0.25
50	0.355		45	0.35	0.22
55	0.315				
			50	0.297	0.188
65	0.25		60	0.25	0.162
75	0.20		70	0.21	0.14
85	0.18		80	0.177	0.119
100	0.154		100	0.149	0.102
120	0.125		120	0.125	0.086
140	0.113				
150	0.108		140	0.105	0.074
160	0.102				
180	0.09		170	0.088	0.063
200	0.076		200	0.074	0.053
			230	0.062	0.046
280	0.055		270	0.052	0.041
350	0.042		325	0.044	0.036

①为上海制品。

通过部分玻璃厂多年使用，对国内筛的评价是：浙江筛最准，洛阳筛较准，常德筛误差最大。

6.1.2 粒子尺寸上下限和理想尺寸

6.1.2.1 粒子尺寸上限和下限

粒子尺寸由各原料间互相接触面积（也即化学反应面积）而决定。一般希望反应面积尽可能大些，也即原料粒度尽可能细些；但考虑飞扬的危害和配合料分层倾向及澄清过程的顺利进行，原料粒度又不能过细，又想尽可能粗些。因此，要在矛盾中求平衡。

原料粒子上限：各物料入窑允许最粗目数（粒径）定义为粒子上限。其实上限不是一个定值，同一种原料，如白云石因产地不同在一定范围内波动，由工厂原料技术人员掌控，一般在 8 ~20 目（2.5 ~0.9mm）之间。又如，硅砂因产地不同（含杂质不同）可在一定范围内波动，一般在 22 ~26 目（0.85 ~0.71mm）之间。

原料粒子下限：各物料入窑允许最细目数（粒径）的百分比。下限也不是一个定值，同一种原料，如长石粉因产地不同在一定范围内波动，由工厂原料技术人员掌控，一般在 100 ~180 目（0.154 ~0.09mm）之间。美国 PPG 公司把长石小于 100 目（0.154mm）的颗粒定为超细粉；我国有将小于 180 目（0.09mm）的颗粒定为超细粉的，有将小于 160 目（0.102mm）定为超细粉的，有将小于 140 目（0.113mm）定为超细粉的，也有将小于 120 目（0.125mm）定为超细粉的，范围较大。

超过粒子上限的为粗粒，按美国 PPG 公司海默的观点可以适当放粗。超过粒子下限的为超细粉，超细粉或多或少占有一定的比例，按海默的观点宁可将细粉全部丢掉。比例多少也是人为控制的，总之根据本厂原料具体产地、具体特性而定，各厂不能统一定论。

6.1.2.2 粒子理想尺寸

去掉粗粒，删去细粒，余下中间合格颗粒中的一个较小范围成为理想尺寸，理想尺寸所占的比例越多越好。既易于熔化又不飞扬，既利于混合又不分层，反应面积尽可能大。这种理想状态总是存在的，原料技术人员要去认识和掌控。如某泥盆纪硅砂粒子理想尺寸是 0.5 ~0.6mm，某白垩纪硅砂粒子理想尺寸是 0.6 ~0.7mm 等。

6.2 硅砂粒度讨论

硅砂熔点高，要提高窑炉的熔化率，尽可能降低能耗，又要生产优质高产玻璃，除对硅砂化学成分及稳定性有相当的要求之外，硅砂粒子尺寸及分布、粒子形状也是非常重要的，两者都是衡量硅砂质量的同等重要的指标。本节以湖北某玻璃厂的生产数据证实粒度过粗、过细、形状过差都不利于玻璃生产。

6.2.1 硅砂粒子粒级对玻璃生产的影响

玻璃生产好坏与配合料混合质量密切相关，而配合料混合均匀度又取决于硅砂颗粒级配，窑炉寿命也与硅砂粒度有关。下面用生产数据来分析和证实。

6.2.1.1 硅砂超细粉产生波筋工艺事故

A 事故发生及现象

2005年5月1日，湖北某玻璃厂在一窑两制（日熔化量为320t）的熔窑引上生产中发生重大工艺事故。七机无槽引上七楼采板楼面所有机台原板的板面都出现严重波筋，正面看就是波型瓦。玻璃质量存在严重问题，全部定为废品，打碎回笼。

B 原因分析

经分析，某硅砂矿分级机排出的细砂（-0.125mm）拖了一部分回厂并混入到成品砂中，使配合料粒级突变，配合料混合均匀度突变（变差）。玻璃液局部富硅，产生富硅波筋。此次事故称为“超细粉产生波筋工艺事故”。

某矿分级机排出的细砂，其 SiO_2 含量也是98.5%、Al_2O_3、Fe_2O_3 含量也同成品砂基本相同，只是粒度细，-0.09mm占95.04%~98.9%不等。而成品砂合格颗粒在0.6~0.125mm，占主要比例，两者相距太大。造成配合料混合均匀度突然变差，玻璃液化学均匀性突变。这是湖北某厂首次尝试硅砂粒度对混合均匀度的影响。

C 处理办法

停用混有细沙的成品砂。更换完全合格的成品砂，配料恢复正常，生产很快（2~3d）好转，波筋逐步减轻直至消失。

6.2.1.2 硅砂粒度对0.5mm以下小气泡的影响

A 气泡数量比较

将日熔化量为350t和700t的熔窑使用不同颗粒的硅砂所生产的玻璃进行气泡（0.5mm以下的小气泡）统计数据整理发现，气泡数量与硅砂粒度有关。其统计数据见表6-2。

表6-2 玻璃小气泡（<0.5mm）样品抽查月平均值比较 （个）

采样地点	取样位置	1月	2月	3月	4月	5月	6月	7月	8月	9月	10月	11月	12月
350t浮法	南边	1.77	1.89	2.27	2.97	2.35	2.43	2.1	2.03	2.0	2.17	1.47	1.48
	北边	2.2	2.25	2.27	2.83	2.58	2.29	2.13	2.23	2.17	2.40	1.50	1.61
700t浮法	东边	2.58	2.67	3.03	3.46	3.17	2.61	2.52	2.71	2.70	2.5	0.97	1.1
	西边	3.71	3.44	3.90	4.38	3.50	2.43	2.55	2.58	3.17	3.17	0.39	0.87

注：样品尺寸为1.2m×0.6m（一般取薄玻璃测试）。

由表6-2的数据可知，2006年一年当中350t熔窑气泡（样品）月平均值1月~10月共10个月均少于700t熔窑，只有11月、12月两个月高于700t熔窑。350t窑优于700t窑。

B 生产条件比较

气泡数量与诸多因素有关，要对影响气泡的因素一一分析，排除影响小的因素，确定影响气泡的最重要的因素。下面分别叙述350t和700t熔窑的用砂比例、碎玻璃比例、燃料种类三项可能影响的因素，进行筛选分析。

a 硅砂用量比较

350t 熔窑用砂比例为 C 号硅砂（粗砂）37% ~47%，配 D 号硅砂（细砂）63% ~53%。700t 熔窑内用砂比例为 B 号硅砂（中砂）30% ~40%，配 D 号硅砂（细砂）70% ~60%。总起来看，350t 熔窑用硅砂粒度偏粗一些，而 700t 熔窑用砂偏细一些。

b 碎玻璃用量比较

350t 熔窑用碎玻璃比例为 53.12% ~63.31%，平均大于 62%。而 700t 熔窑用碎玻璃比例为 18% ~34%，平均为 29%。前者多后者少。

c 燃料种类比较

350t 熔窑烧发生炉煤气，而 700t 熔窑烧焦油，燃料前者差、热值低，后者优、热值高。

C 原因分析及结论

两座熔窑从燃料种类看 700t 熔窑烧焦油占有较大优势，热值高熔化应良好一些。350t 熔窑烧发生炉煤气，热值低占劣势，熔化应差一些，这是最重要的条件。

碎玻璃比例，350t 熔窑加碎玻璃多虽然易于熔化，但碎玻璃多澄清难度大。而 700t 熔窑加碎玻璃量正常（公认的比例），应好熔化，好澄清。

根据上述生产条件后两条，700t 熔窑条件占绝对优势，熔化质量好、气泡应少。350t 熔窑占劣势，熔化质量差、气泡应多。实际结果相反，350t 熔窑好于 700t 熔窑。用硅砂条件不同成为问题所在。1 年 12 个月其中有 10 个月充分证实，用硅砂不同造成微气泡数量不同。

硅砂用量占配合料生料总量的 58% 左右，硅砂粒度决定配合料的混合均匀度。硅砂偏粗，混合均匀度质量偏高，硅砂偏细，混合均匀度质量偏低。更重要的是细粉粒子之间附着的空气多，溶解在玻璃液中的气体随之也多，达到平衡，气泡数量稳定，一旦温度波动或窑压有较大变化，溶解的气体（小气泡）又有逸出或将逸出。说明超细粉多的配合料熔化操作难度大。

无限制地增加超细粉和无限制地减少超细粉是两个截然不同的操作过程，中间有无数个过渡过程，等待玻璃技术人员去摸索掌握平衡。D 号硅砂粒度很差，-0.125mm 以下的超细粉比率高达 50% ~82%，量多，波动又大，其操作过程难以控制，变换操作增加难度。

结论是：硅砂细粉多，熔化难操作，玻璃中小气泡多。

6.2.1.3 硅砂粒度对 0.5 ~3mm 气泡和疙瘩的影响

A 气泡（0.5 ~3mm）和疙瘩缺陷数量比较

在 700t 熔窑中，将大气泡（0.5 ~3mm）和疙瘩缺陷进行统计整理，发现玻璃中缺陷总数与硅砂粒度粗细也有关系。其统计数据整理比较结果见表 6-3。

表 6-3 气泡（0.5 ~3mm）、疙瘩平均数比较 （个/d）

生产时间段	生产天数/d	用硅砂比例/%	东边		西边		缺陷总量	玻璃厚度/mm
			气泡	疙瘩	气泡	疙瘩		
2006-03-08 ~31	14	B 号硅砂（中砂）100%	167.79	169.21	133.64	204.43	675.07	12
2006-09-23 ~10-13	21	B 号硅砂（中砂）30% +D 号硅砂（细砂）70%	217.71	86.90	233.81	86.52	624.95	12

从表6-3（质检员在线统计数据）可以看出，当用100%的B号硅砂（中砂）生产时，气泡无论东边还是西边都比B砂30%＋D砂70%生产好，但疙瘩缺陷比较多。

B　原因分析

a　疙瘩数量分析

工艺事故介绍：为进行疙瘩数量分析，需先介绍700t熔窑发生的一次工艺事故。某厂700t熔窑建成于2005年1月18日点火烤窑。新窑点火前，在第七对小炉以后，池壁顶下间隙砖处横排了一排标准硅砖，目的是保护挂钩砖，经过一年时间的烧损侵蚀标准硅砖逐渐软化倒入玻璃水里，产生疙瘩。从耳池捞出100余块长短、形状不等的残余标砖，不少已侵蚀并随着生产流进入玻璃液成为玻璃板中夹杂物（该厂把结石和夹杂物统称为疙瘩），此次事故称为“硅砖倒塌事故”。

2006年3月8日～31日，用100%B号硅砂（中砂）配料生产时，硅砖倒塌事故处于尾声，尚未结束，此阶段疙瘩数量多主要是由标砖倒入玻璃水里所造成的。

2006年9月23日～10月13日，用30%B号硅砂＋70%D号硅砂配料生产时，硅砖倒塌事故已结束，此阶段疙瘩少，与事故无关。但仍有疙瘩，与D号硅砂过细有关，是过细的硅砂在配料系统内与管壁、设备内壁摩擦形成细沙泥硬块，硬块脱落进入熔窑所致。

b　气泡数量分析

2006年3月8日～31日，用100%B号硅砂（中砂）配料生产，其气泡数量（301.43个/d）与标砖倒塌事故有一定的关系。标砖倒入玻璃液里，带入附着的气体，增加了玻璃中气泡数量。换言之，100%B号硅砂（中砂）配料若没有事故发生，其气泡数量应小于301.43个/d。

2006年9月23日～10月13日，用30%B号硅砂（中砂）＋70%D号硅砂（细砂）配料生产，标砖倒塌事故已过去了，其气泡数量（451.52个/d）与事故无关。此阶段气泡数量增多纯属受D号硅砂细粉影响。再次证明硅砂粒度不可忽视。

6.2.1.4　硅砂粒度对玻璃密度及产量的影响

硅砂粒度不同，其配合料混合均匀度随之不同。配合料混合均匀度又影响着玻璃退火密度（g/cm^3）变化。密度变化表明玻璃液化学均匀性的变化。化学均匀性决定玻璃产量的高低。本节考察两座不同用料（硅砂）熔窑玻璃密度变化规律是否与产量相对应。下面叙述两座熔窑的生产条件以及生产相关数据（密度和产量），然后进行整理找出规律，逐一分析，最后得出结论。

A　生产条件及相关比较

a　生产条件

日熔化量为350t熔窑：烧发生炉煤气，在2006年当中用硅砂为C号硅砂（粗砂）37%～47%，加D号硅砂（细砂）53%～63%，使用大量碎玻璃。

日熔化量为700t熔窑：烧焦油，在2006年当中用硅砂为B号硅砂（中砂）30%～40%，加D号硅砂（细砂）60%～70%，使用碎玻璃量正常值。

b　相关比较

具体如下：

（1）退火密度比较。将2006年两座窑炉工艺大调整之后从3月开始每个月的退火密度进行整理，将每月退火密度最大值、最小值和差值整理、排列在表6-4中。

表6-4 两座窑玻璃退火密度变化对比 (g/cm^3)

采样地	类别	3月	4月	5月	6月	7月	8月	9月	10月	11月	12月
350t窑	最高	2.5187	2.5188	2.5188	2.5196	2.5195	2.5196	2.5205	2.5204	2.5201	2.5208
	最低	2.5171	2.5176	2.5177	2.5179	2.5180	2.5186	2.5182	2.5184	2.5184	2.5190
	差值	0.0016	0.0012	0.0011	0.0017	0.0015	0.0010	0.0023	0.0020	0.0017	0.0018
700t窑	最高	2.5184	2.5186	2.5193	2.5195	2.5192	2.5189	2.5193	2.5195	2.5201	2.5205
	最低	2.5154	2.5169	2.5175	2.5176	2.5176	2.5168	2.5179	2.5163	2.5182	2.5179
	差值	0.0030	0.0017	0.0018	0.0019	0.0016	0.0021	0.0014	0.0032	0.0019	0.0026

从表6-4可以看出，总体玻璃退火密度变化350t熔窑小于700t熔窑。350t熔窑玻璃密度差值在0.0010～0.0023g/cm^3之间，700t熔窑玻璃密度差值在0.0014～0.0032g/cm^3之间。大窑均化作用反而比小窑差。

（2）350t熔窑平均日产量比较。由于700t熔窑生产产品（厚度）变化较大，有12mm厚，有4mm厚，厚玻璃产量低，薄玻璃产量高不好比较。只将350t熔窑每月产量进行比较（均为4mm或5mm厚），寻找规律。产量的高低与加入的碎玻璃质量也相关，将碎玻璃用量一并列入表6-5中进行比较。

表6-5 350t熔窑日平均产量比较

月　份	3月	4月	5月	6月	7月	8月	9月	10月	11月	12月
平均日产量/重箱	7527.09	7896.5	7970.44	7414.20	7791.07	8036.18	8035.36	7994.95	7958.38	7230.01
碎玻璃用量/%	53.63～59.12	60.25	60.25	61.69～63.16	63.15	63.15	63.14	63.13～63.31	63.18	63.18

B 分析与结论

a 数据整理

上述生产现象要进行整理，重点考察350t熔窑，将退火密度由小到大重新排列（表6-6），对应产量随之排列，看是否与密度对应变化。同时生产情况与调整动作也有关，一并考虑分析。

表6-6 按密度变化由小到大排列比较

排名次	1	2	3	4	5	6	7	8	9	10
月　份	8月	5月	4月	7月	3月	6月	11月	12月	10月	9月
密度差/$g \cdot cm^{-3}$	0.0010	0.0011	0.0012	0.0015	0.0016	0.0017	0.0017	0.0018	0.0020	0.0023
平均日产量/重箱	8036.18	7970.44	7896.5	7791.07	7527.09	7414.20	7958.38	7230.01	7994.95	8035.36
碎玻璃用量比例/%	63.15	60.25	60.25	63.15	53.63～59.12	61.69～63.16	63.18	63.18	63.13～63.31	63.14

续表 6-6

排名次	1	2	3	4	5	6	7	8	9	10
月　份	8 月	5 月	4 月	7 月	3 月	6 月	11 月	12 月	10 月	9 月
原料调整次数	0 次	1 次	硅砂微调 3 次	1 次	同时变动 5 次	3 次	1 次	1 次	1 次	1 次
碎玻璃片粉互换次数	0 次	0 次	1 次	13 次		3 次	4 次	13 次	5 次	7 次
平均炸裂 /次 · d^{-1}	6.83	15.23	15.6	34.19	11.82 (满槽 2d)	111.17	24.67	78.22 (炸 3d)	16.77	14.03

b　生产情况分析

情况分析具体如下：

（1）密度差变化分析。在表 6-6 中，8 月份变化最小，该月内最大密度值与最小密度值只相差 0.0010g/cm³，排名在第一名，9 月份变化最大，该月内最大密度值与最小密度值相差达 0.0023g/cm³，排列在第十名（最后一名）。

6 月和 7 月最大密度值差都是 0.0017g/cm³，要通过数据处理后加以区别，得出结果：6 月份变化的绝对值为 0.000109g/cm³，7 月份变化的绝对值为 0.000127g/cm³，求法如下：

6 月：　　　　平均值 2.51864 − 中值 2.51875 = 0.000109g/cm³

7 月：　　　　平均值 2.519377 − 中值 2.51925 = 0.000127g/cm³

平均值定义：一月密度值的总和除以天数（个数）。

中值定义：最大值减最小值除以 2。

（2）产量变化分析。表 6-6 显示，3 月 ~8 月连续 6 个月密度值的变化大小与产量吻合。8 月份密度差最小，为 0.0010g/cm³，产量最高，为 8036.18 重箱/d。5 月份密度差为 0.0011g/cm³，排第二名，产量为 7970.44 重箱/d，也排第二名。4 月份密度差为 0.0012 g/cm³，排第三名，产量为 7896.5 重箱/d，也排第三名。7 月份密度差为 0.0015g/cm³，排第四名，产量为 7791.07 重箱/d，也排第四名。3 月份密度差为 0.0016g/cm³，排第五名，产量为 7527.09 重箱/d，也排第五名。6 月份密度差为 0.0017g/cm³，排第六名，产量为 7414.20 重箱/d，也排第六名。

11 月和 12 月的密度差与产量也对应变化。只有 9 月份和 10 月份例外，9 月份的密度差很可能与取样有关，9 月份某天样品可能含有微小气泡，使当天密度变小而使整月密度差距拉大，9 月份产量仅次于 8 月份，说明玻璃液化学均匀性好，密度变化小。

（3）原料调整分析：在这统计的 3 ~ 12 月当中原料也作了些调整。原料调整是指硅砂变换品种或比例调整。玻璃片粉互换是指：加工设备坏了，玻璃粉供应不上，少称一部分，由碎玻璃片代替，保持碎玻璃总量不变或细玻璃渣多了无处库存，要求多用，此时少用玻璃片多用玻璃粉，保持碎玻璃总量不变。

例如，5 月份做过 1 次硅砂调整，4 月份做过了 3 次硅砂微调和 1 次玻璃片粉互换，7 月份做过 1 次硅砂调整和 13 次玻璃片粉互换，3 月份同时做过 5 次硅砂调整和 5 次玻璃片粉互换。6 月份做过 3 次硅砂调整和 3 次玻璃片粉互换，11 月份做过 1 次硅砂调整和 4 次玻璃片粉互换，12 月份作过 1 次硅砂调整和 13 次玻璃片粉互换，10 月份作过 1 次硅砂调整和 5 次玻璃片粉互换，9 月份作过 1 次硅砂调整和 7 次玻璃片粉互换。

原料调整和玻璃片粉互换或多或少对生产有一定影响，调整次数多，对生产稳定不利。其中，8 月份没有动作，产量最高；5 月份调整动作少，产量高；9 月份相对动作少，产量也高。由此可见，不作调整为好，但是要解决硅砂供应和碎玻璃片和碎玻璃粉加工能力和库存能力方可减少动作或不动作，硬件条件支持是很重要的。

（4）原板炸裂情况分析。影响原板炸裂的因素主要是碎玻璃质量，其次是其他因素。原板不炸裂产量就高，原板炸裂产量就低。

由第一名至第四名排名次，即 8 月、5 月、4 月、7 月，炸裂次数由 6.83 次上升到 15.23 次、15.6 次、34.19 次，其产量由 8036.18 重箱下降到 7970.44 重箱、7896.5 重箱、7791.07 重箱，两者基本吻合。

排名次第五名的 3 月份炸裂 11.82 次（其中满槽 2d 的产量扣除后求平均值），比第六名的 6 月份炸裂 111.17 次低，产量也相吻合。

排名第七名的 11 月份炸裂 24.67 次比排名第八名的 12 月份炸裂 78.22 次（集中炸裂 3 天扣除后求平均产量）低，产量也相吻合。

排名第九名的 10 月份炸裂 16.77 次，比排名第十名的 9 月份炸裂次数 14.03 次多，产量也相吻合。

总起来看，密度变化与原板炸裂有关系，但不是决定因素，决定炸裂的主要因素是碎玻璃质量，尤其碎玻璃中的高铝玻璃和石英玻璃。炸得多，产量低。

c 结论

通过上述分析，密度变化小的产量高是总体趋势。硅砂粒度好（混合均匀度高）的其玻璃密度变化小。350t 熔窑用硅砂粒度好，密度变化小，700t 熔窑用硅砂粒度差，密度变化大，若 700t 熔窑生产同一厚度或厚度变化不大的玻璃，产量也会与密度变化相关。

6.2.1.5 配合料细粉飞扬、窑炉侵蚀与玻璃缺陷

配合料细粉飞扬、尤其硅砂细粉多时将对窑炉构成侵蚀。下面从飞扬产生侵蚀、侵蚀产生缺陷、调整不显效果以及用极端状态论述窑炉寿命四个问题来讨论。

A 配合料细粉飞扬导致窑炉侵蚀

未压实松散的配合料入窑，受到喷枪高压油雾气流冲击以及配合料中水分受热迅速汽化的作用而产生飞扬是不可避免的。

纯碱、芒硝细粉飞扬对前脸墙、池壁、大碹构成侵蚀威胁是最大的。硅砂细粉飞扬构成侵蚀威胁也不可忽视，硅砖（或硅砂）与高铝砖作邻居必生共熔物，硅砂细粉多，对前脸墙构成侵蚀威胁。

B 窑炉侵蚀使玻璃产生缺陷

池壁（工作面的统称）受到侵蚀，液面上部池壁不断流淌各种飞扬物与耐火材料反应生成物，飞扬物熔成的“玻璃液”，耐火材料脱落物都不是玻璃设计成分所需要的。三者对于玻璃来说都是缺陷，成分不均，不能完全融入玻璃，不易扩散均化，不是波筋条纹就是疙瘩气泡，成为玻璃生产不希望的缺陷。

a 缺陷出现两现象

两现象具体如下：

（1）新窑3月之内缺陷很少。新窑投产3个月内，玻璃原板上缺陷非常少。这是因为新窑耐火砖表面（工作面）致密光滑，侵蚀速度很慢，玻璃板上尚未出现缺陷。某厂700t熔窑投产初期是这样，900t熔窑投产初期也如此。

（2）新窑3个月之后缺陷增多。新窑经过3个月的高温经历之后，玻璃原板上小疙瘩、小气泡开始增多。原因是耐火砖工作面不再致密光滑，气孔露出，表面开始坑凹不平，工作面变大，形状变复杂了，侵蚀自然变重，缺陷开始增多。

b 缺陷情况变化

情况变化如下：

（1）数量变化。自从缺陷出现之后，数量不恒定，时多时少。原因是耐火材料质量差异：致密度小，气孔多的易侵蚀，侵蚀速度快缺陷变多；留下不易侵蚀的地方，侵蚀变慢，缺陷变少。耐火材料的质量是不恒定的：表面光滑致密，里面在成型时总存在致密度的不均，气孔差异也是原因之一。

原料中的粗颗粒和超细粉数量波动、混合质量的波动、熔化操作不当等是影响玻璃缺陷数量变化的重要原因。

（2）品种变化。气泡和疙瘩缺陷不是恒定的，时而一边气泡多，时而另一边疙瘩多，缺陷品种有差异。

气泡变化与火焰覆盖分布有关。飞扬物侵蚀造成蓄热室局部堵塞或不畅，使设计的风道发生变化，小炉风发生改变，覆盖配合料或玻璃液面上的热量改变，使局部熔化变化产生气泡。两边堵塞情况有差异，造成玻璃板原板两边气泡有差异。筒子砖优于格子砖，但筒子砖与筒子砖比仍存在差异，格子砖与格子砖比差异更大。

两边喷枪安装角度差异也可导致火焰覆盖差异，造成气泡差异。窑头料仓两头碎玻璃量及粒度不一致，使窑内两边存在差异或熔化操作不当等都会造成两边气泡数量不等。

疙瘩变化与蓄热室局部堵塞也有关。因堵塞气流局部流速加大，加大了与镁铬砖的摩擦，换火走冷风的瞬间，产生炸裂，使镁铬砖的小颗粒碴子吹入窑内产生含铬的黑疙瘩，两边堵塞不一样，出现疙瘩差异，一边多一边少。

疙瘩差异与操作工操作也有关。原料清仓、清系统内壁时造成熔窑两边疙瘩差异；熔化工清投料机，保窑工上大碹作业掉下碴子都可以造成两边疙瘩不等。

C 调整不显效果

上述气泡和疙瘩的出现非熔化不良造成的。往往生产中分析问题总会把上述问题当做熔化不良来讨论。通过调整芒硝用量来改变气泡，没有什么效果。增加芒硝或纯碱以改善熔化所谓的吃疙瘩也没有明显效果。降低鼻区温度以降低侵蚀，效果是十分有限的。降低少量芒硝、纯碱用量以降低侵蚀也没有明显效果。鼻区温度如果降低多了或整个窑炉温度下降，侵蚀小些，又出现“凉玻璃”。“凉玻璃”就是密度小、黏度大、未扩散的玻璃，即硅含量或铝含量偏高的玻璃。实测“凉玻璃”成分，SiO_2 含量为73.45%，比正常玻璃 SiO_2 高1.16%，是硅砂细分熔团漂浮物集合在冷却部角落汇集而成。迫使调整玻璃成分，大量提高纯碱用量，玻璃中钾钠含量由14.1%提高到14.5%，才使玻璃黏度得到改善，熔团稀释。若硅砂粒度粗些（0.3~0.5mm），不会出现黏度大的熔团。窑炉整体温度降一点也不会出现“凉玻璃”。

有人认为：熔化不良可以通过调整各小炉风火闸板开度尺寸，以突出热点及热点位置来达到改善熔化。结果泡界线不稳，熔化大乱。这是错误地按照理论规定安排350t浮法八对小炉各风火闸板开度尺寸所致。窑炉不是刚投产而是中后期，各蓄热室侵蚀堵塞不一样（砌筑尺寸原本有差异），各闸板开度尺寸只能是摸索最佳位置，不能按理论安排3号、4号小炉开度尺寸为最大。投产初期可以，随着窑炉使用时间变长，堵塞情况不一样，各闸板开度尺寸是由老熔化工摸索得出的。后来请回老熔化工，恢复原位，生产得以好转，这就是细节决定成败。

硅砂细粉不减少，蓄热室堵塞随着时间变长，由1号蓄热室堵塞向2号、3号转移，1号堵塞完了再堵塞2号蓄热室，2号堵塞完了再堵塞3号蓄热室，直至关键部位不能正常生产，热点控制不好，需热修为止。细粉飞扬起了决定性的作用，此时调整原料，玻璃质量也不会改善。

D 用极端状态论述窑炉寿命

我国早期窑炉寿命3~5年。那时原料干法加工，超细粉统统入窑，纯碱用轻质碱的多。后来窑炉寿命达5~8年或10年，是因为改变了原料加工工艺，水洗硅砂将超细粉冲走了。当然还有耐火材料质量提高，用重质纯碱等原因。

国外先进的玻璃企业窑炉寿命长，玻璃质量好与严格规定了各物料粒度是分不开的。留住细粉就是没有治到根本，研究开发分级机就是为了分离细粉。

用极端状态论述窑炉寿命，就是假设将各原料尤其是硅砂颗粒统统加工成优质理想尺寸，没有一颗小于0.154mm的细粉，完全无飞扬时，此时窑炉无侵蚀，玻璃生产极端优良。或假设将硅砂统统加工成纳米级，以热装窑的形式喷入窑内或将纳米级细粉配合料铺（抹）在池壁上，此时玻璃会无法生产和窑炉侵蚀特别严重（配合料与池壁接触面积特大）。用极端方法来论述问题易被人们理解和接收。但是硅砂粒度为0.09mm与0.1mm，其生产和窑炉侵蚀的比较，0.1mm与0.113mm生产和窑炉侵蚀的比较，因粒度相差不大，又存在诸多其他变数，很难得出明显结论。

结论是：细粉堵塞蓄热室、侵蚀池壁。所以美国PPG玻璃公司海默认为可把细粉丢掉或放粗。

6.2.2 硅砂粒子形状与混合均匀度

6.2.1.1节~6.2.1.5节叙述了硅砂粒度粗细对玻璃生产的影响，讨论的是细粉存在的问题（对玻璃生产的影响）。本节讨论硅砂粒子形状对混合均匀度的影响，从硅砂粒子形状、粒子特性、几种硅砂配料混合情况这三个方面来进行讨论。

6.2.2.1 硅砂粒子形状

硅砂粒子形状有圆球形、椭球形、多面体形、三角形、长方形、片状形等形状。形状与地质成因有关。河水冲刷松散粒子多是圆球形、接近椭球形。坚硬岩石破碎成的硅砂粒子多呈多面体形、三角形、长方形、片状等。

6.2.2.2 形状与特性

利于混合的粒子：圆球形、椭球形、表面光滑极性弱的粒子在搅拌时利于滚动，流动性好。

不利于混合的粒子：三角形、长方形、片状等不规则、表面粗糙、有棱有角、有极性的粒子搅拌时不利于滚动，流动性差。

利于化学反应的粒子：表面积相对较大、表面粗糙的、有极性的粒子利于多吸附纯碱，利于化学反应进行。

不利于化学反应的粒子：表面积相对较小、表面光滑的圆球形粒子不利于多吸附纯碱，不利于化学反应进行。

从混合均匀度角度看，希望粒子成为球形或接近球形；从化学反应面积角度看希望粒子成片状，熔化速度快，不希望粒子成球形。这两条相矛盾，选球形利于混合，选有棱有角利于化学反应。实践证明：球形在有利的方面更显优势。

6.2.2.3　几种硅砂粒子形状与混合均匀度

湖北某厂所用A号硅砂、B号硅砂粒子呈中等粒子球形或接近球形；C号硅砂粒子呈较粗粒子球形或接近球形；D号硅砂粒子呈细粒球形或接近球形，它们的混合均匀度由优到劣的顺序是：C，A，B，D，这已在生产中得到证实。

如果用圻春脉石英砂（多呈片状）配料，混合均匀度远远差于上述四种硅砂。

圆球形粒子硅砂配料在输送过程中易分层，配料水分略为偏高，实践证明是可行的。

6.2.3　硅砂粒度的决定因素

硅砂粒度无论是尺寸、形状还是粒级分布状态，首先由矿源决定，其次是由人工选矿工艺决定。

6.2.3.1　矿源是决定粒子尺寸、形状及粒级分布的先决条件

不同的矿源其原矿粒度不同，这是大自然赋予的先决条件。变质岩性石英岩矿、沉积性的石英砂岩矿和石英砂矿以及岩浆岩性的脉石英矿存在较大差异。一般沉积性的以泥盆纪和第三纪、第四纪的粒度尺寸和形状较理想，其粒级分布也较为集中。

湖北、湖南两省硅砂原料矿的原矿粒度完全符合上述规律。湖南溆浦县谭家湾硅砂矿原矿粒度无论是尺寸、形状还是分布状态都占有绝对优势，其次是湖北武汉市周边的泥盆纪石英砂岩矿以及湖北中部某地天然砂占有相当大的优势，再次是湖北某地区的泥盆纪石英砂岩矿占有一定的优势。其他矿各有缺点，不占优势，尤其是脉石英矿、变质岩矿无论粒度尺寸、形状还是粒级分布状态方面基本无优势。

6.2.3.2　加工选矿工艺是粒度尺寸、形状和粒级分布状态的后天条件

矿源是先天性的，先天不足后天很难得到补救，先天足、后天不足也会打折扣。优质矿源要配以先进加工选矿工艺，不优质的矿源更要配以先进加工选矿工艺。本节主要讨论在矿源已选定的情况下，选用加工工艺不同，其分离效果和粒度分布的稳定性存在差异。

A　粒子分离及其效果

a　粗粒分离

硅砂加工粒子分离是重要内容之一。粗粒分离又是粒子分离中最重要的一环。粗粒分

离比细粒分离更为重要，因为粗粒难熔，形成疙瘩使玻璃炸裂。粗粒分离较为简单。当筛分机为简易设计（简易摇筛、滚筒筛）时二次过筛，筛分一次再筛分一次，严把粗粒质量关。当筛分设备为先进设计（高频振动筛等）时可以一次过筛或二次过筛。

b 细粒分离

细粒的定义就是玻璃生产不希望的颗粒。细粒分离分为干法分离、湿法分离、干湿联合分离。

干法分离：干法分离就是用收尘设备将加工过程中产生的细粒（粉）以风力抽走，使其细粒与合格粒子分离。其设备有旋风收尘、单机收尘、脉冲收尘、静电收尘等。

湿法分离：湿法分离就是加工过程中靠水流去除漂浮的细粒，使其细粒与合格颗粒分离。其设备有高压水枪水池自溢、螺旋分级机、上升式水流分级机等。

干湿联合分离：在加工过程中部分加工工段产生细粒（粉）用干法分离，部分选矿过程用湿法分离。

分离效果：细粒分离难度大，无论干法、湿法还是干湿联合分离，选用任何设备，细粒留在成品硅砂中总是有一部分的，这是不希望的，但又是无法避免的。

干法分离效果差于湿法。一般干法分离只能分离小于 0.09mm 的细粉，加大抽风风力，小于0.102mm 的也可以分离，或小于 0.113mm 的也可分离部分。但 -0.09mm、-0.102mm、-0.113mm 仍有部分留在成品硅砂中。同一矿源如黄金桥矿干法收尘物中小于0.09mm 占 91.5%，而湿法尾砂池中小于0.09mm 占 95.04%，也就是说湿法回收细粉高于干法 3.54%。换言之，说明干法加工多了 3.54% 的细粒（-0.09mm）混到了成品砂中，效果差一点。

湿法分离效果与设备及工艺有关。先进设备和先进工艺其分离效果好，想分离小于0.09mm 的颗粒就分离 0.09mm 颗粒，留下的 -0.09mm 甚微。想分离小于 0.102mm 的颗粒就分离 0.102mm 颗粒，留下的 -0.102mm 甚微。想分离小于 0.113mm 颗粒就分离0.113mm 颗粒，留下的 -0.113mm 甚微。自动控制，直至分离 -0.125mm 为止。落后设备和工艺，其分离效果比上述先进的差。落后的设备和工艺就是人工控制高压水枪在水洗池内冲洗，靠溢流排除细粒，分离效果也可以达到最佳状态，但合格颗粒有一定比例进入了尾砂池中，浪费了资源，增加成本。如响堂湾硅砂矿尾砂池中大于 0.9mm 占 0.24%，-0.9 ~ +0.45mm 占 0.14%，-0.45 ~ +0.282mm 占 1.36%，-0.282 ~ +0.19mm 占4.37%，-0.19 ~ +0.154mm 占 10.95%，-0.154 ~ +0.125mm 占 17.67%，-0.125 ~ +0.113mm 占 21.75%，小于 0.113mm 占 44.32%。这些颗粒中部分是可以使用的合格颗粒，约浪费 56.24%。黄金桥硅砂矿尾砂池中大于 0.125mm 占 0.04%，-0.125 ~ +0.113mm占 0.56%，-0.113 ~ +0.102mm 占 0.36%，-0.102 ~ +0.09mm 占 3.99%，小于0.09mm 占 95.04%，约浪费 0.60%。溆浦硅砂矿尾砂池中大于 0.113mm 占 20% 左右，-0.113 ~ +0.102mm 占 35%，小于 0.102mm 占 45% 左右，合格颗粒约占 20%，浪费比例比响堂湾矿少。

水流流量与分离效果：无论落后工艺还是先进工艺，分离效果与水的流量有关。水流量大，被分离出去的细粒多而较粗，水流量小，被分离出去的细粒少而较细，说得更明白一点就是多冲一两次分离细粒多，留在成品中的就少。

先进设备比较：上升式水流分级机分离效果优于螺旋分级机。上升式水流分级机与螺旋分级串联使用的效果又优于上升式水流分级机或螺旋分级机单独使用的效果。

总之不论何种加工工艺，何种选矿工艺，选用何种分级设备，留在成品砂中的细粒或多或少总有一点点，只是目数偏大偏小的问题，对于玻璃生产细粒越少越好。

B 粒度分布的稳定性

上面叙述分离粗粒和分离细粒的问题，留下的合格颗粒其分布也是有讲究的，小于0.71～+0.125mm之间的粒子统称为合格颗粒，但是其分布是均匀的，还是集中在某一个较小的范围内对玻璃生产是有讲究的。希望集中在0.3～0.5mm之间的颗粒所占比例越多越好。但是矿源和加工工艺决定了这一分布。所以，要在矿源已选定的情况下来讨论其粒度分布问题。

（1）加工工艺决定了粒子分布状态。加工工艺以对辊和棒磨机为较集中。对辊机加工，粒子尺寸多集中在0.5～0.8mm之间，所占比例较大；棒磨机加工，粒子尺寸集中在0.3～0.5mm之间的比例较大。石辊碾加工，各种尺寸粒子比例基本均匀分布，并不集中在某一小范围内。玻璃生产证实硅砂粒子尺寸集中在0.3～0.5mm为最佳，既利于混合，又易熔化，还不会飞扬。当然视硅砂化学成分的差异，这个尺寸相应可以变粗或变细一点。易熔化的硅砂可以放粗到0.4～0.7mm，品位高、十分纯的难熔的缩到0.2～0.4mm。D号硅砂粒子集中在0.1～0.2mm之间不利于混合，飞扬多，不显优势。

（2）选矿工艺也决定粒子分布状态。简易设计的选矿工艺完全由人工操作，最后在取砂这一环节存在分层现象。简易设计的选矿就是加工成合格颗粒后靠人工用高压水枪多次冲洗，冲走泥质和细粒，在最后一道工序就是要将洗好的合格砂冲到堆场上方的取砂槽内用铁锹取出，堆在堆场上。取砂槽一般设计宽度约1m，长度15～20m不等，槽底呈斜坡状，高头为进口，低头为细粒和泥水排出口，硅砂在高压水枪的冲走输送过程中，在槽内粒度进行了自然分层（段），以槽长为15m为例，其槽内粒度分布见图6-1。图6-1中*ab*段，即槽高头进口1～2m范围内，粒度粗粒偏多，以及密度大的有害矿粒偏多；*bc*段，即槽中2～11m范围内，粒度比较理想；*cd*段，即槽尾端（低头）11～15m范围内，粒度较细，Al_2O_3、Fe_2O_3含量偏高；*xy*段，即槽中2.5～7m范围内粒度最好，+100目（0.154mm）的比例最多。

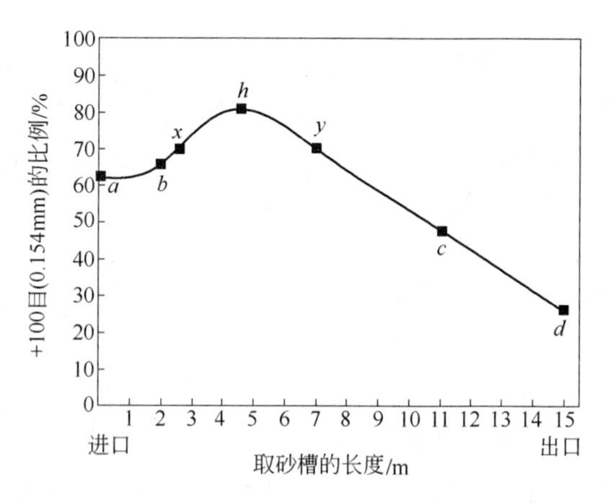

图6-1 某矿砂沿槽长的粒度分布曲线图

上述分层（段）是玻璃生产不希望的，装车出厂时要改变装车方式（2.10节已叙述）使其粒度恢复均匀分布是很有必要的。成品砂已加工完毕，已成定局，不希望粗细分离，减少配合料均匀度的变化。

先进的选矿工艺是由机械操作，避免了合格颗粒粗细分层（段），造成在配料混合时均匀度波动，给熔化带来不利。机械操作有均化作用，在2.10节中已涉及，均化不仅是成分均匀也是粒度均匀，使其成分粒度一致就称为粒度的稳定性。玻璃生产好坏是由许多操作细节决定的。

6.2.4 硅砂粒度要求

上述6.2.1节~6.2.3节用生产实践数据证实硅砂颗粒度尺寸和形状以及分布对玻璃生产的影响，并讨论分析了不同工艺所得结果不同。下面叙述国家标准与企业执行标准中的一些问题。

6.2.4.1 硅砂粒度国家标准

A 中国玻璃硅砂原料粒度标准

我国对玻璃硅质原料粒度要求见表6-7。

表6-7 中国玻璃硅砂原料粒度标准

<table>
<tr><th rowspan="2">级别</th><th colspan="6">粒度组成/%</th></tr>
<tr><th>+1mm</th><th>+0.8mm</th><th>+0.71mm</th><th>+0.5mm</th><th>−0.5~+0.1mm</th><th>−0.1mm</th></tr>
<tr><td>优等品</td><td rowspan="5">0</td><td>0</td><td>0~0.5</td><td>3.00~5.50</td><td>主要部分</td><td>3.00~5.00</td></tr>
<tr><td>1级品</td><td rowspan="4">0.5</td><td colspan="3" rowspan="4">主要部分</td><td>10.00</td></tr>
<tr><td>2级品</td><td>20.00</td></tr>
<tr><td>3级品</td><td>25.00</td></tr>
<tr><td>4级品</td><td>30.00</td></tr>
</table>

B 外国玻璃硅砂原料粒度标准

部分外企对玻璃硅质原料粒度要求见表6-8。

表6-8 外国玻璃硅砂原料粒度标准

<table>
<tr><th>粒径/mm</th><th>大于1</th><th>−1~0.9</th><th>−0.9~0.71</th><th>−0.71~0.59</th><th>−0.59~0.4</th><th>−0.4~0.154</th><th>−0.154~0.125</th><th>−0.125~0.1</th><th>小于0.1</th></tr>
<tr><td>法国（沂南）</td><td>0%</td><td colspan="2">≤0.5%</td><td colspan="4">>95.5%</td><td colspan="2">≤4%</td></tr>
<tr><td>英国</td><td colspan="2">0%</td><td colspan="2"><4%</td><td colspan="2">>86%</td><td><10%</td><td colspan="2">（≤2%）</td></tr>
<tr><td>美国（PPG）</td><td colspan="4">0%</td><td colspan="2">>95%</td><td colspan="3">≤5%</td></tr>
</table>

6.2.4.2 国内企业执行标准中的一些问题

国家标准是从绝大多数企业统筹考虑得到的原则性标准。它是合理的，对生产是有利的。但是，不同企业因资源存在较大差异，在实施过程中应作灵活处理，适当放宽上限，修改下限，优化分布主要部分。

A 修改等级

通过生产实践认为如下划分更为合理。颗粒95%分布在−0.71~0.30mm为优等，−0.8~0.30mm为一等，−0.8~0.2mm为二等，−0.9~0.3mm为三等，−0.9~0.2mm为四等，−0.9~0.1mm为五等。因为平板玻璃熔窑设计越来越大，熔化能力越来越强，可以向粗的方向偏移，向粗偏移的同时减少了细粉产生的比例。细粒越少越好，最大限度地减轻侵蚀，延长窑炉寿命。节约的那一部分细粉的费用与大窑冷修一次其周期和费用相比是小数目。细粒可以卖给瓶罐厂，瓶罐窑小。

B 实施过程中的问题处理

a 粗粒超标，加强管理并调整工艺

合同指标是硅砂供应商与厂家约定的书面指标，根据矿源化学成分而定，易熔化的硅砂粗粒定为 0.85mm，难熔的定为 0.71mm。但实施过程中都超标，A 号硅砂约定大于 0.71mm 为0，实际为0.03% ~0.05%；B 号硅砂约定大于0.71mm 为0，实际为0.03% ~0.32%；C 号硅砂约定大于0.85mm 为0，实际大于0.9mm 为0.07% ~0.51%；D 号硅砂约定大于0.71mm 为0；实际为0.03% ~0.18%。A 号硅砂大于0.71mm 筛上物其粒度接近0.71mm，略大于0.71mm，A 号硅砂可以生产高档玻璃。D 号硅砂大于0.71mm 筛上物有2mm 的建筑黄砂，其中有 Al_2O_3 含量高的粗粒。

粗粒来源，除矿山加工筛网孔局部扩大或筛框密封差，使粗粒混入成品砂中外；运输途中，污染是重要原因。尤其是汽车运输直接入库时汽车（或铲车）轮子带进的粗粒十分明显，C 号硅砂汽车进厂直接入库污染较严重。此工艺过程不可取，应加强管理或调整工艺。

b 杂物筛分问题

成品砂在入配料系统之前需再次过筛，称为筛杂物。杂物筛分的筛孔径为 1.6mm。大于1.6mm 都筛出作为杂物丢掉，可是小于 1.6mm 的都进入熔窑。大于 0.85mm 小于1.6mm 的颗粒是不希望有的，但又无法避免。玻璃中小疙瘩时有时无，时多时少。这是管理的盲区，也是难点。

c 细粒控制与处理

细粒合同都有约定，但是很难按约定实施，一是矿源先天不足（如 D 号硅砂），二是筛分析的筛子不标准，存在争议。

超细粉的概念不一，美国 PPG 公司规定小于0.154mm 为超细粉；英国皮尔金顿公司规定小于0.125mm 为超细粉；我国有的企业规定小于0.113mm 为超细粉，也有的规定小于0.106mm 为超细粉；湖北某厂把小于0.113mm 的定为超细粉。

无论怎么定义超细粉，一旦确定，必需严格把住细粒比例。因细粒（粉）中带有黏土质微粒，黏土质的黏性大，往往流动摩擦附着在系统内壁，逐渐形成硬块，硬块脱落，进入熔窑使玻璃产生气泡和疙瘩。清理配料系统内壁要及时彻底，并完全放空不得入窑。

6.3 碳酸盐矿物原料粒度讨论

本节从部分玻璃企业对碳酸盐矿物原料的粒度要求、粒度放粗的决定因素以及分档次使用的设想三方面来讨论碳酸盐矿物原料粒度问题。

6.3.1 粒度要求现状

6.3.1.1 国外部分企业要求

A 英国皮尔金顿浮法要求

白云石：大于1.6mm 为0，-1.6 ~ +1.25mm 不超过3%，-1.25 ~ +0.125mm 为主

要部分，-0.125mm不超过5%。下限控制较严。

石灰石：大于1.6mm为0，-1.6～+1.25mm不超过2%，-1.25～+0.125mm为主要部分，-0.125mm不超过5%。同样下限控制较严。

B　美国PPG公司要求

白云石：大于1.6mm为0，-1.6～+1.25mm不超过5%，-1.25～+0.154mm为主要部分，-0.154mm不超过10%。上限可以放宽到3mm，下限控制最严格。

石灰石：大于1.6mm为0，-1.6～+1.25mm不超过5%，-1.25～+0.154mm为主要部分，-0.154mm不超过10%。上限可以放宽到3mm，下限控制同白云石一样严格。

6.3.1.2　国内部分玻璃企业要求

A　南方某玻璃集团要求

白云石：大于3mm不大于1%，-3～+2.0mm为8%，-2.0～+0.125mm大于71%，-0.125mm小于20%。上限控制较松，下限控制较严格。

B　湖北某厂要求

白云石：大于1.6mm为0，-1.6～+0.113mm大于80%，-0.113mm不超过20%。上限控制较好，下限控制较差。

石灰石：大于1.6mm为0，-1.6～+0.113mm大于80%，-0.113mm不超过20%。上限控制较好，下限超标较多。

C　洛阳玻璃厂要求

白云石：大于3mm为0，-0.6～+0.25mm为50%～70%，-0.1mm小于5%，-0.075mm为0。下限控制较严格。

石灰石：大于2mm为0，-2.0～+0.106mm不小于92%，-0.106mm不大于8%。下限控制较严格。

6.3.2　粒度放粗的决定因素

碳酸盐矿物原料粒度想放粗，其尺寸应由碳酸盐矿物中的化学成分和矿物组成来决定。

（1）硅铝含量决定粒度。碳酸盐矿物原料含有黏土矿物。一是开采时混入的黏土，黏土中有粗粒砂子，SiO_2和Al_2O_3含量如果过高不便于放粗。二是碳酸盐矿物形成时含有的黏土矿物，如果表层离子流失造成矿石局部硅铝含量偏高，也担心出现熔化不良产生疙瘩。放粗到什么程度，由实验决定。在实验室试验最好，在大熔窑内试验，因疙瘩不多，影响因素又太多，难以得出明显结论。在3.1.1节中，处在6区、第七区、第八区、9区的矿物其$SiO_2+Al_2O_3$含量不超过1.5%的可以放粗。处在2区～5区的矿物不能放粗。

（2）矿物组成决定粒度。碳酸盐矿物原料中凡含有碳酸镁，由于分解温度低，先分解形成部分孔隙，利于化学反应，可以放粗。凡含H_2S气体的和CaF_2的也可以放粗。寻找特殊碳酸盐矿物，在3.8节已叙述，这里不再重复。

同时满足上述两条件的白云石、菱镁矿可以放粗到8mm或5mm。方解石、优质石灰石放粗到5mm。镁质石灰石可以放粗到8mm或5mm。

6.3.3 分档次使用的设想

碳酸盐矿物原料加工产生细粉是不可避免的，除矿物加工性能外，加工设备和收尘方式都影响细粉比例。对辊加工细粉比例少于锤破，已在第3章叙述过，不再提及。这里介绍现行收尘工艺的弊病和改进方案，以达到分档次使用的目的。

6.3.3.1 现行收尘工艺设计的弊病

在3.12.4节中提到收尘问题。目前的集中收尘工艺设计统一将收尘又回到系统中，由系统中来又回到系统中去。将各破碎点产生的粉尘一并吸走直接入粉料库不再回头，以免使大粒粉尘变细粒粉尘，恶性循环。目前的白云石中-0.113mm的细粉的比例约占22%，石灰石-0.113mm的细粉约占30%，都超标，其中-0.09mm，-0.076mm的超细粉又占有相当比例，它是危害最大的粉尘，与反复回系统加工密切相关。这是国内原料车间设计普遍存在的弊病。

6.3.3.2 改进收尘工艺——分档次使用

改进收尘工艺方案，如图6-2所示。改进收尘工艺方案其内容有两点：一是变换脉冲收尘器的安装位置，二是排尘分离处理。安装位置由收尘楼面移到粉库顶部。排尘分离处理就是将收下的粉尘通过一支长管直插粉库底部，仓壁上方开口安装溜管将无粉尘的优质粒度供大窑（700t以上）用，下部分有粉尘的供小窑（350t以下）用，人为将粒度分为两档次。多数现代设计的原料车间加工能力大，供2座或3座熔窑粉料，这样处理高档玻璃用优质粒度，低档玻璃用劣质粒度，原料没有浪费。

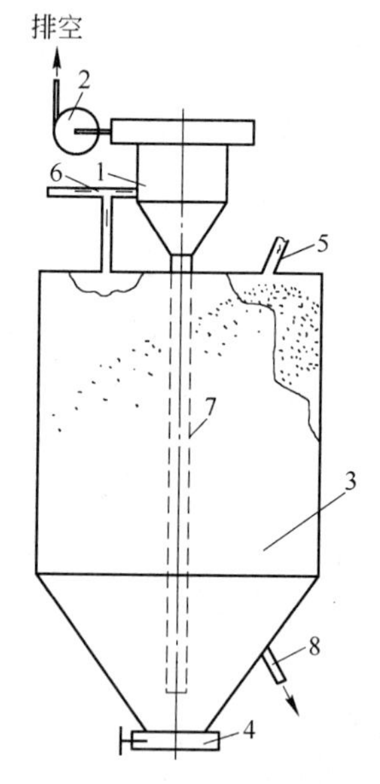

图6-2 分档次使用料仓示意图
1—脉冲收尘器；2—风机；3—料仓（排库）；4—闸板；5—下料（有尘）管；6—收尘进风管（由系统来）；7—排尘管（仓中仓）；8—下料（无尘）管（去二线）

同时，粉尘不回系统再加工，其粉尘粒径增大，相对来说加工产生的细粉少了，而粒度又粗了点。不仅对生产有利，对环境改善也有利。

6.4 纯碱粒度讨论

纯碱的粒度应与硅砂粒度相匹配。有企业在实验室试验得出：纯碱平均粒径是硅砂平均粒径的0.8倍，其配合料分层现象最小，大于0.8或小于0.8都不利，偏离得越远其分层现象越重，对玻璃的熔制越不利。

某玻璃厂所用纯碱品种繁多，其中湖北应城碱厂、武汉制氨厂、内蒙古碱厂等纯碱粒度很好，小于0.113mm细粉只占3.34%～9.86%。而河南某地纯碱粒度波动大，极不稳定，较好时小于0.113mm细粉的比例为8.16%～22.06%，较差时43.79%～59.01%，这与要求-0.113mm不大于25%差距过大。但因河南某地纯碱价格最低，所以某厂以使用河南某地纯碱为主。

使用河南某地纯碱过程中存在一定的问题。分三个方面证实：一是飞扬物化学成分证实纯碱飞扬大，二是倒碱操作不当带来熔化波动，三是鼠洞的形成与纯碱飞扬有关。

6.4.1 飞扬（侵蚀）物的化学成分

由蓄热室侵蚀（飞扬）物和烟道飞扬沉积物化学成分分析的钾钠含量过高判定，纯碱确有飞扬。纯碱粒度也很重要，同样不可忽视。

6.4.1.1 蓄热室侵蚀（飞扬）物化学成分

A 侵蚀（飞扬）物的外观

2005 年 4 月，某厂 700t 浮法窑西边 1 号蓄热室底部，投产才 3 个月，清烟道一次捞出 $3m^3$ 的碴子，其碴子呈烧结、半烧结块状，大小不一，大者 100 ~ 150mm，小者 5mm 不等，冷却后颜色显灰白色-白色，也有褐灰色不等。说明蓄热室筒子砖因原料细粉飞扬受到侵蚀。

B 碴子的化学成分

碴子取平均样进行化学成分分析，其结果是：SiO_2 14.14%，Al_2O_3 0.43%，Fe_2O_3 0.15%，CaO 5.67%，MgO 10.69%，烧失量 2.01%，Cr_2O_3 + K_2O + Na_2O 计算为 66.90%。样品在溶解时有部分不能溶，溶液显绿色（含铬铁物质），说明筒子砖（镁铬砖）侵蚀严重。捞出物碴子抛在室外受潮后变白霜色，手感显碱性，说明纯碱飞扬大。从上述成分看，芒硝、硅砂、长石、白云石、石灰石都有飞扬。

6.4.1.2 烟道沉积物的化学成分

A 沉积物的外观

2006 年 9 月 1 日，投产后 1 年零 8 个月，在 700t 浮法窑烟道大闸板角落捞出飞扬沉积物。其沉积物呈黄色细粉状（-0.076mm），在研钵中加工时发现黏研钵，有油状物。

B 沉积物的化学成分

将黄色粉状物进行化学分析，其结果是：SiO_2 13.0%，Al_2O_3 8.34%，Fe_2O_3 0.86%，CaO 6.65%，MgO 5.16%。K_2O + Na_2O + 烧失量计算为 65.99%。计算值大，说明焦油燃烧不完全，纯碱芒硝飞扬大。

从上述成分看，不仅纯碱芒硝飞得远，硅砂、白云石、石灰石也飞得远。以此证明从烟囱排到大气中确有一定的量。由 Al_2O_3 为 8.34% 看，长石粉细，飞得远飞得多，若天然砂代替长石粉肯定显示优势。

6.4.2 倒碱操作不当带来熔化波动

6.4.2.1 倒碱操作存在问题

A 提升系统存在缺陷

700t 窑的纯碱提升系统设计存在缺陷。当纯碱粒度过细时提升机料斗到达顶端，斗内粉料抛不出去，部分又落回提升机底部，反复提升效率差。只有当纯碱粒较粗时抛出效果好。使用河南某地纯碱粒度波动大，差的时候是轻碱完全是粉状没有颗粒感觉，好的时候是重碱。为提升操作，搭配一部分其他厂粗粒碱压住细粉碱方可提升。

B 倒碱操作无法掌握

倒碱是农民工操作，颗粒好的差的搭配不很严格。每批每袋的粒度情况又不明，只有倒出来才知道是粗还是细。都是细的又无场所存放，挡住正常倒碱操作，只得连续倒入系统，但又无法提升。有时都是粗粒碱，也得连续倒入。总之粉库内纯碱粒度有分层现象，配料时副与副之间或班与班之间粒度存在较大差异。

6.4.2.2 熔化不易掌控

熔化工反映有时熔化感觉莫明其妙地难熔，料山后移，固然有其他原因，但下面两点是重要原因。

（1）飞扬波动造成熔化波动不易掌控。当投入窑内的纯碱粒度细时飞扬多，使玻璃成分中 Na_2O 含量减少。投入纯碱粒度无规律，莫明其妙地不好熔化是很自然的现象，这是主要原因。

（2）纯碱受潮造成熔化波动。某厂 700t 窑，其纯碱库条件欠佳，厂棚有时漏雨，使局部碱含水分偏大，或雨天进货局部碱淋雨使碱含水分偏大。在操作这部分受潮碱过程中也是没有严格规定的，不均衡。造成窑内碱含量波动，使熔化莫明其妙地不好化料也是原因之一。

6.4.3 “鼠洞”的形成与纯碱飞扬有关

玻璃熔窑的熔化部大碹在生产中容易生成“鼠洞”，威胁窑炉安全，同时侵蚀物影响玻璃质量，所以需要讨论。

6.4.3.1 “鼠洞”形成原因及位置

A 形成原因

“鼠洞”的形成与配合料细粉尤其是纯碱细粉飞扬侵蚀有关，与高温烧损和碱蒸气侵蚀有关，与换火气压变化的扰动有关，与大碹砖质量和砌筑质量有关。

B 形成位置

“鼠洞”易在大碹密度小，含铁质处、气孔处、裂缝处、砖缝处形成。其形状各异，但其典型的“鼠洞”是在大碹砖上表面、保温砖下表面、大碹砖缝或砖棱角处，如图 6-3 所示。

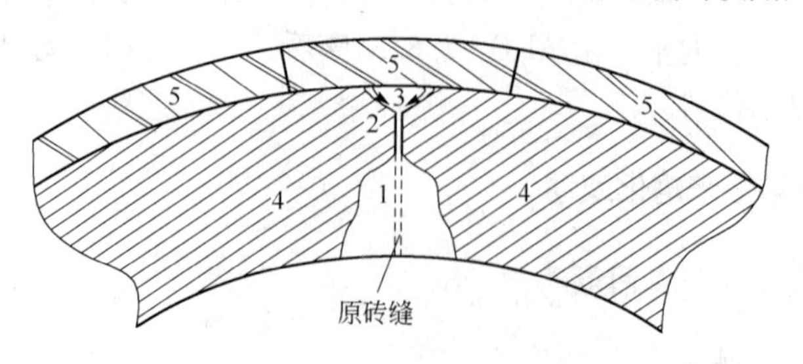

图 6-3 大碹“鼠洞”示意图

1—倒喇叭口；2—砖缝；3—鼠洞；4—大碹砖；5—保温砖

6.4.3.2 “鼠洞”形成过程

典型的“鼠洞”形成分三个阶段，一是形成倒喇叭口，二是形成狭缝并扩大，三是形成小“鼠洞”并扩大。

（1）形成倒喇叭口。在大碹砖工作面砖缝（或棱角）处，由于纯碱的飞扬和碱蒸气等诸多因素的影响，首先受到侵蚀影响，形成小的倒喇叭口，随着时间延长，小倒喇叭口逐步扩大形成大的倒喇叭口。

（2）形成狭缝并扩大。倒喇叭口形成后，与之相连的砖缝是薄弱处，成为新的工作面，并受到侵蚀和气流干扰逐步向上扩大，形成狭缝，狭缝贯通了大碹内外表面。

（3）形成小“鼠洞”并扩大。狭缝上端被保温砖盖着，阻挡了换火正压气流向外喷射，狭缝内气压变化：由微正压变零压，零压变负压，负压变正压，正压变微正压，保温砖阻挡了正压气流向外，只有沿保温砖下表面向四周射去，搅动了熔融侵蚀液，侵蚀液下流，往复循环，每20min换火1次就搅动（掏蚀）1次（几秒负压又20min微正压），使之形成小“鼠洞”并扩大，直至保温砖烧得透亮或烧穿换砖（热修）为止。

6.4.3.3 防止“鼠洞”形成的措施

窑炉是玻璃生产的核心设备，没有窑炉不能生产。我国曾有个别厂因诸多因素，大碹形成“鼠洞”多处，大窑只进行64800次换火，设计寿命5年，仅两年半就放水冷修了。保住大碹防止“鼠洞”产生，以延长寿命是非常重要的。防止“鼠洞”形成的措施如下：

（1）提高大碹砖质量和砌筑质量。大碹砖质量：优良的化学组成和矿物组成，极微量铁杂质，气孔率极低，致密度极高，十分准确的外形尺寸是大碹砖质量的重要内容。砌筑质量：优质的耐火泥，极端微小的砌筑砖缝，合理的钢结构及稳固的砌筑操作是砌筑质量的重要内容。

在八机窑（320t）北边冷却部大碹砌筑时有一处砖缝竟然用了一金属薄片（薄钢板）垫缝。放水后才发现，好在此处温度不太高，若在熔化部早已烧成狭缝，这就是危险部位。

假若大碹是一无缝的巨型致密度极高的厚型瓦，整体结构，形成“鼠洞”的几率会极低，窑炉寿命会越长。

（2）提高配合料质量减少细粉飞扬。白云石、石灰石、长石的细粉飞扬也会加重大碹侵蚀。河南某地纯碱细粉飞扬是最重要的，它量大，侵蚀性强，是重点控制的。

（3）研究玻璃成分使一价金属氧化物尽可能低。一价金属氧化物含量高，侵蚀性大，易挥发，蒸气压大。应尽可能调整玻璃成分，最大限度减少纯碱用量，以最大限度延长窑炉寿命。

高温烧损很难控制，换火气压变化干扰无法控制，熔窑已砌成就成定局，可以人为控制的就是配合料细粉和玻璃的成分。

7　原料数据处理与玻璃配方计算

在玻璃生产中首先要对各种原料进行采样、测定、统计和分析，然后按设定的玻璃成分进行配合料计算。关于玻璃配方及配合料相关计算在一些书籍、杂志中可以见到，但那些计算似乎有点繁杂。作者在长期生产实践中总结出一些简单实用的计算方法。

7.1　原料样品分析及数据处理

玻璃原料包括矿物原料和化工原料两大部分。对于矿山的矿物原料必须在采样、加工、测定分析之后才能决定是否选用，所以这种测定分析比较复杂。化工原料的测定分析则相对简单一些。

7.1.1　采样和加工

7.1.1.1　采样

原料数据来自样品。参与玻璃成分计算的各原料成分应准确无误，采样是原料数据技术处理重要过程，也是第一过程，是建立在地质勘探工作完成之后的基础上进行的。采样包括采集数据样和实物样两部分。

A　数据样

掌握矿区矿层矿石特征，重视地质资料及其结论性的数据，主要指参与配方计算的化学成分及其稳定程度（波动范围）。采集（收集）数据样，即地质工程勘探报告中数据或化工产品企业执行标准数据是必不可少的。数据样的内容：一是平均值；二是最大最小变化范围，以了解矿源。

B　实物样

a　矿物原料实物样

矿物原料实物样分矿石单样、综合样、夹层样三种。

单样：可按矿石不同颜色状态（块状和砂状、节理面和断层面）分类，以便了解各种颜色、状态的质量情况，开采和选矿时有确切的认识，以便选矿或选料。

综合样：综合样就是平均样或叫大样，又分原样、除铁样、水洗样，以便了解处理过程与质量的关系。综合样采样要有代表性，缩分后化验数据可作配方计算依据或评论该矿的品质。综合样取样块度要符合地质取样规定，即样品断面规格一般为(5 ~ 10) cm ×(3 ~5)cm，数量不能太少。

夹层样：夹层包括顶板、底板或围岩。分析夹层以便开采选矿采取改善质量的措施，夹层是废石，应专门剥去。某地泥盆纪石英砂岩的夹层黏土质含氧化铁高达4%以上，不得混入原矿中，某地泥盆纪顶板含 Fe_2O_3 更高一点也不得混入矿石中，否则生产不出低铁的硅砂，或难度相当大。

b 化工原料实物样

对袋装化工产品实物样只有一种，就是综合样（平均样）。取样点不能少于20点（取20袋以上，每袋取5～10g），混合后做化学成分分析和粒度分析。

7.1.1.2 加工

样品加工是得到数据的第二过程。样品加工包括破碎、粉磨、样品缩分和吸铁以及分析前的研磨。

A 破碎和粉磨

破碎：将块状矿石用实验室小颚式破碎机加工成小于5mm的颗粒状。

粉磨：用实验室圆盘磨（或其他设备）将5mm以下的颗粒再加工成小于1mm的粉粒状。

加工时要注意清洗加工设备，以防不同原料混料，影响样品化学成分的准确性。同时记录矿石加工难易程度，供吸铁参考。

B 样品缩分和吸铁

a 缩分

为使样品有较准确的代表性，一般到现场（矿山或车间）取样数量较多，有时以kg计，这叫取大样。化验室进行化学分析用的样品一般都以g计，这叫取小样。要将大样变成小样，这道作业叫样品缩分，一般将加工到1mm以下的样品进行缩分，希望缩分的小样能完全代表原来的大样品，但实际上不可能如此，总会有些出入，这叫缩分误差。

缩分误差大小取决于所用的缩分方法和工具。常用的缩分方法有锥堆切割法（对称四分法），斜板分样法，流槽分样法，勺法，旋转分样器。使用经验证明：旋转分样器的缩分误差最小。锥堆切割法和勺法最不可取。某厂没有专用缩分器具，只用两种方法：一是四分法，另一种就是勺法，所以存在误差。

b 吸铁

样品缩分后需吸铁。因为加工设备，取样器具带入了机械铁质，应吸除。吸铁注意两点：一是根据矿石硬度，若硬度小，破碎时容易加工，带入的机械铁少，将缩分后的样品用永久磁铁块吸一次或两次。硬度大加工时小颚式破碎机有打火花现象，将缩分后的样品用永久磁铁吸3次或5次。二是肉眼判别矿石样品有明显铁质薄膜和带褐红色的颗粒应分两种样，一个不吸铁，一个吸铁，多次对比。无明显铁质薄膜和褐红色颗粒按第一点处理。

C 研磨

吸完铁的样品再研磨（玛瑙研钵内进行），完成化学分析之前的加工，研磨到什么程度根据样品矿物性质而定。硅酸盐矿物细一些，碳酸盐矿物粗一些。

7.1.2 数据分析和数据处理

样品制得以后进行分析，是得到数据的最后一个过程。本节不介绍分析过程，只介绍分析方法及后续数据处理，为配方计算作前期准备。

7.1.2.1 数据分析

A 原料分析方法

硅砂分析方法：SiO_2 用挥散法，Al_2O_3、Fe_2O_3、CaO、MgO 用滴定法，K_2O+Na_2O 用原子吸收法（火焰光度法）。

长石分析方法：SiO_2 用容量法，Al_2O_3、Fe_2O_3、CaO、MgO 用滴定法，K_2O+Na_2O 用原子吸收法（火焰光度法）。

白云石分析方法：SiO_2 用重量法，Al_2O_3、Fe_2O_3、CaO、MgO 用滴定法，K_2O+Na_2O 一般不分析。

石灰石分析方法：SiO_2 用重量法，Al_2O_3、Fe_2O_3、CaO、MgO 用滴定法，K_2O+Na_2O 一般不分析。

纯碱分析方法：Na_2CO_3 用容量法或滴定法，NaCl 用滴定法，其余项不分析。

芒硝分析方法：Na_2SO_4 用容量法或滴定法，NaCl 用滴定法，其余项不分析。

配合料分析方法：Na_2CO_3 用滴定法，Na_2SO_4 用滴定法，其余项不分析。

B 玻璃分析方法

具体如下：

（1）化学成分分析方法：SiO_2 用重量法，Al_2O_3、Fe_2O_3、CaO、MgO 用滴定法，K_2O+Na_2O 用原子吸收法（火焰光度法）。其余项一般不分析。

（2）密度测试方法：悬浮法。

7.1.2.2 数据处理

A 统计数据处理

具体如下：

（1）常求平均值：对日常在电子秤处所取数据，每隔一段时间统计求平均值一次。硅砂量大，每隔两个月统计求平均值一次，白云石每 4 个月统计求平均值一次；石灰石、长石每半年统计求平均值一次。以便了解原料变化，微调成分。

（2）关注特殊数据：在统计分析数据时，会发现不太正常的数据称为特殊数据，特殊数据很可能是混料。原料进厂后因条件限制或管理疏忽原因而混料，对电子秤处所取样品数据有怀疑时应仔细辨认留样，用放大镜观察是否有混料。多数是白云石、石灰石中混有较多的硅砂，汽车从船码头运硅砂未清理干净又去运白云石；硅砂库与石灰石库交界，硅砂堆高了越界，有混料该数据在数据统计时要删除。

（3）经常内外对比：定期去矿山取样与厂内统计数据对比，关注矿源变化。发现异常要及时分析处理。如，有一硅砂供应商将铸造型砂发到了玻璃厂，其 Fe_2O_3 含量和粒度相差太大。又如，石灰石供应商将低钙石灰石当高钙石灰石送货。应关注矿山和进货。

B 原料成分处理

参与玻璃成分计算前各原料成分做如下处理：

（1）两种以上硅砂配料处理：用两种或三种硅砂同时配料，则在配方计算之前先进行合并计算，即将两种或三种硅砂合并成一种硅砂，合并硅砂各氧化物的含量按两种或三种硅砂的比例计算。如 A 号砂用 30%，D 号砂用 70%，则合并砂的 SiO_2 = A 号砂 SiO_2 含量×0.3+D号砂SiO_2含量×0.7=99.07%×0.3+98.35%×0.7=98.56%。如此类推，算出其他氧化物的含量，以一种砂参与玻璃成分配方计算。

（2）各原料的钾钠含量处理：A号、B号硅砂中K_2O+Na_2O含量为0.06%，C号硅砂K_2O+Na_2O含量为0.097%，D号硅砂中K_2O+Na_2O含量为0.03%，某地白云石K_2O+Na_2O含量为0.14%，临湘白云石K_2O+Na_2O含量为0.047%，武昌石灰石中K_2O+Na_2O含量为0.059%忽略不计，不出现在原料成分中，不参与配方计算。

（3）纯碱芒硝纯度处理：纯碱纯度（Na_2CO_3含量）一律按99.0%计算，杂质$NaHCO_3$、NaCl忽略不计；芒硝纯度（Na_2SO_4含量）按98%计算，CaO、MgO等杂质不参与计算，两者相对固定，请关注进货质量。

（4）飞散率数据处理：纯碱飞（挥）散率，若使用重碱（粒度粗的）按0.5%计算，若用轻碱（粉状）按1.0%计算，若用好重碱和差重碱搭配使用也按0.5%计算。相对固定飞散率，无需经常调整飞散率。纯碱和芒硝的细粉比例及飞扬无法与飞散率一一对应。当然若管理十分细化可以对应。

C 计算精度处理

配方计算中计算精度为0.01。干基料单除芒硝保留小数点后一位，炭粉保留小数点后两位数以外，其余如硅砂、白云石、石灰石、长石、纯碱一律以整数下达。避免化验站化验员计算湿基料单时出差错。湿基料单除炭粉保留小数点后两位外，其他均保留小数点后一位。为避免微机配料操作员出差错，以简化数字为好。

7.2 玻璃配方及相关计算

通常见到的玻璃配方及相关计算方法有：试算法、解方程组法和计算机算法等几种。下面介绍一些简单实用的计算方法。

7.2.1 常规人工计算法

常规人工计算法（也即试算法）是工厂最常用的方法，应首先介绍。它包括干基料单计算和湿基料单计算，下面分别叙述。

7.2.1.1 干基料单计算

干基料单计算分13步进行。

第一步：确定工艺参数。

工艺参数指芒硝含率、炭粉含率、纯碱飞（挥）散率、熟料（碎玻璃）比例，其定义如下：

$$芒硝含率(\%)=\frac{芒硝引入Na_2O量}{玻璃中的Na_2O总量}\times100\%$$，一般芒硝含率为4%（视生产情况再调整）。

$$炭粉含率(\%)=\frac{炭粉用量(kg)\times炭粉纯度(\%)}{芒硝用量(kg)\times芒硝纯度(\%)}\times100\%$$，一般炭粉含率为3%（视生产情况调整）。

$$纯碱飞散率(\%)=\frac{纯碱飞散量(kg)}{纯碱总用量(kg)}\times100\%$$，一般纯碱飞散率为0.5%（重质碱），

1.0%（轻质碱）。

$$熟料比例(\%) = \frac{熟料用量(kg)}{熟料用量(kg) + 生料用量(干基,kg)} \times 100\%$$

$$或 = \frac{熟料用量(kg)}{熟料用量(kg) + 生料化成玻璃液量(kg)} \times 100\%$$

熟料（碎玻璃）不参与玻璃成分计算，其用量比例一般为30%，根据生产而定，也可以为100%。

第二步：将各原料化学成分、玻璃设计成分、工艺参数列于表7-1中。

表7-1　计算用基本数据表　（%）

原料名称	SiO_2	Al_2O_3	Fe_2O_3	CaO	MgO	K_2O+Na_2O	其　他	工 艺 参 数
硅　砂	98.5	0.68	0.15	0.06	0.03	—		芒硝含率：4% 炭粉含率：3% 纯碱飞散率：0.5%
长　石	73.84	14.4	0.54	0.93	0.19	9.42	—	
白云石	1.08	0.20	0.12	31.14	20.04	—	—	
石灰石	1.24	0.10	0.10	54.00	1.02	—	—	
纯　碱						0.5849	Na_2CO_3：99%	
芒　硝						0.4365	Na_2SO_4：98%	
炭　粉							C：65%	
玻璃成分	72.30	1.0	待　定	8.40	4.0	14.0	—	

第三步：明确玻璃中各氧化物的量。

计算以1000kg玻璃液为依据，则根据玻璃设计成分，即玻璃中有 SiO_2 723kg，Al_2O_3 10kg，CaO 84kg，MgO 40kg，K_2O+Na_2O 140kg。

第四步：粗略计算硅砂、长石用量。

玻璃中的 SiO_2 和 Al_2O_3 都由硅砂、长石提供而列方程如下：

$$\begin{matrix} SiO_2 \\ Al_2O_3 \end{matrix} \begin{cases} 0.985x + 0.7384y = 723 \\ 0.0068x + 0.144y = 10 \end{cases}$$

式中，x 为硅砂用量，kg；y 为长石用量，kg。

解上述二元一次方程组得：

$$\begin{cases} x = 706.98 \\ y = 36.06 \end{cases}$$

根据硅砂、长石的用量及各自的氧化物含量计算引入的各氧化物数值，见表7-2。

表7-2　硅砂、长石引入的氧化物　（kg）

名　称	用　量	SiO_2	Al_2O_3	Fe_2O_3	CaO	MgO	K_2O+Na_2O
硅　砂	706.98	696.38	4.807	1.06	0.42	0.21	0
长　石	36.06	26.63	5.19	0.19	0.34	0.07	3.4

第五步：粗略计算白云石、石灰石用量。

玻璃中的CaO、MgO量减去上述硅砂、长石中引入的CaO、MgO量，其余由白云石、石灰石引入，列方程式如下：

$$\begin{matrix} CaO \\ MgO \end{matrix}\begin{cases} 0.3114x + 0.54y = 84 - 0.42 - 0.34 = 83.24 \\ 0.2004x + 0.0102y = 40 - 0.21 - 0.07 = 39.72 \end{cases}$$

式中，x为白云石用量，kg；y为石灰石用量，kg。

解二元一次方程组得：

$$\begin{cases} x = 196.11 \\ y = 41.06 \end{cases}$$

根据白云石、石灰石的用量及各自的氧化物含量计算引入的氧化物数值，见表7-3。

表7-3　白云石、石灰石引入的氧化物　(kg)

名　称	用　量	SiO_2	Al_2O_3	Fe_2O_3	CaO	MgO	K_2O+Na_2O
白云石	196.11	2.12	0.39	0.24	61.07	39.30	0
石灰石	41.06	0.51	0.04	0.04	22.17	0.42	0

第六步：计算芒硝纯碱用量。

根据芒硝含率定义，设芒硝中Na_2O的量为x(kg)，则：

$$\frac{x}{140-(3.4+0+0+0)} = 4\%$$

解得：

$$x = 5.464$$

$$芒硝用量(Na_2SO_4) = \frac{5.464}{0.4365 \times 0.98} = 12.77kg$$

$$纯碱用量(Na_2CO_3) = \frac{140-3.4(长石中)-5.464(芒硝中)}{0.5849 \times 0.99} = 226.47kg$$

第七步：计算炭粉。

根据炭粉含率定义，设炭粉用量为x (kg)，则：

$$\frac{x \cdot 65\%}{12.77 \times 0.98} = 3\%$$

解得：

$$x = 0.58$$

第八步：校正硅砂、长石用量，校正后引入的氧化物见表7-4。

表7-4　校正后的硅砂、长石引入的氧化物　(kg)

名　称	用　量	SiO_2	Al_2O_3	Fe_2O_3	CaO	MgO	K_2O+Na_2O
硅　砂	706.55	695.95	4.80	1.06	0.42	0.21	0
长　石	33.09	24.43	4.76	0.18	0.31	0.06	3.12

设硅砂用量为x(kg)，长石用量为y(kg)，则：

$$\begin{matrix} SiO_2 \\ Al_2O_3 \end{matrix}\begin{cases} 0.985x + 0.7384y = 723 - 2.12(白云石中的硅) - 0.51(石灰石中的硅) = 720.37 \\ 0.0068x + 0.144y = 10 - 0.39(白云石中的铝) - 0.04(石灰石中的铝) = 9.57 \end{cases}$$

解二元一次方程组得：

$$\begin{cases} x = 706.55 \\ y = 33.09 \end{cases}$$

第九步：校正白云石、石灰石用量，校正后引入的氧化物见表 7-5。

表 7-5　校正后的白云石、石灰石中引入的氧化物　　(kg)

名　称	用　量	SiO_2	Al_2O_3	Fe_2O_3	CaO	MgO	K_2O+Na_2O
白云石	196.16	2.12	0.39	0.24	61.08	39.31	0
石灰石	41.06	0.51	0.04	0.04	22.17	0.42	0

设白云石用量为 x(kg)，石灰石用量为 y(kg)，则：

$$\begin{cases} \text{CaO} \quad 0.3114x + 0.54y = 84 - 0.42(\text{硅砂中的钙}) - 0.31(\text{长石中的钙}) = 83.27 \\ \text{MgO} \quad 0.2004x + 0.0102y = 40 - 0.21(\text{硅砂中的镁}) - 0.06(\text{长石中的镁}) = 39.73 \end{cases}$$

解二元一次方程组得：

$$\begin{cases} x = 196.16 \\ y = 41.06 \end{cases}$$

第十步：校正纯碱及计算纯碱飞散量。

$$\text{纯碱用量} = \frac{140 - 3.12(\text{长石中的钾钠}) - 5.464(\text{芒硝中的钾钠})}{0.5849 \times 0.99} = 226.95\text{kg}$$

纯碱飞散量为 X：则 $\frac{X}{X + 226.95} = 0.5\%$，解得 $X = 1.14$kg。

第十一步：列表汇总。

将各原料用量及引入的氧化物汇总，见表 7-6。

表 7-6　各原料用量及引入的氧化物汇总表　　(kg)

各原料用量占原料总量的比例/%	名 称	用 量	SiO_2	Al_2O_3	Fe_2O_3	CaO	MgO	K_2O+Na_2O	其　他
57.99	硅 砂	706.55	695.95	4.80	1.06	0.42	0.21	0	
2.72	长 石	33.09	24.43	4.76	0.18	0.31	0.06	3.12	
16.10	白云石	196.16	2.12	0.39	0.24	61.08	39.31	0	
3.37	石灰石	41.06	0.51	0.04	0.04	22.17	0.42	0	
18.72	纯 碱	226.95						131.42	Na_2CO_3：99%
	飞散量	1.14							
1.05	芒 硝	12.77						5.464	Na_2SO_4：98%
0.05	炭 粉	0.58							C：65%
100	总 和	1218.30	723.01	9.99	1.52	83.98	40.00	140.004	玻璃液约 1000
	玻璃成分/%		72.3	1.0	0.152	8.4	4.0	14.0	

计算各原料用量占原料总量的比例，即硅砂比例为：706.55 ÷ 总量 1218.30 =

57.99%，如此类推填入上表相对应的位置上。

第十二步：计算玻璃获得率。

玻璃获得率 = 产生 1000kg 玻璃液 ÷ 用去 1218.30kg 生料 = 82.08%

第十三步：计算混合量（干基）。

混合机容量与混合总量计算见表 7-7，每副干基混合料各原料用量计算见表 7-8。

表 7-7 混合机容量与混合量换算

混合机容量/L	干基总量/t	湿基总量/t
2250	$2.25m^3 \times 1.2t/m^3 = 2.7t$	2.7 ×（1 + 5%）
3750	$3.75m^3 \times 1.2t/m^3 = 4.5t$	4.5 ×（1 + 5%）

表 7-8 干基混合料各原料用量计算（每副混合量）

混合机容量/L	硅砂/kg	长石/kg	白云石/kg	石灰石/kg	纯碱/kg	芒硝/kg	炭粉/kg	干基合计/t	混合系数
2250	1566	73	435	91	505	28.3	1.29	2.6996	2.216
3750	2607	122	724	152	845	47.1	2.14	4.497	3.69

求得混合系数：

2250L 混合机：　　2700kg ÷ 1218.30kg = 2.216

3750L 混合机：　　4500kg ÷ 1218.30kg = 3.69

7.2.1.2 湿基料单计算

以 3750L 混合机为例，根据配料前所测物料水分，将干基换算成湿基配料单，见表 7-9。

表 7-9 干基换湿基用量计算表

原　料	硅 砂	长 石	白云石	石灰石	纯 碱	芒 硝	炭 粉	总量/t
干基用量/kg·副$^{-1}$	2607	122	724	152	842	47.1	2.14	4.496
含水量/%	5.2	2.8	0.5	0.4	1.2	0.9	1.0	
湿基用量/kg·副$^{-1}$	2742.6	125.4	727.6	152.6	852.1	47.5	2.16	4.65

外加水计算：4.496(1 + 5%) − 4.65 = 71kg/副

7.2.2 外加外减速算法

外加外减速算法，即反算法。先叙述设计软件与生产变化的矛盾，再介绍反算法的计算步骤。

7.2.2.1 设计软件与生产变化的矛盾

玻璃厂点火投产前，玻璃成分由设计院设计并给定计算配方的软件。但随着生产的进行，全国玻璃行业认识的不断提高，玻璃成分在演变，例如玻璃中的 Al_2O_3 含量逐步演变呈降低的趋势，由原来的 1.2% 逐步降到了 0.8%；工厂在生产过程摸索 CaO 和 MgO 不同的设计其生产和效益存在较大差异，或生产中因为原料价格问题而提高或降低某些用量，或某些原料的含碳量变化太大需大幅度调整芒硝和炭粉，或由薄玻璃改生产厚玻璃需调整料性外加石灰石。最重要的是使用了太多太杂的外购碎玻璃使其生产变化，生产不好时要求外加外减某些原料太频繁，有时 1 天 3 ~ 4 次，设计院设计的软件不能适应变化。最后就不用软件计算了。

外加外减某原料是不少工厂的通常做法。料单变化了，在玻璃成分未化验出来之前需要估算以了解有多大变化。某厂一周一次测定玻璃成分更需要计算，事先了解。用反算法计算成分，方便、及时、准确，仅几分钟就得到结果又不需费用，无需一天测一次玻璃成分。

7.2.2.2　玻璃成分反算法

反算法就是根据原料用量乘以各自的氧化物含量，求得玻璃的各氧化物含量总量。根据玻璃各氧化物含量之和（也即生成调整之后新玻璃液之和）、生料总量来求其换算系数。由换算系数乘以玻璃各氧化物数量得到新的玻璃成分。下面分七步进行计算演示。

第一步：已知一副料原料用量，计算一副料生成玻璃液总量。

各原料带入的氧化物计算见表 7-10。

表 7-10　各原料带入的氧化物计算　（kg）

原料名称	干基用量 /kg · 副$^{-1}$	SiO_2	Al_2O_3	Fe_2O_3	CaO	MgO	K_2O+Na_2O	玻璃总量 /kg · 副$^{-1}$
A 号砂	950	950 × 99.07% = 941.17	950 × 0.42% = 3.99	950 × 0.09% = 0.86	950 × 0.04% = 0.38	950 × 0.02% = 0.19	0	
D 号砂	1430	1430 × 98.35% = 1406.41	1430 × 0.5% = 7.15	1430 × 0.10% = 1.43	1430 × 0.04% = 0.57	1430 × 0.02% = 0.29	0	
长　石	108	108 × 73.84% = 79.75	108 × 14.4% = 15.55	108 × 0.54% = 0.58	108 × 0.93% = 1.00	108 × 0.19% = 0.21	108 × 9.42% = 10.17	
白云石	673	673 × 1.0% = 6.73	673 × 0.3% = 2.02	673 × 0.12% = 0.81	673 × 30.82% = 207.42	673 × 20.38% = 137.16	0	
石灰石	153	153 × 1.24% = 1.9	153 × 0.10% = 0.15	153 × 0.10% = 0.15	153 × 54% = 82.62	153 × 1.02% = 1.56	0	
纯　碱	794						794 × 0.995 × 0.99 × 0.5849 = 457.47	
芒　硝	31						31 × 0.98 × 0.4365 = 13.26	
炭　粉	1.3						C：65%	
合计 /kg · 副$^{-1}$	4140.30	2435.96	28.86	3.83	291.99	139.41	480.9	3380.95
计算成分 /%		72.05	0.85	0.11	8.64	4.12	14.22	100

上表中横行：如A号砂这一横行，A号砂用量950kg，进入玻璃有：

SiO_2：　　950 × 99.07%（A号砂中SiO_2含量）=941.17kg

Al_2O_3：　　950 × 0.42%（A号砂中Al_2O_3含量）=3.99kg

Fe_2O_3：　　950 × 0.09%（A号砂中Fe_2O_3含量）=0.86kg

如此类推，填入横行相应的位置。

又如纯碱这一横行进入玻璃有：

$K_2O + Na_2O$：794 × 0.995 × 0.99 × 0.5849 = 457.47kg，0.995表示扣除飞散0.5%，0.99表示纯度（扣除杂质1.0%），0.5849表示Na_2O/Na_2CO_3的比值系数。

又如芒硝这一横行进入玻璃有：

$K_2O + Na_2O$：31 × 0.98 × 0.4365 = 13.26kg，0.98表示纯度（扣除杂质2%），0.4365表示Na_2O/Na_2SO_4的比值系数。

上表中竖栏计算方法如下：

如SiO_2这一栏，所有原料进入玻璃的SiO_2量相加为2435.96kg；

Al_2O_3这一栏，所有原料进入玻璃的Al_2O_3量相加为28.86kg；

Fe_2O_3这一栏，所有原料进入玻璃的Fe_2O_3量相加为3.83kg。

如此类推，填入竖行相应的位置上。

得到：一副料（生料）总量为4140.30kg，其中带入（进入玻璃）SiO_2总量为2435.96kg。Al_2O_3总量为28.86kg，Fe_2O_3总量为3.83kg，CaO总量为291.99kg，MgO总量为139.41kg，$K_2O + Na_2O$总量为480.91kg，合计一副料生成玻璃液总量为3380.95kg。

第二步：计算100kg玻璃液的原料用量（总量）。

根据上述生料量4140.30kg，生成玻璃液3380.95kg，求100kg玻璃液的原料用量x即：

$$\frac{4140.30}{3380.95} = \frac{x}{100}$$

解得：

$$x = \frac{4140.3 \times 100}{3380.95} = 122.46\text{kg}$$

第三步：用换算系数求100kg玻璃各氧化物的量。

求换算系数：$\frac{100}{3380.95} = 0.029577485$，用换算系数0.029577485乘以一副料各氧化物的数量，就得到100kg玻璃液的各氧化物的数量：即

SiO_2：　　2435.96 × 0.029577485 =72.04957 ≈ 72.05

Al_2O_3：　　28.86 × 0.029577485 =0.8536 ≈ 0.85

Fe_2O_3：　　3.83 × 0.029577485 =0.11328 ≈ 0.11

CaO：　　291.99 × 0.029577485 =8.6363 ≈ 8.64

MgO：　　139.41 × 0.029577485 =4.1234 ≈ 4.12

$K_2O + Na_2O$：　　480.9 × 0.029577485 =14.2238 ≈ 14.22

求得了100kg玻璃液的各氧化物的量，即已求得新玻璃成分。新玻璃成分为：SiO_2

72.05%、Al_2O_3 0.85%、Fe_2O_3 0.11%、CaO 8.64%、MgO 4.12%、K_2O+Na_2O 14.22%。

在计算熟悉之后只用表7-10的形式即可，再次调整料单中某一物料用量，只局部计算，修改某一横行，再修改每一竖栏，最后计算总玻璃液量，由100除以总玻璃液量得换算系数。用换算系数去乘各玻璃氧化物量，即得再次调整后新玻璃成分。计算仅几分钟即可完成。

第四步：计算芒硝含率。

若生产中途调整了芒硝或纯碱用量，芒硝含率发生变化，仍按芒硝含率定义公式计算。根据芒硝含率定义：

$$\frac{芒硝用量\times芒硝纯度\times\dfrac{M_r(Na_2O)}{M_r(Na_2SO_4)}}{芒硝用量\times芒硝纯度\times\dfrac{M_r(Na_2O)}{M_r(Na_2SO_4)}+碱用量\times碱纯度\times(1-飞散率)\times\dfrac{M_r(Na_2O)}{M_r(Na_2CO_3)}}$$

$$=\frac{31\times0.98\times0.4365}{31\times0.98\times0.4365+794\times0.99\times(1-0.5\%)\times0.5849}=2.817\%$$

在上式中，只是31和794这两个数据调整了，其他系数是不变的。

第五步：计算炭粉含率。

生产中碳用量和芒硝用量是经常调整的，其炭粉含率仍按炭粉含率定义公式计算，根据炭粉含率定义：

$$\frac{炭粉用量\times炭粉中碳含量(纯度)}{芒硝用量\times芒硝纯度}=\frac{1.3\times0.76}{31\times0.98}=3.25\%$$

烟道灰碳纯度为65%，焦炭粉碳纯度为76%，上式中只是1.3和31这个数据调整了，若换炭粉品种，则其碳含量（纯度）系数要变化。

第六步：计算新玻璃获得率（熔成率）。

$$获得率=\frac{新生成玻璃液(kg)}{生料总量(kg)}=\frac{3380.95}{4140.30}=81.66\%$$

第七步：计算新日熔化量。

每副生料生成玻璃液量×配合料副料(副/d)+熟料量(t/d)，即4.1403t×81.66%×155副/d=520.67（t/d）+熟料（t/d）。

7.2.3 经验粗算法

7.2.3.1 计算步骤

计算1000kg玻璃液需各原料用量。

第一步：设计成分即1000kg玻璃液中有如下氧化物：SiO_2 722.9kg，Al_2O_3 11kg，Fe_2O_3，CaO 85.6kg，MgO 40kg，K_2O+Na_2O 140kg。即将玻璃设计成分以100%表示的位数向后移一位即可。

第二步：认定玻璃中SiO_2由硅砂（Si代表用量）和长石（Al代表用量）提供，其他原料中的SiO_2太少不计入，得出：

$$0.985Si + 0.7384Al = 722.9 \quad (7\text{-}1)$$

（砂中的硅）（长石中的硅）（玻璃中的硅）

第三步：认定玻璃中 Al_2O_3 由长石（Al 代表用量）提供 50%（设计 Al_2O_3 1.1% 由长石提供 50%，设计 Al_2O_3 1.0% 由长石提供 45%，设计 Al_2O_3 0.9% 由长石提供 40%，根据原料成分计算后得到的经验数据），其他原料中铝含量太少不计入，即得：

$$0.144Al = 11 \times 50\% \quad (7\text{-}2)$$

（长石中的铝）（玻璃中的铝）

第四步：认定玻璃中 CaO 由白云石（Mg 代表用量）和石灰石（Ca 代表用量）提供，其他原料钙太少忽略不计入，即得：

$$0.3114Mg + 0.54Ca = 85.6 \quad (7\text{-}3)$$

（白云石中的钙）（石灰石中的钙）（玻璃中的钙）

第五步：认定玻璃中 MgO 由白云石（Mg 代表用量）提供 98%，其他原料提供约 2%，即得：

$$0.204Mg = 40 \times 98\%（经验数据） \quad (7\text{-}4)$$

（白云石中的镁）（玻璃中的镁）

第六步：根据芒硝含率 4.0% 列方程式如下（芒硝用量用 SO_4^{2-} 代表），芒硝纯度为 98%，根据芒硝含率定义得：

$$\frac{SO_4^{2-} \times 0.98 \times 0.4365}{140} = 4\%$$

即：
$$SO_4^{2-} = \frac{140 \times 0.04}{0.98 \times 0.4365} \quad (7\text{-}5)$$

第七步：钾钠由长石、芒硝、纯碱提供（纯碱飞扬 0.5%，纯碱纯度 99%）；长石用量用 Al 代表，芒硝用量用 SO_4^{2-} 代表，纯碱用量用 Na 代表，即得：

$$0.0942Al + 0.98 \times 0.4365SO_4^{2-} + 0.99 \times 0.995 \times 0.5849Na = 140 \quad (7\text{-}6)$$

（长石中的钾钠）（芒硝中的钾钠）（纯碱中的钾钠）（玻璃中的钾钠）

由式 7-5 代入式 7-6 即得：

$$0.0942Al + 0.99 \times 0.995 \times 0.5849Na = 134.4 \quad (7\text{-}7)$$

第八步：解由式 7-1 ~ 式 7-5、式 7-7 组成的方程组，即：

$$\begin{cases} 0.985Si + 0.7384Al = 722.9 \\ 0.144Al = 11 \times 0.5 \\ 0.3114Mg + 0.54Ca = 85.6 \\ 0.204Mg = 40 \times 0.98 \\ SO_4^{2-} = \dfrac{140 \times 0.04}{0.98 \times 0.4365} \\ 0.0942Al + 0.99 \times 0.995 \times 0.5849Na = 134.4 \end{cases}$$

解得:

$$\begin{cases} Al = 38.19\text{kg}(\text{长石用量}) \\ Si = 705.28\text{kg}(\text{硅砂用量}) \\ Mg = 192.16\text{kg}(\text{白云石用量}) \\ Ca = 47.71\text{kg}(\text{石灰石用量}) \\ SO_4^{2-} = 13.09\text{kg}(\text{芒硝用量}) \\ Na = 227.03\text{kg}(\text{纯碱用量}) \end{cases}$$

即为 1000kg 玻璃液各原料用量的配料干基料单已完成。

第九步:计算 Fe_2O_3 含量,硅砂、长石、白云石、石灰石带入的总铁量为:

$$\underset{(\text{硅砂中的铁})}{705.28 \times 0.10\%} + \underset{(\text{长石中的铁})}{38.19 \times 0.54\%} + \underset{(\text{白云石中的铁})}{192.16 \times 0.12\%} + \underset{(\text{石灰石中的铁})}{47.71 \times 0.10\%} + 0 + 0 = \underset{(\text{玻璃中的铁})}{1.19\text{kg}}$$

即玻璃中的 Fe_2O_3 含量为 0.119%。

7.2.3.2　经验数据说明

经验计算是在平时多次常规人工计算的基础上总结出来的,常规人工计算完后从中再计算玻璃中各氧化物由各原料带入的比例,抓住主要的方面。

SiO_2:主要是硅砂和长石带入,其他白云石、石灰石等忽略不计入;

Al_2O_3:主要是硅砂和长石带入,其他白云石、石灰石等忽略不计入;这里 Al_2O_3 与玻璃设计成分是 1.1%、1.0%,还是 0.9% 有关;

CaO:主要是白云石、石灰石带入,其他硅砂长石等不计入;

MgO:主要是白云石带入,其他硅砂、长石、优质石灰石等不计入;

$K_2O + Na_2O$:主要是纯碱芒硝带入,长石不要忘了,其他硅砂、白云石、石灰石不计入。

知道各原料在 1000kg 玻璃液中的用量大致范围,必须明确哪些是基础,不要脱离基础,基础如下:

(1) 设计成分要明确;

(2) 各原料成分为统计平均值,原料品种变了要修正;

(3) 各工艺参数定义要明确,且工艺参数取值要准;

(4) 玻璃中 Al_2O_3 的设计变化大是关键,它影响到硅砂和纯碱。

经验计算是常规人工计算中粗算的缩影,与常规人工计算稍有误差。但按经验计算的数据进行配料,也能正常生产玻璃。

7.2.4　烧损法计算熔成率

原料入窑粗略分析有两个去向:一是熔成了玻璃;二是烧损从烟囱飞走了。忽略配合料与耐火材料(侵蚀)反应耐火材料熔入玻璃液的量及燃料燃烧气体或杂质渗入玻璃液不计,若将原料烧损飞走的部分去掉,余下的就是玻璃液(也可称为减量法)。这是一种新的玻璃熔成率(也叫获得率)计算方法。传统的计算方法(也可称为加量法)

是：计算向玻璃液里添加各氧化物之和，再除以生料总量，得到玻璃熔成率。用烧损法计算，尤其外加外减某种原料或几种原料后，计算生成多少玻璃液很方便，几分钟即可完成。下面分三步进行介绍：烧失量的确定，剩余系数的确定，玻璃总量及熔成率的计算。

7.2.4.1 各原料烧失量的确定

A 硅砂的烧失量

硅砂的品种按成因性质分为三种：一是沉积岩性的，如石英砂岩、石英砂；二是岩浆岩性的，如脉石英；三是变质岩性的，如石英岩、硅质岩。它们的矿物组成是有较大区别（无论主矿物、副矿物还是微量矿物）。某厂所用硅砂属沉积岩性的，下面只讨论沉积岩性的硅砂。在沉积岩性的硅砂中，含化学结合气体的矿物：碳酸盐很少，硫酸盐更少，硝酸盐几乎没有或极微量。硅砂在玻璃融体中放出的化学结合气体 CO_2 等微乎其微，硅砂中矿物含化学结构水更少，所以硅砂中的有机物成为烧失量的主要部分，只要运输途中不受污染，烧失量变化不大，所以硅砂的烧失量按化学分析值的平均数计算。即 A 号、B 号硅砂烧失量平均数为 0.30%，C 号硅砂烧失量平均数为 0.36%，D 号硅砂烧失量平均数为 0.50%。

B 长石的烧失量

长石在窑内烧失量应该由三部分组成：一是长石中可以分解的盐类放出的气体（主要指碳酸盐放出的 CO_2，其次为 SO_3），但是长石是火成岩，碳酸盐已分解成了氧化物，CO_2 已排出，硫酸盐当火山爆发时可能分解，也可能没有分解或分解一部分。开采时混入地表土一点点的碳酸盐忽略不计，硫酸盐量也不大。二是长石中所含有机物。三是长石矿物的化学结构水。前两项容易计算，后一项结构水的排除相当复杂，因长石矿物品种杂，矿物不同，其结构水不同。在计算长石熔入玻璃的量以分析值的烧失量平均数 0.68% 计，其实长石在窑内烧损量略大于 0.68%。窑内温度比化验时烧失量分析的温度高，微量硫酸盐分解了，结构水排除了。

C 白云石、石灰石的烧失量

白云石、石灰石是碳酸盐矿物，它们的化学结合气体主要是 CO_2，化学分析做烧失量加热到 950～1000℃，完全可以分解放出 CO_2。至于碳酸盐矿物中的微量硫酸盐（硫酸钙、硫酸钡）中的 SO_2 在做化学分析时烧到 950～1000℃，不可能放出 SO_2，但在窑内高温可以分解为 SO_2。因为白云石、石灰石中含微量硫酸钙、硫酸钡，SO_2 相对 CO_2 来说太少，因而忽略不计。

至于碳酸盐矿物中的黏土矿物的变化有化学结合水及灼烧温度的差异带来分析烧失量数据误差，黏土矿物的化学结合水在窑内或烧损或参与化学反应，因白云石、石灰石中的黏土矿物量小，水的损失也忽略不计。

CO_2 在玻璃熔体中确实有一定的溶解度，几乎在每一个气泡中都含 CO_2，但与 SO_2 对比，CO_2 的溶解度是较小的，在这里将 CO_2 全排放处理，即溶解在玻璃里的 CO_2 忽略不计。

最后白云石、石灰石的烧失量由 CO_2、有机物组成。白云石的烧失量按分析值的平均数 46.31%、石灰石的烧失量按分析值的平均数 43.24% 计算。

D 纯碱的烧失量

记住纯碱总量里应扣除飞扬 0.5%（重质碱），然后纯碱分解放出的 CO_2 作全排放处理，溶入玻璃的 CO_2 忽略不计，纯碱中微量的 $NaHCO_3$ 分解出的水也忽略不计。

$$纯碱的烧失量 = \frac{M_r(CO_2)}{M_r(Na_2CO_3)} \times 纯度 = \frac{44.01}{105.99} \times 0.99 = 41.11\%$$

E 芒硝的烧失量

芒硝的烧失量不能按化学分析值中的烧失量计算，因为950～1000℃ Na_2SO_4 不能分解放出 SO_2，但在窑内芒硝分解放出的 SO_2 有部分进入到玻璃里与玻璃液化学结合或残存在玻璃里，有部分排放了，其量有多少，是十分复杂的问题，与窑内温度及气氛、配合料成分及气氛等有关。但玻璃成分分析 SO_3 的值反映了芒硝确有一部分分解的 SO_2 和 O_2 化合成 SO_3 残存在玻璃里。

若假设 Na_2SO_4 分解的 SO_2 全排放到大气中，烧失量：$SO_2 \div Na_2SO_4 = 64.06 \div 142.04 = 45.1\%$，假若 Na_2SO_4 分解的 SO_2 全结合在玻璃里，则烧失量为0，就是说芒硝的烧失量在0～45.1%之间（燃料燃烧进入玻璃的 SO_2、芒硝中的 Na_2CO_3 分解的 CO_2 忽略不计）。

根据玻璃成分 SO_3 分析值0.2%，来计算 SO_2 溶入玻璃的量（其实矿物原料中有少量硫酸盐和芒硝中少量的硫酸钙、硫酸钡的硫也应在玻璃分析值0.2%之内，但为计算方便都按芒硝中 Na_2SO_4 提供处理）。

Na_2SO_4 在高温中分解成 SO_2 和 O_2，即：

$$Na_2SO_4 = Na_2O + SO_2 + \frac{1}{2}O_2$$

分解一个 Na_2SO_4 得到一个 SO_2，即 $\frac{64.06}{142.04} = 45.1\%$。

将玻璃中分析 SO_3 的值为0.2%，换算成 SO_2：

$$SO_2 + \frac{1}{2}O_2 = SO_3$$

$$\frac{64.06}{x} = \frac{80.06}{0.002}$$

$x = \frac{64.06 \times 0.002}{80.06} = 0.0016$，即溶解了 SO_2 0.16%。

扣除溶入玻璃中 $SO_2$0.16%，其余排放到大气中，（芒硝纯度按98%计算），则芒硝烧失量为：

$(SO_2 \div Na_2SO_4) \times 纯度 \times (1 - 0.0016) = \frac{64.06}{142.04} \times 0.98 \times (1 - 0.0016) = 44.13\%$，而不是45.1%。

F 炭粉烧失量

部分炭粉入窑直接烧掉了，部分炭粉参与化学反应：$Na_2SO_4 + 2C = Na_2S + 2CO_2$，生成的 Na_2S 又与 Na_2SO_4 反应；$3Na_2SO_4 + Na_2S = 4Na_2O + 4SO_2$，最后产生的 CO_2 还是排放了，溶入玻璃的 CO_2 量忽略不计。实质炭粉入窑溶入玻璃里的是炭粉的无机成分部分，有机部分烧掉了，无机部分中的盐类分解出的气体忽略不计。炭粉烧失量：

用烟道灰：按（烟道灰的固定碳+挥发分）的平均值81.21%计；

用焦炭粉：按（焦炭粉的固定碳+挥发分）的平均值84.35%计。

7.2.4.2 剩余系数的确定

剩余系数=(100－烧失量)÷100，某物料烧失量越小，则某物料进入玻璃的量就大，烧失量越大，进入玻璃的量越小。各原料烧失量与剩余系数汇总于表7-11。

表7-11 烧失量和剩余系数汇总

原料名称	烧失量/%	剩余系数
A号B号硅砂	0.30	0.997
C号硅砂	0.36	0.9964
D号硅砂	0.50	0.995
罗田长石	0.68	0.9932
某地白云石	46.31	0.5369
武昌石灰石	43.24	0.5676
纯碱	41.11	0.5889
芒硝	44.13	0.5587
焦炭粉	84.35	0.1565
烟道灰	81.21	0.1879

用什么料参与配料，就用什么剩余系数进行计算，一般把各种原料的烧失量计算好，剩余系数作为常数备用，矿物不变，一般剩余数基本不变。当原料换了矿源，要进行烧失量分析，以便调整。

7.2.4.3 烧损法计算玻璃熔成率

将原料用量乘以剩余系数再相加，即得玻璃液总量，见表7-12。

表7-12 各原料熔入玻璃的量的总和计算

原料名称	加	用量/kg·副$^{-1}$	乘	剩余系数	烧失量/%
A号硅砂		950	×	0.997	0.30
D号硅砂	+	1430	×	0.995	0.50
长石	+	108	×	0.9932	0.68
白云石	+	673	×	0.5369	46.31
石灰石	+	153	×	0.5676	43.24
纯碱	+	794×0.995	×	0.5889	41.11
芒硝	+	31	×	0.5587	44.13
炭粉	+	1.3	×	0.1565	84.35

表7-12中生料用量总量为4140.3kg，生成了玻璃液（八项乘式相加）为3408.21kg。表7-12中以700t窑为例，各原料用量乘以各自的剩余系数，再相加，即得到生成玻

璃液3408.21kg。生料总量4140.3kg，生成了玻璃液3408.21kg，即：

$$玻璃熔成率 = \frac{生成玻璃液量}{生料总量} = \frac{3408.21}{4140.3} = 82.32\%（而不是81.66\%）$$

以上烧损法计算熔成率是列举平板玻璃原料的实例。其他玻璃如瓶罐玻璃、器皿玻璃，无碱玻璃纤维，中碱玻璃纤维等都可以仿照此方法计算熔成率。只是要注意以下几个问题：

（1）原料包括所有入窑的原料，量大的、量小的着色剂、脱色剂等都参与烧失量计算。有多少种原料就有多少个烧失量和剩余系数。小量原料品种多，加起来量大，不可忽略。

（2）原料是盐或复盐分解放出的气体，是完全排放还是有溶入玻璃融体中，溶入融体的气体应扣除，其烧失量需调整。

（3）工业原料如硝酸钠、硫酸钠、碳酸钡等不一定为100%的纯度，可能为99%、98%、97%等，应乘以纯度后再计算排出的气体。

（4）工业纯度之外的杂质如量太多且有的杂质也有分解放出气体的盐类，这种杂质要另行计算烧失量。

（5）原料的有机物、挥发分应在烧失量之列，尤其挥发量较大的，如硒、氟、B_2O_3、PbO要计入烧失量之列，不论是以气体的形式还是固体的形式挥发，只要是损失较大就要计入烧失量。总之根据不同的玻璃组成及含量、温度而计算。

一副配合料生成多少玻璃计算准确了，对拉引量准确控制、成本的计算和配方及原料的选择具有实际意义。不准是绝对的，准确是相对的。烧损法计算熔成率相对其他计算方法较为准确，但是原料细粉飞扬的波动是无法计算的，熔成率还是不够准确。

7.2.5 日熔化量及日拉引量计算

日熔化量和日拉引量用不同的方法计算，其结果不同，下面分别计算并叙述影响因素。

7.2.5.1 日熔化量计算及影响因素

A 日熔化量的计算

日熔化量(t)=每副生料生成玻璃液量(t)×配料副数(副/d)+熟料量(t/d)，若使用碎玻璃粉则熟料量要考虑飞扬，即熟料量×(1-0.0015)。

a 用常规人工计算法计算的熔成率来计算日熔化量

以700t的窑为例：日熔化量(t)=4.1403(t/副)×81.66%×154(副/d)=520.67(t/d)+熟料片(t/d)。

b 用烧损法计算的熔成率来计算日熔化量

以700t的窑为例：日熔化量(t)=4.1403(t/副)×82.36%×154(副/d)=524.88(t/d)+熟料片(t/d)。

B 日熔化量的影响因素

影响日熔化量的因素很多，大体有三个方面：原料问题，燃料问题，熔化操作问题。保持燃料和熔化操作问题不变，讨论原料问题。而原料问题在各种原料品种不变和配方不变的情况下只讨论熔成率的计算方法，换言之，上述一切条件不变只是计算方法不同，其结果相差 524.88 − 520.67 = 4.21t/d。但是影响因素并非不变，尤其原料每时每刻都有变化，为说明计算方法不同，暂且认为原料不变。

7.2.5.2　日拉引量计算及影响因素

A　日拉引量计算

a　称量法计算日拉引量

日拉引量(t) = 1m 长原板质量(kg/m) × 拉引速度(m/h) × 24(h) ÷ 1000

b　拉引速度计算日拉引量

日拉引量(t) = 拉引速度(m/h) × 原板宽(m) × 厚板厚度(m) × 24(h) × 玻璃密度(t/m^3)

c　投入量法计算日拉引量

日拉引量(t) = 生料平均投料量(t/d) × 熔成率(%) + 熟料量(t/d)

B　日拉引量影响因素

不同的计算方法各有误差：(1) 用称量法计算日拉引量的误差主要是所取 1m 原板存在厚薄差的问题，影响日拉量的准确性。(2) 用拉引速度计算日拉引量的误差主要是原板宽度和厚度存在误差问题，影响日拉引量的准确性。(3) 用投入量法计算日拉引量的误差主要是熔成率和窑头料仓剩余量存在误差问题，影响日拉引量的准确性。

投入量法用两种熔成率计算，其微量元素和杂质不计算还是计算，两种方法计算的熔成率相差 0.66%，对于 700t 熔窑而言 1 天相差 4.21t。

用烧损法计算玻璃熔成率相对简单而又较准确。烧失量的测定受到影响的因素要少得多，而化学成分的测定受到试剂、仪器、分析方法和操作方法等多种因素影响。为准确测定烧失量，化验室用的高温炉不是 950 ~ 1000℃，而是 1550℃ ± 5℃，相当于大窑熔化温度略偏低，配合料（原料）的化学结构水和结合气体已基本排除，但是飞扬和挥发无法模拟大窑而测定，烧损法仍然是有误差的。希望研究新技术测定拉引量，误差以 kg/d 计，准确掌握熔化量和拉引量对生产产量、质量成本有利。

7.2.6　原料搭配配料计算

某厂应用的是高硅低铝砂（简称高硅砂）、钾长石、优质白云石、优质石灰石配料，为扩宽原料应用品种，用长石质砂岩（天然砂）取代钾长石、用菱镁矿取代优质白云石，用镁质石灰石取代优质石灰石进行试算，分析其熔成率和日原料费用。本节分 6 个问题进行叙述。一是介绍原配方的计算基本情况，二是介绍长石质砂岩取代钾长石的基本情况，三是介绍菱镁矿取代白云石的基本情况，四是介绍镁质石灰石取代优质石灰石的基本情况，五是介绍长石质砂岩和镁质石灰石同时取代钾长石和优质石灰石的基本情况，六是分析对比。

7.2.6.1　原配方的计算基本情况

A　参与配方计算的有关数据

a　原料成分及玻璃设计成分

原料成分及玻璃设计成分基本数据见表 7-13。

表 7-13 原料成分及玻璃设计成分基本数据 (%)

原料名称	SiO_2	Al_2O_3	Fe_2O_3	CaO	MgO	K_2O+Na_2O
高硅砂	98.5	0.68	0.15	0.06	0.03	0
钾长石	73.84	14.4	0.54	0.93	0.19	9.42
优质白云石	1.08	0.20	0.12	31.14	20.04	0
优质石灰石	1.24	0.10	0.10	54.0	1.02	0
纯碱						0.5849（纯度99%）
芒硝						0.4365（纯度98%）
炭粉						C：65%
玻璃设计成分	72.3	1.0	(0.15)	8.4	4.0	14.0

b 工艺参数

芒硝含率：4%，炭粉含率：3%，纯碱飞散率：5%，碎玻璃比例：0。

B 计算结果

根据上述成分及参数，以1000kg玻璃液计算，计算结果是：

高硅砂用量为：706.55kg（单价0.111元/kg计）；

钾长石用量为：33.09kg（单价0.23元/kg计）；

优质白云石用量为：196.16kg（单价0.056元/kg计）；

优质石灰石用量为：41.06kg（单价0.041元/kg计）；

纯碱用量为：228.09kg（单价1.8元/kg计）；

芒硝用量为：12.77kg（单价0.65元/kg计）；

炭粉用量为：0.58kg（单价0元/kg计）；

合计生料用量为1218.30kg（总价517.57元），熔成率为82.08%，日费用为517570元（日费用以1000t/d的窑原料费用为例）。

7.2.6.2 长石质砂岩取代钾长石配料基本情况

A 参与配方计算的有关参数

在表7-13中，将钾长石用长石质砂岩代替，其他原料、玻璃设计成分及工艺参数不变。长石质砂岩成分为 SiO_2 95.43%、Al_2O_3 2.0%、Fe_2O_3 0.18%、CaO 0.25%、MgO 0.20%、K_2O+Na_2O 1.86%。

B 计算结果

根据上述成分及参数，以1000kg玻璃液计算，计算结果是：

高硅砂用量为：399.17kg（单价0.111元/kg计）；

长石质砂岩用量为：342.88kg（单价0.111元/kg计）；

优质白云石用量为：193.44kg（单价0.056元/kg计）；

优质石灰石用量为：41.97kg（单价0.041元/kg计）；

纯碱用量为：222.69kg（单价1.8元/kg计）；

芒硝用量为：12.44kg（单价0.65元/kg计）；

炭粉用量为：0.56kg（单价0元/kg计）；

合计生料用量为1213.15kg（总价503.85元），熔成率为82.43%，日费用为503850元（日费用以1000t/d的窑原料费用为例）。

7.2.6.3 菱镁矿取代优质白云石配料基本情况

A 参与配料计算的有关参数

在表7-13中将优质白云石用菱镁矿代替，其他原料、玻璃设计成分及工艺参数不变。菱镁矿成分为 SiO_2 1.0%、Al_2O_3 0.3%、Fe_2O_3 0.3%、CaO 1.5%、MgO 46.5%、K_2O+Na_2O 为0。

B 计算结果

根据上述成分及参数，以1000kg玻璃液计算，计算结果是：

高硅砂用量为：706.30kg（单价0.111元/kg计）；

钾长石用量为：33.31kg（单价0.23元/kg计）；

菱镁矿用量为：81.60kg（单价0.078元/kg计）；

优质石灰石用量为：152.43kg（单价0.041元/kg计）；

纯碱用量为：228.06kg（单价1.8元/kg计）；

芒硝用量为：12.77kg（单价0.65元/kg计）；

炭粉用量为：0.58kg（单价0元/kg计）；

合计生料用量为1215.05kg（总价517.48元），熔成率为82.30%，日费用为517480元（日费用以1000t/d的窑原料费用为例）。

7.2.6.4 镁质石灰石取代优质石灰石配料基本情况

A 参与配料计算的有关参数

在表7-13中，将优质石灰石用镁质石灰石代替，其他原料、玻璃设计成分及工艺参数不变。镁质石灰石成分为 SiO_2 0.17%、Al_2O_3 0.60%、Fe_2O_3 0.25%、CaO 49.25%、MgO 5.22%、K_2O+Na_2O 为0。

B 计算结果

根据上述成分及参数，以1000kg玻璃液计算，计算结果是：

高硅砂用量为：708.48kg（单价0.111元/kg计）；

钾长石用量为：31.24kg（单价0.23元/kg计）；

优质白云石用量为：184.60kg（单价0.056元/kg计）；

镁质石灰石用量为：52.38kg（单价0.050元/kg计）；

纯碱用量为：228.4kg（单价1.8元/kg计）；

芒硝用量为：12.77kg（单价0.65元/kg计）；

炭粉用量为：0.58kg（单价0元/kg计）；

合计生料用量为1218.45kg（总价518.20元），熔成率为82.07%，日费用为518200元（日费用以1000t/d的窑原料费用为例）。

7.2.6.5 两种矿同时取代的配料基本情况

A 参与配料计算的有关参数

在表7-13中，将钾长石用长石质砂岩代替，将优质石灰石用镁质石灰石代替，两种同时进行，其他原料、玻璃设计成分及工艺参数不变。长石质砂岩成分为：SiO_2 95.43%、Al_2O_3 2.0%、Fe_2O_3 0.18%、CaO 0.25%、MgO 0.20%、K_2O+Na_2O 1.86%。镁质石灰石成分为：SiO_2 0.17%、Al_2O_3 0.60%、Fe_2O_3 0.25%、CaO 49.25%、MgO 5.22%、K_2O+Na_2O 为0。

B 计算结果

根据上述成分及参数，以1000kg玻璃液计算，计算结果是：

高硅砂用量为：418.21kg（单价0.111元/kg计）；

长石质砂岩用量为：323.81kg（单价0.111元/kg计）；

优质白云石用量为：181.81kg（单价0.056元/kg计）；

镁质石灰石用量为：53.45kg（单价0.050元/kg计）；

纯碱用量为：223.31kg（单价1.8元/kg计）；

芒硝用量为：12.44kg（单价0.65元/kg计）；

炭粉用量为：0.56kg（单价0元/kg计）；

合计生料用量为1213.59kg（总价505.26元），熔成率为82.40%，日费用为505260元（日费用以1000t/d的窑原料费用为例）。

7.2.6.6 分析对比

现将上述五种方案的熔成率和日费用汇总于表7-14中。

表7-14 熔成率和日费用汇总表

方 案	1	2	3	4	5
用料搭配	原配料	长石质砂岩取代钾长石配料	菱镁矿取代优质白云石配料	镁质石灰石取代优质石灰石配料	两种料同时取代配料
熔成率/%	82.08	82.43	82.30	82.07	82.40
日费用/元	517570	503850	517480	518200	505260

（1）熔成率对比。总体看，熔成率除方案4外都呈增加趋势，增加幅度0.22%~0.35%（熔成率按常规人工计算法计算），方案2、3、5都比原方案1的玻璃产量有所增加，其中方案2增加产量1277.5t/年为最多。方案4熔成率降低了0.01%，减产量不多。

（2）日费用对比。总体看日费用除方案4外都呈减少趋势，节约幅度90~13720元/d，即3.285~500.78万元/年。其中方案2节约幅度大，为500.78万元/年，方案4日费用增加了630元，即22.995万元/年。

以上以1000t/d的熔窑不投碎玻璃为计算依据，当然这些数据与进厂价格有关。关于搭配方案的讨论和分析认识在第9章还要述及。

7.2.7 料单快速复核计算

7.2.7.1 先决条件

料单计算后，在下达到化验站前，由另外一人进行复核，这是工艺规程规定的。某厂总结一个简单又快捷的复核方法，但在复核前需明确玻璃设计成分是否有更改，没有更改，则按下面方法复核。

7.2.7.2 三捆绑计算

A 硅铝捆绑

提供SiO_2和Al_2O_3的原料，无论是高硅低铝硅砂与长石搭配，还是高硅砂与天然砂搭配，其用量之和基本相等。针对玻璃中$SiO_2 + Al_2O_3$为73.3%而言，硅铝捆绑（或硅砂和长石捆绑）它们用量之和（用A表示）在740kg左右（以1000kg玻璃液计算）。

B 钙镁捆绑

提供CaO和MgO的原料，无论是优质白云石与优质石灰石搭配，还是普通白云石与普通石灰石搭配，其用量之和基本相等。针对玻璃中CaO + MgO为12.4%而言，钙镁捆绑（或白云石和石灰石捆绑）它们用量之和（用B表示）在235.5kg左右（以1000kg玻璃液计算）。

C 钾钠捆绑

提供K_2O和Na_2O的原料，无论是芒硝含率是高是低，对于玻璃中$K_2O + Na_2O$ 14.0%而言，纯碱和芒硝捆绑它们用量之和（用C表示）在235～241kg之间，平均为238kg（以1000kg玻璃液计算）。

7.2.7.3 求比值

$A:B:C = 740:235.5:238 \approx (3.0 \sim 3.1):1:1$。

这就是钠钙硅酸盐玻璃生料配方最简单的复核计算。他人计算了干基料单，复核者只需计算硅砂与长石之和（A）、白云石与石灰石之和（B）、纯碱与芒硝之和（C）、然后计算A、B、C的比值为$(3.0 \sim 3.1):1:1$，就知道配方正确，在设计成分范围之内，不会熔化不良。

可将上式简化为：(四价三价)：二价：一价 $= (3 \sim 3.1):1:1$，更便于记忆（Si^{4+}、Al^{3+}、Ca^{2+}、Mg^{2+}、K^+、Na^+），简称四三二一法。

一般玻璃厂玻璃成分变化不大或长时间固定不变，而原料有可能变化（换品种），但提供三价氧化物和四价氧化物的原料或一个多则另一个少，或一个少则另一个多，总和基本不变。提供二价氧化物的原料也一样，一种多用则另一种少用，或另一种多用，这一种少用，总和基本不变。提供一价氧化物的原料主要是纯碱和芒硝（长石中有一些），它们用量之和在一个小范围之间变化（与长石中的一价氧化物有关）。当计算完1000kg玻璃液原料用量时就可求3个捆绑之和之比，以便下步生产中微调复核计算。

7.2.8 碳酸盐矿物中硫含量的计算

7.2.8.1 干基料单计算

硫含量只考虑碳酸盐矿物中含有的，不考虑硅砂、长石中所含的。设计了3个新玻璃配方，计算后得：其中新配方一中白云石用量为181.81kg，石灰石用量为53.45kg；新配方二中白云石用量为191.09kg，石灰石用量为46.57kg；新配方三中白云石用量为200.66kg，石灰石用量为38.47kg。计算1000kg玻璃液中碳酸盐矿物引入的硫含量，以节约芒硝。

7.2.8.2 含硫量计算

白云石、石灰石引入硫量计算见表 7-15。

表 7-15 白云石、石灰石引入硫量计算

1000t/d 窑内	方案 1		方案 2		方案 3	
	用量/kg	含硫量/kg	用量/kg	含硫量/kg	用量/kg	含硫量/kg
白云石	181.81	0.045	191.09	0.048	200.66	0.05
石灰石	53.45	0.013	46.57	0.012	38.47	0.0096
合计 1000kg 玻璃液		0.058		0.06		0.0596
1d		58		60		59.6
1a		21.17t		21.9t		21.754t

白云石、石灰石中硫的含量均按单质硫 0.025% 计算，碳酸盐矿物中含 H_2S，其中的硫不计算，只考虑硫酸钙、硫酸钡中的硫。

计算结果是引入单质硫 21t/a 以上，换算成芒硝是 93.04t/a 以上，年节约 6 万元以上。更重要的是不可忽视它的澄清作用，将在第 9 章讨论。

8 配合料质量控制

配合料（也叫混合料）是各种原料按设计配方配制混合而成的。它的质量是整个原料系统包括矿山开采加工，化工原料生产，直到原料车间加工配制操作管理控制水平的综合反映，是保证玻璃优质、高产的首要条件。

8.1 配合料质量要求

配合料质量包括的内容有物理方面和化学方面，或者说宏观的和微观的。

8.1.1 配合料的设计原则

8.1.1.1 技术原则

A 总原则

配合料的设计总原则是应能加速玻璃熔制，提高玻璃质量，防止缺陷产生。合格的配合料对玻璃产量质量起着关键的作用。研究配合料的均匀性、物料水分和温度、相应的氧化还原态势才能保持稳定的玻璃生产。

B 具体原则

原则如下：

（1）保证配合料的成分正确和稳定。

（2）保证构成配合料的各原料均有一定理想颗粒度，从而保证配合料的均匀度。

（3）保证水化反应,配合料具有一定的水分和温度,才能保证水化反应、防止分层和飞扬。

（4）保证相应的气氛。具有相应的氧化还原态势。

（5）保证合适的气体含率，易于澄清和均化。气体含率定义：配合料中逸出的气体的质量与配合料总质量之比，对钠钙硅酸盐玻璃来说一般为15%～20%。

8.1.1.2 经济原则

配合料应具有较低的成本，易采购，无毒，对耐火材料侵蚀小，便于操作管理。

8.1.2 配合料质量及混合均匀度概念

8.1.2.1 配合料质量

配合料质量包括多方面的要求，主要是指成分、颗粒度、水分、温度、气氛的要求。无论宏观、微观，其监测应是全面的，但是工厂条件有限，不可能全面开展。

8.1.2.2 混合均匀度（配合料均匀度）

在工厂条件有限的情况下将配合料质量浓缩（或集中）到一点上，即混合均匀度，或者说混合均匀度代表着配合料质量。混合均匀度理想状态应该是：

（1）在一副配合料完成混合后，停机不排料，此时在混合机内任意位置取样分析所得结果正是所设计的成分，所设计的水分和料温。

（2）在副与副之间不存在差异，包括化学的、物理的均匀一致。

（3）配合料输送过程中不分层、不飞扬、不失水、不掉温、不污染。

但是这种理想状态是不可能的，因为影响混合均匀度的因素太多。

8.2　影响配合料均匀度的因素

影响配合料均匀度的因素很多，有设备硬件因素、原料特性因素以及操作管理人为因素。下面在确定混合机选型先决条件之后讨论与原料特性有关的重要因素。

8.2.1　物料粒度及形状

8.2.1.1　物料粒度

掺入混合的物料，如果粒度过粗，易分层，不利于混合，同时也不利于熔化扩散均化。如果粒度过细，易结团，也不利于混合，同时也不利于熔化扩散澄清均化，还产生飞扬，造成成分偏差和侵蚀窑炉。

8.2.1.2　物料形状

掺入混合的物料粒子形状如接近球形、椭球形、多面体形利于混合，如接近片状不利于混合。所以掺入混合的物料合适的粒度级配、理想的形状等特性是影响混合均匀度的首要因素。特性发生了变化，混合均匀度也发生了变化。在原料选点定点加工过程中尽可能控制不利于混合的原料，选利于混合的原料。在4.6.3节中已经证实粒度形状（片状）影响混合均匀度。在6.2节用极端（掺超细粉）例子已证实粒度级配影响混合均匀度，在此不再赘述。

8.2.2　放料顺序与布局

8.2.2.1　放料顺序与布局的设计原则

放料顺序与布局设计原则有三点：

（1）要考虑利于混合。主要考虑用量大的硅砂和纯碱先放料并尽可能充分混合，小料预先混合，再与用量大的物料混合。

（2）要考虑利于熔化。主要考虑难熔物料要充分与助熔剂接触，不得将难熔的硅砂和长石集中在一起，也不要将易熔的纯碱和芒硝集中在一起。

（3）要考虑利于施工建设与操作方便。纯碱和芒硝都是化工原料，一并安排位置；需加工的白云石、石灰石操作方便一并安排位置，便于土建施工和操作方便管理。

以上三点有些是矛盾的，由设计院平衡综合考虑，但一般很难面面俱到。尤其是老厂改造的原料车间不可避免存在缺陷。

8.2.2.2　放料顺序与布局现状

按工艺要求，应该是原料用量大的硅砂先下料，铺在集料皮带上；第二，纯碱下料，铺在硅砂上面；第三，白云石下料，铺在纯碱上面；第四，石灰石下料，铺在白云石上面；第五，长石下料，铺在石灰石上面；第六，芒硝、炭粉小料下料，铺在长石上面。即量大铺底，成为拱形，再入中间仓，这样对混合有利。

不是每个玻璃厂都能达到上述要求。某厂两条线配料布置都因老厂转行改造要利用部分厂房位置而使放料顺序与布局受到限制，对生产有些影响。

A 350t 熔窑原料放料顺序与布局

该车间增加了碎玻璃粉加工及担负700t 窑白云石、石灰石粉料加工，配料系统改动多次，不太合理。排库安排顺序最后定为：纯碱粉库，芒硝炭粉两库并排，长石粉库，石灰石粉库，硅砂1号、2号、3号粉库，白云石粉库，碎玻璃粉粉库（靠近中间仓）。尽管硅砂先下料，纯碱在集料皮带尾端，尤其梅雨季节皮带湿润，贴碱不少。尽管纯碱称量准确，但贴去多少波动很大，粒度粗细不同贴附多少也无法计量，纯碱含量波动对混合均匀度造成误差。350t 窑原料排库及配料参见图1-1。

B 700t 窑原料放料顺序与布局

该车间排库安排：硅砂1号、2号、3号粉库，白云石粉库，石灰石粉库，长石粉库，纯碱1号、2号粉库，芒硝炭粉库并排。还比较合理，硅砂在集料皮带尾端，硅砂量大，先铺在皮带上，但纯碱没有铺在硅砂上面，也有缺陷。布局总是受到各方面条件限制。700t 的原料排库及配料参见图1-2。

一般纯碱芒硝总是在一起布置，不是集料皮带尾端就是靠近主动端。不考虑简化工艺布置，应该有3个混合机，硅砂和纯碱预先混合一次下料，铺在集料皮带上，再依次下白云石、石灰石、长石、芒硝炭粉预混小料，最后进入中间仓再进大混合机干混、湿混完成最后工序。这样更有利于熔化，或者设计程序改为，先下硅砂再铺纯碱于硅砂上面，进入大混合机混合，再依次下白云石、石灰石、长石、芒硝炭粉小料于中间仓，待硅砂与纯碱混合一定时间再打开中间仓，下剩余的料完成干混、湿混工序。总之应该增加硅砂和纯碱接触的机会，让硅砂表面形成的纯碱膜浓度更大些，碱渗入硅砂裂缝内更充分一些，会对熔化更有利。

8.2.3 物料水分与称量误差

8.2.3.1 各物料水分控制值

为避免物料水分大、易结团，不利于混合均匀。控制硅砂水分不大于6%，长石水分不大于1.2%，白云石、石灰石水分不大于0.5%，纯碱水分不大于0.8%，芒硝水分不大于0.5%，炭粉水分不大于3.0%，以保证称量误差，同时保证混合均匀度。

8.2.3.2 水分波动与称量误差

各物料水分不可能是一个定值（随季节和库存量而变），即使采用最先进的在线测水设备，探头取样的代表性也不完全代表实际水分（探头个数太少）。电子秤的选型精度再高，但水分差异大，称量仍然是不准的。只有当物料水分稳定了，秤的精度才显示作用。要缩小各物料水分波动以提高称量精度。要定期校秤发现问题，以保证称量精度。

一般湿砂在粉料仓底水分呈梯度分布，即最下面水分最大，向上逐渐变小。中途停机休息时间稍长，水向下沉，最下面的水（15% ~20%）有时直接看到在流淌（25%以上）。当再次启动配料，头一副或两副水分相当大，而仍然按原下达的料单配料，所以这一副或两副料欠硅。一个班两次停机休息，两次重新启动，一天共有六次欠硅。停机时间不同，流水不同，欠硅不同；水分大小不同，流水不同，欠硅不同，玻璃密度变化与此有关。应自动在头两副修补，程序变复杂了。只有连续配料，砂子在系统里不停地滑动不静止，水分相差才小些，但不可能永远配料。曾无意识地做过试验：350t 的原料车间硅砂 2 号粉库装满了 D 号硅砂（水分平均为 5% ~6%），3 个月未用 2 号秤配料，下面流水两个多月，流水速度衰减。平均 5% ~6% 的水分不停地翻动和静止，水的分布状态不同。

8.2.3.3　称量误差规定

每副料称量误差原则范围见表 8-1。即量大的物料允许数大，量小的物料允许数小。

表 8-1　某厂规定各物料湿基允许每副料称量误差原则范围　　（kg）

原料名称	硅　砂	长　石	白云石	石灰石	纯　碱	芒　硝	炭　粉
每副料允差	±2.0	±0.5	±1.0	±0.3	±1.0	±0.2	±0.1

水分变化小的物料如白云石、石灰石实际还可以缩小。考核车间称量精度（合格率），一般在 90% 以上。

8.2.4　混合时间及混合量

8.2.4.1　混合目的

混合时间分干混时间、湿混时间。

干混时间：就是将原料直接送入混合机进行混合的时间。干混的目的是使物料先基本混合均匀，防止因各种原因形成单一组分的料蛋。

湿混时间：就是将原料粒子经过润湿后再继续混合一定的时间。湿混的目的是使配合料的成分和水分进一步均匀。

8.2.4.2　混合时间的决定因素

混合时间无论干混还是湿混，都与物料特性（粒子粒度及分布、粒子形状、粒子密度、松散体积密度、表面性质、水分含量、休止角等）有关。物料粒度粗，形状接近球形、椭球形、多面体，混合时间要短一些；粒子细，形状差（片状），混合时间要长些。过短过长都影响混合均匀度。

8.2.4.3　某厂混合时间的确定

混合时间应通过标定后确定，即由实验测定得出结论。某厂在美国 PPG 六机无槽试生产时作过标定，以后因生产忙，标定需占用生产时间未再进行这项工作。混合时间的确定是根据 Na_2CO_3 日常分析值试定，若分析值理想，就再缩短一点混合时间，最后定为：350t 原料干混 35s，湿混 215s；700t 原料干混 30s，湿混 150s，生产证明基本合理。干混时间不宜过长，过长易分层。碳酸盐矿物从此角度不宜放至 3mm，更不宜放至 5mm 或

8mm。某厂曾经无意识地做过试验：350t 原料干混刚刚十几秒突然车间停电，取样分析 Na_2CO_3，数据表明已达标准。说明干混十几秒就可以了。350t 窑用 2250L 混合机应考虑缩短。严格地说原料换了地点，特性变化了就应标定一次，各种原料已换过多次，无空余时间去标定。

8.2.4.4 混合量

A 设计填充率

混合机设计有一个填充率，只有合理的填充率才能有理想的均匀度。一般设计填料体积占混合机有效空间的45%，过多过少都是不利的。混合机设计选型要与大窑日熔化量相匹配，应略有富余量。

B 某玻璃厂混合机选型存在的问题

a 350t 窑原料车间混合机

350t 窑原料车间混合机是原300t 窑留下的2250L 混合机，其容量略微偏小。当拉引量偏大时，加大一副料的混合量或缩短每副料的混合时间，增加配料速度。更为重要的是，混合量时多时少，玻璃粉参与混合是因为玻璃粉加工设备易出故障，尤其夜间，不加玻璃粉，无人处理，只混生料，此时混合量只有1.3t 左右。当玻璃粉多了，又无处存放，要求多用，此时混合量为2.4t 或2.4t 以上。混合量在1.3~2.4t 之间变化，忽多忽少，均匀度受影响。

b 700t 窑原料车间混合机

700t 窑原料车间混合机是新选配套的3750L 混合机，选型偏小。当700t 窑日拉引量偏大时，原料配料供不上熔化需要，只得加大每一副料混合量，一副料进混合机满满的（填充率75%以上）。喷嘴喷水雾化距离物料表面太近，局部水分大，其混合均匀度变差，玻璃密度值波动大与此有关，或者说是原因之一。设计选型应留有余地，很重要。

8.2.5 混合料温度及混合料水分

8.2.5.1 结晶水化物

A 纯碱结晶水化物

在混合料中，水在纯碱粒子表面润湿角接近0°，所以纯碱的吸湿性很强，纯碱易形成结晶水化物。

在32℃以下，水和碳酸钠结合成稳定的10个结晶水的碳酸钠（$Na_2CO_3 \cdot 10H_2O$），在32℃时，结晶成7个结晶水碳酸钠（$Na_2CO_3 \cdot 7H_2O$），而7个结晶水的碳酸钠在35.1℃时，分解成单水碳酸钠（$Na_2CO_3 \cdot H_2O$）。

水的结合倾向与 Na_2CO_3 的粒度有关，轻体 Na_2CO_3 的水化合反应速率大于重体 Na_2CO_3。

B 芒硝结晶水化物

在配合料中，水在芒硝粒子表面润湿角接近0°，所以芒硝的吸湿性也很强，芒硝易形成结晶水化物。

芒硝在32.4℃以下，硫酸钠与水结合成稳定的10个结晶水的硫酸钠（$Na_2SO_4 \cdot$

$10H_2O$），温度较高时，变为无水芒硝（Na_2SO_4）。

8.2.5.2　混合料温度

混合料温度的高低是决定纯碱和芒硝是否可以形成结晶水化物的条件之一。由上所述，超过这个温度（35℃以上），可使更多的水处在自由状态，得以充分发挥湿润硅砂、白云石或其他原料表面的作用。温度过低有相当部分水进入混合机后立即被纯碱、芒硝的水化吸收成为结晶水，配合料很快干燥，减弱了水对其他原料的润湿作用，降低了混合均匀度。

为确保配合料在到达窑头仓时不能低于35℃，冬季原熔皮带廊应关门窗保温，同时增加配合料加水水温（加热水80℃以上），以达到理想的均匀度。武汉冬天气温突降时尤其要注意。

8.2.5.3　混合料水分

形成结晶水化物的条件之一，就是温度。形成结晶水化物的条件之二，是水分。没有水就不能形成结晶水化物，同时配合料易飞扬、易分层，达不到混合均匀的目的。水过少，配合料也易飞扬，易分层。水分过大，易结团，易黏料，同样达不到均匀度目的。配合料含水量一般控制在3.5%～5.5%之间，但含水量要根据原料粒度、季节不同有所调整。

8.2.6　操作带来的影响

操作带来的影响有两个方面，包括密封收尘管理不佳带来的混料影响和操作错误带来的影响。

8.2.6.1　配料前的混料

A　格子库顶

国内格子库顶都是敞开的，块料或散装物料（硅砂）堆高了，都有相互混料现象。如硅砂滑入白云石块料格中，A号硅砂滑入D号硅砂格中，石灰石块滑入白云石格中等，在国内要求不严。可在国外，如美国PPG公司严格禁止发生，格子库是钢结构（钢板表面一律涂环氧树脂保护）并有仓盖密封，操作时才开启盖子，不操作时一律盖好。某厂格子库一律敞开，混料现象常常发生，各原料成分有变化，混合均匀度受影响。

B　粉库顶

国内粉库顶都有盖子，但观察洞口往往敞开或未盖严实，输送或加工的粉料入库时扬起的粉尘相互交叉污染，各原料成分有变化，混合均匀度受影响。国外如美国PPG玻璃厂是严格密封的，不会相互污染。

8.2.6.2　配料时的混料

A　称量过程

各秤密封不理想，落差大，飞扬多，尤其700t原料配料系统飞扬大，造成配合料Na_2CO_3数据长期偏低。配料皮带地面清扫物倒在车间外因含碱多使地面杂草不生。各物料虽然称量准确了，但并未按量进入混合机，缺量不均使混合均匀度受到影响。

B 预备混合过程

集料皮带与中间仓、中间仓与混合机之间各处连接密封较差，造成物料飞扬或散落在地面，收集后均匀搭配使用，若集中（不均匀）搭配使用会造成混合均匀度偏差。

8.2.6.3 操作错误

A 人为操作错误

人为操作失误如抓斗喂料发生错误，运输车辆将原料倒错位置，配料操作不当多称或少称等都会使混合均匀度下降。

B 半人为操作错误

物料细粉尤其是D号硅砂细粉多，在输送操作中，硅砂与仓壁、混合机内壁等处摩擦挤压逐步形成硬块，清理这些硬块不及时而自动脱落（振动器振动）或人为清理不彻底留在系统中，造成混合均匀度下降。这些硬块不仅影响混合均匀度，更重要的是入窑后直接形成疙瘩和气泡缺陷。

影响混合料均匀度的因素除上述因素之外，混合机的选型是重要因素，是设计问题，不属工厂操作管理讨论范围。

8.3 称量相关规定及处理

配合料质量控制好坏主要反映在配合料混合均匀度是否达标，而混合均匀度又与称量密切相关，其他条件已成定局，称量这一环节就成为配料的重中之重。所以对称量作出一系列的细则规定，包括称量合格范围，错误范围，误差范围及允许出现错误和误差的次数。为达指标，对秤的校验也作出规定，以确保称量精度，从而确保混合均匀度，最终确保配合料质量。

8.3.1 称量相关规定

每一秤的湿基数误差在表8-2中数据为合格，在表8-3中数据为错误，在表8-4中数据为误差。

（1）称量合格范围的规定。

表8-2 每一秤的湿基称量在下述数据范围内为合格 (kg)

原料名称	硅 砂	纯 碱	白云石	石灰石	长 石	芒硝	炭 粉	碎玻璃
350t原料配料	≤±1.5	≤±0.5	≤±0.5	≤±0.2	≤±0.3	≤±0.2	≤±0.1	≤±3.0
700t原料配料	≤±3.0	≤±1.0	≤±1.0	≤±0.4	≤±0.5	≤±0.3	≤±0.1	≤±5.0

（2）称量错误范围的规定。

表8-3 每一秤的湿基称量在下述数据范围内为错误 (kg)

原料名称	硅 砂	纯 碱	白云石	石灰石	长 石	芒 硝	炭 粉	碎玻璃
350t原料配料	≥±4.5	≥±1.5	≥±1.5	≥±0.6	≥±0.9	≥±0.6	≥±0.3	≥±15
700t原料配料	≥±9.0	≥±3.0	≥±3.0	≥±1.2	≥±1.5	≥±1.8	≥±0.3	≥±25

（3）称量误差范围的规定。

表8-4 每一秤的湿基称量在下述数据范围内为误差 (kg)

原料名称	硅 砂	纯 碱	白云石	石灰石	长 石	芒 硝	炭 粉	碎玻璃
350t 原料配料	±1.5 ~ ±4.5	±0.5 ~ ±1.5	±0.5 ~ ±1.5	±0.2 ~ ±0.6	±0.3 ~ ±0.9	±0.2 ~ ±0.6	±0.1 ~ ±0.3	±3.0 ~ ±15
700t 原料配料	±3.0 ~ ±9.0	±1.0 ~ ±3.0	±1.0 ~ ±3.0	±0.4 ~ ±1.2	±0.5 ~ ±1.5	±0.3 ~ ±1.8	±0.1 ~ ±0.3	±5 ~ ±25

8.3.2 错误频率规定及处理

8.3.2.1 错误频率及处理

每个车间每班的错误称量不得超过两副。如果出错，称错料经混合机混合后放出来，需另行搭配使用，不得集中送入窑头仓。若错误太大，应由原料工程师处理或丢掉。

8.3.2.2 误差频率及处理

每个车间每班的误差称量不得超过5%，即称量合格率要达95%。不合格率超过5%，要扣除配料班组奖金并查找原因排除故障，限一周内达标。

8.3.2.3 电子秤校验

标准砝码是校秤的标准或基准，每3年要送国家（市）计量研究所校验一次。

标准砝码大校：每月进行一次大校，每台秤用标准砝码由少增到满程，记录仪表显示误差数，又由满程减至空载（无砝码），记录仪表显示误差数，各误差数应在秤的精度范围内。

标准砝码小校：每班进行两次小校，各台秤用标准小砝码（1kg）校验一次，记录仪表显示数，就是加1kg或减1kg仪表显示无误。

8.4 水分控制

水分控制包括两部分：一是为了称准物料而控制，检测各物料水分，以达到配合料均匀为目的。二是为了配合料有合理的水化反应，减少配合料飞扬，以达到理想的均匀度、稳定玻璃成分为目的。

8.4.1 原料水分控制

各物料的水分是否稳定，测试是否准确，尤其是硅砂水分直接影响称量，称量不准，修正不得当，配合料玻璃成分自然不准。控制各物料水分是掌握玻璃成分的重要组成部分。硅砂水分的稳定是由人和设备设施两方面决定的。

8.4.1.1 硅砂水分分布现状及上料（砂）车间操作

A 分布现状

a 某厂硅砂库内水分分布

硅砂库内水分测试数据见表8-5。

表 8-5 硅砂库内不同位置水分测试数据一览表

序号	取样地点	湿层(底层)厚度/mm	料堆高度/m	湿层占总堆量比例/%	取样位置			计算平均水分/%
					表层水分/%	中层水分/%	底层水分/%	
1	格子库（A 号硅砂）	约 300	5	6	3.8～4.2	4.8～5.3	5.8～6.2	5.0
2	格子库（C 号硅砂）	约 300	5	6	4.5～5.0	5.0～5.5	5.5～6.0	5.3
3	格子库（D 号硅砂）	约 300	5	6	4.0～4.5	5.0～5.5	6.0～6.7	5.8
4	南均化库（D 号硅砂）	约 50～300	2	15	4.4	5.4	14.4	6.33
5	大均化库（D 号硅砂）	约 50～300	8	5	5.0	5.2	18.6	5.61
6	钢棚库（B 号硅砂）	约 50～250	2.5	12	2.6	3.4	11.4	3.84
7	船底砂滤水堆（D 号硅砂）	约 50～300	2	约 18	5.8	6.8	22.8	9.19

注：序号 1～3 格子库水分为统计数据，序号 4～7 数据为测定 2 次，具有代表性。

格子库水分规律：硅砂品种、进货数量和储存时间不同其水分不同。但底层（湿层）水分在正常操作（不是无限存放）时是有规律的，与硅砂的粒度及性质关系很大，粗砂底层水分偏小，细砂底层水分偏大。C 号砂粗底层水分为 5.5%～6.0%，而 D 号砂细底层水分为 6.0%～6.7%，而 A 号砂粒度为中等粒，底层水分为 5.8%～6.2%，处在 C 和 D 砂之间。

均化库（厂棚）水分规律：D 号硅砂堆在南均化库和大均化库，其底层水分随着堆高而增大，底层水分最高可达 18.6%。

钢棚库水分规律：钢棚的 B 号砂没有均化（直接用铲车堆高），其水分在相同的堆高情况下水分是 11.4%，比 D 号砂 14.4% 低，说明 B 号砂也易排水。但铲车堆高无规律，水分总体分布不稳。

滤水堆水分规律：船底砂因为水分太高，无法进入均化库均化，只得另行堆放滤水，待水分合适时再进均化库。滤水堆当水分达 24% 以上时无法堆高，叫流砂。这就是 0.2～0.1mm 的砂的特性。

b 电子秤水分分布

在 700t 配料生产线上对电子秤称入撮箕口上、中、下三点不同位置进行取样测水分，其水分分布见表 8-6。

表 8-6 配料秤喂料器出口水分分布一览表

取样地点	料层厚度/mm	底层厚度/mm	取样位置		
			上面水分/%	中间水分/%	底下水分/%
1 号秤称入喂料器出口（B 号硅砂）	150	10～20	4.9	5.0	5.3
1 号秤称出喂料器出口（B 号硅砂）	150	10～20	5.0	5.0	5.2
2 号秤称入喂料器出口（D 号硅砂）	150	10～20	7.0	7.0	7.4
2 号秤称出喂料器出口（D 号硅砂）	150	10～20	6.2	6.6	7.4
3 号秤称入喂料器出口（D 号硅砂）	150	10～20	6.6	6.8	6.8
3 号秤称出喂料器出口（D 号硅砂）	150	10～20	6.2	6.8	7.4

从表8-6可以看出，尽管秤喂料器撮箕料层不厚（仅150mm），但上、中、下三处水分仍存在差异。并在流动配料的情况下测得上下水分差异：B号砂上下相差0.2%～0.4%，D号砂上下相差0.2%～1.2%。若休息后再配料，头一副上下相差更大。可见取样地点处不同位置，其水分数据可以见证平时所测水分数据有相当的误差。

B 上料（砂）车间操作

a 抓斗上料

350t原料配料系统，硅砂上料由抓斗完成。硅砂格子库底有滤水隔板，水分变化得到较好的改善。抓斗上料有规律（公转和自转：公转为顺着格子库号转着抓起，一个库一个库用完；自转为库格内转着一层一层向下抓），在电子秤称入喂料器出口取样所测硅砂水分曲线为锯齿波，格子库硅砂水分分布见图8-1。图8-1中A点是格子库顶层水分，转着一层层取料到格子库底（B点）水分最大，一个锯齿波就是一个格子库水分曲线，只要有规律的上料，曲线几乎变成直线，很有规律，水分稳定。操作时还需打料工和化验员密切配合，化验员要掌握打料（上料）规律即料仓（格）里砂子水分分布，恰好变化时取样，这就是细化管理可得到最小波动的值。

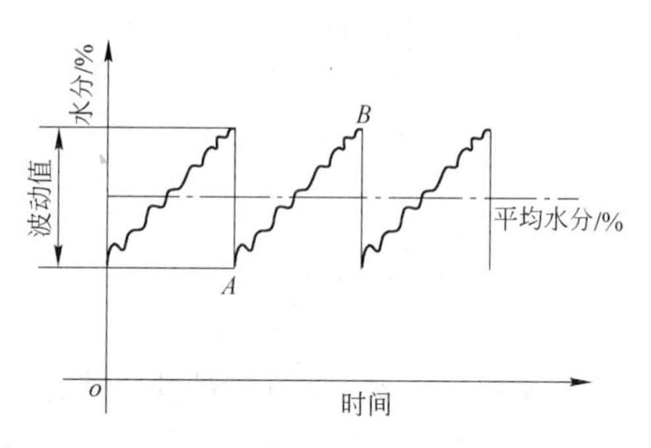

图8-1 格子库硅砂水分分布图

b 铲车上料

700t原料配料系统，硅砂上料由铲车完成。硅砂堆在均化库或钢棚库内，没有滤水隔板，仅靠地面微小坡度排水，水分波动大，这在表8-5中已介绍。铲车上料若将底层一同铲，则水分大小很不均一，会造成配料时水分无法掌握和调整料单。若底层约300mm厚的不铲，另外归堆再滤水，则铲车工作量大，占去库容量。总之铲车上料水分波动大，控制有难度。

无论抓斗上料还是铲车上料，操作人员的精心是非常重要的，否则硅砂水分变化无常。

c 取料机上料

900t原料配料系统，硅砂上料由取料机完成。取料机上料对水分的稳定极为有利，同时化学成分得到了均化，它的优势远大于上述两种上料方式，尤其优于铲车上料。700t窑用铲车上料，而900t窑用取料机上料，其他条件一样，尤其原料一样，这就是900t窑玻璃质量优于700t的最关键点，往往被忽视，不被某厂人员所认识。两座窑生产存在的差异是由诸多因素（包括操作和管理）造成的，但900t窑均化作用优于700t窑，是硬件，取料机上料是又一个硬件，玻璃质量应占有较大优势。

8.4.1.2 湿基料单处理

上面叙述了车间内硅砂的水分分布与操作问题，客观存在的问题应发挥主观能动性去解决。这节根据上述现状继续讨论如何处理湿基料单的问题。湿基料单是否准确，直接影响配合料均匀度、玻璃成分，从此角度说车间化验站化验员是第二个掌握配方的工程师。

A 水分测定程序及料单变更规定

a 水分测定程序

某厂各物料的水分是由化验站化验员负责测定，由化验员到车间电子秤称入喂料器出口取点样（取一小瓢）装在玻璃瓶里封好，回到原料化验站，通过隧道式水分测定仪测定。再根据数据测定结果决定是否修正料单，需修正则计算新的湿基料单送去车间微机配料操作室更改。这个过程存在三个问题：一是取样的代表性欠佳，二是硅砂在玻璃瓶底及内壁吸去部分硅砂样品中的水分，三是时间滞后。

b 料单变更规定

硅砂水分波动大于 ±0.3%，长石水分波动大于 ±0.2%，白云石水分波动大于 ±0.2%，石灰石水分波动大于 ±0.2%，纯碱水分波动大于 ±0.3%，芒硝水分波动大于 ±0.3%，炭粉水分波动大于 ±0.1% 时，需调整湿基料单。

B 水分处理

a 硅砂水分处理

根据上述规程规定，硅砂水分波动大于 ±0.3% 时，要调整湿基料单。用铲车上料无规律时水分变化大。曾在700t 浮法生产线做过试验，增加人手，每副料都取样测水分，及时下湿基料单，即测得多少就按多少计算增减硅砂量下达料单。结果熔化出问题，料山不稳。虽然每副料取了样，但代表性欠佳，表8-6 中不同位置水分存在差异。

某厂通过生产摸索出一条经验，叫“对折水分料单法”。按对折水分料单法下料单，SiO_2 变化量小，熔化平稳，玻璃密度变化较小。

“对折水分料单法”就是当测得水分变化超出允许差，则按差数的一半调料。例如：若测得水分变化是 0.5%，则按 0.25% 调整湿基料单；若测得水分变化是 0.3%，则按 0.15% 调料，如此类推。掌握水分现状，平均水分上下波动在一定的范围内，不要大幅度调整。若此刻测得水分为 6%，等计算料单下达到车间，配料已有好几副了，水分变化若变为 4%，则 SiO_2 增加过多。若此刻测得水分为 3.5%，等更改下达料单又变为 5%，则 SiO_2 减少过多，造成料山位置不稳，影响生产。这就是细节决定成败。

采取措施稳定各物料水分。尤其是硅砂水分，上设备用取料机上料为最佳方案；恢复在线测水仪（中子测水仪）控制为较佳方案；人工测水为最差方案；“对折水分料单法”只是对最差方案进行改善。

b 石粉水分处理

白云石、石灰石、长石水分一般比较稳定，有规律，偶有波动也不调整，这时需查找原因。一次长石粉水分变化，查找出的原因是长石粉提升机露天溜管外围与屋顶砼交缝破裂漏雨，雨水进入长石粉料仓，使长石粉结了不少料团，这样的情况不易掌握，此时不要调整水分。在粉库内搅碎料团或挑出料团丢掉。一般白云石、石灰石水分按平均数 0.5% 下料单，几乎不变。长石粉水分在平均数 1.0% ±0.2% 之间变化。

c 纯碱水分处理

纯碱水分不易掌握。一是品种多，粒度波动大，粗细极不均匀。二是包装不一致，存在有塑料薄膜内胆和没有塑料薄膜内胆之分，有内胆的水分小而稳定，无内胆的易受潮水分大。三是碱厂条件不一，仓库地面存在有垫板和无垫板之分，直接放在地上易受潮，碱进厂时水分波动就大。四是碱进厂后堆放管理不到位，应先进先用，有时先进来的碱几个月没有用，后来的当天就用了（淋雨的除外），存放时间长受潮是不可能避免的。只有加强测定，但不按测得的水分下料单，仍在纯碱水分平均数上下少量调整。

d 芒硝、炭粉水分处理

芒硝水分一般变化很小，几乎按水分平均值下料单。炭粉水分有两种情况，350t 窑用本厂自产的发生炉煤气站的烟道灰，人工洒水灭火然后晒干过 12 目（1.6mm）筛网，水分有波动，但因350t 窑内，用碎玻璃多，气氛受干扰的物质太多，所以烟道灰几乎取水分平均数下料单未作改动。700t 浮法窑用某钢厂焦炭碴，加工过筛在室内进行，水分稳定，几乎取水分平均值未作调整。

掌握配方、玻璃成分要十分关注物料水分变化，尤其雨季或突然下雨，及时去观察，是否有漏水进入粉料仓。经常用手感受各物料水分变化，从中发现问题。

8.4.2 配合料水分控制

8.4.2.1 水在配合料中的作用

水在配合料中起两个作用，一是物理作用，二是化学作用。

A 物理作用（起黏合剂的作用）

配合料用机械混合均匀是达到最佳熔制能力的先决条件。而配合料中各组分分层是对熔化及澄清十分不利的。配合料中含有一定的水分就可以阻止分层及粉尘飞扬。因为水通过毛细管吸力的作用产生了黏合剂的效果。根据经验，某厂配合料中的水分应控制在4.2% ~5.6% 为宜。

B 化学作用（加速熔化反应）

配合料中的水分可以形成饱和碳酸钠溶液，它具有较好的润湿性而在硅砂粒的表面形成一层薄膜。由于反应物之间接触良好，而加速了反应过程。由于水分可以降低熔体的表面张力及黏度，对初熔阶段有一定的意义。必须加入一定量的水分。

水分过少对熔化不利，还在输送途中分层和飞扬，造成玻璃成分偏差。配合料水分过高，与熔体中的溶解度不相适应，则由于配合料初熔时水分蒸发而造成不必要的热量消耗，还在输送途中粘皮带，同样造成玻璃成分偏差。合适的配合料水分是根据季节气温、物料粒度、物料水分等情况而定的。

8.4.2.2 不同情况的配合料水分处理

这里要讨论的是季节、气温不同的配合料、不同粒度的配合料、用湿砂和干砂的配合料，混合量不正常的配合料，它们的水分应作相应的调整。

A 气温与配合料水分

对于地处武汉的玻璃厂，由于夏天气温高，物料体温及表面水温高，水黏度小，浸润砂表面效果好，碱膜形成快、浓度大。而在冬天，由于气温低物料体温及表面水温低，水黏度大，浸润砂表面效果差，碱膜形成慢、浓度小，尤其是在暖冬气温突变降温过急时。中间有无数过渡气温，也即有无数个过渡状态，配合料水分应随物料体温而变。

尽管外加水是通过蒸汽加热，配合料温度在 37℃以上，但物料表面的水温及物料微裂缝内的水温是原始条件且随季节气温而变，总存在升温速度问题。冬天物料升温慢，夏天升温快，总存在浓度（碱）差的问题。夏天配合料水分外加最小值，冬天配合料水分应外加最大值。夏天的配合料水分4.2% ~4.4%显得十分湿润，有手可挤出水来的感觉，冬天配合料水分5.4% ~5.6%仍显得十分干燥，曾有人认为没有加水。在两个气温极端地区，物料体温不同，不能用一个模式处理。

2005年12月10日前几天（暖冬）700t窑用油量为109t/d，因天气突然降温，配合料温度偏低（只有32℃），水分也偏少（只有5.2%）。13日晚上3点钟温度烧不上去，油加到120t/d。原因是外加水温度低，量也偏少。调整配合料温度到38℃，适当提高外加水，到26日生产（熔化）好转，疙瘩大幅度减少。

B 粒度与配合料水分

粒度细，表面积大，吸水多，外加水量应多些，粒度粗，表面积小，吸水少，外加水量应少些。各种硅砂粒度是有区别的，微裂缝也不同，且有的区别相当大，不能用一个模式对待。

D号硅砂、B号硅砂、A号硅砂、C号硅砂配合料外加水量依次递减。更令人担忧的是D号硅砂粒度不稳，波动大，是因为D号硅砂矿生产线有几条，工艺不同，有锤破，有对辊，矿源也不完全相同。平均水分在控制范围之内。但这一副料与另一副料水分存在差异，被浸湿的碱量也存在差异，对熔化不利。

硅砂粒度要好，且要稳定，也就是说大库内的每处取样粒度筛分析应相等或基本相等。看平均粒级是一方面，看变化情况又是一方面，两者都要看。

C 干砂与配合料水分

若将硅砂烘干或晾干再配料，虽然SiO_2的称量较准确，但外加水对硅砂表面的湿润存在速度差的问题，被湿润的硅砂有先后之分，不如事先含水5% ~6%的硅砂溶解Na_2CO_3、Na_2SO_4快。使用干砂配料，湿混时间应延长一些，且水分总量稍大于湿砂配料，让其水分渗入砂粒微裂纹之中时间加长。

某厂水洗硅砂含水量应控制在(5.0±0.5)%之间，设计取料机上料是很有必要的。一是无需采取排水晾干设施；二是稳住了水分，对混合浸润纯碱芒硝有利；三是保证了SiO_2含量的稳定。当然不设计取料机，选择稳定优质硅砂，管理到位，硅砂水分控制在5.0% ~6.0%，玻璃中的SiO_2也能得到较准确的控制。

D 异常混合量与外加水控制

当一副料总量达到设计值（约占混合机有效空间的45%）时称为正常混合量，此时粉料表面与外加水喷嘴的距离为正常理想尺寸。若一副料总量超标或不足时称为异常混合量，此时粉料表面与外加水喷嘴的距离偏小或偏大。

如700t窑混合机选型偏小。一次只能多混一些，此时配合料表面与喷嘴的距离尺寸变小，水的雾化和覆盖不理想。配合料局部结团或偏高，局部偏干，此时应加大外加水量，并加长混合时间。

又如350t窑混合机混合量时多时少。当玻璃粉加工设备出故障时，不加玻璃粉只混生料（尤其夜间），其混合量只有1.3t左右，此时减少一些外加水量，否则混合料太湿粘皮带。当细玻璃碴太多无处存放时要求多用玻璃粉，此时混合量超标达2.4t以上，外加水量相应多一些。

总之，无论多混还是少混，水分调整与否，及时与否，其配合料质量均有所下降。设计选型要准确，填充率在45%为最佳，尽量避免过多或过少。

8.5 配合料均匀度检测与管理

配合料均匀度检测是直接控制管理的手段，是原料车间工作的最终表现。

8.5.1 配合料均匀度检测内容及检测方法

配合料混合均匀度的检测分为全分析和半分析两项。

8.5.1.1 全分析

全分析包括化学测定和物理测定。

（1）化学测定。包括Na_2CO_3含量测定，Na_2SO_4含量测定，CaO、MgO含量测定，酸不溶物和水不溶物含量测定。化学测定用滴定法进行。

（2）物理测定。包括配合料水分测定、配合料温度测定、配合料粒度测定三项。水分测定用水分测定仪进行，温度测定用水银温度计进行，粒度测定用标准筛进行。

全分析的目的是全面检验称量是否正确，并验证混合机混合性能。全分析工作一般只有大型玻璃企业开展，中型玻璃企业很少开展，小型玻璃企业不开展。

8.5.1.2 半分析

半分析包括化学测定和物理测定。

（1）化学测定。只测定Na_2CO_3含量一项。用滴定法进行。

（2）物理测定。只测定配合料水分和温度，同时观察外观。水分测定用水分测定仪进行，配合料温度用水银温度计进行或手感。外观用肉眼观察。

某厂只进行半分析，Na_2CO_3测定每班每个车间两次，同时取样测水两次，或另外多测，外观质量（颜色不太正常，或料蛋过多，或水分过干过湿等）作记录并及时告诉原料工艺技术人员或车间有关人员。

半分析的目的主要是检验纯碱秤，其次是验证混合机混合性能。

8.5.2 质量目标与管理

8.5.2.1 质量目标

A　Na_2CO_3测定值

Na_2CO_3设计值±0.7%为合格目标，合格率应达到99%，不合格率小于等于1%。

B　配合料水分及料温

配合料水分指标根据季节而定，参见8.4.2节。配合料温度指标不分季节一律保证在37℃以上。

8.5.2.2 管理

A　厂部考核车间

Na_2CO_3设计值±0.7%范围之内占99%作为厂部考核车间依据之一。水分和温度测定必须达到100%。

B 车间考核工段

Na_2CO_3 设计值±0.5%范围之内占97%作为车间考核工段依据之一。水分和温度测定必须达到100%。

C 工段考核配料班组

Na_2CO_3 设计值±0.3%范围之内占95%作为工段考核班组重要依据。水分和温度测定必须达到100%。

外观观察如缺料（缺碱、缺硝）、多料（多砂、多长石）、水分和料蛋不正常由总工办抽查，抽查结果与车间经济效益挂钩。

8.5.3 碳酸钠分析值误差与样品处理

8.5.3.1 数据误差分析

影响配合料 Na_2CO_3 含量的因素很多，本章前面都作了分析。这里数据误差是指取样带来的误差。测定 Na_2CO_3 的试样，只称4～5g。白云石、石灰石大颗粒给天平称量造成难度，4～5g配合料中多一颗或两颗大颗粒则 Na_2CO_3 分析值偏低，若少一两颗大颗粒则 Na_2CO_3 分析值偏高，粒度悬殊，不易操作，往往造成人为错觉。从这个角度看，白云石、石灰石颗粒不宜放粗，或者放粗后其 Na_2CO_3 测定合格率相对放宽。

8.5.3.2 样品处理

组成配合料的物料粒度若悬殊太大，则取大样（200g或以上），然后将大样进行加工后再取小样，称为二次取样，其天平称量操作可达正常，数据误差可恢复正常。

8.6 配合料质量监测盲区

配合料监测是在混合机排料之后从皮带机上取样分析。取样之后配合料继续向窑头输送，在输送途中和在窑头料仓停留以及投入窑内期间，配合料仍然存在损失或变化，而对这些损失或变化目前尚无法测量，故称为配合料质量监测盲区。

8.6.1 输送过程中的损失

A 皮带机输送

输送途中因皮带机走廊气流影响产生的飞扬、水分挥发、温度的降低、环境粉尘的污染、皮带机的振动而分层等给配合料造成质量改变（下降），这是无法测试的。皮带机走廊的密封性越差，飞扬、水分挥发、温度的降低其质量下降越严重。皮带机越长，其振动分层越严重。从这个角度出发，配合料混合完毕应就地轻轻放入窑头，其质量损失最少。但这是不可能的，因为配料工段不可能直接置于窑头上方。

为此，要求输送距离越短越好。湖北四厂配合料输送距离最短，只有某厂350t浮法线输送距离的1/4，把质量损失降到最低限度。

B 料罐输送

罐式装料桶，无论有盖还是无盖，其飞扬、水分挥发、温度的降低应比皮带机输送小。但料罐底部的密封卸料门仍存在或多或少的漏料损失。料罐的输送无论是电动葫芦还是轨道车，其振动造成的分层损失也会存在。

总之，输送的配合料其质量变化（损失）总会发生，无论用皮带输送还是料罐，只是变化量各有不同而已。

8.6.2 储存过程中的损失

8.6.2.1 储量要求

窑头料仓内配合料必须有一定的储量，以防止生产工艺出现问题及设备出现故障影响生产。工艺设计储量为2h。

8.6.2.2 损失

储存过程中，因料仓环境温度较高，引起配合料水分蒸发，部分轻质料飞扬或被热气流带走；或密度大、颗粒粗的聚集，造成分层；硅砂形成的碱膜或多或少脱落等会造成配合料质量下降。要求配合料进入窑头仓尽快入窑熔化，但不可能马上用完，也不可能连续配料。

8.6.3 窑内损失

8.6.3.1 投料口损失

配合料由投料机推入窑内，由于投料机与投料口存在落差，落差造成的飞扬和配合料水分再次损失。

8.6.3.2 窑内损失

窑内废气气流带走的各种粉尘，部分组分的直接挥发等，尤其由于原料粒度的波动，其损失也随之波动，配合料飞扬确有一定的量。

作者认为对于粒度过细的配合料，窑内损失可能大于储存损失，储存损失可能大于输送过程的损失。

总之，配合料质量监测只能是阶段性的，或是大致的，并非绝对的，只有当它熔化成玻璃才算完成任务。掌握原料配方所要考虑的许多问题其实是一项系统工程。再换个角度看问题，配合料无论怎么研究配制、混合、测试，它最终仍是比较粗的颗粒的混合物，并非分子范围的均匀。要达到分子范围的均匀，除非设计特殊窑炉结构，在强化熔化部的生产回流和横向对流等方面创新。

9　调料控制与处理

玻璃成分控制在生产中受生料成分的影响最大，其次碎玻璃的使用也带来成分变化，气氛及各物料水分也使玻璃成分受到干扰，熔化操作不当对玻璃成分产生误解。本章以生料成分调整和控制、碎玻璃控制与处理、原料及配合料氧化还原因素控制、玻璃成分调整和控制中异常处理这四个方面进行叙述。

9.1　生料成分调整和控制

生料成分调控是原料控制的最重要部分，决定玻璃性能，应重点讨论。

9.1.1　氧化物对玻璃性能的影响

具体如下：

（1）生料呈主导地位。玻璃是由生料熔化成的玻璃液和掺入熟料熔化成的玻璃液两部分组成。通常玻璃性能及工艺参数的调整多数采用调整生料用量来实现。生料控制是重点控制部分，它在玻璃液中呈主导地位。

（2）氧化物性质与玻璃性能变化关系。调整生料用量的实质是通过改变氧化物来达到玻璃性能微调。不同的氧化物在玻璃中起到不同的作用，产生不同的性能，这是所有玻璃专业工艺技术人员必须牢记的最基本的专业知识。为控制玻璃成分，将氧化物对玻璃性能影响加以抽象定性简化，列于表9-1中，以方便查阅和记忆。

表 9-1　氧化物增加对玻璃性能的主要影响

变化趋势 / 玻璃性能	氧　化　物					
	SiO_2	Al_2O_3	CaO	MgO	Na_2O（K_2O）	Fe_2O_3
黏　度	上升	大幅上升	高温下降，低温上升	高温下降	大幅下降	
热稳定性	上升	上升		上升	下降	
化学稳定性	上升	上升	上升	上升	下降	
机械强度	上升	上升	上升	上升	下降	
透明度	上升					下降
析晶倾向	下降	下降	上升	下降	下降	
线膨胀系数	下降	下降		下降	上升	

查阅简表一定要注意量的概念，多高为高，多低为低。读者可查阅相关资料，尤其查阅张碧栋主编的《玻璃配合料》[31] 5.2.2 节的用玻璃物理性能常规检测结果控制生产的方法。

9.1.2　玻璃密度计算及控制

9.1.2.1　氧化物对玻璃密度的影响

在钠钙硅酸盐玻璃中，各氧化物含量变化，其玻璃密度随之变化，其他性能也随之改变。玻璃性能可以用各种测试方法进行测试，但是中小型玻璃厂条件有限，对玻璃各项性能无法测定，一般只用玻璃密度变化来间接控制生产，这是国内绝大多数玻璃企业的做法。因此，氧化物含量的变化幅度对玻璃密度的改变量是玻璃专业工艺人员又一个基础知识，尤其掌控原料技术的人员必须牢记。对于钠钙硅酸盐玻璃而言，氧化物的增加对玻璃退火密度值的影响见表9-2。

表9-2　氧化物增加对玻璃退火密度的数值影响　(g/cm^3)

每增加1%的氧化物	CaO	MgO	Na_2O	K_2O	SiO_2	Al_2O_3	Fe_2O_3
其密度变化	+0.0106	+0.0049	+0.0048	+0.0028	-0.0024	+0.0018	+0.0109

注：密度变化中+表示增加，-表示减少。

表9-2表明，每增加1%的CaO、MgO、Na_2O、K_2O、Al_2O_3、Fe_2O_3都使玻璃密度上升，只有增加1%的SiO_2使玻璃退火密度下降（以下玻璃退火密度简称玻璃密度）。

9.1.2.2　玻璃密度计算

A　增添某一氧化物后密度变化的计算

表9-2表明了向玻璃添加1%质量的某种氧化物时对玻璃密度的影响。例如：把1kg的SiO_2添加到100kg上述玻璃中时，将得出一种玻璃，它的密度较原先的玻璃小0.0024g/cm^3。或者说把10kg SiO_2添加到1000kg玻璃中时，将得出一种玻璃，它的密度较原先的玻璃小0.0024g/cm^3。

又如：把1kg的CaO（石灰石中的碳酸钙放出CO_2后得到的CaO）添加到100kg上述玻璃中时，将得出一种玻璃，它的密度较原先的玻璃大0.0106g/cm^3。

这里应注意，求所加氧化物质量分数时所用的玻璃质量，是作任何添加前的原始玻璃质量。最终得到的混合物的质量不计算在内。这样，在100kg玻璃中添加1kg SiO_2，用行话来说，即SiO_2"增加1%"。这种密度差计算方法能很好地用于添加一种氧化物以上的情况，不论各种氧化物是否为原始玻璃的组分。

B　置换某一氧化物后密度变化计算

表9-2的数值也可直接用于一种氧化物被另一种氧化物简单置换的情形。例如：若以1%的CaO置换1%的MgO，则密度变化值为$0.0106-0.0049=+0.0057g/cm^3$。密度有所增加。

又如：以1%的Na_2O置换1%的SiO_2，将使密度增加0.0072g/cm^3，$(+0.0048)-(-0.0024)=+0.0072$。

将此程序反过来，则将使密度减小相应的量。

C　多组氧化物的添加或置换，其密度变化计算

上述的简单添加或置换，只需用一个或两个数值。与此相比，若发生包括全部氧化物

组分的普通组成变化，则这类计算必将更加复杂。假定对玻璃生产失常之前和之中取得的两种玻璃试样进行化学分析，便可证明这两种玻璃的氧化物数量之间存在着差别。若每种试样的分析报告的氧化物质量分数不相等，则必须进行调节。如果总量间的差别很小，例如总量为98.8%和99.1%，则可调节主要氧化物的质量分数以使总量相等。然而，若总量间的差别显著，最好是作校核分析。在为这项工作求出分析总量时，无需考虑硫、铁和氟一类甚小量组分的值，也就是忽略太小元素的量。在两种分析总量相等后，就可求出每一种氧化物在这两种分析中的质量分数差值。将此差值乘以该氧化物的相应数值（查表9-2），以求出它对密度变化的影响。总的密度改变值就表示为所有这些影响值的代数和。此过程可以方程式9-1表示：

$$\Delta\rho = (X_1 - X_1^0)F_1 + (X_2 - X_2^0)F_2 + (X_3 - X_3^0)F_3 + \cdots \tag{9-1}$$

式中 $\Delta\rho$——净密度改变值，等于第二种玻璃的密度减去原始玻璃的密度，g/m^3；

X_1——SiO_2 改变后的质量分数，%；

X_1^0——SiO_2 改变前的原始质量分数，%；

F_1——SiO_2 对密度的影响数值，$-0.0024g/cm^3$；

X_2——Al_2O_3 改变后的质量分数，%；

X_2^0——Al_2O_3 改变前的原始质量分数，%；

F_2——Al_2O_3 对密度的影响数值，$+0.0018g/cm^3$；

X_3——CaO 改变后的质量分数，%；

X_3^0——CaO 改变前的原始质量分数，%；

F_3——CaO 对密度的影响数值，$+0.0106g/cm^3$。

如此类推，还有 MgO、K_2O、Na_2O 等，玻璃成分分析有几项就有几个代数和。

为了进一步核验这种分析的正确性，计算出的密度差值应与通过实验求得的差值进行仔细对比。若两者（即计算的和测试的）不一致，则分析结果（质量分数）有问题。

D 生配合料改变密度变化计算

在考虑生配合料的变化时，计算总的密度效应最简单的方法是，把配合料折算为它所熔化成的玻璃的组成。于是，以这种方法计算出来的玻璃组成作为求算百分数变化的基础，就可以按照上述讨论来处理组成的效应。所有添加的原料都必须换算成等当量的烧成态即氧化物。例如：根据生配合料的混合物算出的玻璃质量设为100kg，然后以15kg之多的一种原料添加到上述配合料中，则在所论情形中的百分数误差为$[(15 \times P)/1000] \times 100\% = (1.5P)\%$，式中，$P$ 为所添加的原料的烧成态氧化物质量分数。据此，纯碱为0.5849 Na_2O（即0.5849×0.0048，0.0048 查表9-2得，系数 $Na_2O/Na_2CO_3 = 0.5849$），因而+10kg纯碱的误差将意味着有5.849kg的 Na_2O 添加到1000kg的玻璃中，亦即0.5849%。由于氧化钠对密度的影响数值为$+0.0048g/cm^3$，因而密度的改变值应为$(0.5849) \times (+0.0048) = +0.0028$，即密度增加$0.0028g/cm^3$。又据此，石灰石为0.5676 CaO（即$0.5676 \times 0.0106$，0.0106 查表9-2得，系数 $CaO/CaCO_3 = 0.5676$），因而+10kg石灰石的误差将意味着有5.676kg的CaO添加到1000kg玻璃中，亦即0.5676%。由于氧化钙对密度影响数值为+0.0106，因而密度的改变值应为$(0.5676) \times (+0.0106) = +0.0060$，即密度增加$0.0060g/cm^3$。上述的0.5849%和0.5676%不到1%，所以密度变化小，若正好变化1%就是表 9-2 中的数值。

9.1.2.3 密度控制

A 明确密度控制目标

根据上述计算方法，现将玻璃密度保证在规定的范围内，其玻璃的各氧化物允许的波动范围见表 9-3。

表 9-3 达到玻璃密度标准值——相应的氧化物允许波动范围 （%）

氧化物 \ 波动值	密度控制目标		
	$\pm 0.0007g/cm^3$	$\pm 0.0005g/cm^3$	$\pm 0.0003g/cm^3$
CaO	<0.066	<0.047	<0.028
MgO	<0.143	<0.102	<0.061
Na_2O	<0.146	<0.104	<0.063
K_2O	<0.25	<0.179	<0.107
SiO_2	<0.292	<0.208	<0.125
Al_2O_3	<0.389	<0.278	<0.167

换言之，若要保证玻璃密度在 $\pm 0.0007g/cm^3$ 范围之内，则 CaO 的含量波动不得大于 0.066%（其他氧化物不变）或 SiO_2 的含量波动不得大于 0.292%（其他氧化物不变）或 Al_2O_3 含量的波动不得大于 0.389%（其他氧化物不变）等。要保证玻璃密度在 $\pm 0.0005g/cm^3$ 范围之内，其各氧化物含量波动要求还要小。要保证玻璃密度在 $\pm 0.0003g/cm^3$ 范围之内，其各氧化物含量波动要求更小。

玻璃密度变化的控制目标是 $\pm 0.0007g/cm^3$、$\pm 0.0005g/cm^3$、$\pm 0.0003g/cm^3$，应逐步提高。

B 密度控制及其分析

a 某厂原料对玻璃密度影响的顺序

根据原料引入的氧化物计算，在同等外加量的条件下，对玻璃密度的影响由大到小顺序是：灵山石灰石 > 某地白云石 > 纯碱 > 芒硝 > D 号硅砂 > 罗田长石。灵山石灰石对密度影响最大，罗田长石对密度影响最小。抓住影响大的原料，尤其是石灰石，其次是白云石，再次是纯碱（芒硝）、硅砂。

窑的容量大可外加多些，窑小可外加少些。700t 窑可外加 1 ~ 5kg/副，其密度变化不明显。换言之，密度波动很小。1000t 窑可外加 1 ~ 10kg/副，其密度变化不明显，当然少波动更好，控制在 $\pm 0.0001g/cm^3$ 范围内最好。

b 某厂密度波动因素分析

上面叙述氧化物含量的变化（人为增加或减少）时玻璃密度的计标。下面分析某厂各原料引入的氧化物自己波动对玻璃密度可能产生变化的倾向及程度。原料自己变化与人为变化其实质一样，都是氧化物的增加或减少使玻璃密度发生变化。某厂原料影响密度变化情况分析如下：

（1）Fe_2O_3 对玻璃密度的影响。一般平板玻璃中 Fe_2O_3 在 0.05% ~ 0.3%，含量很低，Fe_2O_3 的变化不会构成玻璃密度变化。又由于 Fe_2O_3 来自于硅砂、白云石、石灰石、长石几种原料，并不集中，所以不考虑 Fe_2O_3 的影响。但 Fe_2O_3 突然增加或突然减小使熔化波动，窑底不动层带动（或受干扰），使玻璃密度增加的这种特殊情况除外，因为这不是 Fe_2O_3 含量增加直接产生的，而是 Fe_2O_3 含量突变干扰产生的。

（2）Na_2O 对玻璃密度的影响。Na_2O 主要来自化工原料纯碱和芒硝，成分是稳定的。使用重碱时飞扬波动基本是稳定的，或绝大多数时间是稳定的。即使有时 Na_2O 有点变化，也不会造成密度变化，所以不考虑 Na_2O。

当然，如果突然碱秤坏了多称了，取样又正好取到了，玻璃密度会增加。少称了会出现熔化不良产生疙瘩，密度会减少。凡是出现大块疙瘩 10 ~ 100mm，可以肯定是 Na_2O 突然少了。

某厂 2005 年 5 月 7 日 00：30，700t 窑因芒硝煤粉混合机不开门，四副料无芒硝无炭粉造成熔化不良产生大块疙瘩。纯碱较大量受潮又未被测出，所以玻璃密度降低，这点应引以为戒。

（3）K_2O 对玻璃密度的影响。K_2O 主要来自于长石，长石本身用量小，含 K_2O 的变化也不会造成密度变化，所以 K_2O 也不考虑。

排除了 Fe_2O_3、K_2O、Na_2O，余下的 CaO、MgO、SiO_2、Al_2O_3 是影响玻璃密度的重点对象，要配合玻璃成分中的 CaO、MgO、SiO_2、Al_2O_3 数据和硅砂、白云石、石灰石、长石原料的成分变化来分析。

（4）Al_2O_3 对玻璃密度的影响。Al_2O_3 主要来自于长石，其次是硅砂。某厂长石 Al_2O_3 成分较稳定（这是选择长石的重点），硅砂是高硅低铝砂，也较稳定，可以不考虑 Al_2O_3 的影响。若用高铝硅砂（长石质的砂岩），则 Al_2O_3 变化大，或高铝硅砂水分变化，要考虑 Al_2O_3 对密度的影响。

（5）重点关注。某厂玻璃（生料熔化成的新玻璃液）密度变化只考虑 CaO、MgO、SiO_2 的影响，也就是说白云石、石灰石、硅砂是影响新生成玻璃密度变化的原因。白云石、石灰石粉料水分低而稳定，只考虑成分变化。硅砂选择了高硅低铝成分很稳，只考虑水分。最后影响玻璃密度变化，重点关注的是白云石、石灰石的化学成分和硅砂水分。白云石 CaO、MgO 的稳定在 3.7.1 节和 3.7.2 节中已叙述，这里不再赘述。石灰石选择 CaO 含量在 54% 以上、成分变化很小、密度不会变化的。若是低 CaO 的石灰石，请特别注意。白云石、石灰石化学成分及硅砂水分是某厂原料工程技术人员重点关注的内容。关于碎玻璃对密度的影响在后面 9.2.4.3 节中叙述。

当然玻璃密度变化有叠加和互补的情况。如 CaO 的增加和 SiO_2 的增加使密度变化抵消，或 CaO 增加与 SiO_2 的减少密度叠加，密度变大。所以说，玻璃密度不变并不等于各氧化物或原料不变，但是这种变化的几率较少。

减小各原料的成分波动、水分波动以及称量精度是控制密度的最好手段。但是波动又是永远存在的，只是大小不同而已。抓原料质量，均化是关键点。

9.1.3 某厂 700t 浮法线几次密度突变分析

一般工艺规程规定每相邻两天密度差不能大于 $\pm 0.0007g/cm^3$。对于浮法玻璃，密度差控制可以达到（绝大多数）$\pm 0.0003g/cm^3$ 之内，甚至 $\pm 0.0001g/cm^3$。凡在几天之内连续变化时就应进行分析。某厂 700t 浮法线曾经发生三次在短短几天之内密度变化较大，所以应作工艺事故分析，查找原因总结经验。下面按发生时间顺序分别叙述。

9.1.3.1 第一次密度变化——连续上升

2006 年 3 月 2 ~ 12 日之间共测定 7 个密度数据，其数据呈连续上升趋势，由 2.5154 g/cm^3 上升到 2.5183g/cm^3，上升幅度为 0.0029g/cm^3。这属不正常现象，故称为事故段。

此段生产不太理想，一是 3 月 2 日由 4mm 改 5mm，改板不顺利（料性差），时间长。二是 6 日改原板宽度也不顺利，迫使调整锡槽温度。7 日窑内又捞漂浮砖碴，晚上又换硅砂品种，8 日耳池又捞漂浮砖碴，9 日 5mm 改 7mm，同时调整了石灰石和芒硝，可能对生产产生了一定的影响，几天的平均日产量为 12126.58 重箱。

在事故段前段相同的时间内，也进行过改原板厚度和调整原料，平均日产量为 12620.70 重箱。比事故段高 494.12 重箱/d。

在事故段后段相同的时间内，也进行过改原板厚度和调整原料，平均日产量为 11895.76 重箱。原板厚度变化由 8mm 改为 9mm，又由 9mm 改为 12mm，厚度变化大，12mm 改板难度稍大，产量低不可比。

9.1.3.2 第二次密度变化——连续上升

2006 年 10 月 16 ~24 日之间共测定 7 个密度数据，其数据呈连续上升，由 2.5163 g/cm^3 上升到 2.5191g/cm^3，上升幅度为 0.0028g/cm^3。这属不正常现象，称为事故段。

此段生产更不正常，原板波筋很重（光畸变零度），发生在满槽之后的第三天开始，持续了 4 ~5d，并在窑内发现过硅碳棒。此段进行过两次原料调整和一次改板。此段平均日产量为 9080.04 重箱。

在事故段前段相同的时间内，进行过原料调整和改原板厚度，曾发生过满槽，处理 20h 无产量，扣除满槽影响，其平均日产量为 12717.44 重箱，高于上述事故段 3637.4 重箱/d。

事故段过后在相同的时间内，也改过原板厚度和调整原料，熔化也曾发生过变化，如出现过硅灰石析晶 3d，耳池捞浮碴（捞出硅碳棒）。平均日产量为 12047.03 重箱，也高于事故段 2966.99 重箱/d。

上述两次密度变化，可能原因有二：一是熔化操作问题，造成熔化波动，窑底不动层密度大的玻璃液被带起，使密度连续上升；二是石灰石粉料（一翻斗汽车）倒入到白云石卸料斗内，使白云石粉料库内 CaO 含量偏高，造成密度连续上升。第二种可能性最大。

9.1.3.3 第三次密度变化——连续下降

2007 年 2 月 15 ~ 22 日春节期间，测得了密度数据 5 个，其数据连续下降，由 2.5187g/cm^3 下降到 2.5170g/cm^3，下降幅度为 0.0017g/cm^3。这属不正常现象，称为事故段。

此段时间内曾发生过 3 号油阀异常起伏，造成温度波动，其他春节未作任何调整，此段平均日产量为 12884.09 重箱。

事故段的前段在相同的时间内，熔化发生过换火故障，造成温度波动，又进行改原板厚度，还发生过两次闪电（供电故障），影响生产，此段平均日产量为 13458.14 重箱，高于事故段 574.05 重箱/d。

事故段的后段在相同的时间内，改板厚度3次，未作其他动作，此段平均日产量13033.51重箱，也高于事故段149.42重箱/d。

第三次密度连续下降，正遇春节，由D号硅砂水分偏离造成。硅砂储存量比平时大，晾干了，但水分仍在允许范围之内，平均计算水分大于平均实际水分，硅砂称量连续几天偏多，所以密度变小。

以上三次密度变化证实了石灰石、白云石成分，硅砂水分对密度产生较大影响，密度变化过大，其玻璃产量下降。浮法工艺，大窑的均化作用是良好的，若上述事故发生在引上工艺，其影响肯定要大：一是所测密度值要大，二是产量会更低。

浮法玻璃密度一般波动小，5个单位或3个单位是做得到的。混料造成的密度波动是隐形的，不容易分析，要全面分析对照方可确定。出现这种连续上升或连续下降，不可误动作（调整），混料用完后就会回到原位。

9.1.4 硅铝成分控制

SiO_2、Al_2O_3成分控制分四个问题叙述，首先回顾SiO_2、Al_2O_3的性质，再作配方处理，三是重点分析Al_2O_3含量对玻璃生产的影响，最后讨论Al_2O_3、SiO_2成分如何引入及控制。

9.1.4.1 SiO_2、Al_2O_3的共性和个性问题

A 共性

SiO_2、Al_2O_3都属难熔物质，都能提高玻璃的热稳定性、化学稳定性、机械强度，都能降低玻璃的析晶倾向、线膨胀系数。

B 个性

对玻璃黏度的影响，Al_2O_3的影响远远大于SiO_2的影响。

9.1.4.2 配方处理

根据上述特性，在玻璃配方中可以小量互代。为维持熔化负荷基本不变，SiO_2与Al_2O_3小量互代，即增加了SiO_2应减少Al_2O_3，或增加了Al_2O_3应减少SiO_2。但是玻璃中Al_2O_3设计值一旦确定后一般不要修改，要修改也得分步慢慢进行。具体控制时，增加了硅砂用量需相应减少长石用量或增加了长石用量需减少硅砂用量，以便熔化易于操作。

9.1.4.3 Al_2O_3含量对玻璃生产的影响体验实例

A Al_2O_3含量对无槽引上的影响体验

a 事故发生及现象

Al_2O_3含量对无槽引上生产影响很大。某厂2000年10月26日因为使用了外购袋装小个体企业生产的玻璃粉（成分波动大），每一混合机（一次混合生料总量1900kg）掺30kg（即混合量的1.55%），结果造成原板在二修三修楼面炸裂，采板楼面七台机两天几乎无板可采。此次事故称为“玻璃粉事故”。

b 事故原因分析

外购袋装玻璃粉 Al_2O_3 含量为 0.99%，某厂当时无槽引上玻璃成分 Al_2O_3 设计值为 1.45%，两者相差 0.46%。掺玻璃粉后，玻璃料性发生了极大的变化。造成引上玻璃退火无法控制，在二修三修楼面炸裂。两天产量几乎为零，其影响持续了 6d，损失产量 6000 重箱，平均 1d 损失 1000 重箱。

但一台压延玻璃生产线还能继续生产，且产量无影响，保留了部分产量，这是一窑两制的优点。压延玻璃成分需要短料性（少铝）而引上玻璃需要长料性（高铝），所以一窑两制工艺在玻璃成分上氧化铝含量设计以引上为主，略加调整兼顾压延。当玻璃中 Al_2O_3 变化 0.46% 时，引上作业无法进行，压延作业继续。平拉优于向上拉引，其成分控制范围较宽，是考虑一窑两制的基础。

B Al_2O_3 含量对浮法玻璃影响体验

a 事故发生及现象

Al_2O_3 含量对浮法玻璃影响也不可忽视。某厂 350t 浮法线使用外购碎玻璃，产生熔化不了的疙瘩（0.5 ~ 15mm 不等），多次引起原板炸裂。尤其 2004 年 11 月 16 ~ 25 日几乎无产量，11 月 26 日 ~ 12 月 17 日炸裂次数在 100 ~ 200 次/d 之间。2006 年 6 月 5 日又一次引起大量炸裂，100 ~ 200 次/d 持续了 30 多天，炸裂 100 次/d 以下经常发生。对使用外购碎玻璃几乎丧失了信心（不知所措）。尽管狠抓收购质量，仍免不了出问题。某厂的此类事故被戏称为“除夕之夜，鞭炮不断”。

b 事故原因分析

发生上述炸裂的原因是收购的碎玻璃中有高铝玻璃（微波炉底盘——微晶玻璃，其 Al_2O_3 含量在 20% 左右）和高纯度的石英玻璃。熔化不了形成疙瘩，与交界的正常玻璃线膨胀系数存在极大的差异。此两类疙瘩线膨胀系数小，冷却后需收缩，因此产生严重炸裂。由于这些玻璃也是白色透明的，很难用肉眼分辨，其疙瘩无法一一改裁，回笼的碎玻璃再度使用导致产生二次炸裂、三次炸裂……。

C 波筋与 Al_2O_3 含量有关

a 生产现象

2007 年年初，某厂 350t 浮法玻璃生产出现严重波筋，光畸变为 0。波筋轻的时候光变角 0 ~ 45°情况不等，轻微波筋持续了几个月。此次事故称为“不明原因波筋事故”。

b 原因分析

造成上述波筋现象的原因很多，有原料问题，也有熔制操作问题，但主要原因可以归纳成下述五点的联合作用：

（1）碎玻璃成分复杂。使用碎玻璃量大，又未纳入配方计标，可能碰到一批成分十分复杂的碎玻璃，使其玻璃液化学均匀性无法掌握。碎玻璃的使用将在 9.2 节中详细讨论，这里省略不提。

（2）硅砂混料。C 号硅砂（粗砂）格子库中混有 D 号硅砂（细砂）。由于 D 号硅砂堆高了越界，虽然成分基本相同，但粒度相差太大，混合没有规律，同时矿物结构和微量元素的差异也会带来料性不均匀。

（3）长石粉水分波动。长石粉堆放场所条件差，有蒸汽疏水阀排汽排水，地面湿，提升机坑内有水。粉库顶在下雨时有漏水现象，使长石粉料结团，造成混合不均匀。

（4）混合量不稳定。玻璃粉进入混合机的量极不稳定，忽多忽少，使混合发生变化。

多时 800 kg/副，混合总量 2.4t 多；少的时候玻璃粉 300 kg/副，混合总量 1.7t 多；甚至玻璃粉为 0 kg/副，混合量 1.3t 左右。而对于 2250L 的混合机，太少混合不均，太多也不行。混合量达到 2.3～2.4t，即占有效容积的 45% 混合效果最好。

（5）Al_2O_3 含量设计不合理。350t 浮法玻璃 Al_2O_3 设计为 0.9%，而碎玻璃中的 Al_2O_3 大多在 1.0%～1.2% 不等（品种杂），为达到玻璃取样分析值在 0.9% 左右，只能将生料生成玻璃液的 Al_2O_3 压至 0.67%，降低长石用量，长石用量仅占配合料总量的 1.04%（700t 窑长石用量占生料总量的 2.6%），在窑内，生料化成的玻璃液与碎玻璃化成的玻璃液严重不均。应将生料中的 Al_2O_3 含量提高，缩小与熟料的差别，不必追求某大厂所谓的“高钙、高硅、低铝、微铁、中镁”的理论，要求玻璃分析值 Al_2O_3 必达 0.9% 左右这一数据。要根据自己厂大量使用碎玻璃这一特定因素而定。本点最为关键。

9.1.4.4 铝的引入和控制

A Al_2O_3 的引入及量波动

350t 浮法玻璃中 Al_2O_3 来源于四处：两种硅砂、长石、碎玻璃，四种原料同时提供 Al_2O_3，其含量不可能太稳定（希望能均化碎玻璃，因它占比例太大）。一周取一次样，其样重仅占一周玻璃总重的万亿分之二，要达到理想状态是不可能的。除非有专家系统控制软件，将窑内的成分特点与火的操作用微机联动控制，人为是很难控制的。

B 改变 Al_2O_3（SiO_2）引入方式及控制

在 4.8.4 节（长石代用矿）中，对选择天然砂代替长石作过技术分析，在 7.2.6 节（原料搭配配料试算）中，对选用天然砂代替长石作过经济分析，认为选用天然砂引入 Al_2O_3 和 SiO_2 优于长石。问题是天然砂成分波动大，需精心选矿多次均化，缩小成分波动，配方可以不调整，也好控制。

9.1.5 钙镁成分控制

9.1.5.1 CaO、MgO 的共性和个性

A 共性

CaO、MgO 都是由碳酸盐矿物原料引入的，都是助熔物质，都能提高化学稳定性、机械强度。

B 个性

a 对玻璃黏度影响

CaO 在低温时影响更大，而 MgO 在低温时影响稍大，MgO 对玻璃黏度有复杂的作用。

b 对玻璃机械强度影响

在引上工艺中达成共识：MgO 含量偏高其玻璃掰板感觉柔和，不同于 CaO 偏高玻璃发脆。

c 对析晶倾向影响

CaO 使玻璃析晶倾向上升，而 MgO 使玻璃析晶倾向下降。

9.1.5.2 配方处理

根据上述特性，在玻璃配方中可以小量互代。为维持熔化负荷和澄清气体基本不变，

CaO 与 MgO 小量互代，即增加了 CaO 应减少 MgO，或增加了 MgO 应减少 CaO，或石灰石、白云石均可提高一点，其熔化变化向有利方向偏移。

9.1.5.3 CaO、MgO 对玻璃生产的影响体验

A CaO、MgO 改善玻璃机械强度体验

350t 浮法玻璃，使用碎玻璃太多，玻璃强度下降，此时适当提高 CaO、MgO 取代少量 Na_2O，可以改善玻璃机械强度。

B CaO 加速玻璃硬化体验

700t 浮法，由薄玻璃改生产厚玻璃（12mm）时，过渡辊台个别处产生辊印（压伤），此时调整过渡辊台 SO_2 喷出流量以消除压印，若不见成效或 SO_2 流量已达最大值仍有轻微压伤，可适当提高 CaO 含量，可使玻璃料性变短，压伤可以消除。

9.1.5.4 CaO、MgO 的引入与控制

在 3.8 节（碳酸盐矿物原料的选择）中已做这方面的技术分析，这里不再重复。在 7.2.6 节（原料搭配配料试算）中对镁质石灰石取代优质石灰石的经济分析，结论是基本持平（微有下降），但镁质石灰石取代优质石灰石对熔化只会有利不会有害，总体上看经济是合算的。问题是镁质石灰石成分波动较大，要精心选矿和设计矿山，应增加设备均化。其成分经均化后其调整和控制与优质石灰石一样，也好控制。均化次数越多，玻璃光变角越大，质量越好。

在 7.2.6 节中，MgO 由菱镁矿引入（取代白云石），虽然熔成率提高了 0.22%，一年多产 803t 玻璃，原料直接费用基本相当，但更多的石灰石放慢了分解速度，延缓了熔化时间，因此否定此方案。用菱镁矿取代白云石是某厂投产初期因为石灰石价格太低，想多用石灰石而激发寻找菱镁矿搭配石灰石配料的最初想法。

9.1.6 钙（镁）钠成分控制

在玻璃成分设计中，CaO(MgO)含量与 Na_2O 含量都在一定范围之内变化，调整 CaO(MgO) 和 Na_2O 到最佳范围，也即最低钠含量与本厂所选原料特性有关。

9.1.6.1 CaO(MgO)与 Na_2O 成分处理

钠钙硅酸盐玻璃配方设计，CaO(MgO)与 Na_2O 含量并非一成不变。CaO(MgO)可以略高一些，也可以略低一点，不同工艺的玻璃有不同的设计。就是浮法工艺也可以有不同的设计，同一规模窑型也可以变化。CaO + MgO 含量在 12.4% 可左可右，寻找最佳 CaO(MgO)设计含量。同样 Na_2O 的设计含量可高可低，可以是 13.9%，也可以是 14.5% 或更高可达 15%。变换 CaO(MgO)与 Na_2O 的设计含量是可以操作的，也就是说，CaO(MgO)与 Na_2O 都属助熔物质，CaO(MgO)与 Na_2O 可以小量互代，增加 CaO(MgO)可以减少 Na_2O，或增加了 Na_2O 应减少 CaO(MgO)。实践表明，这样操作后熔化负荷、澄清气体基本不变，熔化基本稳定。

玻璃生产中并不是熔化完全跟着原料变（熔化去适应原料），而是有的时候既要调整

料性，又要熔化，负荷不能变化太大，换言之，原料调整要兼顾熔化。原料调整是内在控制，是内因，熔化控制是外因，要以内因协调外因。熔化操作不得使窑炉温度频繁起伏，以恒定为好，所以实际操作中只有原料做调整以维持窑温。

9.1.6.2 经济效益分析

CaO(MgO)与 Na_2O 的小量互代，目的是节约纯碱，减少耐火材料的侵蚀。一价金属要尽可能少，二价金属要尽可能多，牢牢记住“限碱”，这是美国 PPG 玻璃公司的观点。

根据“限碱”的观点，在 7.2.6 节中确定高硅砂、长石质砂岩（天然砂）、优质白云石、镁质石灰石、纯碱、芒硝、炭粉配料，对玻璃成分进行了调整，主要意图是提镁、降钠，以节约纯碱，又要降低分解温度。以这样的出发点对玻璃成分设计了三个调整方案，进行试算，结果如下：

（1）氧化镁含量增加，其熔成率随之由 82.40%、82.36%、82.33% 顺序降低，下降幅度为 0.04%、0.03%。

（2）每 1000kg 玻璃液的原料直接费用随着代碱的多少而降低，1000t 的窑由 505260 元/d、502270 元/d，降到 500730 元/d。也即是每年原料费用由 18442 万元、18333 万元降到 18277 万元，下降幅度为 109 万元/a、56 万元/a，经济效益是好的。

9.1.6.3 CaO（MgO）与 Na_2O 成分控制

CaO(MgO)含量的设计值的提高、Na_2O 含量设计值的下调，要与硅砂特性、碳酸盐矿物原料特性充分发挥相适应。要寻找特殊硅砂、寻找特殊碳酸盐矿物原料才能协调系统控制。在钠钙硅酸盐玻璃相图范围内，同时调整了钠和钙，必涉及硅，也即是说它是系统工程，要系统控制。这也是掌控配方的难点，既要低成本又要高产优质。

9.1.7 镁的含量

MgO 含量在玻璃中的设计值，国内同行认为不宜过高，作者认为可以取上限，或再偏高少许，也是可行的。

9.1.7.1 MgO 含量设计现状及原因

A 设计现状

国内绝大多数平板玻璃工厂将 MgO 控制在 3.8% ~4.2% 之间，也有低于 3.8% 的（但最低为 2.5%）和高于 4.2% 的（但没有见到高于 4.5% 以上的报道）。

B 原因

MgO 对玻璃液的黏度有复杂的作用。当温度高于 1200℃时，会使玻璃液的黏度降低；而在 1200 ~900℃之间，又有使玻璃液的黏度有增加的倾向；低于 900℃，反而使玻璃液的黏度下降。在浮法玻璃成型中，锡槽内玻璃带正处在约 1050 ~600℃之间，靠近流道（前端）1050℃左右，靠近过渡辊台约 600℃。若 MgO 含量过高（或超过 4.5%），会使玻璃液黏度增加然后又降低，黏度变化对锡槽内的成型不利。MgO 对黏度有复杂作用，是由过多的以镁代钙，镁氧四面体进入玻璃网络导致玻璃密度、硬度下降所致的。

9.1.7.2 提高 MgO 含量的理由

具体如下：

(1) 分解温度低。MgO 含量提高对熔化负荷向减轻的方向偏移。白云石的分解温度比石灰石分解温度低，耗能少。同样能耗时，熔化更充分。

从分解温度角度出发，以 $MgCO_3$ 代替 Na_2CO_3，或以 $MgCO_3$ 代替 $CaCO_3$，都可能节约能耗。$CaCO_3$、Na_2CO_3、$MgCO_3$ 三者的分解温度与它们的离子半径有关。Ca^{2+} 半径为 1.06×10^{-10}m、Na^+ 半径为 0.98×10^{-10}m、Mg^+ 半径为 0.78×10^{-10}m。碳酸钙、碳酸钠、碳酸镁分解过程，就是碳和钙、碳和钠、碳和镁争夺氧的过程。离子半径大的 Ca^{2+} 对 O^{2-} 的静电引力小，离子半径小的 Mg^{2+} 对 O^{2-} 的静电引力大（稍加能量就吸引了）。在三个分解过程中，Ca^{2+} 夺取 O^{2-} 的能力弱，Mg^{2+} 夺取 O^{2-} 的能力最强。所以 $CaCO_3$、Na_2CO_3、$MgCO_3$ 的分解温度分别为 859℃、700℃、650℃。因此，应发挥 $MgCO_3$ 的作用，寻找熔点或分解温度低的白云石。

(2) 侵蚀性小。一价金属如锂、钠、钾、铷、铯、钫对耐火材料的侵蚀作用大于二价金属（镁、钙、锶、钡）。尤其是生产颜色玻璃（如绿玻、蓝玻、茶玻等），因为透热性差，难以熔化，设计 Na_2O 含量较高是通常的事。但这样解决了熔化问题，却带来了侵蚀问题。这时需要提高二价金属氧化物含量，因为 $MgCO_3$ 分解温度最低，提高 MgO 含量是必然的。何况 MgO 含量国内一般厂都没有达到上限（4.5%）。

(3) 价格低廉。以 $MgCO_3$ 代替部分 Na_2CO_3 在经济上更显优势，白云石价格只有几十元一吨，而纯碱接近两千元一吨。以 $MgCO_3$ 代替部分 $CaCO_3$，因为分解温度差异，经济上也合算。

9.1.7.3 改善黏度变化的措施

措施具体如下：

(1) 让 MgO 均匀分布。MgO 在玻璃液中对黏度变化有复杂作用，限制了 MgO 的用量。国内同行们几乎都追求白云石为优质白云石（MgO 过于集中）。同时又用优质石灰石相配套，其实这样配置有缺陷。本书在第 3 章用很大的篇幅阐述与传统观点不同的看法，概括起来就是要将 $MgCO_3$ 充分分散分布。$MgCO_3$ 不仅要分散在白云石中，还要在石灰石中分散分布，更希望在硅砂中分散分布，最终的目的要 MgO 均布玻璃网络体外，以稳定玻璃结构，对黏度的影响可能要小些。从这个角度出发，选用菱镁矿代替白云石有缺陷，选用纯氧化镁（镁集中到了极限）配料有重大缺陷。若真的用纯氧化镁代替白云石配料（其他原料不变且不含 MgO）；或一副料用白云石提供 MgO，另一副料用工业纯 MgO 配料间歇操作；或一副料称两倍白云石提供 MgO，另一副料不称白云石间歇操作。因窑内均化作用是有限度的，MgO 无法均匀分布于玻璃网络体外，玻璃结构会发生变化，性能会有较大差异。最极端的做法，将第一副料只投硅砂，第二副料只投白云石，第三副料只投纯碱，间歇操作，所谓的钠钙硅玻璃就成为碴状物，不成玻璃，无性能可言。

(2) 改善 $MgCO_3$ 环境。优质白云石是 Mg^{2+} 交代 Ca^{2+} 而成（按 1∶1 的比例）。白云石复盐若是理论纯度，则 Mg^{2+} 的环境最简单，就是钙、碳、氧。若不是优质白云石而是过渡矿物（低品位的），则环境元素要多一些，其 $MgCO_3$ 的结构可能受到改性，有其他元素的作用存在，其性质有变化。美国没有优质白云石，这是PPG公司与某厂合作时讲的。在秦皇岛玻璃设计所内部资料中报道过，美国浮法玻璃成分专利资料中介绍过MgO最高有4.9%（拉引速度比普通方法较快），比我国MgO高出0.4%以上，这可能与矿源有关，镁周围的元素改变了$MgCO_3$或MgO的性质。美国玻璃中MgO可以达到4.9%，中国应能达到4.5%。

9.1.8 生料事故处理

原料出现错误直接影响玻璃成分波动，生产中发生这种错误是很难避免的。在这里错误指的是非配料操作工造成的错误，如料单下达有错误，原料成分有较大变化，混合机选型造成系统误差错误等。处理这些问题是属原料工艺技术人员的工作，也应作相应的处理或规定。

（1）料单下达错误处理。干基料单经三人过目确定无误后，交化验站化验员根据原料水分换算成湿基料单，湿基料单经两人过目后由电子秤操作员输入计算机操作配料。万一湿基料单下达有误，配合料已入窑，必须马上纠正料单，不必进行什么补偿，再以正常料单输入配料入窑即可。原料技术人员必须记录和观察，以便分析玻璃质量。

（2）原料成分变化处理。原料成分有较大的变化（尤其是地矿原料岩层变化）时，一是再次化验分析，进行料单修正补偿；二是将此批原料丢掉作废或退货。万一配合料已入窑，不得补偿修正，更换正常原料。掌握原料成分、粒度基本情况是原料工艺技术人员工作重点之一。

（3）混合机与混合均匀度处理。混合机选型不能太小，有效空间的45%为装料容量，混合均匀度最好。混合机太小，配合料装得太满，喷嘴与配合料距离太小，喷水雾化覆盖面积小，对湿混不利。局部水分少，碱包覆硅砂形成水膜不利。每台混合机的混合效果也不一样，摸索后才知晓，可放大或缩小Na_2CO_3的测定值，不需进行纯碱增减修正。某厂700t浮法生产线混合机选型小了，根据情况处理。

9.2 熟料超常量使用及控制

本节叙述碎玻璃的使用量及其计算、碎玻璃的质量控制、碎玻璃除铁、碎玻璃使用过程中的问题及处理。其中，第四个是重点讨论的问题。

9.2.1 碎玻璃使用量及其计算

9.2.1.1 碎玻璃的使用量及投入方式

A 碎玻璃的使用量

碎玻璃的使用量是根据生产情况及碎玻璃的进货、清洗、加工、库存情况而定的。某厂350t浮法线一般使用量为40%～63%，700t浮法线一般使用量为25%～34%。

B 碎玻璃的投入方式

一般投入窑内的碎玻璃要求与配合料一起均匀投入（简称均投）。某厂有两种处理，350t窑投入是均投。而700t窑曾有两种投入法，一种是均投，另一种是分投，窑中间的碎玻璃少，两边（靠池壁）碎玻璃多（简称分投）。分投的目的是保护池壁少受侵蚀。试行近一年，证明没有什么明显效果而恢复均投。分投配料操作工作量稍大，均投配料操作工作量小。

某厂碎玻璃分片状和粉状两种。粉状进混合机同其他原料一起混合，片状是铺盖在原熔皮带（配合料）上。350t 的窑有玻璃粉和玻璃片，700t 的窑只投玻璃片。

9.2.1.2 碎玻璃用量计算

某厂碎玻璃的用量调整相当频繁。一是设备出故障，如粉状碎玻璃加工对辊机出故障用片状代替或片状碎玻璃提升机维修用玻璃粉代替，保持比例不变或少变；二是进货、清洗进度及库存量存在问题，如细碴过多时多用玻璃粉，少用或不用玻璃片，维持用量比例基本稳定。

碎玻璃用量计算方法有投入量法和生成液法两种，介绍如下：

（1）投入量法。碎玻璃比例(%) ={碎玻璃用量(kg/副)÷[碎玻璃用量(kg/副)+生料用量干基(kg/副)]}×100%。

（2）生成液法。碎玻璃比例(%) ={碎玻璃用量(kg/副)÷[碎玻璃用量(kg/副)+生料用量干基(kg/副)×熔成率(%)]}×100%。

一般多数工厂用生成液法计算或表示。

9.2.2 碎玻璃质量控制

碎玻璃来自半个中国各地，品种多成分复杂。按理应分批次取样进行化学分析，分开堆放。但堆场条件有限，汽车、火车皮、轮船随时进随时堆放在一起，取样分析样品的代表性与堆场不能一一对应，失去取样意义。另外，化验人员少，设备条件差，工作量大，分析和使用跟不上步伐。曾经取过碎玻璃粉做过成分分析，每天由化验员在碎玻璃秤喂料器出口取 3～5g 玻璃粉，存放在玻璃瓶里，大约取了 25d，混合后做一次全分析。做了 4 次平均样，发现成分变化大，无法掌握，最终放弃作成分分析。但在碎玻璃清洗操作中大致进行分类管理，并加强除铁。

9.2.2.1 按块度分类及管理

A 选一级碎玻璃

收购的碎玻璃用铲车铲入清洗流水一号线清洗。清洗完后再铺在钢板上摊平，人工选出无色透明的厚板大块（60mm 以上），作一级品，再进清洗流水 2 号线清洗。清洗后的一级品同浮法 700t 的回笼的碎玻璃一起供 700t 窑使用。

B 选二级碎玻璃

摊平在钢板上的碎玻璃继续人工选出色玻、瓶罐杂物（金属、塑料、夹胶玻璃、瓶盖、水泥块等），剩下的再进流水 3 号线清洗、过筛（8 目，2.5mm）。筛上物再人工选一次杂物，然后进浮法 350t 生产线提升机提升到碎玻璃料仓。

C 加工三级碎玻璃

过 8 目（2.5mm）筛下物小块白玻、色玻、瓶罐小碴等人工再选一次杂物（石子、水泥块等），然后送车间加工。有锤式破碎机六角筛加工线一条，后改为颚破对辊振动筛-对辊六角筛加工线一条。加工成粉料过 24 目（0.8mm）筛网，按比例称量进入浮法 350t 生产线混合机同其他生料混合。清洗流程参阅 1.4.2 节，这里不再赘述。

D 处理余料

人工分选出的色玻、特型瓶罐等外销或供色玻生产线用。

9.2.2.2 按收购方式分类及其管理

A 一类

本厂玻璃出厂用户产生的边角料要求单独存放作一级品，派人跟踪监督质量。专用铁板箱运回供浮法 700t 窑使用。

B 二类

其他白玻平板用户所产生的干净的边角料作二类，也要求加工商单独存放，汽车运回供浮法 700t 窑或浮法 350t 窑使用，根据质量而定。较差的给浮法 350t 窑用。

C 三类

混合收购的各种杂玻（平板为主）再按上述块度分类法进行处理。

9.2.2.3 按对生产产生的危害分类及其管理

A 一类

对生产产量质量有利的，本厂出厂的边角料，其他厂白玻平板边角料（好的）作一类，供浮法 700t 窑用。

B 二类

对生产产量有利、对质量不利的，如钠钙硅酸盐瓶罐，作二类，供浮法 350t 窑使用。

C 三类

对生产构成威胁的，如产生疙瘩炸裂的微波炉底盘玻璃、高铝耐热玻璃、石英玻璃等，派人查找货源，并跟踪（盯梢），避免到那里去收购。但是其他地方收购的玻璃也免不了有这类玻璃，但要少了许多。发现这类玻璃混入作三类，加工成玻璃粉后供浮法 350t 窑使用。

9.2.2.4 按生产情况分类及其管理

A 一类

浮法 350t 窑生产正常的回笼碎玻璃通过皮带机输送去浮法 700t 窑，会同 700t 窑回笼的碎玻璃供 700t 窑使用。

B 二类

浮法 350t 窑生产不太正常（气泡多、少量小疙瘩）的碎玻璃，从回笼碎玻璃仓放料，用翻斗车送到浮法 350t 生产线碎玻璃提升机，提升入碎玻璃仓。

C 三类

浮法 350t 窑当生产很不正常时（疙瘩多、炸裂多）回笼的碎玻璃，放料用翻斗车送去车间破碎加工成玻璃粉，供浮法 350t 窑使用。总之，浮法 700t 窑用精料，抓质量、保市场，浮法 350t 窑用粗料，抓成本、保效益。

9.2.3 碎玻璃除铁

碎玻璃的使用避免不了铁质的带入，尤其外购碎玻璃，金属品种多，加工成玻璃粉的那一部分，设备磨损十分严重。自己生产回笼的碎玻璃与钢板溜管摩擦也有不少铁屑。铁的引入对白玻璃生产无疑是有害的，清除是必不可少的工序。

（1）外购碎玻璃清洗场除铁。清洗分级场（摊平钢板上）人工选一次铁及各种金属物，是肉眼看得见的，手可捡起的铁质。清洗场清洗工艺皮带机上面都安装有悬挂式电磁铁吸铁，是人工手无法捡起的小铁质，人工定时清除。

（2）车间碎玻璃加工除铁。进入原料车间内加工成玻璃粉的部分，在振动筛筛上物出口下料处绑永久磁铁块吸除筛上物中的铁质（钉子、小螺钉、螺帽等），人工定清除。

（3）碎玻璃提升机进口溜管处除铁。碎玻璃块经提升机进入碎玻璃仓用铲车上料，放在箅条网上人工敲打大块使之漏下，进入提升机进口前溜管开口处安装悬挂式电磁铁吸铁，人工定时除铁。

（4）配合料输送（原熔）皮带机处除铁。碎玻璃秤斗下料处附近皮带机上方安装悬挂式电磁铁吸铁，人工定时清除。进入窑头仓前皮带机上方又安装悬挂式电磁铁吸铁，人工定时清除。总共八处除铁。

（5）问题。非磁性金属（如铝质）尺寸小的未得到清除。配合料皮带机上被块状碎玻璃压在下面的铁质未得到清除。应在皮带机上另安装耙子扒动块状碎玻璃再吸铁，再扒动再吸铁，这样漏掉的铁质就少了。但是仍然有铁质进入窑炉，尤其人工清除不及时，挂在磁铁上的铁质多（挂满了）时，总会有些掉下去进入窑炉。

9.2.4 碎玻璃使用过程中的问题及处理

9.2.4.1 碎玻璃块度（粒度）问题

A 片状碎玻璃

块度一般破碎到小于60mm。按配料单下达的质量称量，调整电磁振动给料器，使玻璃片均匀铺在配合料上面。即配合料皮带上配合料粉料到达碎玻璃（片）秤下面，也即玻璃片下料开始，配合料粉料放完，也即玻璃片下料结束，以利玻璃片与配合料粉料均匀入窑，这由配料程序控制。

碎玻璃块度在浮法大窑中可放宽，因其流程长，利于扩散对流均化。窑炉越大，碎玻璃块度可放大，窑小碎玻璃块应小些。700t 的窑块度定为60mm 以下。

B 粉状碎玻璃

进入混合机混合的粉状碎玻璃，加工过筛目数问题应当注意。目数小了，杂质粒度大，形成疙瘩大造成玻璃原板炸裂，暂时没有炸裂的，但玻璃装箱后也易破损。目数太大，杂质粒度小，玻璃原板不炸裂，但小疙瘩数目变多，影响质量；同时飞扬堵塞蓄热室使热修期变短。1.6mm、1.25mm、1.0mm、0.9mm、0.85mm、0.8mm、0.71mm、0.63mm、0.6mm 都试用过，最终定为0.8mm，大部分杂质可以熔化，细粉飞扬也较少。

C 夹胶碎玻璃

在外购碎玻璃中免不了有许多大块夹胶玻璃（如汽车风挡玻璃）。夹胶不去掉，将影响窑内气氛，也无法投料，丢弃是浪费，所以要分选出来烧掉夹胶。某厂曾为此专门设计了一个小炉子来烧夹胶玻璃，其废气通往废热锅炉与大烟囱相接的金属大管道上，通过大烟囱排向空中。因为废气污染大气，不久废掉不用了。后来不再收购此种玻璃，由碎玻璃供应商慢慢敲打去胶后再收购，这样就免去了工厂的除胶操作。

9.2.4.2 碎玻璃比例稳定问题

生料混合量需要稳定，但是在操作中由于受到玻璃粉（片）加工量的影响无法做到。一是进货变化和储存条件不配套，二是加工设备常出故障。

A 进货变化和储存条件不配套

堆场和料仓储存量有限。进货多了无处存放，尤其加工成玻璃粉的那一部分量波动大，随进货情况不同而变。有时进货几乎为小碎碴（挑不出稍大点的块状），加工量就大，而格子库存放量很有限，被迫多用玻璃粉，只得减少生料量，少混生料。

B 加工设备常出故障

加工设备包括对辊破碎机、粉料提升机、片料提升机，它们常出故障（磨损大），尤其是片料提升机，不是粉料供不上就是片料供不上。换设备、修设备时，只得变换片、粉比例，有时玻璃粉多用满满一混合机，有时片料多用只有少量生料混合。混合均匀度受影响，多用玻璃粉会使窑内澄清困难。

大量使用碎玻璃必须具备足够大的堆场和料仓。某厂 350t 浮法线使用碎玻璃达 63% 时，清洗加工碎玻璃的人员达 300 人（人均约 0.74t/d），常常加班加点还无法满足生产。

9.2.4.3 碎玻璃调整量及密度变化处理

A 碎玻璃调整量

为稳定生产，熟料搭配使用并非一次完成，经常是逐步增加或逐步减少，每次增加或减少外购碎玻璃 50～100kg/副，最多 2%，隔一天或两天再调整 1%，慢慢上升或慢慢下降，使玻璃成分变化慢慢进行。同时熔化工注意调火，使料山泡界线基本不变，避免突然大量增减比例。

B 密度变化处理

由于碎玻璃成分变化又未纳入配方计算，玻璃密度变化在工艺规程规定波动范围基础上，由每两天之间允许变化 $0.0007g/cm^3$ 放宽到 $0.0009g/cm^3$，不需频繁调整生料，以保持其密度为原规定的数值。

9.2.4.4 “夺碱”处理

A 配合料 Na_2CO_3 含量

正常配合料 Na_2CO_3 含量指生料总量填充达到混合机有效容积的 45% 的配合料，它的 Na_2CO_3 含量一般在 18.5%～19.5% 之间。

非正常配合料 Na_2CO_3 含量指掺玻璃粉多的配合料，含碱量降低到 17%～12.87%。原因是玻璃粉增加了混合总量，而 Na_2CO_3 是有限的生料带来的。玻璃粉表面粘（夺）去部分纯碱，而硅砂表面相对少了纯碱，这种现象某厂称之为“夺碱”。

B “夺碱”分析及处理

掺玻璃粉最多的时候，配合料测得 Na_2CO_3 含量仅为 12.87%，比正常配合料低了 5.63% ~6.63%。硅砂表面相对贴附的碱少了，熔化情况如何？生产证明未出现熔化不良的疙瘩，熔化良好。

硅砂及配合料、玻璃粉、玻璃片在窑内相互分割，在玻璃熔体里硅砂（SiO_2）与熟料提供的 Na_2O 和生料提供的 Na_2CO_3，以及事先熔融了的 Na_2O 接触总的机会仍然没有减少。成分没有大的改动，接触机会相等或基本相等。或者说 SiO_2 参与反应几率相同，不必补充纯碱。这里要强调的是硅砂的分散性。在硅砂总量不变的情况下，硅砂较集中和较分散是有很大区别的。若粒度过细就不易分散（易结团），部分富硅，参与反应的几率发生了变化；若粒度较粗，分散性就好，参与反应的几率就大。某厂的 C 号硅砂粒度粗而钾钠含量高（0.097%，是四种硅砂中最高的），既利于分散又利于熔化。

9.2.4.5 重新熔化的二次钠挥发

A 失钠问题

生料玻璃成分计算值与玻璃成分取样分析值相比，钠（Na_2O）的分析值总偏低（挥发损失了），减少的数量提高了其他氧化物含量，提高最多的是分量最大的 SiO_2。生料计算玻璃成分中 SiO_2 总是比玻璃取样分析 SiO_2 少 0.2% ~0.8%。反过来讲，玻璃分析值 SiO_2 总比生料计算值高，说明 Na_2O 确有挥发。

当然这里还有原料成分的偏差和熟料成分未参与计算的影响，熟料成分通常按众多厂的平均值考虑。但多年来分析值 Na_2O 绝大多数偏低，SiO_2 绝大多数偏高就说明问题了。硅砂、白云石、石灰石中 Na_2O、K_2O 尚未计入成分中，说明失钠不少。凡反复熔炼反复失钠的玻璃，应将其分散搭配投入，避免集中投入。

B 补充钠的问题

碎玻璃二次熔化，表面 Na_2O 挥发损失需补碱之说是不必考虑的。某厂 350t 窑使用碎玻璃最多高达 63%，生产了两年，从未补过碱。好熔，不需补碱。若 100% 用碎玻璃补碱更多，则强度更低。350t 浮法 2004 年 11 月 16 日 ~12 月 16 日及 2006 年 6 月 5 日 ~7 月 9 日两次大的事故，微波炉底盘玻璃引起玻璃原板大面积炸裂，回笼的碎玻璃有二次熔化、三次熔化、四次熔化，甚至五次、六次熔化（用大窑消化疙瘩），按补碱之说，所补的碱应均匀涂抹在碎玻璃片、粉的表面上，但又无法涂抹。若加在配合料有限的生料里，提高了生料玻璃的氧化钠，不能改善碎玻璃表面钠的含量或碎玻璃表面得到很少的补偿。实际上玻璃表面与内部成分的差异是永远存在的。当然反复重熔的玻璃其成分不可能均匀，其强度不可能理想，只能靠大窑均化得到一些改善。某厂从来未补过碱，有时反而减少一点，生产也同样正常。

9.2.4.6 玻璃强度

随着碎玻璃用量增大而玻璃发脆，强度低，这是玻璃同行们的共同观点。掺碎玻璃多的玻璃当存放时间长时，微裂纹的作用将吸收大气中的水分和 CO_2 而增加，反映在划玻璃时有时不按刀印走，这证明玻璃强度不均。热态玻璃和冷态玻璃强度的差异就是微裂纹多少的直接反映。下面先证明 350t 窑和 700t 窑玻璃在热态下的强度问题，再叙述原料调整和控制，最后叙述难点。

A　热态玻璃强度对比

350t 的浮法窑加碎玻璃 63%，700t 的浮法窑加碎玻璃 28% ~34%。按理前者玻璃发脆、强度低，后者强度高、不发脆，但掰板声音都正常。

在同一厚度的情况下将玻璃板面弯曲，看其曲率半径。曲率半径小，还没有断裂，则证明玻璃强度大，曲率半径大（稍微弯曲一下）容易断裂，证明强度低。350t 窑与 700t 窑同一厚度落板时的弯曲度相同，证明了 350t 窑玻璃强度是好的。

B　原料调整和控制

为增加热态玻璃强度，不能加碱反而要加硅。碱含量越高，强度会越低，硅偏高其强度有改善。当碎玻璃使用量过多（63%）时，尤其要加强控制少量（37%）的生料玻璃液。从成分着手，上调硅镁含量，下调钠钙含量；从原料着手，增大硅砂粒径，降低其熔点。最终将 350t 窑玻璃中 SiO_2 含量提高接近 73%，证明玻璃强度在热态下有一定的改善，在上述已用落板时板面的弯曲度来解释和证明。

现在再来考察 2006 年 3 ~12 月共 10 个月的退火密度。350t 窑在这 10 个月中最低（8 月份）变化为 0.0010g/cm^3，最高（9 月份）变化为 0.0023g/cm^3。而 700t 窑在这 10 个月中最低（9 月份）变化为 0.0014g/cm^3，最高（10 月份）变化为 0.0032g/cm^3。前者密度变化小，后者变化大。说明 37% 的生料控制较好，熔化稳定而充分，化学均匀性好，密度变化才小（参见表 6-4）。

C　最棘手的问题

原板大面积炸裂是高铝碎玻璃和石英碎玻璃造成的。它们的成分与浮法玻璃相差极大，一个是 Al_2O_3 含量高达 17% 以上，一个是 SiO_2 含量几乎 100%，其膨胀系数小。与浮法玻璃相差极大，炸裂是必然的，可以把它们比作玻璃生产的恶性扩散癌细胞，瞬间可使生产崩溃。可以取到疙瘩样品观察，有三瓣、四瓣或五瓣裂纹，粒度小可能是三瓣裂纹，粒度大可能就是五瓣裂纹（领悟膨胀系数的差异）。由于它们也是白玻平板细碴，不易辨认，所以是十分棘手的问题。上海这两种玻璃较多，到上海收购碎玻璃要特别小心，尤其有些碎玻璃供应商将这些危险品摔碎成小碴混在平板玻璃碴中充数量，这是十分头痛的问题。出现这两种情况只能是改裁疙瘩，但大面积炸裂无法一一改裁，只能用大窑去消化疙瘩。用碎玻璃要能承受巨大风险，否则就不要用。出现上述问题时，玻璃原板炸裂是束手无策的，耐心等待用完或疙瘩消化掉或积极改裁，这时不需调整任何原料。

9.2.4.7　碎玻璃的澄清

A　难以澄清观点阐述

适量的（30%）碎玻璃加入到配合料中使玻璃液产生较理想的澄清效果是大家公认的。大量使用碎玻璃不易澄清（需补充澄清剂）也是众多玻璃工作者的共同看法。作者认为碎玻璃中的氧化还原物质复杂不易掌握和控制，这是总的、概括性的认识。可以把它分成外部的和内部的两部分进行分析。

外部的即玻璃液表层的影响，例如，碎玻璃中少量杂质如铝瓶盖等挑选遗漏而入了窑。金属铝在较低的温度下将氧化成氧化铝，氧化铝因其比重较小而飘浮在玻璃液面上。飘浮在液面上的固体非均相成核，大量吸附灰泡、气泡而成为污染物泡沫层，降低热量向玻璃液穿透，影响玻璃熔化和澄清。熔点极高的氧化铝不易熔化（铝瓶盖氧化后过于集中未曾搅散），这些泡沫层常常越过泡界线到达卡脖并被卡脖水包挡住，这说明碎玻璃清洗不够干净，要不定期捞碴。

飘浮在玻璃液表层的物质除铝质外，还有其他物质，它们不仅有氧化性的，也有还原性的。这类飘浮物的氧化还原性不是人为可以控制和掌握的，通过人为增减芒硝和炭粉只能在局部起到极微弱的作用。碎玻璃不论是工业产生的还是民用产生的，它的使用和存放不可能不接触各种物质，环境极其复杂。各种塑料及填充物也有不同的物质，不要认为塑料可以烧掉，烧掉了还有残余物。总之使用碎玻璃多，飘浮物时多时少总是有的，否则卡脖水包可以不设。

内部的即玻璃液里面的，更是复杂。如碎玻璃重熔时，热分解会使 Fe_2O_3 转变为 FeO，使玻璃的颜色加深，透热性变差，对透明白玻熔化和澄清不利。又如碎玻璃中若含砷，会给用硫酸盐作澄清剂的玻璃带来困难。碎玻璃因存放环境复杂及重熔某些着色物质变价，难免有物质干扰硫澄清，也就是说这些物质的氧化性、还原性是不确定因素，人为很难通过调整芒硝和炭粉来一一对应解决。

碎玻璃片，尤其碎玻璃粉的表面吸附的大量气体也并非完全是空气，也有其他气体，这些气体也可能参与化学反应。有些化学反应是可逆的，又逸出气体，使问题复杂化，增加了澄清难度。

B 改善澄清的观点阐述

当使用大量碎玻璃时，其澄清应从碎玻璃质量、生料成分和熔制操作三方面配合着手。

a 控制碎玻璃成分以改善澄清

最大限度地控制碎玻璃成分，与设计成分越接近越好，清洗越干净越好。尽可能少些干扰，是大量使用碎玻璃的基本原则。

b 控制好生料以改善澄清

熟料易熔，生料也应易熔，尽可能缩小生、熟料熔点的差异。但不能补碱，因为补碱使玻璃强度更低。

应补硅。但前提是硅砂熔点要低，粒度要粗，以利于硅砂（配合料）、玻璃粉、玻璃片相互分割，充分发挥有限的澄清剂——芒硝的作用。过细的硅砂又过于集中不利于澄清剂作用的发挥。

应补镁。但要在低熔点硅砂的前提下才能提高白云石用量，控制气体含率偏高、在某一特定值。特定条件形成的白云石分解温度较低，MgO 助熔，用同样的燃料熔化更充分，利于澄清，又增加玻璃强度。同时略减钙（石灰石），控制气体含率，以便保持稳定的窑压，否则会破坏已建立的平衡状态，不利于澄清。

要合理调配还原剂和氧化剂，以达到配合料最佳澄清剂用量。碎玻璃用量为63%时，经过反反复复摸索，芒硝含率控制在2.25%～2.30%之间，炭粉含率控制在5.84%～6.02%之间比较理想。玻璃中气泡较少，芒硝的量并不高，碎玻璃中还原物质很多，可炭粉用量并不少，下面将继续分析。

要掌握本厂各原料特性，并创造特性，尤其要在硅砂加工中下工夫（参阅2.9.2～2.9.4节）。以硝酸盐的作用专攻硅砂熔点，专攻硅砂澄清。发挥微量的硝酸盐四剂（澄清剂、氧化剂、助熔剂、脱色剂）的作用，去辅助硫酸盐三剂（助熔剂、澄清剂、氧化剂）作用的发挥，也即是硝酸盐和硫酸盐的联合作用。37%的生料所用C号硅砂粗又有这种联合作用，所以澄清剂用量就少，C号硅砂含碳易燃保持时间短所以碳用量就多。

掌握配方的技术人员要处理更多的变数，与熔化工段密切配合。如某种原料 Fe_2O_3 含量增幅较大，要观察记录，夜间也不放过，此时加碎玻璃何时不减燃耗，何时减燃耗。其实原料控制仍然是一项系统工程，并非某种原料简单增减的问题。

c 控制好熔制操作以改善澄清

原料调整后其料性变化趋势（好化还是稍难化）需及时告诉熔化人员，以便控制熔化温度。温度不得有较大变化，更不得大起大落。调料时需兼顾熔化变化，以免影响熔化和澄清。

尤其要控制好拉引量。大量使用碎玻璃时拉引量要受到限制，不能急于求成（果），让其生料玻璃液和熟料玻璃液扩散均化澄清时间尽可能长一些。新厂或历史不长的工厂，往往算不准日熔化量和日拉引量，只取偏小的数据进行拉引作业，无意识地控制了拉引量，给充分澄清增加了时间。

C 控制结果叙述

2006年碎玻璃用量在350t窑炉中全年平均大于62%，样品（1.2m×0.6m）抽查，直径0.5mm以下的小气泡统计数据显示：南边2.04~4.13个/m^2，北边2.08~3.93个/m^2。

大量使用碎玻璃后的产品，其外观质量均按国家标准进行各项内容的检测。但有一项未作细致工作，关于0.1~0.01mm和0.01mm以下的微小气泡相对使用碎玻璃小于35%的各增加了多少没有作过对比。大量使用碎玻璃其产量还是可观的，日熔化量为350t的窑，实际日拉成品玻璃为360~390t，当然窑内某工艺参数的调整也起到重要作用。

9.2.4.8 含铁高的碎玻璃的使用

A 颜色玻璃分选现状

使用颜色玻璃在透明白玻中无疑是不行的，但是收购碎玻璃免不了有各种颜色玻璃。按块度分类，大块分选供700t浮法线的选一级大块中没有色玻，但选二级供350t浮法线用的块状中有一定比例（约占1%）的色玻，送去加工成玻璃粉的细玻璃碴（2.5mm以下的）中各种色玻更多些（约占5%~10%），情况不等，人工分选很难选干净。700t浮法线基本上不受色玻璃的干扰，但350t浮法线受色玻干扰大多了。块状色玻入窑的数量时多时少，但每一副料都有。粉状色玻虽然经过混合机混合了，但副与副、班与班、天与天之间存在不均，随细玻璃碴的情况在波动。市场竞争激烈，节约的驱动下有色玻璃也要用。

B Fe_2O_3 含量对引上工艺的影响

铁含量的高低不仅直接影响白玻璃的透明度，对操作也带来一定的困难。引上有一段时间用带色的碎玻璃较多，同时青山冲硅砂 Fe_2O_3 含量又高，使玻璃中的 Fe_2O_3 上升到0.24%~0.27%。过高的铁会使板根硬化速度过快，板根玻璃液过凉，引上三修、四修楼面掉下的小玻璃碴被玻璃板根表面凉皮弹起约200mm高，引上工用铁钩子压板根，费劲才压下一个坑，此时板根黏度不利于引上成型，易断头子，增加上炉次数。铁含量波动过大对板根的稳定不利，但适量的稳定的铁可稳定板根硬化速度从而提高拉引速度。

C Fe_2O_3 含量对浮法工艺的影响

铁含量过高对浮法也有影响。2007年4月中下旬，350t浮法线备用碎玻璃有一批白玻

(量很大)，Fe_2O_3 含量未作分析，肉眼看明显色深(带黄绿色)。选取黄绿色玻璃同浮法 350t 和 700t 窑正在生产的透明白玻同时做透过率(工厂习惯叫透光度) 比较，其结果见表 9-4。

表 9-4　透光度比较

生 产 时 间	取样地点	实测厚度/mm	透过率/%
2007-04-23	350t 窑	3.69	86.55
2007-04-23	700t 窑	3.89	89.03
不　详	外购堆场	3.73	78.88

从表 9-4 透过率测定结果看，外购堆场所取带黄绿色的白玻透过率很差，其生产不好控制。350t 生产线波筋不定位置的粗筋时有时无，局部小波筋几乎长期存在，可能与投入窑内的碎玻璃铁含量变化有关系（或原因之一）。高铁含量的碎玻璃与低铁含量的碎玻璃入窑无规律，高铁含量的碎玻璃入窑遮住了火焰向玻璃液透射热量，不动层降温；低铁含量的碎玻璃入窑火焰向玻璃液透射较多热量，不动层升温；不动层此起彼伏，好比风暴席卷沙丘，不动层受到严重干扰，被带动的玻璃液化学均匀性有变化（同时热均匀性也有差异)，波筋条纹的产生是不可避免的。不动层需要稳定的热源（火焰热辐射)，Fe^{3+} 和 Fe^{2+} 比例也需要稳定的热源。降低硅砂用量以减轻或消除波筋的动作是没有作用的。卡脖水包冷却不均匀与冷却部稀释风局部过强，也是引起粗筋的原因之一。

颜色深的白玻应少投，且均匀分散投入，使不动层少受或不受干扰，波筋条纹会变轻或消失。控制拉引量不能太大，让其玻璃液充分扩散，此时最忌讳加大拉引量。

在《浅析八机无槽窑热分布与玻璃生产》[23] 这篇文章中，分析测量窑内池壁各处痕迹，推测不动层深浅（或宽窄）与窑内热分布密切相关，热分布与液流状态密切相关，液流状态造就了流动痕迹（受地质专家考察干涸河床，河岩痕迹反映了水流各种信息的启示)。拉引稳定的机台，其引上窑热分布对称，不动层两边形状正常。拉引作业不稳的机台，其热中心线偏离引上窑中心线尺寸大，其不动层奇异（一边深一边浅，局部可能有漩涡)。实测 1 号、8 号机引上窑热中心线偏离引上窑中心线最少；2 号、7 号机引上窑热中心线偏离引上窑中心线稍大；3 号、6 号引上窑热中心线偏离引上窑中心线较大；4 号、5 号机引上窑热中心线偏离引上窑中心线最大。所以 1 号、8 号机称为傻瓜机，引上作业十分稳定，不用人管，这是厦门玻璃厂引上操作工的共同认识（并起名为傻瓜机)；2 号、7 号机比 1 号、8 号机差；3 号、6 号机比 2 号、7 号机差；4 号、5 号机作业最差。八机窑这个特殊的“河床”分叉多，拐弯多，峡谷多（卡脖、引砖两头)，涵洞多（桥砖下、引砖下)，玻璃液因铁含量变化大而流动十分复杂（PPG 公司在透明白玻璃中加铁粉调节以稳定铁含量达到稳定液流)。对应机台存在差异，以 3 号、6 号机为例（图 9-1)，其热分布随之也有差异。3 号机热中心线偏西，C 型砖（桥

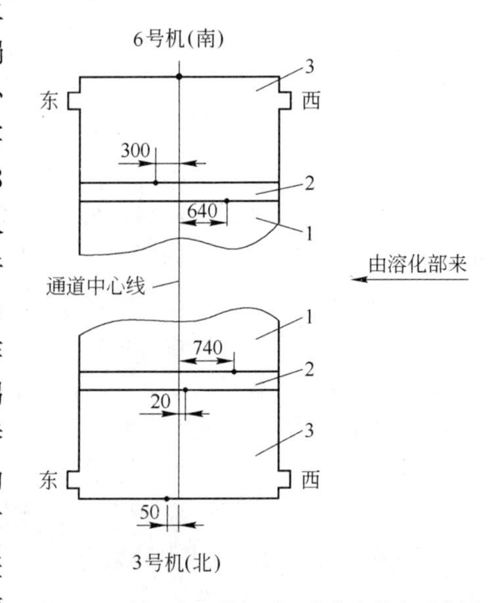

图 9-1　6 号机和 3 号机引上窑热点分布示意图
1—通道；2—C 型砖（桥砖)；3—引上室

砖）外侧（靠通道一侧），热点距通道中心线740mm，而C型砖内侧（靠引上窑一侧）热点距离通道中心线20mm，引上窑端墙热点（偏东）距离通道中心线50mm，最大相差790mm。而6号机C型砖外侧热点（偏西）距通道中心线640mm，C型砖内侧热点偏东300mm，端墙热点在通道中心线上，最大相差940mm。造成6号机三个热点相差较大的原因是6号机引上窑东边靠拉边器附近多加了240mm厚的红砖保温，使引上窑内的热点向东拉偏，而玻璃液从西边流经C型砖，拉大了热点之间的距离，使热中心线扭曲成曲线（或折线）。6号机不好操作，不是大水包挂几块铁板保温能解决的问题。只有将引砖东头抬高（压杠稍轻压），西头压低（压杠稍重压），且将引砖向南倾斜（引砖在引上室内扭着身子安放），生产操作难度大，每次上炉摸索时间长。6号机气泡多（一次气泡也有，二次气泡更多），所以将6号机放倒改为压花玻璃也是原因之一。假若这块引砖脊梁最高点向东偏移，就可以适应引上室热分布，生产可能得到改善。

由此看来：

（1）生产好坏与液流热分布密切相关，液流变化受玻璃中铁含量变化的影响。八机窑使用外购碎玻璃较多（约28%～39%），玻璃中Fe_2O_3含量由0.20%～0.26%变化大，液流不稳；

（2）保温要慎重，保温不得当，使热点分布更不合理，作业恶化。从6号机引上窑东边增加保温得到启示，加强保温其热点可向保温处偏移。不正确的热点分布可通过保温和散热来调整，但只有放水冷修后测得数据，若不改工艺继续再引上生产可得到思路。

根据上述的测定，证实了PPG（六机无槽窑）公司当时说法：1号、6号机保质又保量，2号、5号机保质不保量，3号、4号机既不保质又不保量的根本所在是无槽窑内液流与热分布状态不同。从生产数据统计和窑内测定得到证实（厦门玻璃厂相同无槽窑生产也得出相似的结论）。稳定的拉引反应有稳定的热分布与稳定的不动层，稳定的铁含量又与稳定的不动层密切相关，浮法作业也应如此。

浮法作业其实就是一个通道，只是相当长的通道而已，“河床”无分叉，无拐弯，只有两个“峡谷”，卡脖1个、流通1个，流动简单。浮法生产有3条热中心线：从投料口到流道进口处一条相当长；流道进口到流道出口（唇砖）一条较短；锡槽前到锡槽尾有一条也相当长。因窑炉两边耐火材料尺寸、气孔率的差异，保温层厚薄的差异，密封性的差异，车间门窗对窑两边散热的差异，甚至熔制车间外围建筑物形成气流流动的差异，两边投入的碎玻璃量和铁含量的差异，都会使相当长的热中心线扭曲而变为曲线，不与窑中心线重合，摆板与此有关。前面的不动层的玻璃液两边高低起伏不同，料性变化温差增大，后面的不动层锡液两边高低起伏不同都直接影响摆板，热中心线扭曲得越厉害，摆板幅度越大。尤其熔制车间门窗开度情况不一，两边散热不一，摆板是难免的。熔制车间，尤其在冬天不能随意开启门窗。假若700t浮法玻璃使用碎玻璃多，铁含量不一，时而Fe_2O_3含量高时而低，时而一边投入碎玻璃Fe_2O_3高，时而另一边低，热中心线扭曲是避免不了的，摆板很自然，当然还有别的原因。根据八机窑6号机一块（层）红砖保温的启示，小心对待局部保温或发现不对要改变方案，通过实测240mm厚的保温层过厚，应一薄层一薄层地增加，试找最佳厚度。上述提示，铁含量的稳定对浮法也同样重要。

9.2.4.9 光学性能的影响

光学性能的影响包括透过率影响和光变角影响两方面。

A 透过率的影响

a 着色剂的影响

外购碎玻璃多次重新熔化，各种着色剂的引入，其价态变化是无法控制的，带进有机物（碳）也很高。尤其加工成玻璃粉的那一部分，铁高、着色物质多，烧失量大，气氛难以控制，玻璃粉中 Fe_2O_3 为0.17% ~0.24% 或更高，烧失量为0.35%或更高。玻璃片那一部分无法测试，未计入。

2006 年浮法 350t 生产线生料计算玻璃成分中 Fe_2O_3 一般为 0.12% ~0.133%，加入大量碎玻璃后，玻璃中 Fe_2O_3 取样分析值在 0.136% ~0.175%之间，平均为 0.159%，平均上升了约 0.026% ~0.039%。4mm 玻璃的透过率国家标准规定为 87%，700t 浮法玻璃一般超标约 3%，达到 90%或以上。350t 浮法玻璃大多数未达标，欠 1% ~3%，即 84% ~86%。早有玻璃专家研究，希望铁含量一定，玻璃色调变浅时在配合料中添加有利于增大 Fe^{3+} 离子数量的物质，但尚未见到研究反复熔炼碎玻璃颜色互补的简单方法的报道。

b 非着色剂的影响

碎玻璃中除引入铁等着色剂及过多的碳引起过分还原气氛对玻璃的透过率产生影响之外，所带入的杂质（不能进入玻璃相的小杂物）以固相形态存在于玻璃中。用 300 倍的放大镜看到玻璃中有小脏点或层与层（碎玻璃块与块）之间的交界痕迹或碎玻璃与熔体形成所谓的界面分隔。不仅引起玻璃发脆，同时影响光通过。所以不能把透过率的降低全认定为铁等着色剂造成的。有老厂提出碎玻璃不落地的口号，落地再入窑质量变差，是有道理的。

B 光变角的影响

大量使用外购含铁高的碎玻璃，当生产不正常时，尤其出现粗波筋的光变角几乎为 0，正面可观察到。细波筋的光变角为 35° ~55°不等。用碎玻璃有得必有失，但生产特别不正常的时候并不太多，产品少部分质量有所下降，用在要求低的地方又有销路完全可以生产。

9.2.5 经济效益

产生的经济效益如下：

（1）延长了窑炉寿命。碎玻璃的使用给窑炉带来有利的一面和不利的一面。不利的一面是热修次数加密了，尤其玻璃粉加工过细飞扬对小炉和蓄热室有影响，堵塞严重。有利的一面是池壁受到碎玻璃的保护（或熔化温度的降低），延长了池壁寿命。350t 浮法窑，2001 年 10 月 18 日点火，第 22 个月热修小炉 1 次，第 27 个月热修蓄热室 1 次，第 52 个月又热修蓄热室 1 次，第 60 个月又热修小炉 1 次，第 80 个月放水冷修。设计五年的窑炉多用了一年零八个月，因此，大量使用碎玻璃延长池壁寿命已被证明。

（2）提高了产量。由于大量使用碎玻璃，熔化充分，提高了产量。2006 年 2 月工艺大调整后 3 ~12 月共 10 个月平均日产 389t 成品玻璃（设计日产 350t），平均日超产 39t，10 个月共超产 11700t。其中 8 月和 9 月两个月平均日产成品玻璃 402t（表 6-6），最高纪录日产成品玻璃 413t。总体来讲，益（利）远远大于害（弊）。

9.3 原料及配合料氧化还原因素控制

9.3.1 概述

某厂并没有实施原料成分粒度和化学需氧量 COD（chemical oxygen demand）以及配合料与玻璃液的氧化还原势系统控制，但原料及配合料控制当中也涉及一些系统控制的部分内容：玻璃原料中含有还原性物质——碳以及有机物。生产控制中体会到原料的化学需氧量 COD 值在配合料熔化过程中起着和炭粉一样的作用，在生产中，用芒硝作澄清剂时，计算加入占芒硝用量一定百分比的炭粉，并不考虑原料的 COD 值，无论原料带入的碳量多还是少，其实质都将对生产产生影响。

控制配合料的氧化还原气氛就需要进行量化，称之为配合料的 REDOX 值，控制配合料的 REDOX 值，就是控制配合料的氧化还原性能，使硫澄清的表面活性剂、界面湍动以及排气均化作用都达到最佳效果，从而达到控制生产的目的。

9.3.1.1 某厂原料有机物及其计算

某厂原料所含的还原性物质差别较大。因为没有条件测试，只能通过计算其中的有机物及碳所含比例，为计算碳用量作参考。

A 计算方法

原料的有机物及碳的计算公式如下：

原料的有机物及碳的含量(%) = 原料的烧失量(%) - 分解放出的气体(%)

计算的准确性取决于烧失量和分解气体两项。

烧失量：即化验分析时测试的烧失量，它由有机物和碳的烧损、化合结构水的逸出以及盐类化学结合气体的逸出三部分组成，忽略烧失测试时微量物质的挥发或升华。

分解气体：即化学分析测试温度为 950 ~ 1000℃ 能够分解放出的气体，主要是 CO_2。根据氧化物（CaO、MgO）的分析值换算成 CO_2。

根据上述概念，对长石、白云石、石灰石、硅砂、炭粉进行逐项解释、分析。

钾长石矿的计算：主要误差在烧失量上。某厂钾长石矿物含有较多的化合结构水，因此类矿物含量波动，其烧失量为不确定因素，计算误差大，不能按上述公式计算。因长石用量小，不考虑计算。

白云石的计算：主要误差是白云石矿物中有一定量的含化合结构水的矿物，但与主要成分 $CaCO_3$、$MgCO_3$ 比少得多。化学结合气体在 950 ~ 1000℃ 可以完全分解（主要是 CO_2）。硫酸盐中的 SO_2 因硫酸盐矿物含量少、烧失温度低不能分解（在窑内可以分解）。所以白云石的有机物及碳的含量可以按公式计算，但也有一定的误差。

石灰石的计算：优质石灰石矿物中含化合结构水的矿物比白云石矿少多了，可以忽略不计。石灰石的化学结合气体在 950 ~ 1000℃ 完全分解（放出 CO_2）。SO_2 因硫酸盐矿物含量也少，烧失温度低不能分解（在窑内可以分解）。所以优质石灰石的有机物及碳的含量可以按公式计算，误差更小。

硅砂的计算：硅砂中有结构水的矿物几乎没有。化学结合气体主要在碳酸盐矿物中，其量根据硅砂中 CaO、MgO 的量换算。所以硅砂有机物及碳含量完全按公式计算，数据较准确。

炭粉提供物的碳含量用分析值直接表示。

严格地说，各种原料在化学分析时的烧失量与在窑内烧失量不同。因为矿物原料入窑，矿物中的水应包括吸附水、结晶水、沸石水、层间水和化合水，在窑内高温下排出逸到空间的水都应算作烧失量范围，但是这一问题十分复杂。尤其是长石矿：有蛋白石，蛋白石中的吸附水；有石膏，石膏中的结晶水；有蒙脱石，蒙脱石中的层间水；可能还有钠沸石，钠沸石的沸石水；应该在化学分析时包括在烧失量之列。但矿物中化合水（结构水）以 $(OH)^-$、$(H_3O)^+$ 离子形式参加矿物晶格的水如高岭石 $Al_4(Si_4O_{10})(OH)_8$ 等，在化学分析烧失量 950～1000℃温度范围不一定逸出，可是窑内有可能逸出，这部分就没有计入烧失量之列。还有碳酸盐矿物中硫酸盐中 SO_2 气体分解（窑内、窑外）差异，所以上述计算公式是近似公式。对于不同原料其误差不一样，长石矿物结构最复杂，白云石矿物有点复杂，优质石灰石矿物较单一，硅砂结构更单一，所以下述的计算结果表示方法不一样（关于烧失量的计算参见 7.2.4 节）。本节烧失量的讨论是从计算有机物及碳含量方面去考虑，第 7 章烧失量的讨论是从计算熔成率的方面去考虑，但两者存在联系。

B 原料的有机物及碳含量

根据上述分析及碳含量计算公式以及日常化学分析烧失量及成分分析统计数据，计算得出某厂原料有机物及碳的含量如下：

（1）硅砂有机物及碳的含量。硅砂有机物及碳含量汇总于表 9-5 中。

表 9-5 硅砂有机物及碳的含量 （%）

原料名称	平均值	最高值	原料名称	平均值	最高值
A 号硅砂	0.247	0.629	C 号硅砂	0.293	0.5
B 号硅砂	0.247	0.629	D 号硅砂	0.444	0.55

从表 9-5 中硅砂有机物及碳含量平均值数据看，其规律是按硅砂中 SiO_2 含量的高低排列，即 A 号（B 号）＜C 号＜D 号。也就是说 D 号硅砂 SiO_2 含量最低则有机物及碳就多，硅含量高的硅砂（A 号、B 号最高）有机物及碳就少。运输距离上看其规律是运距远的污染大（最高值高）：A 号、B 号（730km）＞D 号（600km）＞C 号（32km）。运输方式上看其规律是火车污染＞轮船＞汽车：即 A 号、B 号(汽车＋火车)＞D 号(汽车＋轮船)＞C 号(汽车)。

（2）碳酸盐矿物原料的有机物及碳含量。白云石、石灰石有机物及碳含量汇总于表 9-6中。

表 9-6 白云石、石灰石矿物原料的有机物及碳含量 （%）

原料名称	一 般	最高值	原料名称	平均值	最高值
某地白云石	0.0076～0.586	1.167	灵山石灰石	0.101	1.049
临湘白云石	0.09～0.547	1.146	王屋山石灰石	0.205	1.323

从表 9-6 中数据看也有规律：两种白云石相比，临湘白云石的有机物及碳含量变化略小于某地白云石，不仅与矿源有关，还与操作（清扫车皮习惯）有关。两种石灰石相比，灵山石灰石有机物及碳的含量变化小于王屋山石灰石，属矿源差异造成的，两地石灰石矿

址仅隔 10km，多点采购对生产不利（不易掌控）。

（3）炭粉提供物的平均碳含量。烟道灰和焦炭粉平均碳含量见表 9-7。

表 9-7 烟道灰和焦炭粉平均碳含量 （%）

原料名称	平均碳含量	原料名称	平均碳含量
烟道灰	66.39	焦炭粉	80.77

9.3.1.2 参考依据

配合料的氧化还原因素控制即 REDOX 值控制，因为没有把组成配合料中所含的还原性物质换算成等当量的碳，来参与配合料中炭粉、芒硝计算。调整原料与炭粉用量互不相关，即调整原料其中所带入的碳改变了，并不调整炭粉用量，调整炭粉用量并不考虑原料中有多少碳，或调整芒硝用量，并不考虑其他氧化性因素。炭粉用量一般紧跟芒硝量而变。

芒硝用量参考专家们推荐的 2000kg 硅砂加入芒硝 20 ~ 22kg，炭粉用量占芒硝的 4%，再在生产中摸索调整，增减炭粉用量的参考就是各原料中含有的平均有机物及碳的量。纯碱没有计算有机物及碳的含量。长石因有化学结构水，有机物及碳的含量误差太大。白云石、石灰石计算了有机物及碳的含量，但改变量不大。所以纯碱、长石、白云石、石灰石并没有参考，只是换砂变化大，才参考一下碳的含量增减问题。硅砂粒度波动，尤其是 D 号硅砂碳的量变化也无法计算。只能考虑参考多年来的平均数，应分批跟踪测试才对，才可真正了解各原料的 COD 值。

下面就从玻璃气体的产生及气体的溶解度入手，讨论澄清及影响因素控制以及气氛色调控制，并结合生产数据进行实例分析。

9.3.2 玻璃中气体的产生与气体的溶解度

9.3.2.1 气体产生

配合料在窑内进行硅酸盐形成与玻璃形成阶段中，由于盐类分解、部分组分挥发、氧化物的氧化还原反应，玻璃与气体介质及耐火材料的相互作用等原因而析出大量气体。其中大部分气体逸散到空间，剩余的气体大部分溶解于玻璃液中，只有少部分气体以气泡形式存在于玻璃液中。也有某些析出气体与玻璃液中某种成分重新结合形成化合物。因此，存在于玻璃中的气体主要有三种状态，即可见气泡、溶解的气体、化学结合的气体。

此外，还有极少量吸附在玻璃熔体表面上的气体。条件不同（玻璃组成、原料种类、炉气性质和压力、熔制温度），在玻璃液中的气体种类和数量也不相同。常见的气体有 CO_2、O_2、N_2、H_2O、SO_2、CO 等，还有 H_2、NO、NO_x 及惰性气体。这些气体主要来源于配合料的分解、挥发及氧化还原反应，少数来源于炉气。

9.3.2.2 气体分类及气体的溶解度

A 气体的分类

a 物理溶解气体

物理溶解气体就是气体与玻璃组成之间不发生任何化学作用，N_2 和惰性气体就是物理溶解气体，它在玻璃液中的物理溶解度主要与温度有关。在高温下（1400～1500℃），气体的溶解度比低温（1100～1200℃）时低。所以在熔制光学玻璃时，在澄清结束后，可以通过降低玻璃温度提高气体在玻璃液中溶解度的方法来消除微气泡。

b 化学结合气体

化学结合气体就是能与玻璃液化学结合的气体，如 SO_2、H_2O 等极性气体及 CO_2、SO_3、O_2 等非极性气体，其中 CO_2、SO_3 与玻璃中的 R_2O 和 RO 结合成为碳酸盐或硫酸盐而残存于玻璃液中。使用芒硝作澄清剂的玻璃中会残留少量的 SO_3。非极性气体 O_2 常常与玻璃中的变价氧化物形成高价氧化物。极性气体 CO、非极性气体 H_2 具有很强的还原性，因而可以使玻璃中的变价氧化物还原成低价氧化物，本身被氧化成 CO_2 或 H_2O。

B 气体的溶解度

影响气体溶解度的因素如下：

（1）温度。一般来说，化学结合气体在玻璃液中的溶解均在一定温度下有一个极大值。低于这一温度时，随着温度提高，溶解度提高；高于这一温度后，随着温度提高，逐渐受热分解，溶解度降低。

（2）化学组成。O_2 在玻璃液中的溶解度首先取决于变价离子的含量。当玻璃熔体中完全没有变价氧化物时，O_2 在玻璃中的溶解度微不足道。SO_3、CO_2 在玻璃液中的溶解度主要取决于 R_2O、RO 的含量，能与 CO_2、SO_3 形成分解温度较高的碳酸盐或硫酸盐时的 RO 和 R_2O 的含量越高，玻璃液吸收 CO_2 或 SO_3 的能力越大，CO_2 或 SO_3 的溶解度就越高。

（3）炉气气氛压力。如 H_2O 在玻璃液中的溶解度随炉气中水蒸气分压、配合料水分的增高而增大。极性气体水分子的溶解对吸附其他气体如 CO_2 可能更为有利，对澄清效果有类似 SO_2 的作用。

期望在熔化及澄清阶段尽可能做到少含溶解的气体，使玻璃在澄清后不会受到各种因素的影响又重新出现气泡。

气体在玻璃中的溶解与析出，总脱离不开玻璃组成成分的种类及含量稳定，与温度有关，与炉气有关。作为原料工程师如何使玻璃组成成分的种类及含量稳定是重点，气体溶解度与温度有关应是熔化工程师思考的问题，但也与原料工程师选料、配方密切相关。

9.3.3 澄清剂

9.3.3.1 澄清剂的作用和澄清剂种类

A 澄清剂的作用

为了加速玻璃的澄清过程，除了提高澄清温度，控制好玻璃组成，控制好熔化操作以外，最常用的方法是在配合料中添加少量澄清剂，这些澄清剂能在高温下本身气化或分解放出气体，使气泡长大，从而促进气泡排除。

使用澄清剂可以较易得到无气泡玻璃，但是这些玻璃的气体总量比不用澄清剂熔化的不合格玻璃还要多。因此，澄清剂不能帮助玻璃去气，只能用来帮助玻璃去泡。实践证明，当配合料没有澄清剂时，在玻璃熔制的最后阶段总存在直径 0.01～0.1mm 的小气泡。

相反，若使用澄清剂时，玻璃液中出现典型的大气泡（0.1~1mm），气泡的体积增加几十倍。并且使用澄清剂时，气泡中所含气体大多来自澄清剂本身所分解的成分。当用硫酸盐作澄清剂时，99%的气泡中都含有 SO_2 或 O_2，也就是说玻璃中只有1%的气泡不含 SO_2 和 O_2 气，只含 CO_2、H_2O 或很少很少的 N_2。

B 澄清剂的种类

传统澄清剂如下：

（1）有变价氧化物澄清剂如 As_2O_3、Sb_2O_3、CeO_2 等。

（2）硫酸盐澄清剂如 Na_2SO_4、K_2SO_4、$ZnSO_4$、$SrSO_4$、$CaSO_4$、$BaSO_4$、$PbSO_4$、$Al_2(SO_4)_3$ 等。

（3）卤化物澄清剂如氟化物、氯化物、溴化物、碘化物。

新型及复合澄清剂：

焦锑酸钠澄清剂、硫锑酸钠澄清剂、砷锑酸钠澄清剂及其他新型复合澄清剂。

平板玻璃生产一般用硫酸盐澄清剂，下面只讨论硫酸盐澄清剂中的芒硝 Na_2SO_4 澄清剂。

9.3.3.2 硫酸盐澄清剂——芒硝

A Na_2SO_4 的分解和 SO_2 的溶解

a 分解

硫酸钠单独存在时的热稳定性是很高的，它在1850℃的分解压才能达到1bar（0.1MPa）。在玻璃生产中引用它作为澄清剂（同时也是氧化剂），它在玻璃中分解因其环境成分不同，其分解温度降低了。有人认为它在玻璃中1440~1470℃分解，但王承遇的书中认为它的分解温度是大于1200℃，分解后产生 O_2 和 SO_2，见化学反应式9-2，对气泡的长大与溶解起着重要作用。

$$Na_2SO_4 \xrightarrow{\text{高于}1200℃} Na_2O + SO_2 + \frac{1}{2}O_2\uparrow$$

或

$$2Na_2SO_4 \xrightarrow{\text{高于}1200℃} 2Na_2O + 2SO_2 + O_2\uparrow \tag{9-2}$$

b SO_2 的溶解

式9-2中生成的 SO_2 和 O_2 一部分直接形成气泡，另一部分先溶解于玻璃中（SO_2 在玻璃中的溶解机理：SO_2（气体）$+1/2O_2$（气体）$=SO_3$（气体），O^{2-}（熔体）$+SO_3$（气体）$\rightleftharpoons$ SO_4^{2-}（熔体）），它增加了该气体在玻璃液中的饱和度，而后经过扩散渗透进入气泡中，使气泡长大。

B 溶解度的影响

具体如下：

（1）受条件限制：SO_2 在玻璃液中饱和程度受玻璃液成分、熔窑空间气氛、配合料氧化还原性影响很大，氧化性越强越利于 SO_2 在玻璃中的溶解。

（2）受温度限制：硫酸钠是一种高温澄清剂，它的澄清作用又与玻璃熔化温度密切相关。在低温熔化时，SO_3 对玻璃液的澄清过程几乎没有影响，温度越高它的澄清作用就越明显。

在1400～1500℃时，就能充分显示硫酸盐的澄清作用，如图9-2所示（见《玻璃工艺原理》[39]一书第237页、《玻璃制造工艺》[32]一书第126页和《无机材料工艺学》[34]一书第300页）。

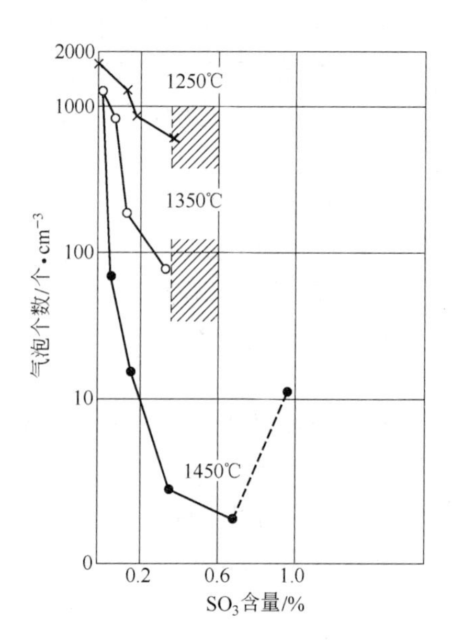

图9-2 气泡数量与SO_3含量和温度的关系

9.3.3.3 硫酸盐澄清机理

A 主要作用及其机理

硫酸盐在钠钙硅玻璃的熔化和澄清过程中主要起三个作用。

（1）表面活性剂的作用。王承遇的书中硫酸钠熔点为844℃（其他书中884℃），在硅酸盐液相生成温度（约1038℃）时，硫酸盐几乎不与硅酸盐熔体互溶，而是集聚在所有熔体-固体界面和熔体-气体界面上。硫酸钠熔体流动性很好，能促使固态的配合料颗粒熔蚀得更快，也能促使气泡更快地从熔体中排出，这种功能类似于表面活性剂。

（2）界面湍动作用。大约1288～1326℃时，硫酸钠开始明显热分解，有些分解产物（主要是Na_2O）能溶解于玻璃液，越过硫酸盐与玻璃液之间的界面被传到玻璃液中。这种物质传递方式不是单纯的扩散和对流，是一种独特的界面湍动（可能是电子云之间的高速碰撞），伴随着高速率的物质传递，它搅乱了液相之间的界面张力，释放大量能量，起着微观的混合和均化作用，这远非窑内玻璃液的回流、对流、鼓泡、机械搅拌等所能比拟的。

（3）排气均化作用。随着温度的继续升高，大约1425～1475℃时，硫酸钠分解产物的分压达到并超过一个大气压，产生一种全新的气泡生成机制。气泡携带熔体中已有的气泡上升，同时把Na_2O从富集区域传递到熔体表面，因而在澄清的同时均化了玻璃。

B 排泡作用机理

上述产生一种全新的气泡生成机制，气泡携带熔体中已有的气泡上升。这应是硫酸钠澄清的核心内容，其机理介绍如下。

在高温下，Na_2SO_4分解产物SO_2和O_2分压达到1atm(1atm＝101325Pa)以上，直接形成气泡的极性SO_2气体分子的偶极矩增大（或变形性增强），大大增加了气体SO_2与其他气体（如CO_2、H_2O、O_2等）分子之间的范德华力，或SO_2被激化加速去碰撞，使气体SO_2吸附结合更多的CO_2、H_2O、N_2等气体增大体积而形成较大气泡而逸出。但是在高温下极性气体分子之间的取向力更弱，范德华力的作用范围约只有几个埃($1Å = 10^{-10}m$)，尽管气体分子之间尚有熔体——众多的离子型晶体（MgO、CaO等）和原子型晶体（SiO_2）相隔或阻挡或重新结合复原，只要气体分子相遇，微弱的范德华力仍然会起吸附结合作用，微弱作用力往往是巨大的。

硫元素核外电子层结构是$1s^22s^22p^63s^23p^4$，符合洪特规则，但在高温长时间受激发，核外电子层的电子跃迁发生能级变化充填高能级轨道，构成新的（或短暂）电子层结构，也会呈现特殊作用（碰到其他气体会进入其他轨道）。类似如萤石珠在光照作用下氟元素核外电子跃迁到高能级，当光照结束后，高能级电子回到低能级释放能量而呈现夜光特性。硫酸钠高温澄清作用与上述电子能级变化有关，尚未逸出的气泡，99%有 SO_2（O_2）进占就是证据。

直接形成气泡的部分当 SO_2 分压达到并超过 1atm 时，SO_2 气体加速去碰撞其他气体（不论以什么形式），这是澄清的决定性因素。尤其在到达液面层（温度最高），随液深变浅和对流作用而在瞬间高速碰撞而立即逸出液面。以液面为临界，液面之下各气体分压均超过一个大气压，液面之上空间为微正压（几乎接近 1atm），这个里外压差起了排泡的重要作用。

另外，另一部分分解产物 SO_2 因其分压大于 1atm 而先溶解于玻璃中（SO_2 气体 + $1/2O_2$ 气体══SO_3 气体，O^{2-} 熔体 + SO_3 气体⇌SO_4^{2-} 熔体），经过熔体扩散（高温熔体黏度小，利于扩散），因是可逆反应，SO_4^{2-} 熔体扩散后 SO_3 气体又析出，部分 SO_3 渗透进入气泡中。

而大部分 SO_3 析出后变为 SO_2 的途径有四：一是 SO_3 在 1100℃以上完全分解：SO_3 气体→SO_2 气体 + $1/2O_2$ 气体；二是 $SO_3 + CO \rightarrow SO_2 + CO_2$（因窑内气氛中或玻璃液里总有 CO）；三是 $2SO_3 + C \rightarrow 2SO_2 + CO_2$（因芒硝配合料中总有 C 存在）；四是 $3SO_3 + Na_2S \rightarrow Na_2O + 4SO_2$（玻璃液里总有 Na_2S 存在）。四种途径产生的 SO_2 渗透进入其他气体（泡）（H_2O、CO_2、N_2 等）里，增大体积而成为较大气泡上浮逸出。

气体密度小，气体扩散（迁移）直线上升较容易，气体斜向迁移或横向迁移（扩散）较难。但熔体横向迁移（扩散）比气体容易，借助于熔体对流或横向迁移（扩散）后又可逆生成 SO_3，SO_3 经四种途径变为 SO_2，大大增加了 SO_2 在熔体中的均布，增加吸附其他气体的几率，发挥 SO_2 的上述范德华力结合作用和其他气体并轨作用而加强澄清。

熔体的离子交换其实质上是一个扩散过程，扩散总是由浓度大的向浓度小的方向进行。熔体（SO_4^{2-}）的扩散起了“运输” SO_3 或 SO_2 的工具或作用，熔体 SO_4^{2-} 是特殊的载体，是机动性很强的特殊载体（它可绕过阻挡越过障碍），大大增加 SO_2 均匀分布是全新的气泡生成机制。

对于澄清剂促进气泡长大的机制有人解释如下：

澄清剂的作用实质在于向气泡中强烈地析出所分解的气体，促进气泡长大。对于澄清剂析出的气体进入气泡的途径，通常认为，在澄清剂所析出的气体总量中，一部分直接形成气泡，另一部分先溶解于玻璃液中，它增加了该气体在玻璃液中的饱和度，而后经过扩散，渗透进入气泡中，使气泡长大。

也有人认为澄清剂析出的气体向气泡渗透的速度主要取决于吸附现象。澄清剂也是表面活性物质，能降低玻璃液的表面张力，澄清剂的分子被吸附在气泡表面上而形成吸附层。在高温作用下吸附层发生裂解，气体随之进入气泡中。在吸附层裂解的同时，由于吸附力的作用，在气泡表面的吸附层不断恢复。吸附层的不断裂解与恢复，是造成气泡迅速长大的原因。

作者认为，促进气泡长大，气体分子或气泡相互吸附是首要的条件，也就是说要它们靠近在一起，才有可能渗透进入气泡中使气泡长大。促进它们靠近的宏观动力是热对流、扩散、还有 SO_2 气体及其他气体分压压力的作用。微观动力是澄清剂芒硝 Na_2SO_4 的表面活性剂作用力和界面湍动作用力。宏观的和微观的缺一不可。宏观动力提供了气体之间各方向的碰撞机会，微观动力是气体间渗透的动力。

9.3.4 还原剂及硫酸钠澄清总结

9.3.4.1 还原剂种类

目前国内生产透明白玻璃使用的还原剂主要是以炭粉为主，包括发生炉煤气站产生的烟道灰和钢铁厂使用的焦炭等。其次是石油焦。焦炭在高温时保持能力比煤粉保持能力强。国外玻璃企业采用高炉炉渣。

9.3.4.2 还原剂的作用

硫酸盐作澄清剂一般需要与炭粉配合使用。炭粉的作用有两点：考虑在澄清后期帮助多余的硫酸钠分解，防止形成“硝水”而影响玻璃质量，不再强调代碱及吃浮碴，芒硝用量大大减少，这个作用已不再突出了。考虑在熔化初期帮助降低 Na_2SO_4 的分解温度，使部分芒硝提前（800～900℃）分解，发挥助熔和澄清作用，见式 9-3 和式 9-4。

$$Na_2SO_4 + 2C \longrightarrow Na_2S + 2CO_2\uparrow \tag{9-3}$$

$$3Na_2SO_4 + Na_2S \longrightarrow 4Na_2O + 4SO_2\uparrow \tag{9-4}$$

按式 9-3 反应，1 个 Na_2SO_4 和 2 个碳反应生成 1 个 Na_2S，若按式 9-4 反应，1 个 Na_2S 又需要 3 个 Na_2SO_4，正在发生反应的地方，此时没有那么多芒硝、炭粉或温度、气氛条件限制，式 9-4 不能继续反应下去，芒硝只能部分分解。炭粉与芒硝的还原反应产物 Na_2S 就是所谓的还原性硫。力求控制式 9-4 尽可能进行完全，以保证 Na_2O 的良好助熔和 SO_2 的良好澄清效果。

9.3.4.3 Na_2SO_4 澄清总结

到此为止，芒硝（硫酸钠）的澄清作用可以理解为：

（1）Na_2SO_4 在碳的作用下生成 CO_2、SO_2。Na_2SO_4 在高温条件下产生 SO_2、O_2。共生成三种气体，增加了气体含率。CO_2、SO_2、O_2 都起澄清均化作用（式 9-3、式 9-4 和式 9-2）。

（2）Na_2SO_4 的分解可以人为控制在两种温度场合下进行，低温（初熔阶段）分解和高温分解。低温分解一部分（在碳的作用下）放出 CO_2 和 SO_2（式 9-3 和式 9-4），发挥低温助熔和低温澄清作用。高温分解（主要的）放出 SO_2 和 O_2（式 9-2），发挥高温助熔和高温澄清作用。

（3）高温熔融的特殊意义，高温熔融的 Na_2SO_4 的表面活性剂及界面湍动作用，降低熔体表面张力，更便于排气泡，是其他方法不可比拟的。

（4）Na_2SO_4 高温分解发挥 SO_2 特殊的高温澄清作用及借助熔体的扩散和可逆反应充分使 SO_2 均布，从而发挥 SO_2 的澄清作用。

说到底，Na_2SO_4 的澄清作用不仅仅是分解或生成的 Na_2O 的助熔作用，更重要的是熔融态的 Na_2SO_4 的 SO_4^{2-} 离子活性湍动作用，最重要的是 SO_2 气体的吸附特殊排泡作用，还有 O_2 的排泡作用，一起构成芒硝（硫酸钠）的澄清的特殊作用。

9.3.5 澄清剂、还原剂与气氛控制

9.3.5.1 硫-碳控制

A 硫-碳控制着硫的溶解度

在硫酸盐澄清中，碳控制着硫酸盐还原为硫化物（式9-3），硫化物或碳又控制着硫的溶解度（式9-4），也就是SO_3（SO_2气体+1/2O_2气体═SO_3气体）的溶解（O^{2-}（熔体）+SO_3（气体）═SO_4^{2-}（熔体））度与温度、玻璃的氧化-还原状态有关，随着温度的升高，硫的溶解度降低，当温度保持不变时，溶解度随$Fe^{2+}/(Fe^{2+}+Fe^{3+})$比例增加而减少。

B 硫的溶解度变化联系气泡

若生产中氧化-还原状态控制不好，使$Fe^{2+}/(Fe^{2+}+Fe^{3+})$比例控制范围波动值变大，造成窑内硫溶解度梯度的变化，产生气泡。$Fe^{2+}/(Fe^{2+}+Fe^{3+})$比值代表玻璃的REDOX值，玻璃液的REDOX值的变化，意味着气泡变化。

9.3.5.2 碳-氧控制

A 碳-氧控制着气氛

为了充分发挥澄清剂的作用，提高玻璃质量，除配以适量碳外，横火焰池窑熔制钠钙硅酸盐玻璃时一般分三个区域控制窑内气氛。在第一、二对小炉保持还原性气氛，避免炭粉在高温下过早氧化（烧掉）。在“热点”附近的第三、四对小炉保持中性气氛，以利于提高温度，加强澄清。在最后两对小炉保持氧化气氛，烧掉多余的炭粉。

B 气氛变化联系着玻璃透光度

在最后两对小炉保持氧化气氛，烧掉多余的炭粉，并且使杂质铁氧化成高价铁（$4FeO+O_2 \rightarrow 2Fe_2O_3$），提高玻璃的透光度，否则过多的碳使铁还原成低价铁（$2Fe_2O_3+C \rightarrow 4FeO+CO_2\uparrow$），影响透光度。

综上所述，配合料中的还原剂要与配合料的澄清剂相匹配，窑炉空间气氛要与配合料的氧化还原因素相匹配，要作为整体控制。换言之，配合料、玻璃液从投料口开始向后，硫和碳按玻璃理论专家们的意图参与化学反应，相应的窑炉空间不同部位，氧有不同的安排，硫-碳-氧相匹配。量多了不行，少了不行；反应早了不行，迟了也不行。技术上困扰着玻璃生产人员，控制难度大，但必须控制。

9.3.6 芒硝和炭粉的影响

9.3.6.1 芒硝和炭粉含量的影响

A 配合料中芒硝含量影响

具体如下：

（1）芒硝含量过高，在玻璃板面上产生白色实心“芒硝泡”。过量的芒硝以液态的硫酸钠存在于玻璃熔体中，冷却后部分凝固成晶体形成芒硝结石。

（2）芒硝含量过低，澄清过程中分解的气体量少，漂浮上移力量小，使气体残留在玻璃中，形成大量的澄清不良气泡。

B 配合料中炭粉含量的影响

在芒硝含率一定的情况下：

（1）炭粉含量过高时，在熔化初期大量的炭粉与芒硝反应，使芒硝提前分解过多，造成后期澄清不良，产生澄清气泡或液珠泡。

（2）炭粉含量太高时，使玻璃液中的 Fe_2O_3 被还原成 FeO，使玻璃变成蓝色，还会使 Fe_2O_3 还原成 FeS 和生成 Fe_2S_3 与多硫化钠形成棕色的着色团——硫铁化钠，使玻璃着成棕色。相关反应方程式见式 9-5 ~ 式 9-10：

$$2Fe_2O_3 + C = 4FeO + CO_2\uparrow \tag{9-5}$$

$$3Na_2S + Fe_2O_3 = Fe_2S_3 + 3Na_2O \tag{9-6}$$

$$Na_2SO_4 + 2C = Na_2S + 2CO_2\uparrow \tag{9-7}$$

$$Na_2S + Fe_2S_3 = 2NaFeS_2 \tag{9-8}$$

$$Na_2S + FeO = FeS + Na_2O \tag{9-9}$$

$$Na_2S + FeS = Na_2FeS_2 \tag{9-10}$$

（3）炭粉含量过低时，炭粉过快地消耗（烧掉），使 Na_2SO_4 不能充分分解，造成芒硝过剩形成“硝水”，容易造成玻璃表面芒硝斑和玻璃中芒硝结石。炭粉含量太低，玻璃液呈现强氧化气氛，Fe^{2+} 离子数量几乎为零，使玻璃变成油菜花黄色。

因此，炭粉含量应与芒硝量相匹配。

9.3.6.2 芒硝和炭粉粒度的影响

A 芒硝粒度影响

具体如下：

（1）芒硝粒度太粗，配合料均匀度不高，使澄清剂分布不均匀，澄清时气泡不能全部排除，形成一次气泡。

（2）芒硝粒度现状：不同产地芒硝粒度见表 9-8 ~ 表 9-11。

表 9-8 产地甲的芒硝粒度

粒径/mm	+2.0	+1.25	+0.9	+0.59	+0.45	+0.335	+0.225	+0.154	+0.113	-0.113
质量分数/%	12.7	0.4	0.4	0.4	0.5	1.0	3.2	17.4	43.1	20.9

表 9-9 产地乙的芒硝粒度

粒径/mm	+0.9	+0.45	+0.282	+0.19	+0.154	+0.125	+0.113	-0.113
质量分数/%	0.15	0.1	0.59	4.35	12.67	16.77	13.2	52.13

表 9-10 产地丙的芒硝粒度

粒径/mm	+0.85	+0.45	+0.125	+0.113	-0.113
质量分数/%	0	0.08	15.85	9.5	74.57

表 9-11 产地丁的芒硝粒度

粒径/mm	+0.9	+0.45	+0.154	+0.113	+0.102	-0.102
质量分数/%	36 粒	0.06	6.41	60.51	20.48	12.34

这与芒硝粒度要求：+0.9mm 占 0，0.9～0.154mm 大于 75%，－0.154mm 小于 25% 不符。有的粗粒超标，大多细粒超标，也有粗细都超标的。

B 炭粉粒度影响

具体如下：

（1）炭粉粒度太粗：不易与芒硝混合，局部碳多，影响其还原性的发挥。

（2）炭粉粒度太细：1 号小炉温度过高，氧化性过强时，配合料刚一入窑，炭粉被烧掉的比例就大，真正能与芒硝起还原反应的炭粉占总用量的比率可能会更低（炭粉有效用量最多不超过 60%）。太细易飞扬，参与还原反应的量不足。

（3）炭粉粒度现状。炭粉粒度分析见表 9-12。

表 9-12 炭粉提供物粒度分析

<table>
<tr><th>粒径/mm</th><th>+1.6</th><th>+1.25</th><th>+0.9</th><th>+0.45</th><th>+0.282</th><th>+0.19</th><th>+0.154</th><th>+0.125</th><th>+0.113</th><th>－0.113</th></tr>
<tr><td>烟道灰 1/%</td><td colspan="3">1.81</td><td>16.45</td><td>19.02</td><td>12.83</td><td>11.02</td><td>8.45</td><td>4.98</td><td>25.96</td></tr>
<tr><td>烟道灰 2/%</td><td colspan="2">0</td><td colspan="7">56.15</td><td>43.85</td></tr>
<tr><td>烟道灰 3</td><td colspan="2">3mm 2 粒</td><td>0.72%</td><td>4.44%</td><td colspan="3">34.69%</td><td colspan="2">22.21%</td><td>37.94%</td></tr>
<tr><td>焦炭粉</td><td colspan="2">11 粒</td><td>3.97%</td><td>8.69%</td><td colspan="3">48.46%</td><td colspan="2">20.29%</td><td>18.60%</td></tr>
</table>

上述炭粉粒度现状与炭粉粒度要求：+0.9mm 占 0，0.9～0.154mm 大于 70%、－0.154mm小于 30% 不相符，粗粒和细粒量大且波动也大。

9.3.6.3 不确定因素影响

除单独作为原料之一的炭粉外，其他原料及熟料带入的碳也应包括在内。原料和碎玻璃中带入的碳物质有煤、树根屑、稻草屑、面粉袋屑（长石袋）及面粉、橡胶、纸、塑料、木块等，含量波动、粒度也波动，是不确定因素，所以碳的影响最难掌握。还有矿物中少量澄清剂物质也是不确定因素。

总之，硫-碳-氧系统控制难度大，配合料的氧化还原因素控制与熔窑空间气氛控制作整体考虑并非一日之功，变化因素太多，希望有专家控制软件。

9.3.7 芒硝炭粉混合

9.3.7.1 混合的目的及混合方式

A 混合的目的

芒硝（Na_2SO_4）在 1343℃才与 SiO_2 反应。在配合料中加入炭粉可使 Na_2SO_4 分解温度降低到 800～900℃，使一部分 Na_2SO_4 提前分解生成 Na_2S，Na_2S 又与 Na_2SO_4 反应，生成 Na_2O，Na_2O 起到助熔作用。混合的目的是提供芒硝与炭粉化学反应的机会。

B 混合方式

芒硝和炭粉混合有三种方式。

（1）预先混合：就是炭粉、芒硝在专用的混合机内先混合，这是通常做法，人们认为是芒硝和炭粉最好的、最理想的混合。

（2）随机混合：不配炭粉，利用其他原料本身带入的碳在原料配料工序中流动与芒硝混合。如配合料皮带的移动振动，配合料进入中间仓，中间仓流入混合机，大混合机混合（主要的），排料到下料仓，下料仓到原熔皮带，外购碎玻璃带入的碳铺在配合料表面，一起落入窑头仓，投料机投料，都给芒硝炭粉混合提供混合机会。

（3）热力混合：配合料、碎玻璃投入窑内，在高温作用下，液流气流使配合料移动、翻动、流动，提供了芒硝炭粉混合机会。

9.3.7.2　取消配炭粉的尝试

无论怎么混合，混合均匀是相对的，不是绝对的。根据这一思路，某厂350t浮法窑所用碎玻璃中还原剂过剩，煤炭、木屑、纸屑、橡胶块、塑料瓶盖等应有尽有，在料垅"山"处遍地燃烧（被戏称为小山坵失火），因此取消了生料配炭粉。从2002年7月11日~2005年2月24日共两年零7个月不用炭粉配料，芒硝炭粉混合机不工作，芒硝秤直排同其他原料一样进入大混合机混合，这期间的还原剂、着色剂较复杂，生产照常进行。中途2004年5月26~27日两天恢复炭粉预混进行试验，看不出什么变化。证明原料本身带入的碳可以与芒硝混合，无需预混，生产普通玻璃气氛无需准确计量。但高档玻璃各生产环节相互影响，对各参数的变化幅度就得小心慎重。

9.3.8　气氛控制两次事故分析

9.3.8.1　炭粉纯碱事故

A　事故发生经过及现象

2001年1月6日、14：20，一窑两制生产线，纯碱秤、煤粉秤同时出现故障，纯碱秤少称了少许，炭粉秤没有称，1月7日中班20点，玻璃变为油菜花黄色。

紧接着，纯碱秤多称了少许，炭粉秤多称了许多（几倍），持续几天，致使1月8日9日直到14日，玻璃变为蓝色。

纯碱秤炭粉秤修好后，恢复正常称量，15日基本恢复为透明白玻璃。

B　事故分析

设备故障，氧化-还原气氛无法控制。尤其炭粉秤故障，使得碳含量突然从有（每副配合料2.34kg）到无，也即碳含量太少（只有其他原料带入的），玻璃液为强氧化气氛，使玻璃中的铁都着成三价的铁，玻璃显示油菜花黄色，证实9.3.6.1节B中的（3）的观点。当炭粉从无到太高（多称了几倍），玻璃液呈现重度还原气氛，使玻璃中的铁都着成二价的铁，玻璃显示蓝色，证实了9.3.6.1节B中的（2）的观点。连续大强度的变化气氛，造成9d之内出现3种颜色的玻璃，是极典型的气氛试验。炭粉质量必须准确计量和精心操作，就是普通玻璃也不得松懈。

9.3.8.2　芒硝炭粉事故

A　事故发生经过及现象

2005年5月7日、00：30，700t浮法生产线原板开始出现白色大疙瘩，到3点为高潮一片接一片；疙瘩松散发脆为砂状，其尺寸10~150mm不等。持续至8日9点才基本结束，共约9h。

B 事故分析

经查芒硝、炭粉混合机不开门，3～4 副配合料无芒硝、无炭粉，第四副还是第五副一下子排下来，当3～4 副合料无芒硝（干基25kg/副）无炭粉（干基2.5kg/副），熔化不良，出现大量疙瘩。因事故出现在夜间，时间短暂，未观察到玻璃颜色变化。

9.3.8.3 两事故的认识

从上述两件事故中体会到“突变”就是一种最好的试验，工程技术人员应抓住事故发生这一宝贵机会来认识问题。

窑炉气氛对玻璃熔体的影响之大，用德国诺瓦基的话说：“窑炉气氛的作用几乎相当于配合料中的一个组分，必须像对待配合料本身那样精确控制。特别是对火焰的还原程度的波动反应十分敏感的颜色玻璃和硫酸盐玻璃，这种说法是十分恰当的。”气氛控制需如此严格，反过来讲配合料更要精确。上述两事故就是配合料不精确的结果，这个不精确的部分正是直接与气氛相关，不仅成分有变化（Na_2O 含量减少），气氛更是突变。芒硝炭粉事故正表明氧化剂（澄清剂）、还原剂（O_2 和 C）同时变化，起到立竿见影的效果。对待芒硝和炭粉需小心动作，必须准确计量和精心操作。

9.3.9 芒硝、炭粉量控制范围实例分析

本节先简述芒硝和炭粉用量的历史和目前要求，重点分析某厂 350t 窑和 700t 窑生产实际用量及其影响因素分析。

9.3.9.1 历史和现今用量

芒硝的用量应根据玻璃成分及原料情况、熔窑情况、熔化情况等因素而确定。以前设计为 8%（以硝代碱时为 12%～15%），为减少环保污染和增加窑炉寿命，芒硝用量逐步减少，一般控制在 2.6%～4.0%之间，通常定为 3.0%左右，视澄清情况略加调整。

炭粉用量根据芒硝和碳反应方程式（用碳将 Na_2SO_4 完全分解掉），理论计算占 Na_2SO_4 质量的 4.76%。但考虑到还原剂（碳）在未与 Na_2SO_4 反应前一进入熔窑就有部分燃烧损失掉了，以及熔窑气氛的不同性质的参与，配合料的 REDOX 值等因素实际情况进行调整，多数在 4%～6%之间，也有更高的。下面就某厂 350t 浮法和 700t 浮法芒硝的量和炭粉的量进行分析。

9.3.9.2 生产控制实例分析

A 350t 的窑用量分析

分析具体如下：

（1）只考虑外加碳：350t 的窑因碎玻璃用量较大，带入着色剂变化大，碳含量波动大，使氧化剂无法做相应调整。换言之，控制配合料的 REDOX 值是一句空话。根据某厂原料现状，经过生产摸索，芒硝含率控制在 2.25%～2.3%之间。炭粉含率控制在 5.84%～6.04%之间，生产较好，微气泡、气泡、玻璃颜色、疙瘩基本达到较理想的状态。2006 年 350t 浮法芒硝 12kg/1107kg 硅砂，也即是芒硝 10.84kg/1000kg 硅砂，这与专家们推荐芒硝用量（2000kg 硅砂配 20～22kg 芒硝）稍高点；炭粉含率 6.04%稍偏高。

（2）同时考虑部分原料带入的碳：350t 的窑若考虑原料硅砂、白云石、石灰石、炭粉所带入的碳（含有机物），纯碱、长石、碎玻璃带入尚未计入，其每副配合料（生料）总碳量（含有机物）为5.02～6.76kg，这与芒硝用量10～11kg相比，炭粉用量是芒硝用量的约50%。可能C号硅砂含碳易燃烧，保留时间较短。碎玻璃含碳是未知数。碎玻璃占比例62%，含碳是不会低的。可以说350t浮法处于重度还原气氛中生产。

B　700t 的窑用量分析

分析具体如下：

（1）只考虑外加碳：700t 浮法也使用了部分外购碎玻璃，氧化剂-还原剂的变化要小于350t 的窑，相对350t 的窑要好控制一些。根据某厂原料现状，摸索得出700t 浮法芒硝含率控制在2.5%～2.7%之间，炭粉含率控制在3.25%～3.5%之间，生产基本较好。700t 的窑微气泡、气泡、疙瘩相对350t 的窑要多是D号硅砂细粉的影响，混合均匀度欠佳所致。但玻璃透光度相对要好于350t 的窑。700t 的窑玻璃中 Fe_2O_3 含量为0.111%左右，350t 的窑玻璃中 Fe_2O_3 含量为0.136%～0.175%。2006年，700t 的窑芒硝(27～31) kg/2381kg 硅砂，也即是芒硝(11.34～13.02) kg/1000kg 硅砂，与专家们推荐芒硝用量（2000kg 硅砂配芒硝20～22kg）稍高得多一点，炭粉含率3.4%偏低。

（2）同时考虑部分原料带入的碳：700t 的窑若考虑原料硅砂、白云石、石灰石、炭粉所带入的碳（含有机物），不考虑纯碱、长石、碎玻璃带入的，其每副配合料（生料）总碳量（含有机物）为(11.8～12.09) kg。与芒硝用量27～31kg/副相比，约占芒硝用量的39%～44%（碳的概念不同），可见D号硅砂碳含量高，可能又不易燃烧，保持时间较长。这些特性要长时间摸索才知道，配合料的氧化还原因素控制不是一朝一夕就能掌握好的。

C　重点因素分析

从上述两条线的情况看有些难以理解，350t 的窑碎玻璃用量大且还原因素变化大、含碳多，碎玻璃难以澄清，澄清剂反而少，还原剂用量反而多。700t 的窑正好与350t 的窑相反，碎玻璃用量少，好澄清，带入的碳含量也少，还原性弱，可澄清剂用量大些，碳用量还小些。

这里情况需加以说明，350t 的窑所用炭粉是发生炉煤气站的烟道灰，700t 的窑所用炭粉为钢厂的焦炭粉。350t 的窑的烟道灰换算成焦炭粉仍然略高于700t 的窑。这里必定与硅砂有关：350t 的窑掺了粗硅砂C号硅砂熔融后排气泡需要澄清剂少些，C号硅砂含碳少（见本章9.3.1节）需加入碳多。700t 窑用D号硅砂熔融后排气泡需澄清剂多，D号硅砂含碳高，需外加碳少些（还有碳的燃烧速度的差异，证明烟道灰易烧，焦炭粉不易烧）。回到极端问题上去：假若硅砂粒度绝对理想，全部为0.4～0.5mm之间，与绝对不理想，全部小于0.1mm，熔化澄清相比较。同样质量、粗粒硅砂表面积小，细粒硅砂表面积大，细粒硅砂之间吸附的空气多，细粒熔化快，包裹空气形成气泡多，排泡相对难度大，澄清时间长，要想玻璃质量好，后者就得降低拉引量，而前者反而要提高拉引量。

在生产中体会到，气氛控制不是一个定值，也无法做到一个定值，随自己原料、燃料、操作水平而定。调整气氛不能过快，动作过大，包括熔化操作，都要慢慢摸索。国际上没有芒硝只用纯碱也生产过玻璃，国内以硝代碱12%～15%也用过，范围之大均可生产玻璃，具体根据自己的物料摸索。国际上最初只用纯碱生产玻璃并非没有芒硝，只是芒硝量小，因为最初纯碱提纯工艺技术问题，纯碱中仍含一定量的硫酸钠，没有被人们认识其澄清作用，后来人们在生产中逐步认识到硫酸钠的特别作用。

9.3.10 着色剂

9.3.10.1 着色剂的作用及其分类

A 着色剂的作用

使玻璃着色的物质称为玻璃的着色剂。着色剂的作用是使玻璃对光线产生选择性的吸收，呈现一定的颜色。

B 着色剂的分类及浮法玻璃着色剂的特点

根据着色剂在玻璃中呈现的状态不同，分为离子着色剂、胶态着色剂和硫硒化物着色剂三类。浮法玻璃常用离子着色剂，即过渡金属元素和稀土金属元素的化合物，实际生产中，可以根据玻璃颜色的需要，添加不同的着色剂。

过渡金属元素和稀土金属元素着色特点如下：

（1）因过渡金属元素和稀土金属元素均为变价或多价态元素，在玻璃中的价态受玻璃熔制气氛的影响，也许是以多价存在，不易确定为何种价态着色。

（2）单一过渡元素氧化物着色不易控制。需使用多种混合着色，其效果更佳。如钴化合物、铜化合物和铬化合物共同使用，可以制得色调均匀的蓝色、蓝绿色和绿色玻璃；而与锰化合物共用，可以制得深红色、紫色和黑色玻璃等。

（3）稀有元素由于其外层电子结构的特殊性，对可见光的吸收峰形状较尖锐，而且几乎不受外界的干扰作用。因此，稀土离子着色的重现性好，并不随熔制气氛的变化而改变。稀土离子具有复杂的吸收光谱，在不同的灯光下随光照的不同，可呈现不同的颜色。

9.3.10.2 着色剂的颜色及其玻璃着色

着色剂在玻璃中的着色汇总见表9-13。

表9-13 着色剂在玻璃中的着色

着色剂			在氧化气氛条件下使玻璃着色	在还原气氛条件下使玻璃着色
名称	化学式	常温状态颜色		
二氧化锰	MnO_2	黑色粉末	紫色	无色
氧化锰	Mn_2O_3	棕黑色粉末		
高锰酸钾	$KMnO_4$	灰紫色结晶		
一氧化钴	CoO	绿色粉末	略带紫色的蓝色	略带紫色的蓝色
三氧化二钴	Co_2O_3	暗棕色或黑色粉末		
硫酸铜	$CuSO_4 \cdot 5H_2O$	蓝绿色结晶		
氧化铜	CuO	黑色粉末	蓝绿色	蓝绿色
氧化亚铜	Cu_2O	红色结晶粉末	绿蓝色	红色（加热显色）
重铬酸钾	$K_2Cr_2O_7$	黄绿色晶体	黄绿色、淡黄色至无色	绿色
重铬酸钠	$Na_2Cr_2O_7 \cdot 2H_2O$	橙红色晶体		
铬酸钾	K_2CrO_4	黄色晶体		
铬酸钠	$Na_2CrO_4 \cdot 10H_2O$	黄色晶体		

续表 9-13

着色剂			在氧化气氛条件下使玻璃着色	在还原气氛条件下使玻璃着色
名　称	化学式	常温状态颜色		
氧化亚铁	FeO	黑色粉末	黄绿色	蓝绿色
氧化铁	Fe_2O_3	红褐色粉末		
硒	Se	灰色或红色	挥　发	玫瑰红色
硒与硫化镉	Se 与 CdS		无　色	黄色—橙色—红色
硫化镉	CdS	黄色粉末	无　色	淡黄色、橙色、红色
硫	S	黄色晶体	无　色	黄色至琥珀色
硫铁化钠	$NaFeS_2$			黄色或棕色
硫化铁	FeS	暗青铜黄色		黄色或棕色

9.3.10.3 着色剂着色的干扰

原料本身所含或加工运输污染带入的着色物质如铁、铜、铬、硫等元素，称为原有着色剂。生产时外加入的着色物质称为外加着色剂。无论生产无色透明玻璃还是生产有色玻璃，其显色略有差异，不同的书上所写的颜色显示有些不一致，这正是原有着色剂，外加着色剂的纯度、玻璃成分及熔制温度、气氛条件的差异造成的。换言之，不同的工厂或实验室因原料差异、气氛等条件的不同，显色略有差异。统一色调极不容易。

9.3.11 氧化剂

9.3.11.1 氧化剂的定义及氧化剂的种类

要使上述着色剂氧化，就需要氧，在配合料中加入一些在熔制时分解而产生氧的原料称之为氧化剂。氧化剂的引入是提供氧的主要来源，其次配合料颗粒间夹含着空气中的氧气虽说很快逸出，但进入到玻璃液的氧还是有些。燃料燃烧助燃风中的氧与玻璃液面接触进入玻璃液中的氧更少，但也有一点。

作为配合料原料之一的氧化剂有硝酸盐、氧化铈、五氧化二砷及硫酸盐等。它们分解或化合后再分解放出的氧气的温度各不相同。硫酸盐尤其硫酸钠芒硝在高温下才分解放出氧气，发挥下述氧化剂作用，使玻璃颜色变浅或稳定。

9.3.11.2 氧化剂在玻璃中的作用

氧化剂在玻璃中起四个作用：一是防止熔融时某些金属氧化物还原，二是使着色剂保持离子的高价状态以达到要求的颜色，三是使玻璃化学脱色，四是兼有澄清气体的作用。

（1）熔融时某些金属氧化物还原的防止。如原料或碎玻璃中有 PbO，在熔制时，必须在氧化条件下进行（$2Pb + O_2 = 2PbO$），否则 PbO 容易还原为金属铅，使透明的玻璃发黑或变灰，而且金属铅沉积在窑炉底部易造成穿孔。

（2）使着色剂保持离子的高价状态，以达到要求的颜色。例如，三氧化二铬在氧化条件下（同时存在高价铬氧化物 CrO_3）使玻璃着成黄绿色，在强氧化条件下 CrO_3 数量增多，玻璃呈淡黄色至无色（$2Cr_2O_3$（绿色）$+3O_2 = 4CrO_3$（淡黄色）），对生产颜色玻璃而言，避免变成翠绿色。

又如，使硫氧化成无色（S（黄色）$+O_2 = SO_2$（无色）），对生产透明白玻而言，避免变成黄色至琥珀色，同时又多了一点 SO_2 澄清气体。

又如，使过多的碳氧化成二氧化碳（$C+O_2 = CO_2$），对生产无色透明玻璃而言，避免过多的碳与 Fe_2O_3 作用产生 FeO（$2Fe_2O_3 + C = 4FeO + CO_2$）。以减少二价铁。

又如，氧化锰（MnO_2）能分解成无色的一氧化锰和氧（$2MnO_2 = 2MnO + O_2$），一氧化锰着色作用不稳定，必须保持氧化气氛和稳定的熔制温度以保持锰（MnO_2）的稳定着色。对生产着色玻璃而言。假设原料中含 MnO_2（而不是外加的着色剂），当生产无色透明玻璃时也需有稳定的色调。

又如，用铜化合物使玻璃着色，CuO 在氧化条件下变为 CuO_2（$2CuO + O_2 = 2CuO_2$）而成稳定的青色。也是对生产着色玻璃而言。

（3）使玻璃化学脱色。例如，使金属铁氧化成 Fe_3O_4 或 FeO 氧化成 Fe_2O_3（$3Fe + 2O_2 = FeO \cdot Fe_2O_3$，$2FeO + 1/2O_2 = Fe_2O_3$）。对生产无色透明玻璃而言，使 Fe^{2+} 氧化成 Fe^{3+}，玻璃颜色变浅。

（4）兼澄清气体作用。玻璃液中的氧化剂不仅是指得到电子并对其他原料成分起氧化作用的原料，还兼有产生澄清气体的作用。

9.3.11.3 最特殊的氧化剂——Na_2SO_4

Na_2SO_4 是最特殊的氧化剂，不仅在高温时分解放出氧气起氧化剂的作用，它还兼有澄清剂、助熔剂的作用，所以是生产浮法玻璃必选用的原料。

9.3.12 气氛决定气泡和色调

9.3.12.1 气氛决定铁的价态

玻璃生产中，熔窑内氧化还原性受到配合料的性质和燃料燃烧—小炉气氛两重影响。配合料的料性与小炉气氛不相匹配影响就大。无论什么气氛，最终反映到玻璃中杂质铁的价态变化上，也就是气氛变化了，铁的价态也跟着变化。换言之，气氛操纵着铁的价态，铁的价态反映了气氛性质，一个问题两种说法。还原的玻璃所含的铁大多是氧化亚铁。含氧多的玻璃所含铁大多是三氧化二铁。

9.3.12.2 铁价态变化预示气泡变化

玻璃中铁以 Fe^{2+} 和 Fe^{3+} 两种价态存在。两者的比值表征了玻璃氧化-还原状态，比值的波动预示着熔化过程气氛的波动；气氛的波动影响 SO_3 的溶解度；SO_3 的溶解度的波动影响玻璃液排泡澄清。即窑内若 CO 在波动，则 $SO_3 + CO \rightarrow SO_2 + CO_2$ 的反应也在波动，气泡数量有变化；窑内若碳在波动，则 $2SO_3 + C \rightarrow 2SO_2 + CO_2$ 的反应也在波动，气泡数量有变化等，这就是气氛的波动影响 SO_3 的溶解度，继而影响 SO_2 的数量波动产生气泡数量的波动。说到底，气泡数量与气氛有关。测量 Fe^{2+}/Fe^{3+} 的比值，了解窑内气氛，以达到控制气泡数量。铁价态、气氛、SO_3 的溶解、气泡之间存在必然的连锁反应。

9.3.12.3 铁的价态决定色差

Fe^{2+}能强烈地吸收红外线，显示玻璃不同色调。Fe^{2+}的含量对玻璃熔制过程的热传递有明显作用，将直接影响窑内玻璃液的温度分布，从而影响玻璃熔制和澄清。Fe^{3+}能强烈地吸收紫外线，也表现玻璃不同色调。可见光范围Fe^{2+}的着色能力约较Fe^{3+}大15倍。也就是说，铁的价态反映玻璃色调，换言之，铁的价态控制着玻璃色调，玻璃色调反映了铁的价态变化，一个问题两种说法（对不用脱色剂和不含其他变价着色剂的透明白玻而言）。

9.3.12.4 色差的偏移

资料显示，未加脱色剂的钠钙硅玻璃由于含杂质铁而出现色差强度与含铁量及熔化条件有关。在给定的氧分压平衡、熔制温度高而熔体的碱度低时，色差向蓝绿到蓝偏移；当熔制温度降低而碱度增高时，色差向黄绿到黄方向偏移。说到底氧分压、熔炼温度、碱度还是一个氧化还原条件问题，也就是说铁影响玻璃色差与氧化还原条件有关。

9.3.12.5 色差调整

上述提到的色差偏移就是色差变化的规律，掌握配方的色差调整是最难的一项。

若出现较大色差，不想改动窑炉气氛和熔制温度，玻璃液碱度可以调整。在原料铁含量没有变化的情况下，当看到玻璃明显发蓝，可以外加1～2kg/副芒硝；当看到玻璃明显发黄，可以外减1～2kg/副芒硝，24h后取消外加外减的芒硝（或调整酸性氧化物以改变玻璃碱度）。也就是说微微打破一下现有的不正当（不希望）的平衡，以消除色差。其实不调整也会变化，这种不正常的平衡建立稳定时间不长，稍有波动就变了，色调会自动恢复，某厂引上工艺时曾出现过多次。

只调芒硝不调炭粉的理由是：当玻璃发蓝表示Fe^{2+}离子多，这时气氛偏还原，可以减少一点炭粉，让气氛稍稍变氧化一点。但是增加芒硝既增加了氧，又增加了碱度，且芒硝的量进入玻璃液是实质性的量（飞扬和挥发的量远小于炭粉烧掉的量）。而炭粉一投入窑内就有相当部分烧掉了，进入到玻璃液里的量要打折扣，是个虚量。同理，当玻璃发黄表示Fe^{3+}离子多，这时气氛偏氧化，可以增加一点炭粉，让气氛稍稍变还原一点。但是减少芒硝既减少了氧，又减小了碱度，玻璃液实质性地变化了。增加少量炭粉进入窑内过早烧掉的量不易控制。

换句话说，某厂是用氧（进入玻璃液里）来调节玻璃液里面的气氛，从而达到调节色差。改变玻璃气氛要从内部着手，炭粉易燃，一进入窑炉烧掉的比例波动大（包括原料中的碳的种类不同），进入玻璃液里面去的碳（起实质调节气氛的碳）相对较弱，碳含量波动大用量少，调整数量少了不起作用或作用不明显。一般用芒硝（芒硝成分稳定用量比炭粉多）调节气氛而不用炭粉调节气氛。从这个角度出发，生产颜色玻璃气氛控制更要严格，调节动作更要小而慎重，有的颜色玻璃需要氧化气氛，而有的玻璃需要还原气氛，用调整芒硝以改变玻璃液里的氧来调节色差、弥补色差来得稳妥。但往往都用调整炭粉来改变气氛以调节色差。总之就是氧和碳两元素支配气氛。

当玻璃中铁含量一定时，玻璃颜色可以以人们喜欢而稍为调整；希望玻璃永远多带点蓝色，就在配合料中多加点还原剂炭粉。希望得到一定的色调时，不符合要求的色差只有通过物理脱色消除。但是浮法工艺锡槽内需要弱还原气氛（以避免锡氧化），当玻璃进入锡槽内，其 Fe_2O_3 又有部分将还原为 FeO，物理脱色失去意义。超白浮法玻璃原料，铁含量的降低是一项艰巨任务，尤其硅砂降铁其技术值得研究。

操作引上工艺时，熔化和原料各方面操作控制水平较低，出现色差机会比后来操作浮法工艺多，浮法当使用碎玻璃太多且铁含量波动大时也会出现不希望的色差。

9.3.12.6 色差观察

观察色差，以了解玻璃液氧化还原性的变化。没有测试条件，只能用肉眼观察。PPG 六机无槽试生产时，因条件限制曾用简单方法观察玻璃色差。将成品玻璃裁成长 × 宽 = 100mm × 50mm（或 200mm × 100mm）的长方形块，每天定时定点取一片按生产时间顺序排放，叠在一起，置于 1m 长的木头盒子上方的开长条孔处（开口宽度 45mm），让木盒里的日光灯的光线从玻璃切面（厚度方面）照射，见图 9-3，其余方向漏光用黑绒布遮住，夜间可以观察到厚度方向光程穿过 50mm 或 100mm 的玻璃色差。黄色 Fe^{3+} 离子多，蓝色 Fe^{2+} 离子多。通过比色，知道某天窑内气氛是氧化性、还原性还是中性。PPG 六机无槽试生产时和八机无槽生产时多次看到过十分典型的油菜花黄色，但是白天可见光下不易观察到。样品块数多了，总会碰到有典型的蓝色和典型的油菜花黄色，可以作为标准样品进行对比。当许多片叠在一起，总会看到有色差变化，因为窑内气氛保持不变（无波动）很难，尤其新厂新手操作，生产波动、原料含铁量较大变化、炭粉有较大变化或芒硝炭粉同时出现事故时可以取到（碰到）较明显色差样品，几天没有色差说明几天窑内玻璃氧化还原性稳定无变化。仪器测定更方便，肉眼比色更直观，及时取样观察及时了解气氛变化。某厂 350t 的窑大量使用带色的碎玻璃，观察玻璃色差变化意义更大。

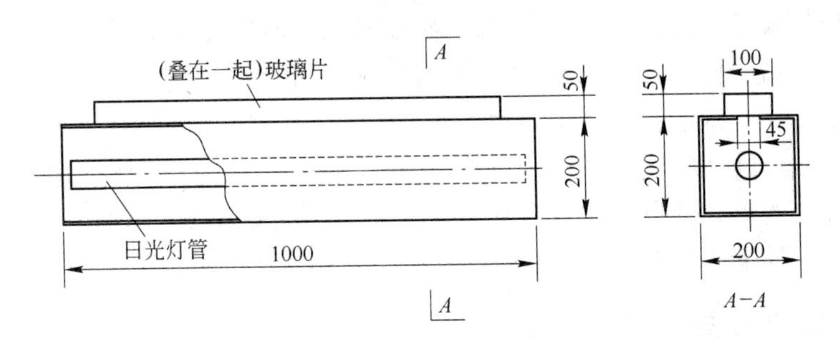

图 9-3 玻璃片色差观测装置示意图

9.3.13 硫-碳着色

在这里讨论硫-碳着色指的是碳酸盐矿物中引入的硫的着色问题，换言之，碳酸盐矿物中引入了少量硫对玻璃色差的影响问题。

9.3.13.1 硫-碳着色的机理

硫-碳着色玻璃，颜色棕而透红，色似琥珀，又称琥珀色玻璃，广泛用于瓶罐玻璃和器皿玻璃。在硫-碳着色玻璃中，碳仅起还原剂作用，并不参与着色，因此“硫-碳着色”一词并不确切，但是由于它在国内外已使用多年，流传较广，故一直为人们所采用。

硫-碳着色玻璃中，着色是S^{2-}和Fe^{3+}共存而产生的。有人认为，硫-碳着色的棕色基团是由铁氧四面体中的一个氧离子为硫离子所取代而形成的。玻璃中Fe^{2+}与Fe^{3+}、S^{2-}与SO_4^{2-}的含量比，对玻璃的着色情况有重要的影响。一般来说，Fe^{3+}和S^{2-}含量越高，着色越深，反之，着色越浅。因此Fe^{3+}和S^{2-}之积是衡量色心浓度的标志。

影响这类玻璃着色的主要因素是硫的氧化-还原作用和碳的还原作用。玻璃中的杂质离子（铁离子）对琥珀颜色的形成也有一定的作用。

在硫-碳着色玻璃中，决定着色强弱的主要因素是硫的含量，在其他条件固定不变的情况下，增加硫的含量，相对地使游离氧浓度减少，玻璃颜色加深，反之，减少硫的含量，玻璃着色就相应变淡。这说明玻璃着色的强弱在很大的程度上取决于硫的引入量。硫是改变玻璃熔体氧化-还原平衡的很敏感的因素。

9.3.13.2 碳酸盐矿物中硫影响讨论

碳酸盐矿物带入的硫其含量少，达不到以摩尔分数为单位的量，S^{2-}离子不能构成着色的分量，因为量小，变化（硫的增高或降低）不大，所以颜色加深或变淡甚微。

碳在硫-碳着色玻璃中并不参与着色，但碳的引入可以减少硫的氧化，随着碳用量的增加，减少游离氧的浓度，相应增加了玻璃中残存硫的浓度，使玻璃颜色加深。只要碳的引入量不是太高，碳的量变化又不是突变（大增），比较平稳，玻璃颜色较均匀，不会产生大的明显色差。

硫-碳着色玻璃中，铁存在价态平衡Fe^{2+}/Fe^{3+}和硫存在价态平衡S^{2-}/SO_4^{2-}，它们都是氧化还原电对，它们的比值均受到玻璃熔体中氧化物Fe^{3+}和还原物S^{2-}的影响。由于氧化物Fe^{3+}和还原物S^{2-}共存于玻璃中，氧的增减对Fe^{3+}和S^{2-}的形成产生完全相反的作用。增加氧时，Fe^{3+}含量上升，S^{2-}含量下降；减少氧时，Fe^{3+}含量下降，S^{2-}含量上升。所以碳酸盐矿物中含硫，此时玻璃熔体的氧化-还原平衡相对要稳定，只要不大起大落，色调不会有太大的变化，这已在生产中得到证实。

所以认为碳酸盐矿物原料中含硫（参阅3.8.4节），无论以硫酸盐的形式还是以H_2S的形式或单原硫的形式存在，对澄清有利，而对色差加大一般无影响，特定条件下有可能产生色调变化。运输碳酸盐矿物原料的车船必须清扫干净，避免大量的硫矿污染。

9.3.14 玻璃中气体含率与氧化还原控制

9.3.14.1 概述

玻璃成分设计必须考虑有一定的气体含率，钠钙硅酸盐玻璃一般设计为15%～20%，对玻璃均化和澄清起着关键作用。玻璃中不希望有气体（气泡），但又离不开它，需要它来搅拌均化。气体含率小了熔化不出好的（均匀的）玻璃，气体含率大了，产生玻璃液少，能耗大，也不一定熔化出好的玻璃。15%～20%这个气体含率是多年生产实践得出的结论。希望这个范围稳定取小值。

9.3.14.2 减小气体含率争取多产玻璃的因素

决定气体含率大小多产玻璃的因素是硅砂、碳酸盐矿物原料和化工原料的粒度及特性。

A　硅砂

减少气体含率尽可能增加玻璃液，最重要的影响因素是硅砂的特性，即硅砂的粒度和熔点。粒度尽可能粗，细粉尽可能少，熔点越低越好，这样的硅砂表面积小，吸附空气少，易熔，利于均化和澄清，可以少配气体，即气体含率可设计小些，同时可以提高玻璃中的 SiO_2 含量。

B　碳酸盐矿物原料

充分利用碳酸盐矿物原料的特性：碳酸盐矿物原料中含多种矿物先后分解，产生孔洞而增加反应面积，尽可能加大粒度（少吸附空气），充分利用碳酸盐矿物原料中的天然的氧化剂物质，澄清剂物质，助熔剂物质，还原剂物质的均匀分布（大自然的功夫，无需混合）及其作用。粒度粗吸附的气体少，反应面积又不小，利于熔化，可以少配气体，即气体含率可以设计小些。

C　少用化工原料

再次少用化工原料，纯碱因为太纯，分解温度单一又偏高，特别少用粒度过细的纯碱避免飞扬。最特别的是少用气体含量高的化工原料（芒硝），但又不得不用。

问题都是矛盾的，硅砂要粗就不易熔，但是还是有讲究的，也就是说不选太纯的硅砂如脉石英，而选含各种杂质（有益）成分偏多的硅砂（如长石质砂岩），或选择可以改性的硅砂（如 C 号硅砂加工时改性），人为造成硅砂熔点低些，粒度方可放粗是多产玻璃的重点。

9.3.14.3　以碳酸盐矿物多引入气体

配合料熔化放出的气体，主要是 CO_2，其次是 SO_2 和 O_2，再次是 CO，NO_x 等。CO_2 由化工原料纯碱提供的比例（应尽量少），碳酸盐矿物原料白云石、石灰石提供的比例（应尽量多），碳燃烧（外加的和原料本身的）提供的比例（应尽量用矿物）；SO_2 和 O_2 由化工原料芒硝提供的比例，由矿物原料提供的比例（应尽量用矿物）都值得重视，应重点讨论碳酸盐矿物原料。

A　矿物组成决定分解温度

石灰石矿中主要是方解石矿物，其次有白云石矿物、菱镁矿、石英、蛋白石等。白云石矿中主要是白云石矿物，其次有方解石矿物、黏土矿物、燧石、菱镁矿、石膏、萤石、天青石、重晶石、有机物等。

方解石、白云石、菱镁矿因其结构不同呈现不同的分解温度。菱镁矿 $MgCO_3$ 先分解，复盐白云石 $CaCO_3 \cdot MgCO_3$ 后分解（复盐白云石分解分两个阶段，先是白云石中的 $MgCO_3$ 分解，然后 $CaCO_3$ 和残存的 $MgCO_3$ 分解），方解石最后分解。白云石分解一部分就有 $MgCO_3$ 分解，$MgCO_3$ 分解温度低于纯碱，这是特性之一。

B　分解温度存在差异

对于每一种碳酸盐矿物而言，分解温度又存在差异。查阅不同的书籍其数据不同。

（1）菱镁矿分解温度：《PPG 操作手册》中 $MgCO_3$ 650℃分解，王承遇编的《玻璃制造工艺》一书中 $MgCO_3$ 300℃开始分解，700℃完成；郑水林编的《非金属矿物材料》[10]

一书中菱镁矿 $MgCO_3$ 在 400～750℃之间开始分解。最低为 300℃，最高为 750℃，差异较大。

（2）方解石分解温度：《PPG 操作手册》$CaCO_3$ 859℃分解，郑水林编的《非金属矿加工与应用》[7]一书中 $CaCO_3$ 900～1000℃分解，王承遇编的《玻璃制造工艺》一书中 $CaCO_3$ 500℃开始，894℃激烈分解。最低为 500℃，最高为 1000℃，差异较大。

（3）白云石分解温度：《PPG 操作手册》中白云石 $CaCO_3 \cdot MgCO_3$ 844℃分解，郑水林编的《非金属矿加工与应用》一书和吴良士编的《矿产原料手册》中白云石 $CaCO_3 \cdot MgCO_3$ 分解温度都是 700～900℃分解，王承遇编的《玻璃制造工艺》一书中白云石 $CaCO_3 \cdot MgCO_3$ 700℃分解。最低为 700℃，最高为 900℃，差异相对上述两矿物稍小。

沉积成因的白云石，是石灰岩沉积后 Mg^{2+} 部分交代 Ca^{2+} 的产物，存在化学组成、结晶状态与岩石构造上的差别，产生不同的分解温度。方解石和菱镁矿也存在成分、矿物组成的差异（含杂质不同），其分解温度不同，达到理论纯度的矿物实际上是没有的，总有杂质存在，正说明碳酸盐矿物原料因杂质其分解温度存在差异，利用这个特征，让其有先后分解，选分解温度最低的白云石，这是特征之二。

C 杂质的改性作用

碳酸盐矿物中含有硫酸盐、含硅质的燧石、蛋白石及石盐、钾盐还有复杂的黏土矿物，可使碳酸盐的矿物改性，降低熔点有利。选含钾、钠、硫偏高的白云石，这是特性之三。

D 体积变化

菱镁矿分解后其体积显著收缩，它的先分解对白云石和石灰石体积变化有利（白云石、石灰石中都含有菱镁矿）。白云石本身结构就有孔隙，其总孔隙度 0.7%～8.6%，白云石分解后岩石体积发生较大收缩。石灰岩本身结构也有孔隙，其总孔隙度 0.7%～6.0%，石灰石分解后体积减少 10%～15%，其生石灰（CaO）具有多孔性。当白云石、石灰石中的菱镁矿物先分解或白云石、石灰石中孔隙内壁表面的矿物逐步分解，则孔洞数量增加、孔洞增大或裂隙扩大，此时石灰石、白云石原料粒度放粗，而反应面积很快会增加，并没有减少多少。选孔隙度偏高的白云石，这是特性之四。

选碳酸盐矿物原料提供气体具有上述特性，尤其选白云石，它优于纯碱。纯碱也提供气体，但白云石、石灰石提供气体中多了些分解温度低的菱镁矿，还多了些特殊的澄清作用的硫气体，又优于芒硝。同样提供二氧化碳，但在窑内作用有差异。

9.3.14.4 气体含率与气氛控制

A 氧化性物质及其状态

矿物原料中含有氧化性的物质，如硫酸盐，它们存在于矿物之中，其颗粒受到其他矿物颗粒的保护（主要是碳酸盐矿粗粒的保护），到高温时发挥作用，发挥 SO_2 的高温澄清作用，或在高温时放出氧，在需要氧时发挥 O_2 的作用，相对比外加的芒硝（O_2）要均匀得多，其气氛控制相对稳定。

B 还原性物质及其状态

矿物原料中含有还原性的物质，如碳或有机物（尤其生物沉积形成的白云石），它们存在于矿物之中，其颗粒受到其他矿物颗粒的保护（主要是碳酸盐粗粒的保护），保留时间长，在需要碳时发挥碳的作用。窑内不同部位氧有氧的用途，碳有碳的用途。相对比外加的炭粉要均匀得多，其气氛控制相对稳定些，或者因保持时间长，当外加的炭粉一入窑，就烧掉大部分时，后面需要碳应靠矿物中提供碳来起补充作用。

设计玻璃气体含率偏高，且引入的碳酸盐矿物较多，相应的外加的氧化剂和还原剂应少一点；设计玻璃中气体含率偏低，且引入的碳酸盐矿物稍少，相应的外加的氧化剂和还原剂应多一点。

一旦确定了气体含率，应尽可能维持极小的波动，对气氛控制有利。O_2 和 C 支配着气氛，O_2 和 C 又是气体含率中的组成部分，气体含率波动过大会影响气体的溶解度，气体的溶解度变化又会干扰气氛控制。稳住碳酸盐矿物尤其稳住白云石，就不仅稳住了气体含率的重要部分，还稳住了气氛控制的相当部分。在 7.2.4 节中用烧损法计算较准确的熔成率，同时也有了较准确的气体含率。

上述是从技术角度考虑，气体含率的 CO_2 应由白云石多提供，其次石灰石提供，纯碱尽可能少提供。芒硝尽可能少提供（O_2 和 SO_2）。从经济角度，白云石、石灰石提供 CO_2 气体、或提供氧化剂其价格低于纯碱、芒硝。碳酸盐矿物分解后一部分进入玻璃，另一部分气体起均化搅拌作用（或调节气氛）后飞逸了，其价格也要考虑，多用纯碱就是花高价买二氧化碳。

掌控原料配方的工程师应研究矿物组成与结构特性，巧用特性，不仅要了解那几个成分数据，而是要去学地质。可见英国想在中国大陆合办玻璃厂，派来探讨原料基地的人是地质专家，而不是单纯的玻璃工艺人员。所谓玻璃工艺，其中深入矿的认识是艺术的一方面。对于矿物要从多方面多角度去理解认识。

9.3.15 矿物原料澄清剂

A 复合澄清剂

a 焦锑酸钠（$Na_2H_2Sb_2O_7 \cdot 4H_2O$）澄清剂

上述化学式中的锑为 5 价，分解温度较低，不必经过由低价到高价的转变，能直接分解放出氧气，释氧能力为 10.06%，是一种优良的玻璃澄清剂。实践证明，焦锑酸钠的澄清作用集中于 1400℃左右，在 1450℃保持 40 ~ 50min 后，玻璃液即能充分地澄清。常引入适量的 CeO_2（0.18% ~ 0.20%）和硝酸盐（引入量为氧化锑的 4 ~ 6 倍），其澄清作用还能大大提高，由于自身相对密度较大，对于密度较大的玻璃，其澄清效果更佳。

b 硫锑酸钠（$10Na_2O \cdot 4Sb_2O_5 \cdot 9SO_3 \cdot 10H_2O$）澄清剂

它是一种氧化锑与硫酸盐组成的复盐，属于复合澄清剂。它具有双重的澄清作用，在玻璃澄清阶段能够一直保持旺盛的澄清状态。在较低温度下，主要是 Sb_2O_5 起澄清作用，到了高温，SO_3 又继续发挥澄清作用。在 1400℃时，已经产生明显的澄清作用，至 1450℃时，其澄清速率与效果急剧增大，气泡数量迅速减少，仅保持 20min，玻璃液已经充分澄清。硫锑酸钠主要用于平板玻璃和日用玻璃。

c 砷锑酸钠（Na_2AsSbO_6）澄清剂

它是一种高价复合澄清剂，在玻璃熔制阶段，与硅砂反应，见式 9-11：

$$3Na_2AsSbO_6 + 4SiO_2 \xrightarrow{1400 \sim 1450℃} NaAsO_2 + As_2O_3 + NaSbO_2 + Sb_2O_3 + 2(Na_2O \cdot 2SiO_2) + 3O_2\uparrow \tag{9-11}$$

释放出氧气使气泡增大。澄清作用明显的温度区域也是1400～1450℃。但是含有毒性较大的氧化砷和毒性稍小的氧化锑。焦锑酸钠、硫锑酸钠和砷锑酸钠的用量一般为配合料的0.1%～0.4%。

d 其他新型复合澄清剂

用金银熔炼渣，砷锑烟灰或稀土生产废渣为主要原料，通过活化反应，并且配合其他有效成分，得到一系列的新型复合澄清剂。

复合澄清剂效果优于传统澄清剂的原因主要有以下几点：(1) 同时存在两种以上澄清剂，因此其分解温度范围广（1200～1450℃），熔制时逐级分解，接力澄清，澄清能力一直处于旺盛状态，使其澄清效果好；(2) 复合澄清剂中 Sb_2O_5 和 As_2O_5 以砷酸钠和锑酸钠形式存在，这些盐分解产生的 Sb_2O_5 和 As_2O_5 比原来以氧化物形式存在的 Sb_2O_5 和 As_2O_5 的化学活性好，澄清效果好。并且，Sb_2O_5 和 As_2O_5 以锑酸钠和砷酸钠形式存在，减少了熔制过程中的挥发损失，提高了利用率。

B 白钠镁矾矿的澄清作用

上述专家推荐的复合澄清剂，对于大窑生产平板玻璃来说有缺点：一是上述澄清剂用量太少，不利于大混合机混合；二是 As_2O_3 和 Sb_2O_3 都有毒，工厂人员并不欢迎；三是价格贵。浮法玻璃目前使用的澄清剂几乎都选用无毒的芒硝，现用量日趋减少，同样也存在混合不均，均匀度不高的问题。根据专家逐级分解接力澄清的思路，认为用不同矿物硫酸盐配合使用，利用分解温度有低有高，低温先分解的气体先参与澄清，高温后分解的气体后发挥澄清作用，实现逐级分解和接力澄清。

白钠镁矾矿在5.3.1.4节已介绍，主要成分为 Na_2SO_4 和 $MgSO_4$，除 Na_2O、MgO、SO_4^{2-} 被引入玻璃之外，常有少量 CaO、K_2O、B_2O_3 及微量 Li^+、Cl^- 等元素也同样引入到玻璃中。当用白钠镁矾矿作澄清剂时，只考虑其中的 Na_2SO_4 的量，这就将小量芒硝放大成大分量的芒硝，其混合均匀度可以得到改善。当然 $MgSO_4$ 也可以换算成 Na_2SO_4 来计算，按 $MgSO_4$ 中的 SO_4^{2-} 的量来换算。这里有如下几个问题需要讨论：

(1) 微量元素 Cl^-，与白钠镁矾共生，不能太高，希望钾、钠、钙、硅、铝、硼等微量元素进入窑炉，但不希望太多的 Cl^- 进入窑炉。若氯的含量太高不能用作玻璃澄清剂。氯的含量要求，应等同于元明粉或纯碱的要求。

(2) 白钠镁矾矿的状态问题。是固态矿就加工成一定目数的矿石粉，代替元明粉参与配料。若是液体矿（卤水或废液）以外加水的形式加入配合料，存在 Na_2SO_4 与水的量的矛盾，或 Na_2SO_4 过量或不足，水的量应以配合料水分计算为准。所以白钠镁矾矿最好不用液态，只用固态参加玻璃配料。白钠镁矾矿的水溶液（矿废液）用于玻璃中只能在硅砂生产时作为硅砂改性使用，就是用含白钠镁矾矿的废液浸泡硅砂，让白钠镁矾矿在硅砂粒微裂纹或坑凹处，为降低硅砂熔点创造了条件。这时可以将硅砂颗粒适当放粗，因为白钠镁矾矿在硅砂中在窑内受热失水后变成固态可能爆裂，或失水时水的体积膨胀而炸裂，不影响硅砂的熔化，入窑时硅砂附着的空气也相应少些，利于澄清。或者用含白钠镁矾矿的废液和含硝酸盐的废液共同浸泡硅砂（参阅2.9.2.3节和2.9.4.2节），玻璃熔制澄清应得到改善。助熔和澄清应针对硅砂来讲，在硅砂加工时作预处理，降低硅砂熔点也是为了利于澄清，加澄清剂预处理也是为了利于澄清。

（3）白钠镁矾矿的熔点和分解温度。尚未查到白钠镁矾矿复盐的熔点和分解温度，但认为它的熔点和分解温度应在 Na_2SO_4 的熔点、分解温度和 $MgSO_4$ 的熔点、分解温度之间，即低于 Na_2SO_4 的熔点和分解温度，而高于 $MgSO_4$ 的熔点和分解温度。$MgSO_4$ 的熔点和分解温度也未查到，但 $MgSO_4$ 的化学稳定性略低于 Na_2SO_4 的化学稳定性。Na_2SO_4 是强酸（H_2SO_4）和强碱（NaOH）生成的盐，化学稳定性极强。$MgSO_4$ 是强酸（H_2SO_4）和中强碱（$Mg(OH)_2$）生成的盐，化学稳定性较强。所以白钠镁矾矿的熔点低于884℃，分解温度低于 Na_2SO_4 的分解温度。对于浮法玻璃生产来讲，它是可以熔化和分解而参与玻璃化学反应的。白钠镁矾的分解，若先复盐部分分解再 $MgSO_4$ 和复盐同时分解，最后 Na_2SO_4 分解，有先有后，有利于玻璃澄清。$MgSO_4$ 较低温度熔融出 SO_4^{2-}，SO_4^{2-} 又与玻璃中 Na_2O 作用起到芒硝 Na_2SO_4 的三个作用，或 SO_4^{2-} 在较低温度可逆生成 SO_3，SO_3 经四种途径又生成 SO_2 起澄清作用。Na_2SO_4 在高温分解，发挥 SO_2 的高温作用，正是所需要的。若单用元明粉 Na_2SO_4 作澄清剂，担心还原剂碳的匹配不好，当碳多时，Na_2SO_4 过早分解，而后期（高温期）又缺少 Na_2SO_4，或炭粉过少时，Na_2SO_4 都在高温期分解，而初期熔点得不到改善。用矿物白钠镁矾作澄清剂，多了一种 $MgSO_4$，$MgSO_4$ 的分解温度略偏低，但又不是偏低太多，起到转换成 Na_2SO_4 中间过渡弥补作用。若配以少量 $Al_2(SO_4)_3$，则其分解温度又低于 $MgSO_4$，形成 $Al_2(SO_4)_3$、$MgSO_4$、Na_2SO_4 逐步分解的态势。但是含 $Al_2(SO_4)_3$ 的矿物原料只有明矾石（$KAl_3(SO_4)_2(OH)_6$），明矾石在430～600℃时脱水，800℃左右分解生成 Al_2O_3 和 K_2SO_4，仍然没有 $Al_2(SO_4)_3$ 存在，只好配以少量的工业 $Al_2(SO_4)_3$。总体做法是从窑投料池的温度开始到高温区（泡界线过一点）都有澄清剂在分解放出 SO_2 起澄清作用。$Al_2(SO_4)_3$、$MgSO_4$ 是否起到这个 SO_4^{2-} 载体作用或作用有多大，值得试验。也许不用元明粉而白钠镁矾复盐在投料口不分解，没有 Na_2SO_4，尽管有一定的炭粉，也无法生成 Na_2S。也可能在硝酸盐（长时间浸泡硅砂引入的）存在和帮助下，白钠镁矾提前分解。用白钠镁矾作澄清剂可以值得研究和试用。硝酸盐、硫酸盐的复盐（不同分解温度的多种硫酸盐）联合澄清更值得研究和试用，也可能是一种新型的复合澄清剂，低温澄清、中温澄清和高温澄清相结合。

C　硝酸盐及含钾含钙含镁的硫酸盐复盐澄清作用

除上述白钠镁矾矿外，钾芒硝（$Na_2SO_4 \cdot 3K_2SO_4$）矿、钙芒硝（$Na_2SO_4 \cdot CaSO_4$）矿、杂卤石（$K_2SO_4 \cdot MgSO_4 \cdot 2CaSO_4 \cdot 2H_2O$）矿、无水钾盐镁矾（$K_2SO_4 \cdot 2MgSO_4$）矿、钾镁矾（$K_2SO_4 \cdot MgSO_4 \cdot 4H_2O$）矿、软钾镁矾（$K_2SO_4 \cdot MgSO_4 \cdot 6H_2O$）矿也可以作为复合澄清剂的有效成分。它们在高温分解放出 SO_2 和 O_2，其作用是相同的，但分解温度存在差异。多矿联合使用更好。

用含硝酸盐的溶液浸泡硅砂，用白钠镁矾及其含钠、钾、镁、钙的硫酸盐复盐作澄清剂，使玻璃在熔化初期因为过细的石英粉早期出现高黏度的富硅的熔体阻碍了气体的析出可能得到改善。换言之，用硝酸盐和硫酸盐的复盐矿物原料共同作用，可使硅砂粒度过细的熔化缺点得到改善，细粒硅砂可以使用一部分。但飞扬问题仍得不到解决（或者将配合料压块）。

9.3.16 助熔剂中杂质的澄清作用

9.3.16.1 助熔剂的熔点

A 纯碱熔点

不同书中有不同的数据，归纳起来是 851℃、852℃、853℃、855℃。因含杂质不同而不同。有一书中 Na_2CO_3 熔点为 815℃。

B 芒硝熔点

不同书中有不同的数据，但大多数是 884℃或 885℃，还比较一致。但也有一书中是 844℃。

9.3.16.2 助熔剂中的杂质及其熔点

A 杂质

纯碱的杂质，不同产地因其成因不同，含有不同的杂质，但归纳起来是：芒硝、石盐、钙芒硝、石膏等，还有少量的钾、碘、溴、硼、硫等。

芒硝的杂质，不同产地因其成因不同，含有不同的杂质，但归纳起来是：石盐、石膏、天然碱等，还有少量 Mn^{2+}、Fe^{3+} 等。

B 杂质的熔点

纯碱中高于 Na_2CO_3 熔点的杂质有：芒硝、石膏、钙芒硝等，低于 Na_2CO_3 熔点的杂质有：NaCl、部分卤酸盐等。

芒硝中高于 Na_2SO_4 熔点的杂质有：石膏、钙芒硝等，低于 Na_2SO_4 熔点的杂质有：Na_2CO_3、NaCl、部分卤酸盐等。

9.3.16.3 助溶剂质量概念与澄清作用

纯碱和芒硝对于玻璃工业使用，其质量追求不是纯碱的 Na_2CO_3 含量越高越好，芒硝的 Na_2SO_4 含量越高越好。从上述内容看，应分别对待，其他行业使用有其他行业的要求，但浮法玻璃使用纯碱希望石膏、钙芒硝越少越好，NaCl 这个"异己"分子不能过高，但也不要赶尽杀绝。NaCl 与 Na_2CO_3 形成在 620℃熔化的共熔物，并作为熔体而加速其他反应（在这里 NaCl 有促进作用），这是《玻璃制造中的缺陷》一书第 193 页所讲，证明 NaCl 的存在对 Na_2CO_3 分解或熔融有利。多了对耐火材料不利。纯碱中有一点芒硝，Na_2SO_4 固然提高了纯碱的熔点或分解温度，但使得澄清剂混合均匀度得到提高（纯碱量大），有利于澄清。若纯碱中一点也没有，Na_2SO_4 全靠外配芒硝引入，混合均匀度相比之下要差一点。而芒硝的质量如何看待是同样的道理，NaCl 也不能赶尽杀绝，NaCl 在芒硝中可使 Na_2SO_4 改性，降低 Na_2SO_4 的熔点或分解温度，也有促进作用，而芒硝中的 Na_2CO_3 或 $NaHCO_3$ 有一点也是对 Na_2SO_4 熔点或分解温度有利，芒硝中 Na_2CO_3 也不要赶尽杀绝。纯碱中的 NaCl、Na_2SO_4 或其他卤酸盐，和芒硝中的 NaCl、Na_2CO_3 或其他卤酸盐，它们以单独的盐类机械地混在其中，还是以复盐的形成存在于对方，都是有利的。以复盐的形式存在于对方之中更好。这样对玻璃熔化和澄清是有利的。所以某厂负责原料的人员，并不对纯碱提出苛刻的要求，Na_2CO_3 含量在 98.5% 左右即可，NaCl 含量在 0.5% 以下即可。芒硝（元明粉）也不提出苛刻要求，Na_2SO_4 含量在 98% 或略偏低 85% 即可，NaCl 含量在 0.5% 以下即可，Ca^{2+}、Mg^{2+} 也有促进或助熔作用。从这个角度出发，桐柏纯碱成分略偏低有优点（熔点偏低），只是粒度过细、飞扬大是缺点。NaCl 对耐火材料构成威胁，但对 Na_2CO_3 和 Na_2SO_4 的熔点和分解有促进作用，分别对待和处理。这是共生矿的一个作用方面，即是多元系统具有多个低共熔点。提纯根据用途需要，民用食用纯碱不希望有 Na_2SO_4 和石膏 $CaSO_4$；民用石盐 NaCl 提纯不希望含石膏，希望多含点钾盐（KCl），有利于高血压病人排钠。在 9.3.3.1 节中介绍澄清剂，除有变价氧化物澄清剂、硫酸盐澄清剂外还有卤化物澄清剂，如氟化物、氯化物、溴化物、碘化物以及新型复合澄清剂。卤化物中除氯化物（NaCl）外，还有溴化物、碘化物，在纯碱芒硝矿物原料中也有一定的量，提纯时也不必赶尽杀绝。

9.4 玻璃成分控制中的几个异常问题处理

9.4.1 如何看待玻璃成分分析数据

如何看待玻璃成分分析数据，这个问题对于历史较长的老厂来说不是问题，但对于生产不久的新厂来讲则争议不少。人们往往十分困惑，玻璃成分不按人们的意图变化，推断某氧化物会上升，可它下降了；推断某氧化物会下降，可它上升了。为提高新接手原料工作的新大学生们的认识有必要陈述一下，它不是一个定值，每个氧化物有它的小范围（波动），一个氧化物变了，其他氧化物含量都得变（合量为百分之百）。下面简要叙述两类影响因素。

9.4.1.1 直接影响因素

影响玻璃成分数据变化的因素很多：

（1）原料的化学成分是波动的，一种原料中的各种氧化物总在变化，每副配合料存在差异，所谓原料稳定是相对的。

（2）称量误差、称量精度是相对的，不是绝对的。

（3）原料配合料在输送过程中飞扬及窑内飞扬也是波动的，随物料颗粒和水分而变。

（4）窑内挥发，部分组分损失，随熔化操作也在波动。

（5）未知元素即没有分析的元素，如 TiO_2、Cr_2O_3、NiO、P_2O_5、ZrO、S、SO_2、O_2、H_2O、N_2、NO、NO_x、CO、CO_2 等约占玻璃成分的 0.4% ~0.6% 或更高，它们也在波动，都会使玻璃成分数据变化。

9.4.1.2 间接影响因素

间接影响因素如下：

（1）取样时间间隔，每星期一取一次样，间隔过长，增加了变化范围。

（2）窑内熔化操作不当，温度波动，不动层受干扰，所取样品也会碰到此种机会，使成分产生错觉。

（3）化学分析的试剂、分析操作及计算误差。

（4）原料成分、数据统计以及配方计算多次四舍五入的累计误差。

所以，玻璃成分数据分析如同达·芬奇画鸡蛋，世界上没有两个鸡蛋是一样的。不要一见到玻璃成分数据变化就想调整料方，要严格按工艺规程规定，玻璃成分每种氧化物波动0.1%才调整料方，一次控制在0.05%以内，这是考虑了上述诸多因素而定的实践得出的经验数据。

9.4.2 窑内特殊情况与玻璃成分处理

9.4.2.1 不明原因难熔

熔化突然感觉困难，料山后移，温度烧不上去，确定原料没有大的变化，称量也正常，应查看配合料水温、料温，并注意气温变化，或其他熔化环节。往往在此时主张外加纯碱改善熔化的意见很强烈，需查明原因，不要随便加纯碱。

9.4.2.2 有析晶出现

窑内总有死角不动层存在，是滋生析晶的地方，成分适量、温度适量、时间适量，析晶是不可避免的。一旦温度波动，不动层被带动，析晶出现没有必要调配方，如鳞石英、方石英，不需要改变硅砂用量，又如，硅灰石析晶，不需改变石灰石用量。待波动的温度再稳定后不动层稳住了，析晶被玻璃板拉完就不应再有了。曾有大量硅灰石析晶出现，有人主张减少石灰石用量，证明调整没有作用。

9.4.2.3 拉引量加大时最好不要取样

增加拉引量太多不可避免使生产回流发生变化，扰动了不动层玻璃液，此时取玻璃样品做分析，免不了碰上变化产生错觉。要待新的拉引量稳定一两个班以上再取样。拉引量往往不稳，尤其生产薄玻璃几天又转生产厚玻璃，来回变化，此时取样做玻璃成分要留心，不要轻易调料。

某厂1995年熔化量为320t的无槽引上，退火密度变化仅为0.0001～0.0002g/cm³，原因是配料设备较好，原料成分、粒度较好，拉引量较小，三者都起了作用。

某厂日熔化量为700t的浮法玻璃，玻璃退火密度变化较大为0.0002～0.0019g/cm³，讨论配料设备、原料粒度、拉引量、碎玻璃成分，其生产过程尚无十分完整的实验记录，无法考证。但可以肯定，拉引量过大对成分的扩散均化不利，退火密度变化是必然的，此时没有必要调配方。从上述密度变化说明700t窑需降低拉引速10%～15%，方可提高玻璃质量。

一个稳定的拉引量对应一个窑内热平衡，有一个稳定的热分布，同时有一个稳定的不动层，在这种条件下玻璃缺陷（条纹、波筋、析晶等）得到较理想的改善。拉引量不稳，必有弹性不动层表面，所以拉引量的计算与控制也会影响玻璃取样分析数据，调整料方不得误动作。

由此可见，玻璃厂的窑应该越多越好，一座窑生产一个品种（规格），品种（规格）不变化生产才好。

9.4.2.4 新窑投产时玻璃成分控制

熔窑冷修后再投产，在冷装、热装窑所使用的碎玻璃无论外购，还是自产，它的成分如何不同都不纳入计算。不管熔窑的熔化量是大还是小，再投进的生料按设计新料方进行，不要中途修改，一直投入设计料方，直至引头子拉玻璃，靠置换（“换血”）形成稳定的新的玻璃液，以便成型，尽早摸准参数。

一般新窑投产的玻璃成分料性略为宽一点，Al_2O_3 略偏高，CaO 略偏低一点，等到成型，摸准参数后再慢慢向料性短的方面调整，即 Al_2O_3 由 0.95% 调到 0.9%，CaO 由 8.4%调到 8.5%或由 8.5%调到 8.6%。

附　　录

附表 1　常见矿物的比磁化系数[15]

序　号	矿物名称	比磁化系数	
		CGSM/$cm^3 \cdot g^{-1}$	SI 制/ $m^3 \cdot kg^{-1}$
1	磁铁矿	$(6.25 \sim 9.2) \times 10^{-2}$	$(785 \sim 1156) \times 10^{-6}$
2	人工磁铁矿	$(5 \sim 8.875) \times 10^{-2}$	$(633 \sim 1123) \times 10^{-6}$
3	含钒磁铁矿	9.4×10^{-2}	1181×10^{-6}
4	含钒钛磁铁矿	7.3×10^{-2}	917×10^{-6}
5	含稀土元素磁铁矿	5.8×10^{-2}	729×10^{-6}
6	磁赤铁矿	5.4×10^{-3}	68×10^{-6}
7	磁黄铁矿	4.5×10^{-3}	57×10^{-6}
8	假象赤铁矿	$(496 \sim 520) \times 10^{-6}$	$(6.2 \sim 6.5) \times 10^{-6}$
9	赤铁矿	48×10^{-6}, 60×10^{-6}, 101×10^{-6}, 172×10^{-6}	6×10^{-7}, 7.5×10^{-7}, 12.7×10^{-7}, 21.6×10^{-7}
10	鲕状赤铁矿	39×10^{-6}	4.9×10^{-7}
11	镜铁矿	292×10^{-6}	3.7×10^{-6}
12	镁铁矿	$(50 \sim 120) \times 10^{-6}$	$(7 \sim 15) \times 10^{-7}$
13	褐铁矿	$(25 \sim 90) \times 10^{-6}$	$(3.1 \sim 11.2) \times 10^{-7}$
14	针铁矿	32×10^{-6}	4.0×10^{-7}
15	水锰矿	$(28 \sim 81) \times 10^{-6}$	$(3.5 \sim 10.2) \times 10^{-7}$
16	软锰矿	$(27 \sim 38) \times 10^{-6}$	$(3.4 \sim 4.8) \times 10^{-7}$
17	硬锰矿	$(24 \sim 49) \times 10^{-6}$	$(3.0 \sim 6.2) \times 10^{-7}$
18	褐(黑)锰矿	$(72 \sim 120) \times 10^{-6}$	$(9.0 \sim 15) \times 10^{-7}$
19	偏锰酸矿	52×10^{-6}	6.5×10^{-7}
20	致密硬锰矿	$(80 \sim 85) \times 10^{-6}$	$(10 \sim 10.6) \times 10^{-7}$
21	菱锰矿	$(104 \sim 172) \times 10^{-6}$	$(13.1 \sim 21.6) \times 10^{-7}$
22	锰　土	85×10^{-6}	10.6×10^{-7}
23	含锰方解石	$(66 \sim 94) \times 10^{-6}$	$(8.3 \sim 11.8) \times 10^{-7}$
24	针锰铁矿	$(27 \sim 399) \times 10^{-6}$	$(3.4 \sim 50) \times 10^{-7}$
25	铬铁矿	$(50 \sim 70) \times 10^{-6}$	$(6.3 \sim 8.8) \times 10^{-7}$
26	钙铁矿	140×10^{-6}	1.75×10^{-7}
27	钙铁榴石	105×10^{-6}	1.3×10^{-7}
28	黑钨矿	$(39 \sim 189) \times 10^{-6}$	$(4.9 \sim 23.7) \times 10^{-7}$
29	石榴石	$(60 \sim 160) \times 10^{-6}$	$(7.9 \sim 20) \times 10^{-7}$
30	黑云母	$(40 \sim 68) \times 10^{-6}$	$(5.0 \sim 8.5) \times 10^{-7}$

续附表1

序　号	矿物名称	比磁化系数	
		CGSM/$cm^3 \cdot g^{-1}$	SI 制/ $m^3 \cdot kg^{-1}$
31	角闪石	$(30 \sim 230) \times 10^{-6}$	$(3.8 \sim 28.9) \times 10^{-7}$
32	辉　石	65×10^{-6}	8.2×10^{-7}
33	绿泥石	$(30 \sim 90) \times 10^{-6}$	$(3.8 \sim 11.3) \times 10^{-7}$
34	千枚岩	$(50 \sim 100) \times 10^{-6}$	$(6.3 \sim 12.6) \times 10^{-7}$
35	电气石	$(25 \sim 345) \times 10^{-6}$	$(3.1 \sim 43.4) \times 10^{-7}$
36	锆英石	38×10^{-6}	4.8×10^{-7}
37	白云岩	27×10^{-6}	3.4×10^{-7}
38	铁白云岩	34×10^{-6}	4.3×10^{-7}
39	滑　石	$(18 \sim 28) \times 10^{-6}$	$(2.25 \sim 3.5) \times 10^{-7}$
40	金红石	$(14 \sim 29) \times 10^{-6}$	$(1.8 \sim 3.6) \times 10^{-7}$
41	独居石	$(14 \sim 23) \times 10^{-6}$	$(1.8 \sim 2.9) \times 10^{-7}$
42	金云母	14×10^{-6}	1.8×10^{-7}
43	斑铜矿	$(5 \sim 14) \times 10^{-6}$	$(0.63 \sim 1.8) \times 10^{-7}$
44	蓝铜矿	19×10^{-6}	2.38×10^{-7}
45	透辉石	$(8.5 \sim 13) \times 10^{-6}$	$(1.06 \sim 1.6) \times 10^{-7}$
46	铬云母	10×10^{-6}	1.26×10^{-7}
47	刚　玉	10×10^{-6}	1.26×10^{-7}
48	磷灰石	$(4 \sim 14) \times 10^{-6}$	$(0.5 \sim 1.8) \times 10^{-7}$
49	辉铜矿	8.5×10^{-6}	1.06×10^{-7}
50	蛇纹石	$(20 \sim 500) \times 10^{-6}$	$(2.5 \sim 62.8) \times 10^{-7}$
51	黄铁矿	$0, 7.5 \times 10^{-6}, 34 \times 10^{-6}$	$(0.94 \sim 4.2) \times 10^{-7}$
52	孔雀石	$(3.8 \sim 15) \times 10^{-6}$	$(0.48 \sim 1.9) \times 10^{-7}$
53	绿柱石	6.6×10^{-6}	0.83×10^{-7}
54	闪锌矿	$(2.0 \sim 9.0) \times 10^{-6}$	$(0.25 \sim 1.13) \times 10^{-7}$
55	锡　石	$(2.0 \sim 8.0) \times 10^{-6}$	$(0.25 \sim 1.0) \times 10^{-7}$
56	石　膏	4.3×10^{-6}	54×10^{-9}
57	萤　石	4.8×10^{-6}	60.3×10^{-9}
58	毒　砂	$(0.18 \sim 3.3) \times 10^{-6}$	$(1.0 \sim 4.15) \times 10^{-9}$
59	金刚石	$(1.0 \sim 8) \times 10^{-6}$	$(1.25 \sim 100.5) \times 10^{-9}$
60	锆英石	$(0.2 \sim 1.0) \times 10^{-6}$	$(0.25 \sim 1.25) \times 10^{-9}$
61	白钨石	0.5×10^{-6}	0.62×10^{-9}
62	方解石	$(-0.08 \sim 1.52) \times 10^{-6}$	
63	长　石	5.0×10^{-6}	62×10^{-9}
64	锂云母	1.5×10^{-6}	$(-0.1 \sim 1.9) \times 10^{-9}$
65	碳化硅	0.4×10^{-6}	0.5×10^{-9}

续附表 1

序　号	矿物名称	比磁化系数	
		CGSM/$cm^3 \cdot g^{-1}$	SI 制/ $m^3 \cdot kg^{-1}$
66	雄　黄	0.4×10^{-6}	0.5×10^{-9}
67	辰　砂	0.3×10^{-6}	0.37×10^{-9}
68	锰榴石	0.2×10^{-6}	0.25×10^{-9}
69	辉钼矿	-0.1×10^{-6}	-0.125×10^{-9}
70	雌　黄	-0.3×10^{-6}	-0.37×10^{-9}
71	白铝矿	-0.3×10^{-6}	-0.37×10^{-9}
72	重晶石	-0.4×10^{-6}	-0.5×10^{-9}
73	黄　玉	-0.5×10^{-6}	-0.62×10^{-9}
74	石　英	$(-0.4 \sim 10) \times 10^{-6}$	$(-0.5 \sim 126) \times 10^{-9}$
75	方铅矿	$(-0.24 \sim -0.9) \times 10^{-6}$	$(-0.3 \sim -1.125) \times 10^{-9}$
76	十字石	26×10^{-6}	3.1×10^{-9}

附表 2　矿物湿式磁选需用的磁场强度[15]

矿物名称	磁场强度/Gs①	矿物名称	磁场强度/Gs①	矿物名称	磁场强度/Gs①
磁铁矿	1000 ~ 1400	硫锰矿	16000 ~ 19000	氟碳铈镧矿	13000 ~ 17000
磁黄铁矿	2000 ~ 4000	硬锰矿	14000 ~ 18000	黑云母	12000 ~ 18000
锌铁尖晶石	4000 ~ 6000	软锰矿	15000 ~ 19000	硅孔雀石	20000 ~ 24000
假象赤铁矿	2000 ~ 6000	菱锰矿	15000 ~ 20000	绿帘石	14000 ~ 19000
磁赤铁矿	4000 ~ 6000	黑钨矿	12000 ~ 16000	石榴石	12000 ~ 19000
赤铁矿	14000 ~ 18000	黑稀金矿	16000 ~ 20000	角闪石	16000 ~ 19000
针铁矿	16000 ~ 18000	钛铁金红石	14000 ~ 18000	白云石	15000 ~ 23000
褐铁矿	16000 ~ 20000	沥青铀矿	18000 ~ 24000	绕绿石	11000 ~ 16000
菱铁矿	8000 ~ 16000	铁英岩矿	8000 ~ 13000	蔷薇辉石	15000 ~ 19000
铬铁矿	10000 ~ 16000	磷灰石	14000 ~ 18000	十字石	12000 ~ 19000
钛磁铁矿	1000 ~ 3000	磷钇矿	11000 ~ 15000	蛇纹石	3000 ~ 18000
铌钽铁矿	12000 ~ 16000	橄榄石	11000 ~ 14000	电气石	16000 ~ 19000
钛铈铁矿	12000 ~ 16000	硫铜锗矿	14000 ~ 18000	钶钇矿	1600 ~ 19000
独居石	14000 ~ 20000	铁白云石	1300 ~ 16000		

① $1Gs = 10^{-4}T$。

参 考 文 献

[1] 非金属矿工业手册编辑委员会．非金属矿工业手册（上、下册）[M]．北京：冶金工业出版社，1992.
[2] 刘绍斌，等．中国硅质原料矿床地质[M]．北京：中国建筑工业出版社，1988.
[3] 吴良士，白鸽，袁忠信．矿物与岩石[M]．北京：地质出版社，2005.
[4] 吴良士，白鸽，袁忠信．矿产原料手册[M]．北京：化学工业出版社，2007.
[5] 徐九华，等．地质学[M]．第4版，北京：冶金工业出版社，2008.
[6] 王鄂生．浮法玻璃硅质原料化学成分波动范围及要求[J]．中国玻璃，2004,(6).
[7] 郑水林．非金属矿加工与应用[M]．第2版，北京：化学工业出版社，2009.
[8] 马鸿文．工业矿物与岩石[M]．第2版，北京：化学工业出版社，2005.
[9] 陶维屏，苏德辰．中国非金属矿产资源及其利用与开发[M]．北京：地震出版社，2002.
[10] 郑水林．非金属矿物材料[M]．北京：化学工业出版社，2007.
[11] 韩敏芳．非金属矿物材料制备与工艺[M]．北京：化学工业出版社，2004.
[12] 李晔，许时．石英砂选矿及深加工新技术[J]．矿产保护与利用，1995,(5)：23~26.
[13] 李晔，许时．秭归某石灰石资源深加工利用的研究[J]．矿产保护与利用，1996,(4)：42~44.
[14] 余海湖．火山凝灰岩微晶玻璃的研究[J]．武汉工业大学学报，1997,(4).
[15] 陈斌．磁电选矿技术[M]．北京：冶金工业出版社，2008.
[16] 张敢生，戚文革．矿山爆破[M]．北京：冶金工业出版社，2009.
[17] 中国建筑出版社，中国硅酸盐学会．硅酸盐辞典[M]．北京：中国建筑工业出版社，1984.
[18] 匡敬忠，钟盛文，王小强．铜尾矿和钽铌尾矿为主要原料的微晶玻璃的研究[J]．陶瓷，2002,(2).
[19] 袁坚，陆平．锂辉石对浮法玻璃性能的影响研究[J]．玻璃，2002,(6).
[20] 王箴．化工辞典[M]．第4版，北京：化学工业出版社，2000.
[21] 唐菊芳．浅谈在压延玻璃中使用尾矿和钾长石的利与弊[J]．玻璃，2009,(8).
[22] 徐志明．硅砂对比——不要忽视硅砂之间的差异[J]．建筑玻璃与工业玻璃，1996,(6).
[23] 徐志明．浅析八机无槽窑热分布与玻璃生产[J]．玻璃 1999,(5).
[24] [日] 作花济夫，境野照雄，高桥克明．玻璃手册[M]．蒋国栋，等，译．北京：中国建筑工业出版社，1980.
[25] [美] F. V. 托利．玻璃制造手册（上册）[M]．刘时衡，岑超南，彭金安，译．北京：中国建筑工业出版社，1983.
[26] [德] H. 基甫生-马威德，R. 布吕克纳．玻璃制造中的缺陷[M]．黄照柏，译，贾循德，校．北京：中国轻工业出版社，1988.
[27] 程金树．微晶玻璃[M]．北京：化学工业出版社，2006.
[28] 伍洪标．无机非金属材料实验[M]．第2版，北京：化学工业出版社，2010.
[29] 全国建材工业玻璃专业情报网．浮法玻璃文摘汇编[G]．秦皇岛：秦皇岛玻璃研究所，1982.
[30] 张碧栋．练好熔化优质玻璃基本功，放眼开拓国际市场[J]．玻璃，2001,(5).
[31] 张碧栋．玻璃配合料[M]．北京：中国建筑工业出版社，1992.
[32] 王承遇，陈敏，陈建华．玻璃制造工艺[M]．北京：化学工业出版社，2006.
[33] 孙承绪．论我国玻璃池窑可持续发展的途径[J]．中国建材报，2004-4-22.
[34] 宋晓岚，叶昌，余海湖．无机材料工艺学[M]．北京：冶金工业出版社，2007.
[35] 马眷荣．玻璃辞典[M]．北京：化学工业出版社，2010.
[36] 赵彦钊，殷海荣．玻璃工艺学[M]．北京：化学工业出版社，2006.
[37] 张战营，美宏，等．浮法玻璃生产技术与设备[M]．北京：化学工业出版社，2008.

[38] 陈正树，等．浮法玻璃[M]．武汉：武汉工业大学出版社，1997.
[39] 华东化工学院，武汉建筑材料工业学院，浙江大学．玻璃工艺原理[M]．北京：中国建筑工业出版社，1984.
[40] 浙江大学，武汉建筑材料工业学院，上海化工学院，华南工学院．硅酸盐物理化学[M]．北京：中国建筑工业出版社，1981.
[41] 上海化工学院，浙江大学．玻璃生产机械过程[M]．北京：中国建筑工业出版社，1984.
[42] 刘晓勇．玻璃生产工艺技术[M]．北京：化学工业出版社，2008.
[43] 刘志海，李超．浮法玻璃生产操作问答[M]．北京：化学工业出版社，2007.
[44] 刘缙．玻璃专业实践教程[M]．武汉：武汉工业大学出版社，2000.
[45] 陈福，武丽华，赵恩录，等．颜色玻璃概论[M]．北京：化学工业出版社，2009.
[46] 张战营，刘缙，谢军．浮法玻璃生产技术与设备[M]．北京：化学工业出版社，2010.

冶金工业出版社部分图书推荐